计算机组成原理
（第2版）

任国林　编著

电子工业出版社
Publishing House of Electronics Industry
北京·BEIJING

内 容 简 介

本书系统地介绍了计算机的组成及其工作原理。全书共 7 章，第 1 章概要介绍计算机的硬件结构、工作过程及性能指标；第 2 章介绍数据的表示与运算方法，以及运算部件组成；第 3 章介绍存储系统的层次结构，以及主存、Cache 及虚拟存储器的组成与工作原理；第 4 章介绍指令系统；第 5 章介绍 CPU 的组成原理、设计方法，以及指令流水线技术；第 6~7 章介绍总线及输入/输出系统。

本书内容全面、概念准确、通俗易懂，通过大量例题分析来加深读者对各知识点的理解与掌握，重视知识点的融合及整机概念的形成，兼顾基本原理在新技术中的应用。本书既可作为高等院校计算机专业计算机组成原理课程的教材，也可作为相关专业科技人员的参考书。

图书在版编目（CIP）数据

计算机组成原理 / 任国林编著. —2 版. —北京：电子工业出版社，2018.1
ISBN 978-7-121-33462-7

Ⅰ. ①计… Ⅱ. ①任… Ⅲ. ①计算机组成原理—高等学校—教材 Ⅳ. ①TP301

中国版本图书馆 CIP 数据核字（2018）第 001409 号

策划编辑：董亚峰
责任编辑：董亚峰　　特约编辑：刘　炯
印　　刷：北京七彩京通数码快印有限公司
装　　订：北京七彩京通数码快印有限公司
出版发行：电子工业出版社
　　　　　北京市海淀区万寿路 173 信箱　邮编：100036
开　　本：787×1092　1/16　印张：20　字数：481 千字
版　　次：2010 年 2 月第 1 版
　　　　　2018 年 1 月第 2 版
印　　次：2024 年 12 月第 20 次印刷
定　　价：49.00 元

凡所购买电子工业出版社图书有缺损问题，请向购买书店调换。若书店售缺，请与本社发行部联系，联系及邮购电话：（010）88254888，88258888。
质量投诉请发邮件至 zlts@phei.com.cn，盗版侵权举报请发邮件至 dbqq@phei.com.cn。
本书咨询联系方式：（010）88254694。

第 2 版前言

"计算机组成原理"是计算机专业一门重要的硬件基础课程，主要讨论计算机硬件的基本组成及工作原理，对深入理解计算机系统至关重要。

本书是《计算机组成原理》（电子工业出版社，2010 年）的第 2 版。本书有如下三个目标：以现代计算机技术为背景，掌握计算机的基本组成及原理；强调指令执行过程中硬件的协同工作过程，以形成计算机的整机概念；重视 CPU 等部件的逻辑设计方法，以培养系统设计能力。

本书保留了第 1 版的框架和风格，对各章内容进行了大幅度的调整、删减及补充，以达到上述目标。例如，数据表示方法以 C 语言为例进行分析，虚拟存储器中增加 MMU 相关内容，指令系统兼顾 RISC 及 CISC 风格，CPU 逻辑设计包含单周期及多周期数据通路、时序系统及中断机构组织，总线互连增加 QPI 总线、北桥等内容。

全书内容分为 7 章，按照先了解计算机模型及硬件结构，再讨论各个子系统的组成及工作原理，逐步形成硬件系统的思路来组织。第 1 章介绍现代计算机的硬件结构、工作过程及性能指标；第 2 章介绍各种数据的表示方法，以及相应的运算方法组织和逻辑实现；第 3 章介绍存储系统的层次结构，主存、Cache 及虚拟存储器的组成和工作原理；第 4 章介绍指令格式的组成及各种寻址方式；第 5 章介绍 CPU 的基本组成、工作原理，讨论数据通路、控制单元的组织与设计方法，以及流水线的工作原理；第 6 章介绍总线的传输与控制原理及总线的互连结构；第 7 章介绍 I/O 系统的组成及几种 I/O 方式的原理及组织方法。

　　本书力求保持内容全面、概念准确、通俗易懂的特点，通过大量的量化分析、逻辑设计来加深读者对基本概念、基本原理的理解和掌握，通过知识点的融合使读者逐步形成整机概念。本书编写过程中，得到了国防科技大学沈立副教授、山东大学杨兴强教授及东南大学杨全胜副教授的大力帮助，陈衍庆等同学也为书稿的绘图做了大量工作，在此一并表示衷心的感谢。

　　由于计算机结构与组成的理论及技术在不断发展，加之作者水平所限，书中不妥及疏漏之处，敬请广大读者及同行批评指正。

作　者

2017 年 10 月

目　录

第1章 计算机系统概述

本章主要讨论计算机的基本组成、工作过程及性能指标，使读者对计算机系统有一个简单的整机概念，为后续章节的学习打下基础。

1.1 计算机的功能与软硬件

电子计算机是一种能够自动对各种信息进行处理的高速装置。

电子计算机有电子模拟计算机和电子数字计算机两种类型。电子模拟计算机的数值用连续的物理量表示，计算过程也是连续的，如早期的电表等，其运算精度及运算能力都有限。电子数字计算机的数值用多位数字表示，它模仿算盘，采用按位及跳动式计算方式，运算精度及运算能力都较高，且具有逻辑判断功能。通常所说的计算机都是指电子数字计算机。

1. 计算机的功能

计算机的基本功能包括数据处理、数据存储和数据传送。

（1）数据处理。指计算机应能够进行算术运算、逻辑运算，以满足各种计算需求；处理的数据除数值数据、逻辑数据外，还应包含文字、符号、视频和音频等多种类型数据。数据处理功能是计算机最基本的功能。

（2）数据存储。指计算机应能够长期保存数据，以实现数据的多次使用。为了便于管理，数据通常以文件形式存放在存储器中。数据存储功能是计算机采用自动工作方式的根本保证。

（3）数据传送。指计算机应能够进行内部部件之间、计算机系统之间的数据交换。数据传送功能是计算机应用必备的功能。

计算机的设计目标是一个用户可定制工具，而不是一个简单的电子设备。为了实现可定制目标，计算机应能够自动执行用户编制的程序，利用计算机的基本功能，来实现用户定制的功能。因此，计算机的功能都是通过执行程序来实现的。

计算机程序由若干有序的指令组成，可以表示用户的处理需求及处理步骤，进而可以模拟人类思维过程，因此，计算机又常被称为电脑。

2. 计算机的软硬件

众所周知，计算机系统由"硬件"和"软件"两大部分组成。

"硬件"是计算机系统中看得见、摸得着的实体部分，包括输入、输出、存储、处理等部件或设备，都由电子元器件、光/机/电等设备组成，不同部件可以实现不同的操作或处理功能。但硬件实现哪些功能、何时实现，都是由当前执行的指令来决定的，硬件通过控制器产生相应的控制信号，来控制指令所约定功能的实现部件。

"软件"指计算机系统中看不见摸不着的、由用户预先编制的、需要实现特定功能的程序，程序由有序的指令串组成，可表示处理步骤及每步所含的操作。为了便于实现程序的多次使用，通常将程序存放在存储器中，使用时从存储器中取出即可。硬件通过自动执行程序中的指令，来实现软件所约定的功能。

可见，计算机系统中，软件以硬件为平台，即软件的功能依靠硬件实现；硬件以软件为窗口，即硬件的性能依靠执行软件反映。因此，计算机系统的性能通常用硬件平台上的软件性能来评价。

1.2　计算机的发展历程

计算机从问世到现在不过 70 余年，已经改变了人们的工作和生活方式，甚至改变了社会结构，堪称 20 世纪最有影响力的发明。在人类科技史上，还没有哪一种学科的发展可以与计算机相提并论。

对于计算机的发展历史，人们习惯用"代"来描述，但代的划分没有统一的标准，常见的分代标准是计算机所采用的基本器件类型。按照这种分代方法，计算机的发展共经历了 4 代。

1. 计算机的发展历程

1）第一代计算机（1946—1958 年）

第一代计算机采用电子管作为基本器件，存储器采用声延迟线或磁鼓。

第一台计算机为 ENIAC（Electronic Numerical Integrator And Computer，电子数字积分和计算机），在 1946 年诞生，由美国宾夕法尼亚大学为美国国防部弹道研究实验室设计和制造，是人类文明发展史上的里程碑。

ENAIC 采用十进制进行数据的表示与运算，每秒可进行 5000 多次加法运算。ENAIC 有两个缺点：一是存储器容量太小，只能存放 20 个 10 位十进制数；二是编程使用线路连接方式，每次解题都要人工通过改变开关状态及插拔电缆来编程，使用极不方便。ENAIC 重达 30 t，占地 170 m²，共使用 18000 多个电子管，耗电量达 140 kW。

为了克服 ENAIC 的不足，作为 ENAIC 设计顾问的数学家冯·诺依曼，1945 年提出了存储程序（stored-program）方式的计算机方案，其基本思想是：程序和数据预先存放在存储器中，程序执行时，计算机自动、逐条地取出指令并执行。该计算机方案奠定了现代计算机的基本结构，一直沿用至今。

20 世纪 50 年代后期，计算机的应用范围已经从军用扩展到了民用，形成了计算机工业。美国 IBM 公司是计算机行业的领路者，其销量已超过 1000 台，运算速度在每秒数千次至上万次之间。

第一代计算机采用机器语言编程，尚无软件的概念，没有操作系统及高级语言。因此，只有专业人员才能使用计算机。

2）第二代计算机（1958—1964 年）

第二代计算机采用晶体管作为基本器件，采用磁芯存储器。

20 世纪 50 年代末起，由于计算机的主要器件采用晶体管，因而计算机的体积小、功耗低、速度快、可靠性高，而且价格不断下降。同时，计算机开始采用磁芯存储器，使计算机速度得到了进一步地提高。运算速度已达到每秒几万次至几十万次。

第二代计算机的软件有了较大的发展，出现了单道批处理操作系统和多种高级语言，如 FORTRAN、COBOL 等。计算机在很多领域、特别是科学计算领域有了较为广泛的应用。

3）第三代计算机（1964—1971 年）

第三代计算机采用中小规模集成电路作为基本器件，仍采用磁芯存储器。

20 世纪 60 年代中期，微电子技术的诞生使计算机步入了集成电路时代。第三代计算机主要采用小规模集成电路（SSI）、中规模集成电路（MSI）作为基本器件，计算机的体积、功耗、价格进一步下降，而速度、可靠性有大幅度提高，运算速度在每秒数十万次至近百万次之间。

第三代计算机的软件中，出现了多道批处理操作系统和分时操作系统，数据库等新技术也已得到广泛的应用。

第三代计算机的主要特点是通用化、系列化、标准化。通用化指计算机在科学计算、数据处理、实时控制方面的应用效率都较高。系列化指出现了档次不同但软件兼容的计算机，方便系统升级。标准化指计算机采用标准的输入/输出接口，除中央处理器独立设计外，其余部件都可采用积木式结构装配。

4）第四代计算机（1971 年至今）

第四代计算机采用超大规模集成电路作为基本器件，采用半导体存储器。

20 世纪 70 年代初起，伴随着微电子学的飞速发展，出现了大规模集成电路（VLI）、超大规模集成电路（VLSI），其集成度也从几千个晶体管/片发展到上千万个晶体管/片。同时，半导体存储器取代了磁芯存储器，并不断向大容量、高速度发展，高速缓存、虚拟存储器等技术相继出现，也进一步提高了存储器的性能。伴随着流水线、多处理机等并行技术的采用，计算机的运算速度已飞速提升，从 Intel 处理器的发展可见一斑。2010 年，中国"天河 1 号"的运算速度已达到 2500 亿次/s。

第四代计算机的软件发展有目共睹，操作系统功能更加完善，网络、人工智能等技术使计算机功能更加强大、性能更加优越。

第四代计算机的一个显著特点是计算机的发展方向由统一走向了分裂，分别向大型、微型两个方向发展。微型机的出现形成了计算机发展史上的又一次革命，计算机进入了几乎所有的行业，改变了人们的工作和生活方式。

虽说这一代计算机采用的也是集成电路，但计算机已从高级计算工具发展成一门影响社会的新兴学科，据此划分为第四代，那是理所当然的。

2．计算机的发展趋势

从第四代计算机起，计算机的发展方向正加速走向两极分化。

一极是微型计算机向更微型化、网络化、智能化方向发展，如掌上机、嵌入式系统等。更微型化可增加计算机的应用范围，便于计算机渗透到国民经济和社会生活的各个领域。网络化可扩展和加速信息的流通，通过共享资源提升计算机的性能，促进社会进入信息时代和普适计算时代。智能化可模拟或部分代替人的智能活动，通过提供自然语言的人机接口，便于机器人的广泛应用。

另一极是大型计算机向巨型化、并行化、超高速方向发展，这是一个国家科技水平、经济实力、军事实力的象征。并行化可有效提高计算机的计算能力，如解决流体力学、海洋工程等规模较大的大型问题；巨型化以并行化为基础，还需要其他相关先进技术（如制造）的支持；超高速可提高计算机的计算速度，如解决天气预报、地震预报、激光武器等限时要求的大型问题。

1.3　计算机的硬件组成

1.3.1　冯·诺依曼计算机

早期的 ENIAC 计算机存储容量很小，编程采用线路连接方式，很不方便。1946年，数学家冯·诺依曼提出了以存储程序为核心的计算机模型，该计算机模型一直沿用至今。通常称该计算机模型为冯·诺依曼模型（结构），将采用该思想设计的计算机为冯·诺依曼计算机。

下面从硬件结构、工作方式、存储器结构三个方面进行介绍。

1. 硬件结构

冯·诺依曼计算机由运算器、控制器、存储器、输入设备和输出设备组成，其结构如图 1.1 所示，运算器、控制器常合称为中央处理器（Central Processing Unit, CPU）。

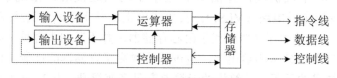

图 1.1　冯·诺依曼计算机的结构

其中，输入设备、输出设备负责程序和数据的输入、输出；存储器负责存储程序和数据；运算器负责处理数据；控制器负责指挥和控制各部件协调工作，以实现程序的预期功能。由于输入/输出与运算器进行数据交换，因此，计算机以运算器为中心。

2. 工作方式

冯·诺依曼计算机采用"存储程序"工作方式。存储程序的基本思想是：程序和数据预先存放在存储器中，机器工作时，自动、逐条地从存储器中取出指令并执行。

由数字电路所学可知，向存储器发出操作命令，一定延迟后存储器就可以完成操作；只要连续地向存储器发出操作命令，存储器就可以被连续访问。因此，程序和数据存放在存储器中，为计算机自动工作奠定了基础。

由程序设计经验可知，程序是由若干条指令组成的指令序列，指令类型有顺序型、转移型两种，程序的执行顺序由序列中每条指令的类型及执行结果决定。因此，程序执行时，必须逐条执行指令，不能同时执行多条指令，且下条指令地址由当前指令产生。

又由于程序存放在存储器中，因此，执行指令时，必须先将指令取到 CPU 中，CPU 分析指令（所含内容），然后才能执行指令（实现约定的具体操作）。

因此，程序执行过程可以看作一个循环的指令执行过程，循环变量为指令地址，如图 1.2 所示。其中，指令执行过程又可分为取指令、分析指令、执行指令三个阶段，当前指令由指令地址取得，并产生下条指令的指令地址。

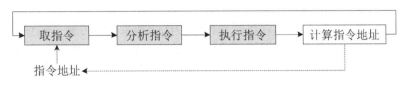

图 1.2　冯·诺依曼计算机的程序执行过程

3．存储器结构

冯·诺依曼计算机中，存储器可以存放程序和数据，因此，计算机中只需一个存储器。根据存储程序工作方式的要求，存储器需要按地址进行访问。由于存储器中无须区分指令和数据（CPU 中才需要区分），因此，存储器可为由定长单元组成的一维空间。

可见，存储器应为由定长单元组成的一维空间，存储器按地址进行访问。通常，存储器地址为线性地址，即地址是连续的非负整数，如 $\{0, 1, 2, \cdots\}$。

冯·诺依曼计算机还有其他一些特点，可归纳为如下几点：

（1）计算机由运算器、控制器、存储器、输入设备和输出设备组成；

（2）指令和数据都采用二进制表示，运算也采用二进制方式；

（3）存储器为由定长单元组成的一维空间，按地址进行访问；

（4）程序由指令序列组成，程序和数据都存放在存储器中；

（5）指令由操作码和地址码组成，操作码指明操作的类型，地址码指明操作数在存储器中的地址；

（6）机器工作时，自动、逐条地从存储器中取出指令并执行；

（7）机器以运算器为中心，输入/输出设备与存储器的数据传送都经过运算器完成。

现代计算机大都采用冯·诺依曼计算机结构，因此，深入理解冯·诺依曼计算机的基本思想，对计算机组成原理的学习至关重要。

1.3.2　计算机的结构与部件

现代计算机大都采用冯·诺依曼计算机结构，但逐步在其基础上进行改进，以提高系统的性能。现代计算机的基本组成如图 1.3 所示，现代计算机结构的主要特点是以存储器为中心、多种存储器共存。

采用以存储器为中心的硬件结构，可以实现数据传送与数据处理的并行，使 CPU 专注于执行程序，以此来提高计算机的性能。

采用多种存储器共存的存储器结构，可以解决存储器日益突出的速度-容量-价格矛盾，如用主存储器（Main Memory）、辅助存储器（Secondary Memory）来代替冯·诺依曼计算机中的存储器。主存储器（主存或内存）用来存放程序执行时的代码和数据，

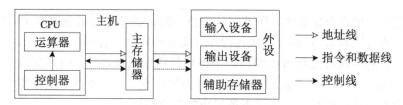

图1.3 现代计算机的基本组成

辅助存储器（辅存或外存）用来存放所有程序的代码和数据，可见，主存是辅存的缓冲器。计算机组织时，主存的速度较快（成本也较高），辅存的速度较慢（成本也较低），且主存容量远小于辅存容量，CPU 只直接访问主存，这样做既可以提高 CPU 的访存速度，又可以使存储器的成本较低。

现代计算机中，通常将 CPU 和主存储器合称为主机，将输入设备、输出设备及辅助存储器合称为外部设备，如图 1.3 所示。

下面，简要介绍各部件的功能、工作方式，注意相关术语及基本概念的理解。

1. 存储器

存储器的主要功能是存储信息，可以通过操作实现信息的写入和读出。

现代计算机中，存储器由主存、辅存构成，计算机硬件中的存储器通常指主存，而将辅存归类为一种外部设备。

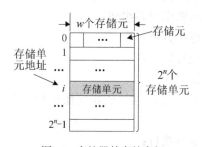

图1.4 存储器的存储空间

由于存储器为由定长单元组成的一维空间，因此，存储器的存储空间可抽象为如图 1.4 所示的结构。可见，存储空间由若干个存储单元（Supercell）构成，每个存储单元由多个存储元（Cell）构成，每个存储元可以存储一位二进制信息（0 或 1）。

由于存储器按地址进行访问，由图 1.4 可见，每次访问的是一个存储单元，因此，访问地址为存储单元地址。存储器的外部引脚必须包含地址引脚、命令引脚、数据引脚。

通常，将存储单元所存放的信息称为存储字，将存储单元所能存放的二进制位数称为存储字长或存储单元长度，因而，存储器的容量＝存储单元个数×存储单元长度，例如，图 1.4 中存储器的容量为 $2^n \times w$ 位。

对存储器的操作通常只有读、写两种。读操作时，先向存储器发出地址及读命令，存储器根据访问地址来选择存储单元，并将所选存储单元的存储字送到数据引脚。写操作时，先向存储器发出地址及写命令，然后向存储器发出所写数据，存储器根据访问地址来选择存储单元，并将数据引脚上的数据写入所选存储单元。

2. 运算器

运算器的主要功能是对信息或数据进行处理或运算，并暂存处理或运算结果。

由于最频繁的运算为算术运算和逻辑运算，而算术运算是在逻辑运算基础上实现的，故两种运算常用同一个部件来实现，因此，运算器中都包含一个算术逻辑单元

（Arithmetic Logic Unit, ALU）。由于整数和实数的运算方法不同，ALU 只处理整型数据，当需要处理实数时，运算器中会增设浮点运算部件 FPU（Float Point Unit）。

ALU 的核心是加法器，可以实现加、减等双目算术运算，实现与、或、非等双目或单目逻辑运算，因此，ALU 有两个数据入端、一个数据出端。

为了保存运算结果，运算器中还需包含若干个寄存器，因为寄存器的存取速度比存储器要快得多。这些寄存器常称为寄存器堆（Register File）、寄存器组或寄存器文件，除了保存数据外，还可以保存地址、状态等。

可见，运算器一般由 ALU、FPU、寄存器等组成。

3．控制器

控制器的主要功能是指挥和控制各部件协调工作，来实现程序的自动执行。

由图 1.2 可见，程序执行过程是循环的指令执行过程，指令执行过程分为取指令、分析指令和执行指令三个阶段，循环变量为指令地址，下条指令地址由当前指令产生。

为了实现循环，控制器中需要设置两个专用寄存器，一个称为程序计数器（Program Counter, PC），用来存放作为循环变量的指令地址；另一个称为指令寄存器（Instruction Register, IR），用来存放当前指令的内容。因此，取指令阶段总是用 PC 的内容为地址去读存储器，所取的指令总是存放到 IR 中，供分析阶段、执行阶段使用。

为了实现当前指令的功能，控制器中需要设置指令译码器（Instruction Decoder, ID），用来分析（识别）IR 中当前指令的操作类型及操作数信息，再由控制单元（Controller Unit, CU）产生相应的部件控制信号，来控制相关部件实现指令的功能。

可见，控制器一般由 PC、IR、ID、CU 等组成。

4．I/O 设备

I/O 设备的主要功能是实现信息的输入和输出，以及外部媒体信息与内部二进制信息的格式变换。

I/O 设备的种类很多，如键盘、鼠标、打印机、显示器等，速度差异很大。I/O 设备一般由机/电/光/磁等部件组成，通过设备控制器实现设备控制及与主机通信。

现代计算机中，通常将 I/O 设备、辅存合称为外部设备（外设）。大多数时候，还是习惯将外部设备称为 I/O 设备，这一点读者需注意区分。

通常，计算机硬件中，运算器、控制器、存储器只有一个，外设个数是可变的（不同应用的需求不同），因此，系统的可扩展性是必须要考虑的。

1.3.3　计算机的部件互连

将计算机的各大部件按某种方式连接起来，就构成了计算机的硬件系统。现代计算机中，常采用总线方式实现各部件的互连。

1．总线结构

总线（Bus）是设备（或部件）间进行信息传输的一组公共信号线。总线上的设备通过地址（设备编号）来进行识别。

总线方式互连的优点是传输控制简单、可扩展性好。总线传输方法对所有设备适用，仅传输的目标地址不同而已，因而传输控制极为简单。新设备连接到总线上时，只需其地址与总线上设备的地址不同即可，因而设备扩展极为方便。

总线方式互连的缺点是需要分时进行信息传输。由于总线信号线是共用的，任何时候只能有一个设备处于发送状态，其他设备只能处于接收状态，因此，同时只能进行一次信息传输，多次信息传输需要分时进行。

由于不同外设的速度、设备接口都有所不同，为了将外设连接到总线上，需要在外设与总线间增设连接电路，这个连接电路被称为 I/O 接口。I/O 接口的主要功能是实现数据缓冲、格式转换、通信控制，以协调总线与外设在传输速度、数据格式、传输协议（操作时序）方面的差异。I/O 接口又常称为（设备）适配器或（设备）控制器。

采用总线方式互连的计算机硬件结构如图 1.5 所示，硬件系统只有一根总线，称为单总线结构。通常将连接计算机各大部件的总线称为系统总线（System Bus）。

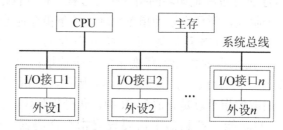

图 1.5　采用总线方式互连的计算机硬件结构

系统总线通常由地址总线、数据总线、控制总线三种信号线组成，地址总线（Address Bus, ABus）用于选择传输的目标设备，数据总线（Data Bus, DBus）用于承载传输的内容，控制总线（Control Bus, CBus）用于控制传输的过程。由于信息传输是一个交互过程，控制总线通常又由控制线、状态线组成，主设备（发起总线操作的设备）通过控制线发出操作命令，从设备（响应总线操作的设备）通过状态线反馈传输状态。

现代计算机中，常采用多总线结构实现部件互连，不同总线间通过称为"桥"的部件进行互连，总线桥实际上也是一种 I/O 接口。

2. 总线传输

总线上连接有多个设备（部件），不同设备通过地址进行识别，因此，总线传输过程一般分为两个步骤，如图 1.6 所示。对于主设备而言，总线命令只有读、写两类。

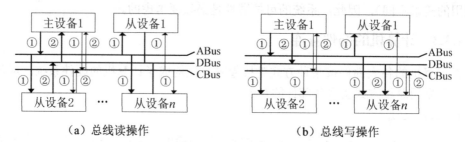

（a）总线读操作　　　　　　　　　（b）总线写操作

图 1.6　总线传输过程

第①步，主设备发送地址和命令，所有从设备判断自己是否为目标设备，若是则响应操作，处理操作请求。第②步，目标从设备、主设备根据命令完成数据传送：命令为读时，从设备发送数据、发送状态（完成），主设备根据状态信号接收数据；命令为写时，主设备发送数据，从设备接收并写入数据、发送状态（完成）；传送完成后，主/从设备各自撤销所发出的信号。由于需要处理操作命令，读操作第①步时间稍长，写操作第②步时间稍长。

1.4 计算机系统的层次结构

计算机由硬件和软件组成，不同程序员所看到的计算机硬件系统的特征不同。那么，硬件系统究竟包含哪些功能，这是计算机设计者首先必须解决的问题。

1.4.1 计算机的层次结构

计算机是通过执行用户预先编制的程序，来实现用户预定功能的。从用户（程序员）角度看，计算机系统就是一个编程语言及编程环境，例如，C++程序员眼中的计算机系统，可以是主机＋外设＋操作系统＋VC 6.0，而无须了解计算机的内部组成，以及操作系统的基本原理。

根据编程语言的不同，计算机系统可以分成多个层次，在每个层次上都可以进行程序设计。计算机系统层次结构的发展，反映了计算机系统的发展历程。计算机系统的层次结构通常可以分为 5 个层次，如图 1.7 所示。

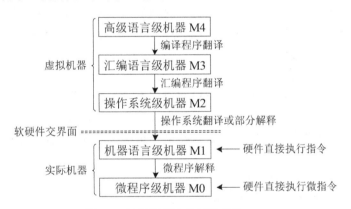

图 1.7 计算机系统的层次结构

1）机器语言级计算机

早期计算机中，程序员使用机器语言编写程序，程序由指令序列组成，指令为一串二进制（0 或 1）代码。由于指令可以直接被硬件识别和执行，因此，该编程语言被称为机器语言，对应的程序称为机器语言程序。

通常，将所编写程序可以被硬件识别和直接执行的机器称为实际机器，其余的称为虚拟机器。因此，M1 级计算机是一种实际机器。

2）汇编语言级计算机

为了降低机器语言的编程难度，20 世纪 50 年代中期出现了汇编语言，汇编语言的语法、语义结构与机器语言基本一致，只是用符号（如 add、sub）表示指令的操作、操作数或指令地址。

程序员使用汇编语言编写程序，汇编语言程序需要通过软件（汇编程序）翻译成机器语言程序，才可以被硬件识别和直接执行。因此，M3 级计算机是一种虚拟机器。

3）高级语言级计算机

为了进一步提高编程效率，20 世纪 60 年代初期出现了高级语言，高级语言程序的基本单位是语句，语句同样用符号表示操作、操作数或指令地址，但效率更高、通用性更好。

程序员使用高级语言编写程序，高级语言程序同样需要通过软件（编译程序）翻译成机器语言程序，才可以被硬件识别和直接执行。因此，M4 级计算机也是一种虚拟机器。

需要注意的是，语句和指令是不同的概念，语句表示的命令硬件无法识别。汇编语言中，符号表示的命令与指令功能一一对应，因此，通常将汇编语言的命令称为指令。而编译程序需要使用指令串来解释每一条语句，并进行程序优化，其难度比汇编程序复杂得多。

4）操作系统级计算机

高级语言出现后，随着应用的不断普及，用户对系统好用性的要求也不断提高，操作系统随之产生。操作系统是一个软件，负责所有软件及硬件资源的管理和控制，并提供一组具有特定管理与控制功能的命令，供用户或软件使用。

操作系统出现后，用户（不一定是程序员）可以使用操作系统命令进行编程，操作系统翻译这些命令，或直接执行这些命令对应的机器语言程序来实现其功能。因此，M2 级计算机也是一种虚拟机器。

5）微程序级计算机

随着应用范围的不断扩大，计算机常通过不断扩充硬件功能的方法，来提高系统性能，这使得机器语言越来越复杂。为了减少硬件实现的复杂性，一种较好的方法是，用微程序（一组微指令）来解释每一条机器语言指令，硬件直接执行微指令来实现指令的功能。

计算机设计人员使用微指令格式编写微程序，微指令可以被硬件识别和直接执行。因此，M0 级计算机也是一种实际机器。

需要注意的是，由于一部分计算机直接使用机器语言，而不使用微程序实现，因此，图 1.7 中，M1 级计算机旁标注有"硬件直接执行指令"，来表示这类机器的物理实现方法。

可见，机器语言级、微程序级计算机都是实际机器，其余的为虚拟机器。为区别于微程序级机器，通常将机器语言级机器称为传统级机器。

各级机器的实现主要靠翻译或解释，或两者的结合。翻译（Translation）是先将程序转换为低级机器上的等效程序，再在低级机器上一起运行。解释（Interpretation）是对程序中的每一条语句，都转去执行低级机器上的一段等效程序，循环往复地解释并执行每一条语句，直至程序执行结束。

1.4.2　软件与硬件的关系

计算机系统由硬件和软件组成，软件和硬件的关系可以从多个方面来看。

从系统组成角度看，软件和硬件是一个不可分割的整体。计算机系统通过硬件来实现软件的功能，通过软件来表现硬件的性能。计算机中，不存在软件使用不到的硬件，也不存在硬件不能支持的软件。没有软件的裸机是一堆废铁，没有硬件的软件是一串无用字符。

从用户角度看，软件和硬件的功能在逻辑上是等价的。即计算机的许多功能既可以直接用硬件实现，又可以在硬件支持下用软件实现。如乘法运算可以由乘法器实现，也可以在加法器、移位器的支持下，通过执行乘法子程序来实现。但两者实现时，在性能、价格上是不等价的。

从系统设计者角度看，软件和硬件的交界面直接影响系统的性能与成本。由图 1.7 可见，软硬件交界面上升时，部分功能转为由硬件实现，系统的性能提高、成本增加；反之，软硬件交界面下降时，系统的性能下降、成本降低。如何划分软硬件交界面，是系统设计者的主要任务之一。

对于软硬件交界面的划分，早期的策略是硬件软化，以降低成本，硬件只实现最基本的功能，其余用软件实现。随着集成电路技术的飞速发展，硬件成本急剧下降，目前的策略逐步向软件硬化方向发展，以提高性能/价格。例如，不同时期的 Intel CPU 价格都差不多，Core i7 具有 4 个处理器核心，每个核心支持 SSE 指令集、采用 4 路超标量流水线、支持超线程等技术，其性能是 Pentium 所望尘莫及的。

1.4.3　计算机的结构与组成

从图 1.7 可以看出，与硬件有关的研究包括软硬件交界面的确定、传统级机器及微程序级机器的组成两个方面。实际上，硬件研究还包含机器的电路实现，应注意区分计算机结构、计算机组成、计算机实现这三个基本概念。

计算机系统结构（Computer Architecture）是指机器语言程序员或编译程序编写者所看到的计算机系统的属性，包括概念性结构和功能特性两个方面，常简称为计算机结构。其内容主要有指令集、数据表示、寻址方式、存储系统、I/O 结构等，这些属性都是由硬件或固件完成的功能。计算机系统结构主要研究计算机系统中软硬件的交界面。由于软硬件交界面的核心是指令集，因此，计算机系统结构又常称为指令集结构（Instruction Set Architecture, ISA）。

计算机组成（Computer Organization, 计算机组织）是指计算机硬件设计人员所看到的计算机系统的属性。它包含了许多对程序员来说是透明的硬件属性，包括专用部件及数据通路宽度设计、功能部件并行度、控制机构组成方式等。计算机组成主要研究如何合理地逻辑实现计算机系统结构分配给硬件的功能。

计算机实现（Computer Inplementation）是指计算机制造人员所看到的计算机系统的属性。它包括部件的物理结构、器件的集成度、模块的划分与连接、信号传输、电源、冷却及组装技术等。计算机实现主要研究器件技术和微组装技术，即如何高效地物理实现计算机组成所要求的功能。

可见，计算机结构确定了计算机系统的软硬件交界面，计算机组成是计算机结构的逻辑实现，计算机实现是计算机组成的物理实现。例如，传统级机器中是否有乘法指令是计算机结构研究的内容，乘法功能是用乘法器实现还是用加法器及移位器实现是计算机组成研究的内容，具体的器件选择则是计算机实现研究的内容。又如，传统级机器中存储器的编址单位、可寻址空间大小是计算机结构研究的内容，存储器的组成、速度是计算机组成研究的内容，具体的器件选择则是计算机实现研究的内容。

这三个概念反映了硬件中三个层次的内容，任何时候都要注意区分，因为同一种结构可以有多种不同的组成方式，同一种组成方式可以有多种不同的实现方式，而不同的组成或实现方式意味着机器具有不同的性能或性价比。

本课程主要研究传统级机器和微程序级机器的组成及其工作原理。需要注意的是，计算机组成是计算机结构的逻辑实现，其中的许多结构及参数都是计算机结构已经确定了的，只要依照要求实现即可，不可更改，也无须问为什么。这些结构及参数的设计原理、确定方法是计算机系统结构研究的内容，与本课程无关。

1.5 计算机系统的工作过程

1.5.1 计算机的工作方式

现代计算机的结构都是基于冯·诺依曼计算机的，因此，计算机都采用存储程序工作方式。存储程序方式的基本思想是：程序和数据预先存放在存储器中，机器工作（程序执行）时，自动、逐条地从存储器中取出指令并执行。

下面分别从程序的执行顺序、程序的执行机制两个方面进行分析。

1. 程序的执行顺序

由于程序需要存放在主存中才能执行，而主存是按地址访问的一维线性空间，因此，程序的空间需要按主存单元长度进行编址，由于生成程序时不知道程序将来在主存中的地址，通常从 0 开始编址，又称为逻辑地址。程序是由多条指令构成的指令序列，每条指令占一个或几个存储单元，指令地址用其所占第一个存储单元的地址表示。

程序组成示例如表 1.1 左部所示，为了便于理解，机器语言指令的功能用 C 语言的语句来描述，并假设 if 语句对应指令占 2 个存储单元，其余指令占用 1 个存储单元。

程序的执行顺序指指令的执行顺序，可用指令地址序列表示。指令的类型有顺序型、转移型两种，因此，程序的执行顺序由每条指令的类型及执行结果决定，即下条指令地址由当前指令产生。

程序必须放在主存中才能执行，此时的指令地址需要用主存地址来表示。因此，指令地址、数据地址有两重含义，在程序中的地址称为逻辑地址，在主存中的地址称为物理地址。程序执行时所指的地址，通常都是物理地址。

程序的执行顺序示例如表 1.1 右部所示，其中，指令地址为指令所在的主存地址，下条指令地址的值未标出，仅列出了下条指令地址与当前指令地址的关系。

表 1.1　程序组成与执行顺序示例

程序组成		执行顺序		
指令地址 (逻辑地址)	指令内容	指令地址 (主存地址)	约定顺序	下条指令地址
0	int nCount=0;	2000	(1)	＝当前指令地址＋1
1	int nSum=0;	2001	(2)	＝当前指令地址＋1
2	LP: nSum += nCount;	2002	(3)(6)(9)(12)	＝当前指令地址＋1
3	nCount++;	2003	(4)(7)(10)(13)	＝当前指令地址＋1
4	if (nCount < 4) 　　goto LP;	2004	(5)(8)(11)(14)	＝2002 或＝当前指令地址＋2
6	printf("%d", nSum);	2006	(15)	＝当前指令地址＋1

可见，顺序型指令的下条指令地址＝当前指令地址＋"1"，其中的"1"表示一条指令所占的存储单元个数；转移型指令的下条指令地址＝当前指令的操作结果，或者＝当前指令地址＋"1"。有时为了描述方便，会将"1"写成 1，提请读者注意。

2. 程序的执行机制

由图 1.2 可见，程序执行过程可以看作一个循环的指令执行过程，循环变量为指令地址，指令执行过程又可分为取指令、分析指令、执行指令三个阶段，计算指令地址为循环处理模块，用于产生下条指令的指令地址。现代计算机中，常用寄存器 PC 存放指令地址，用 IR 存放当前指令内容。

指令执行过程中，取指令阶段的功能是，用 PC 的内容作为地址从主存中读出指令，并存放到 IR 中；分析指令阶段的功能是，通过 ID（指令译码器）分析出 IR 中内容包含的操作类型、操作数信息；执行指令阶段的功能是，根据指令分析的结果，实现相应的约定操作。

根据当前指令的类型，下条指令地址有两种计算方法，对于顺序型指令，下条指令地址＝当前指令地址＋"1"，即 PC←(PC)＋"1"，其中(x)表示寄存器 x 的内容；对于转移型指令，下条指令地址＝当前指令的操作结果，即 PC←对(IR)的操作结果，如 PC←(PC)＋disp，其中 disp 为 IR 中的地址码。

程序执行过程实现时，总是想办法减少每轮循环的时间，来提高系统性能，例如循环处理与指令执行过程重叠。对于顺序型指令，下条指令地址的计算与当前指令内容无关，因而 PC←(PC)＋"1"放在取指令阶段或译码阶段实现时，可以提高性能。对于转移型指令，下条指令地址的计算放在执行指令阶段实现时，同样可以提高性能。现代计算机中，都采用这种实现方案，程序的执行机制如图 1.8 所示。

因此，计算机的工作过程是一个循环的指令执行过程，指令执行过程分为取指令、分析指令、执行指令三个阶段，指令执行过程中产生下条指令的指令地址。并且，循环过程是一个死循环，即计算机一旦启动，就一直不停地执行指令。

1.5.2　程序执行过程

计算机的工作过程是执行程序的过程，为使计算机按照预定要求工作，首先要编制

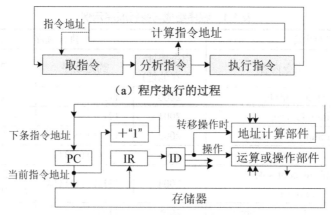

（a）程序执行的过程

（b）程序执行过程的实现方案

图 1.8　现代计算机中程序的执行机制

程序。现代计算机中，编制程序的方法通常是，使用高级语言编程，通过编译程序翻译成可执行的机器语言程序。翻译过程非本课程内容，我们就用机器语言进行编程。

程序执行过程是一个循环的指令执行过程，指令执行过程又可进一步细分，可见，程序执行过程由一系列操作组成。若用 M[a] 表示存储单元 a 的内容；用 (x) 表示寄存器 x 的内容，如 (IR) 表示 IR 的内容；用 OP(IR) 表示 IR 中的操作码，Ad(IR) 表示 IR 中的地址码，则程序执行过程的操作可以表示为：

（1）取 指 令 阶 段：IR←M[(PC)]，PC←(PC)＋"1"；

（2）分析指令阶段：ID←(IR)，输出 OP(IR)、Ad(IR)；

（3）执行指令阶段：完成 OP(IR) 约定的操作，指令转移时需重写 PC，转（1）。

其中，PC←(PC)＋"1"操作也可以放在译码阶段实现。值得一提的是，取指令阶段的操作对所有指令都是通用的，分析指令阶段的操作为组合逻辑操作（不需要信号控制），指令执行阶段的操作由当前指令的内容决定。

根据存储程序工作方式的要求，程序执行有两个初始条件，一个是程序被调入到主存后方可执行，另一个是程序首条指令地址被置入到 PC 后方可执行。机器工作时，自动从存储器中逐条取出指令并执行。

假设某模型机的基本结构如图 1.9(a) 所示。其中，AC 为累加器，其余部件前面已经介绍过，累加器指既作为 ALU 源部件、又作为 ALU 目标部件的寄存器。

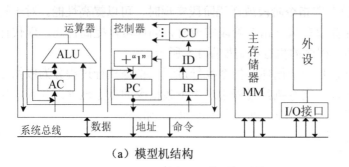

（a）模型机结构　　　　　　　　　　　　　　（b）程序示例

图 1.9　模型机结构及程序示例

假设 $y=x+b$ 的机器语言程序如图 1.9(b) 所示，变量 x、b 和 y 分别存放在存储单元 2004、2005、2006 中。且假设程序中，取数指令 LD 的功能为 AC←M[2004]，加法指令 ADD 的功能为 AC←(AC)+M[2005]，存数指令 ST 的功能为 M[2006]←(AC)，停机指令 HLT 的功能为结束当前程序执行。

下面，我们以 $y=x+b$ 的程序执行过程为例，进一步了解计算机的工作过程。由图 1.9(b) 可见，程序已经被装入到地址为 2000 开始的连续主存单元中。假设(PC)＝2000，程序就可以开始执行了，$y=x+b$ 程序的执行过程如表 1.2 所示。

表 1.2　$y=x+b$ 程序的执行过程

指令地址	指令执行过程的操作			指令执行结束时的相关部件状态
	取指令	分析指令	执行指令	
2000	IR←M[(PC)]，PC←(PC)+1	ID←(IR)	AC←M[2004]	(PC)=2001，(AC)=x
2001	IR←M[(PC)]，PC←(PC)+1	ID←(IR)	AC←(AC)+M[2005]	(PC)=2002，(AC)=x+b
2002	IR←M[(PC)]，PC←(PC)+1	ID←(IR)	M[2006]←(AC)	(PC)=2003，M[2006]=x+b
2003	IR←M[(PC)]，PC←(PC)+1	ID←(IR)	停机	(PC)=2004

可见，计算机的工作过程就是执行程序的过程，程序执行过程是一个循环的指令执行过程，指令执行过程中产生下条指令地址。指令执行过程由一系列操作组成，其中，取指令阶段的操作对所有指令通用，分析指令阶段的操作不需要信号控制，指令执行阶段的操作由当前指令的内容决定。所有操作都由 CU 发出的控制信号进行控制，由各部件来具体实现。

1.6　计算机系统的性能指标

计算机系统由硬件和软件组成，计算机性能是指计算机硬件的性能。由于硬件性能的直接检测和评价比较困难，硬件性能只能通过运行软件才能反映出来，因此，计算机性能又称为计算机系统的性能。

计算机系统的性能是用运行在硬件上的软件性能来评价的。下面，我们先介绍计算机硬件的技术指标，再讨论计算机系统的性能指标，以及影响计算机性能的主要因素。

1．硬件的技术指标

计算机硬件由多个功能部件按照一定的结构连接而成，CPU、主存等关键部件的技术指标与硬件的性能密切相关，但又不能完全代表硬件的性能，因此，常称它们为计算机的性能参数。

计算机硬件的技术指标主要有机器字长、CPU 主频、存储容量等。

1）机器字长

机器字长指 CPU 一次能处理数据的二进制位数，又称为 CPU 字长。CPU 中的运算有定点运算、浮点运算两大类，机器字长指的是一次定点整数运算的位数。

机器字长的单位为位（bit 或 b）。如 Intel 8086 CPU 的机器字长为 16 位，Pentium CPU 的机器字长为 32 位。

机器字长越长，运算精度越高，系统性能越好，硬件成本越高。若机器字长较短，则位数较多的数据运算需要拆分成几次运算才能完成，机器的运算速度明显降低。

机器字长直接影响运算部件（如 ALU）、寄存器、内部数据通路的位数。这是由于运算过程中，数据会在寄存器、运算部件之间进行传送，数据所经过部件的信号位数需相同。

需要注意的是，不同计算机的字长（机器字长）可以不同，如 Intel 8086 的字长为 16 位，Intel 80386 的字长为 32 位。对于高级语言而言，为了保持软件的可移植性，通常具有与硬件无关的数据类型，如 C 语言中的 Word（数据字）为 16 位无符号整数（unsigned short），它与具体计算机的机器字长没有关联。

2）CPU 主频

指令执行过程由若干个步骤及相应的操作组成，每个操作何时开始、延迟时长都需要有相应的时序信号进行同步。CPU 使用时钟脉冲信号来进行操作定时，CPU 中用于最基本操作定时的时钟脉冲信号，称为 CPU 的主时钟信号，主时钟信号的宽度称为时钟周期（Clock Cycle）。

CPU 主时钟信号的频率称为 CPU 主频或主频，又称为时钟频率（Clock Rate）。可见，时钟频率是时钟周期的倒数。

时钟频率的单位通常为 MHz 或 GHz，其中，$1\,GHz = 10^3\,MHz$、$1\,MHz = 10^3\,kHz$、$1\,kHz = 10^3\,Hz$。例如，早期 Pentium CPU 的主频为 66 MHz，早期 Core 2 CPU 的主频为 1.8 GHz。

CPU 主频的高低很大程度上决定了 CPU 的工作速度。

3）存储容量

存储容量反映计算机的存储能力，包括主存容量和辅存容量两个指标。

主存容量指主存所能存放信息的二进制位数。主存容量的基本单位是字节（Byte 或 B），更常用的是 KB、MB、GB、TB，其中，$1\,B = 8\,bit$、$1\,KB = 2^{10}\,B$、$1\,MB = 2^{10}\,KB$、$1\,GB = 2^{10}\,MB$。注意，容量中 K、M、G 等的含义依赖于上下文，与 DRAM 和 SRAM 相关（如主存和 Cache）的 $K = 2^{10}$，其余（如磁盘和网络等 I/O 设备）的 $K = 10^3$。

为了降低计算机的硬件成本，主存都设计成可选配模式，计算机结构设计时规定了主存的编址单位及最大容量，不同的计算机可以有不同的配置容量。

主存编址单位指一个主存单元所能存放信息的位数，又称主存单元长度。因此，主存容量＝主存单元长度×主存单元个数。通常，将主存最大容量时的主存单元地址构成的空间称为主存地址空间。

CPU 可以直接访问主存，因此，CPU 的可寻址空间受主存地址空间的影响，即影响 CPU 地址引脚的位数。例如，若主存按字节编址、容量不超过 4 GB，则主存地址为 $\log_2(4\,GB \div 1\,B) = 32$ 位，CPU 可寻址空间为 32 位。CPU 地址引脚需要按照主存的地址空间来设置，与主存的配置容量无关。

主存容量越大，CPU 因主存容量限制而访问辅存的次数越少，机器的访存性能越好。

辅存容量指能够联机运行的辅存（如硬盘）的信息存储量，通常用字节数表示。由于辅存较慢，其编址单位通常是块（如扇区）。辅存属于外部设备，部件个数没有限制，容量可随意扩充。

2．计算机的性能

计算机性能可用多种指标表示，但万变不离其宗，时间永远是唯一的标准。由于计算机的工作过程需要多个部件相互协调，部件重叠工作可提高系统性能，因此，速度也是反映计算机性能的一个重要方法。

计算机的性能指标主要有响应时间（Response Time）和吞吐率（Throughput）。

1）响应时间

响应时间又称执行时间，指一个任务从提交到完成所花的全部时间，包括 CPU 运算、主存访问、I/O 操作（如磁盘访问）、操作系统开销等所有的时间。

响应时间可以用 $T_{响应}＝T_{CPU}＋T_{等待}$ 来表示，其中，T_{CPU} 称为 CPU 时间，指 CPU 用在程序执行上的时间，包括数据运算、访问主存等时间；$T_{等待}$ 称为等待时间或其他时间，指在完成任务过程中除 CPU 执行程序外的时间，包括等待 I/O 操作完成、操作系统开销等时间。

现代计算机中，当一个程序等待 I/O 操作完成时，CPU 会立即转去执行其他程序，响应时间中 $T_{等待}$ 的大部分会被隐藏，因而，计算机的性能常用吞吐率来评价，响应时间主要用来评价 CPU 性能。由于操作系统的存在，CPU 时间由用户 CPU 时间、系统 CPU 时间组成，分别对应于执行用户程序、执行操作系统管理程序所需的时间。CPU 性能通常指用户 CPU 时间，即只包含执行用户程序的时间。

下面我们来分析 CPU 时间的组成。假设 CPU 为完成某任务共执行了 I_N 条指令，这些指令中共包含 n 种指令，第 1 种指令有 I_1 条，第 2 种指令有 I_2 条，……，第 n 种指令有 I_n 条，即 $I_N＝I_1＋I_2＋\cdots＋I_n$，CPU 的时钟周期为 T_C，则有

$$T_{CPU}=\left[\sum_{i=1}^{n}\left(I_i\times CPI_i\right)\right]\times T_C=I_N\times CPI\times T_C=程序总时钟周期数\times T_C$$

式中，CPI 指一条指令执行所需的时钟周期数。对特定的指令而言，其 CPI 为执行该指令所需的时钟周期数，通常是一个确定值，如 CPI_i；对一个程序或一台机器而言，其 CPI 为程序或机器中的所有指令执行所需的平均时钟周期数，是一个平均值，如各 CPI_i 加权求和。

通过比较 CPU 时间，可以比较两台计算机性能的好坏。计算机的速度可以看成是 CPU 时间的倒数，两台计算机的速度之比等于 CPU 时间之比的倒数。若在计算机 M1 和 M2 上执行程序的 CPU 时间之比为 n，则 M2 和 M1 的性能之比为 n，M2 的速度是 M1 的 n 倍。

例 1.1　若程序 A 包含 1500 条指令，程序执行时共执行了 20000 条指令，其中 15000 条指令的执行各需 10 个时钟周期，其余指令的执行各需 20 个时钟周期，计算机的时钟频率为 2 GHz，则程序 A 执行时的 CPU 时间是多少？

解：CPU 的时钟周期 $T_C＝1/f＝1/(2\times10^9)＝0.5$ ns，

　　　$T_{CPU}＝[15000\times10＋(20000－15000)\times20]\times0.5＝0.125$ ms。

从上例的题干可以看出，程序包含的指令条数不一定等于程序执行的指令条数。有些情况下，只给出程序包含的指令数，就需要求程序执行时的 CPU 时间，此时，程序中的每条指令默认只执行一次。

例 1.2 某计算机 M 的指令集包含 A、B、C 三类指令，其 CPI 分别为 1、2、4。由于编译器选项的改变，某程序在 M 上被编译成两个不同的目标代码序列 P1 和 P2。若 P1 所含三类指令的条数分别为 8、2、2，P2 所含三类指令的条数分别为 2、5、3，则哪个代码序列指令条数少？哪个执行速度慢？它们的 CPI 分别是多少？

解：P1 和 P2 的指令条数分别为 12 和 10，因此，P2 的指令条数少。

执行 P1 和 P2 所需时钟周期数分别为 $8\times1+2\times2+2\times4=20$ 和 $2\times1+5\times2+3\times4=24$，由于在同一台计算机上执行程序，时钟周期是一样的，因此，P2 的执行速度慢。

CPI＝程序所需总时钟周期数÷程序执行指令条数，因此，P1 和 P2 的 CPI 分别为 $20/12=1.67$ 和 $24/10=2.4$。

从上例结果可以看出，指令数少的程序执行时间不一定更短，程序的指令条数还与指令的 CPI 有关。

由 CPU 时间公式及例题可知，I_N 与解题算法、编程技巧、编译程序效率、指令功能强弱有关，CPI_i 与指令功能、CPU 结构及技术、存储器性能、I/O 性能等有关，T_C 只与 CPU 的实现技术有关。

2）吞吐率

吞吐率又称吞吐量，指单位时间内计算机完成的总工作量。

吞吐率可以用 $T_P=$（n 个任务的总工作量÷完成 n 个任务的总时间）来表示，其中，总时间指第一个任务提交到最后一个任务完成的响应时间。

吞吐率可以反映计算机系统的性能，但工作量的单位至今没有统一的定义。具有代表性的工作量单位是指令条数或浮点操作次数，吞吐率对应的单位分别为 MIPS（Million Instructions Per Second，每秒百万条指令）及 MFLOPS（Million FLoating-point Operations Per Second，每秒百万次浮点操作）两种。

习惯上，常用 MIPS 及 MFLOPS 代替吞吐率，作为速度的性能指标。因此，MIPS 及 MFLOPS 有两重含义，既用作性能指标，又用作性能指标的单位。

对于给定的 n 个程序，MIPS 的定义为：

$$MIPS = \frac{n\text{个程序执行指令的总条数}}{\text{执行}n\text{个程序的总时间}\times10^6}$$

对于例 1.1 而言，该计算机的吞吐率为 $20000\div0.125\ ms=160\ MIPS$。

MIPS 反映的是计算机执行指令的速度。不同机器的指令集及指令功能都不同，同样功能的程序在不同机器上所需要的指令数可能不同，同一条指令在不同机器上所需时间也可能不同，因此，用 MIPS 衡量计算机的性能不够准确。

避免 MIPS 缺点的一个方法是，用相对 MIPS 来衡量计算机的性能，即将某个公认的参考机型的速度定义为 1 MIPS，用被测机型速度相对于参考机型速度的倍数来计量。早期，常以 DEC 公司的 VAX-11/780 为参考机，称其为 1 MIPS 机器。

对于给定的 n 个程序，MFLOPS 的定义为：

$$\text{MFLOPS} = \frac{n\text{个程序执行浮点操作的总次数}}{\text{执行}n\text{个程序的总时间} \times 10^6}$$

MFLOPS 反映的是计算机完成浮点操作的速度。在衡量计算机的浮点数处理能力时，MFLOPS 要比 MIPS 精确得多。但 MFLOPS 还是不能反映计算机的整体性能，因为 MFLOPS 不能反映整数运算、存储器访问等方面的性能。

除响应时间和吞吐率外，RAS 也是常用的性能指标。RAS 指可靠性（Reliability）、可用性（Availability）及可维护性（Serviceability），分别用平均无故障时间 MTTF（Mean Time To Fail）、MTTF/（MTTF＋MTTR）及平均修复时间 MTTR（Mean Time To Restore）来表示。我们购买计算机时，关注知名厂家产品的原因，就是因为它们的 RAS 较好。

习题 1

1. 解释以下概念或术语。

（1）主机、外设，主存、主存单元　　（2）CPU、ALU、FPU、CU，PC、IR、ID

（3）总线、I/O 接口　　　　　　　　（4）实际机器、虚拟机器

（5）指令、语句　　　　　　　　　　（6）机器字长、时钟周期、主频、CPI

（7）响应时间、吞吐率，MIPS、MFLOPS

2. 冯·诺依曼计算机的特点有哪些？

3. 存储程序工作方式的基本思想是什么？

4. 计算机的硬件由哪些部件组成？它们各有哪些功能？这些部件如何连接？

5. 系统总线由哪些信号线组成？总线传输的过程是什么？

6. 计算机系统可分成哪几个层次？说明各层次的特点及其相互联系。

7. 为什么说软件与硬件的功能在逻辑上是等价的？

8. 计算机结构、计算机组成的定义各是什么？两者之间有何关系？请举例说明。

9. 程序、指令、指令地址的关系是什么？

10. 程序执行的过程是什么？计算机中通常采用什么实现方案？

11. 指令执行过程中，三个阶段的操作各有哪些特点？

12. 指令和数据都存放在存储器中，CPU 如何区分它们是指令还是数据？

13. 说明程序的 CPI 与哪些因素有关。

14. 说明 CPU 时间与哪些因素有关。

15. 某计算机的主频为 400 MHz，在该计算机上执行程序 A 时，指令的 CPI 及执行的指令数如下表所示。求程序 A 执行时的 CPU 时间、CPI 及 MIPS。

指令类型	执行指令数	指令 CPI
整数运算	45000	1
数据传送	75000	2
浮点数运算	8000	4
转移类指令	1500	2

16. 计算机 M 的时钟频率为 2 GHz；指令集包含 A、B 两类指令，指令长度都为 2 个字节，指令执行时的 CPI 分别为 5 和 8。某程序 P 的大小为 2 MB，其中 40% 为 A 类指令，其余为 B 类指令。程序 P 执行时，10% 的 A 类指令和 20% 的 B 类指令分别执行了 20 次，其余指令各执行了 1 次。求程序 P 执行时的 CPU 时间及 CPI。

17. 在计算机 M1 和 M2 上分别运行两个基准测试程序 P1 和 P2 时，结果如下表所示。

程序	M1		M2	
	指令条数	执行时间	指令条数	执行时间
P1	200×10^6	10000 ms	150×10^6	5000 ms
P2	300×10^3	3 ms	420×10^3	6 ms

请回答下列问题：

（1）使用 P1 来评价计算机性能时，哪台计算机的速度快？快多少？使用 P2 来评价的结果呢？

（2）在 M1 上执行 P1 和 P2 的速度分别是多少 MIPS？

（3）若 M1 的主频为 800 MHz，则 P1 和 P2 在 M1 上执行的时钟周期数分别是多少？M1 的 CPI 是多少？

第 2 章　数据的表示与运算

数据是计算机处理的对象，计算机内部的数据表示方法，直接影响计算机的组成与性能。本章首先介绍各种数据在计算机中的表示方法，然后讨论这些数据表示方法对应的运算方法及其硬件组织，最后分析运算器的基本组成。本章的目标是，读者能够深刻领会数据是如何在硬件中表示和运算的，进而能够设计相应的运算部件。

2.1　数据的编码

从应用角度看，计算机应能够处理各种媒体信息，如数字、文字、声音、图像等。而计算机内部，只能用数字形式来表示各种信息，因为冯·诺依曼计算机中的信息只能用二进制形式来表示。因此，各种信息都可以看成数据，通过数字化编码的形式，在计算机中存储和运算。本节将介绍数据的各种编码方法，下节讨论各种数据的表示方法。

2.1.1　数制及其转换

1．进位计数制

进位计数制又称进制，是用一组固定的符号和统一的规则来表示数值的方法。有数码、基数和位权 3 个参数，数码为计数的符号，基数为进位的单位，位权为不同数码位的权值。

计算机中常用的进位计数制如表 2.1 所示。其中，A~F 分别表示十进制的 10~15。

表 2.1　计算机中常用的进位计数制

	二 进 制	八 进 制	十 进 制	十 六 进 制
进位规则	逢 2 进 1，借 1 当 2	逢 8 进 1，借 1 当 8	逢 10 进 1，借 1 当 10	逢 16 进 1，借 1 当 16
基数	2	8	10	16
数码	0, 1	0, 1, …, 7	0, 1, …, 9	0, 1, …, 9, A, B, …, F
位权	2^i	8^i	10^i	16^i
后缀字母	B（Binary）	O（Octal）	D（Decimal）	H（Hexadecimal）

书写时，需要用后缀字母标识该数的进制，十进制数的后缀字母通常会省略，如 324D、324H、324 分别表示八进制、十六进制、十进制的 324。C 语言中，可以用 0x 作为十六进制数的前缀，如 0x324 与 324H 表示的是同一个数。

一般而言，使用 R 进制表示的数 N，可以按权展开为：$(N)_R = (k_{n-1}\cdots k_0. k_{-1}\cdots k_{-m})_R = k_{n-1}R^{n-1} + \cdots + k_0R^0 + k_{-1}R^{-1} + \cdots + k_{-m}R^{-m} = \sum_{i=-m}^{n-1} k_i R^i$，其中，$R$ 为基数，k_i 为 0~R-1 中的任意一个数码，n、m 为正整数。

数据在计算机内部都用二进制表示，为便于阅读和书写，在计算机外部大都用十进制、十六进制表示。因此，数据在输入或输出时，需要进行不同进制之间的转换。

2．不同进制数之间的转换

不同进制数之间的转换实质上是基数转换带来的数码转换。转换所依据的原则是：若两个不同进制数的值相等，则两个数的整数部分和小数部分的值一定分别相等。因此，转换时可以对整数部分和小数部分分别进行转换。

1）R 进制数转换成十进制数

R 进制数转换成十进制数时，只要按权展开后再相加即可，又称为按权相加法。

例 2.1 分别求与 $(101.01)_2$、$(3A.C)_{16}$ 等值的十进制数。

解：$(101.01)_2 = (1 \times 2^2 + 0 \times 2^1 + 1 \times 2^0 + 0 \times 2^{-1} + 1 \times 2^{-2})_{10} = (5.25)_{10}$，

$(3A.C)_{16} = (3 \times 16^1 + 10 \times 16^0 + 12 \times 16^{-1})_{10} = (58.75)_{10}$。

2）十进制数转换成 R 进制数

十进制数转换成 R 进制数时，需要对整数部分和小数部分分别转换，因为整数部分和小数部分的转换方法不同。

（1）整数部分的转换

设 $(X)_{10} = (k_{n-1} \cdots k_1 k_0)_R = k_{n-1} R^{n-1} + \cdots + k_1 R^1 + k_0 R^0$，则 $X \div R$ 的余数为 k_0、商记为 X'，有 $X' \div R$ 的余数为 k_1，不停地用商除以 R，可得到 $k_0 \sim k_{n-1}$，这种转换方法称为除基取余法。

除基取余法的转换规则是：除基取余、上右下左。

例 2.2 将 $(19)_{10}$ 分别转换成二进制、八进制整数。

解：

$$
\begin{array}{ll}
2 \underline{|\ 19} & \cdots\cdots 余 1（低位） \\
2 \underline{|\ 9} & \cdots\cdots 余 1 \\
2 \underline{|\ 4} & \cdots\cdots 余 0 \\
2 \underline{|\ 2} & \cdots\cdots 余 0 \\
2 \underline{|\ 1} & \cdots\cdots 余 1（高位） \\
\quad 0 &
\end{array}
\qquad
\begin{array}{ll}
8 \underline{|\ 19} & \cdots\cdots 余 3（低位） \\
8 \underline{|\ 2} & \cdots\cdots 余 2（高位） \\
\quad 0 &
\end{array}
$$

所以，$(19)_{10} = (10011)_2 = (23)_8$。

除基取余法从低位开始转换，还有一种减权定位法，它可以从高位开始转换。

减权定位法的转换规则为：$X' - R^i = X''$，若 $X'' \geq 0$，则 $k_i = 1$、$X' = X''$，否则 $k_i = 0$、X'不变；X'的初值为 X，反复比较，直至所有的位权都比较完毕。

例 2.3 将 $(19)_{10}$ 分别转换成二进制整数。

解：由于 $16 < 19 < 32$，因此，从 16 开始比较，最高数值位为 k_4。

$$
\begin{aligned}
19 - 2^4 &= 3 \geq 0, & k_4 &= 1, & X' &= 3 \\
3 - 2^3 &\quad < 0, & k_3 &= 0, & X' &= 3 \\
3 - 2^2 &\quad < 0, & k_2 &= 0, & X' &= 3 \\
3 - 2^1 &= 1 \geq 0, & k_1 &= 1, & X' &= 1 \\
1 - 2^0 &= 0 \geq 0, & k_0 &= 1, & X' &= 0
\end{aligned}
$$

所以，$(19)_{10}=(10011)_2$。

（2）小数部分的转换

设 $(X)_{10}=(0.k_{-1}k_{-2}\cdots k_{-m})_R=k_{-1}R^{-1}+k_{-2}R^{-2}+\cdots+k_{-m}R^{-m}$，则 $X\times R$ 的整数部分为 k_{-1}、小数部分记为 X'，有 $X'\times R$ 的整数部分为 k_{-2}，不停地用乘积的小数部分乘以 R，可得到 $k_{-1}\sim k_{-m}$，这种方法称为乘基取整法。

乘基取整法的转换规则是：乘基取整、上左下右。

例 2.4 将 $(0.6875)_{10}$ 分别转换成二进制、八进制小数。

解： $0.6875\times 2=1.3750\ \cdots\ 1$（高位）　　　$0.6875\times 8=5.5000\ \cdots\ 5$（高位）

$0.3750\times 2=0.7500\ \cdots\ 0$　　　　　　$0.5000\times 8=4.0000\ \cdots\ 4$（低位）

$0.7500\times 2=1.5000\ \cdots\ 1$

$0.5000\times 2=1.0000\ \cdots\ 1$（低位）

所以，$(0.6875)_{10}=(0.1011)_2=(0.54)_8$。

同样地，小数部分的转换也可以采用减权定位法，依次减去 2^{-1}、2^{-2}、$\cdots$，进行比较并确定数位的值，直到差为零或达到规定的精度为止。

由于数的整数部分、小数部分需要分别转换，因此，$(19.6875)_{10}=(10011.1011)_2=(23.54)_8$。

3）二进制数与八进制数和十六进制数的相互转换

由于八进制的基数 $8=2^3$、十六进制的基数 $16=2^4$，因此，3 位二进制数对应 1 位八进制数、4 位二进制数对应 1 位十六进制数，如表 2.2 所示。

表 2.2　不同进制数的对应关系表

十 进 制	二 进 制	八 进 制	十 六 进 制
0	0	0	0
1	1	1	1
2	10	2	2
3	11	3	3
4	100	4	4
5	101	5	5
6	110	6	6
7	111	7	7
8	1000	10	8
9	1001	11	9
10	1010	12	A
11	1011	13	B
12	1100	14	C
13	1101	15	D
14	1110	16	E
15	1111	17	F

因此，二进制数与八进制（或十六进制）数的相互转换规则是：从小数点向两边分

别进行整数部分和小数部分的转换，每 3 个（或 4 个）二进制数位转换成 1 个八进制（或十六进制）数位，或者每 1 个八进制（或十六进制）数位转换成 3 个（或 4 个）二进制数位，数位不够时自动补 0。

例 2.5 将 $(10011.01)_2$ 转换成八进制和十六进制数。

解： $(10011.01)_2 = (\underline{0}10\ 011.0\underline{1}\underline{0})_2 = (23.2)_8$，其中，带下划线的 0 是自动补充的；

$(10011.01)_2 = (\underline{000}1\ 0011.0\underline{100})_2 = (13.4)_{16}$。

例 2.6 将 $(13.724)_8$、$(2B.E)_{16}$ 转换成二进制数。

解： $(13.724)_8 = (001\ 011.111\ 010\ 100)_2 = (1011.1110101)_2$，

$(2B.E)_{16} = (0010\ 1011.1110)_2 = (101011.111)_2$。

2.1.2 机器数及其编码

我们知道，数学上的数是由符号、小数点、数码位构成的，其中符号、小数点可以缺省，例如 $(1011)_2$、$(+1011)_2$、$(-0.1011)_2$、$(+101.1)_2$ 等。根据符号是否缺省，数据分为有符号数和无符号数两种类型。

由于计算机只能识别和表示二进制的 0 和 1，因此，符号（正/负）也只能用 0 和 1 表示，这种处理方式称为数字化。由于实数的小数点位置不固定，小数点也无法用 0 和 1 表示，通常用隐含小数点、约定其位置的方法来处理，如数据可分为定点数、浮点数两种类型，定点数又可分为整数、小数两种。

通常，将计算机内部用编码表示的数称为机器数，对应地，把数学上的数称为真值。例如用 0 表示符号正时，$(+1011)_2$ 的机器数为 01011。

有符号数进行手工运算时，需要将符号与数值分开运算，而计算机采用相同方法运算时，会很麻烦，且性能较差。例如，对于 $(+x)+(-y)$，需先进行 $x-y$，再判结果符号，最后进行 $x-y$ 或 $y-x$ 运算，其实第一次 $x-y$ 时，就已经得到运算结果了，只是结果符号不确定而已。因此，硬件实现运算时，最好能够做到：符号与数值可以一起运算，减法运算不需要先比较大小。

那么，是否有新的数据编码方法，可以提高硬件实现运算的性能呢？答案是肯定的，不同的编码方法对硬件实现运算的支持程度有所不同。

下面，我们就讨论常见的原码、补码、反码、移码的编码方法，及其定点数表示方法。为了便于阅读，真值和机器数无说明时都为二进制数，小数机器数中的小数点是不存在的，是为了便于阅读而添加的。

1. 原码表示法

原码（sign-magnitude）的编码思想是：机器数的最高位为符号位（0 表示正、1 表示负），其余各位为真值的绝对值。原码是一种最简单的机器数编码方法。

设整数 $X = \pm x_{n-2} \cdots x_0$，$x_i = 0$ 或 1，则整数原码的定义为：

$$[X]_{原} = \begin{cases} X & 0 \leq X < 2^{n-1} \\ 2^{n-1} - X = 2^{n-1} + |X| & -2^{n-1} < X \leq 0 \end{cases}$$

即 $[X]_{原} = x_{n-1}x_{n-2} \cdots x_0$，最高位 x_{n-1} 由 X 的符号决定，其余各位与 X 的数值位相同。

例如，$[+1101]_原=0\ 1101$，$[-1101]_原=1\ 1101$；若$[X]_原=1\ 101$，则$X=-101$；

$[+0]_原=0\ 000$，$[-0]_原=1\ 000$，即$[+0]_原\neq[-0]_原$。

设小数$X=\pm 0.x_{-1}\cdots x_{-(n-1)}$，$x_i=0$ 或 1，则小数原码的定义为：

$$[X]_原=\begin{cases} X & 0\leqslant X<1 \\ 1-X=1+|X| & -1<X\leqslant 0 \end{cases}$$

即$[X]_原=x_0.x_{-1}\cdots x_{-(n-1)}$，最高位 x_0 由 X 的符号决定，其余各位与 X 的数值位相同。由于小数的整数部分为 0，因此，编码时只需要符号位，整数部分的 0 可以隐含。

例如，$[+0.1001]_原=0.1001$，$[-0.1001]_原=1.1001$；若$[X]_原=1.01$，则$X=-0.01$。

原码表示法的优点是直观易懂。原码表示法有以下两个特性：

（1）原码表示值的范围与真值相同，但$[+0]_原\neq[-0]_原$。

（2）运算时符号与数值分开运算，加减运算时需要先比较大小。

2．补码表示法

补码（two's complement）的编码思路是利用有模运算中的补数来表示负数。补码是一种符号与数值可以一起运算、减法不需要比较大小的机器数编码方法。下面，我们先介绍一下有模运算的相关概念。

1）有模运算

模运算系统中，模是指计量器的容量（计数范围），例如，钟表中的 12 就是模。若运算时只计量小于模的部分，其余部分被丢弃，这种运算称为有模运算，或模 M 运算。

有模运算的典型特征是同余。若 A、B、M 满足如下关系：$A=B+kM$（k 为整数），则记为 $A\equiv B$（mod M），称 B 和 A 为模 M 的同余，即除以 M 后的余数相同。例如，有关钟表的运算为模 12 运算，将时间从 10 点拨向 7 点有两种方法，一种是倒拨 3 小时，即 $10-3=7$；另一种是顺拨 9 小时，即 $10+9=7+12\equiv 7$（mod 12）。

数学上，若 a、b、M 满足关系：$a+b=M$，则称 a、b 互为模 M 的补数，又称 a 为 b 模 M 的补数。例如，3 是 9 模 12 的补数，2 是 8 模 10 的补数。

可见，一个负数与其同余的正数是等价的，而这个同余的正数就是其绝对值的补数，又称为正补数，例如，$-3\equiv +9$（mod 12），即 $+9=12-|-3|$。

利用同余特性，一个负数可以用其正补数表示。这一表示方法的好处是，数据的符号与数值可以一起运算，例如，$c+(-3)\equiv c+9$（mod 12）。

利用补数概念，减法运算可以转化为加法运算。若 a、b 互为模 M 的补数，则 $c-a=c-(M-b)\equiv c+b$（mod M），即减去一个数等于加上这个数的补数。例如，$c-3\equiv c+9$（mod 12）。补码这一特性的好处是，减法运算不再需要比较大小，非常易于硬件实现。

可见，利用补数的特性进行编码，可以实现符号与数值一起运算、减法不需要比较大小的目标。

2）补码的定义

补码的编码思想是：正数的补码为其本身，负数的补码为其正补数。

设整数 $X=\pm x_{n-2}\cdots x_0$，则其补码为 n 位，模为 2^n，整数补码的定义为：

$$[X]_补=\begin{cases} 2^n+X=X & 0\leqslant X<2^{n-1} \\ 2^n+X=2^n-|X|=2^{n-1}+(2^{n-1}-|X|) & -2^{n-1}\leqslant X<0 \end{cases}\quad(\text{mod } 2^n)$$

即 $[X]_补 = x'_{n-1}x'_{n-2}\cdots x'_0$，最高位为符号位（0 表示正、1 表示负），其余各位为数值位，值为 X 或 $|X|$ 模 2^{n-1} 的补数。

例如，$[+0001]_补 = 0\ 0001$，$[-0001]_补 = 100000 - 0001 = 1\ 1111$；

$[+0010]_补 = 0\ 0010$，$[-0010]_补 = 100000 - 0010 = 1\ 1110$；

$[+1111]_补 = 0\ 1111$，$[-1111]_补 = 100000 - 1111 = 1\ 0001$；

$[+0000]_补 = [-0000]_补 = 0\ 0000$，即数 0 的补码是唯一的。

由于负数的绝对值越大，其补码的最高位为 1、其余各位编码越小，因此，最小的补码应该是 1 0000，即 $[-10000]_补 = 100000 - 10000 = 1\ 0000$。可见，$n-1$ 位真值可表示 $2^n - 1$ 个数，而对应的补码可表示 2^n 个数，这是由于 $[+0]_补 = [-0]_补$ 引起的。

设 $X = \pm 0.x_{-1}\cdots x_{-(n-1)}$，则其补码为 n 位，模为 2，小数补码的定义为：

$$[X]_补 = \begin{cases} 2 + X = X & 0 \leqslant X < 1 \\ 2 + X = 2 - |X| = 1 + (1 - |X|) & -1 \leqslant X < 0 \end{cases} \quad (\text{mod } 2)$$

即 $[X]_补 = x'_0. x'_{-1}\cdots x'_{-(n-1)}$，最高位 x'_0 为符号位，0 表示正、1 表示负。

例如，$[+0.1011]_补 = 0.1011$，$[-0.1011]_补 = 10.0000 - 0.1011 = 1.0101$。

3）真值与补码的关系

根据公式 $[X]_补 = 2^n + X$ 求补码时，运算很不方便。下面我们以整数为例，来分析真值与补码的对应关系，找出求补码的简便方法。

当真值为正数时，设 $X = +x_{n-2}\cdots x_0$，$[Y]_补 = 0y_{n-2}\cdots y_0$，

则 $[X]_补 = X = 0x_{n-2}\cdots x_0$，$Y = [Y]_补 = +y_{n-2}\cdots y_0$

当真值为负数时，设 $X = -x_{n-2}\cdots x_0$，$[Y]_补 = 1y_{n-2}\cdots y_0$，

则 $[X]_补 = 2^n + X = 2^{n-1} + (2^{n-1} - 1) + 1 - x_{n-2}\cdots x_0$

$= 2^{n-1} + (2^{n-1} - 1 - x_{n-2}\cdots x_0) + 1$

$= 2^{n-1} + \overline{x_{n-2}}\cdots \overline{x_0} + 1 = 1\overline{x_{n-2}}\cdots \overline{x_0} + 1$

$Y = [Y]_补 - 2^n = 2^{n-1} + y_{n-2}\cdots y_0 - [2^{n-1} + (2^{n-1} - 1) + 1]$

$= -(2^{n-1} - 1 - y_{n-2}\cdots y_0 + 1) = -(\overline{y_{n-2}}\cdots \overline{y_0} + 1)$

因此，由真值求补码的简便方法是：若 X 为正数，则 $[X]_补$ 的符号位为 0，数值位与 X 的各位相同；若 X 为负数，则 $[X]_补$ 的符号位为 1，数值位由 X 的各位取反、末位加 1 得到。

例如，若 $X = +0101$，则 $[X]_补 = 0\ 0101$；

若 $X = -0101$，则 $[X]_补 = 1\overline{0101} + 1 = 11010 + 1 = 1\ 1011$；

若 $X = -0100$，则 $[X]_补 = 1\overline{0100} + 1 = 11011 + 1 = 1\ 1100$。

同理，由原码求补码的简便方法是：若 $[X]_原$ 的符号位为 0，则 $[X]_补 = [X]_原$；若 $[X]_原$ 的符号位为 1，则 $[X]_补$ 符号位为 1，数值位由 $[X]_原$ 的数值位各位取反、末位加 1 得到。

例如，若 $[X]_原 = 0\ 0101$，则 $[X]_补 = 0\ 0101$；

若 $[X]_原 = 1\ 0101$，则 $[X]_补 = 1\overline{0101} + 1 = 11010 + 1 = 1\ 1011$。

反之，由补码求真值的简便方法是：若 $[X]_补$ 的符号位为 0，则 X 的符号为正，数值部分与 $[X]_补$ 的数值位相同；若 $[X]_补$ 的符号位为 1，则 X 的符号为负，数值部分由 $[X]_补$ 的数值位各位取反、末位加 1 得到。

例如，若 $[X]_\text{补}=0\,1011$，则 $X=+1011$；

　　　　　若 $[X]_\text{补}=1\,1011$，则 $X=-(\overline{1011}+1)=-(0100+1)=-0101$。

注意，上述"各位取反、末位加 1"都是针对数值部分而言，不包括符号位。

上述真值与补码关系的简便方法同样适用于小数，请读者自行推导。

根据真值与补码的关系，不难发现，由 $[X]_\text{补}$ 求 $[-X]_\text{补}$ 的简便方法是：对 $[X]_\text{补}$ 的各位取反、末位加 1 得到。注意，方法中的各位包括符号位，最小负数取负后的补码无法直接表示。

例如，若 $[X]_\text{补}=0\,1011$，则 $[-X]_\text{补}=\overline{0\,1011}+1=1\,0101$；

　　　　　若 $[X]_\text{补}=1\,1011$，则 $[-X]_\text{补}=\overline{1\,1011}+1=0\,0101$。

一些计算机中还使用了一种称为变形补码的编码方法，变形补码是采用双符号位的补码。例如，$[+0101]_\text{变补}=00\,0101$，$[-0101]_\text{变补}=11\,1011$。变形补码的特点是很容易实现溢出判断。

3. 反码表示法

反码（ones' complement）的编码思想与补码一致，只是模比补码少 1。反码是一种过渡性编码，常用作补码变换的中间表示形式。

设 $X=\pm x_{n-2}\cdots x_0$，则模为 2^n-1，整数反码的定义为：

$$[X]_\text{反}=\begin{cases} X & 0\leqslant X<2^{n-1} \\ (2^n-1)+X & -2^{n-1}<X\leqslant 0 \end{cases} \quad (\text{mod } 2^n-1)$$

例如，$[+0101]_\text{反}=0\,0101$，

　　　　$[-0101]_\text{反}=100000-1-0101=11111-0101=1\overline{0101}=11010=[-0101]_\text{补}-1$，

　　　　$[+0000]_\text{反}=0\,0000$，$[-0000]_\text{反}=1\,1111$，即 $[+0]_\text{反}\neq[-0]_\text{反}$。

可见，X 为正数时，$[X]_\text{反}=[X]_\text{补}$；$X$ 为负数时，$[X]_\text{反}=[X]_\text{补}-1$，即反码的数值位仅为真值的各位取反，少了补码的"末位加 1"。

反码表示中，0 的表示不唯一，表示范围比补码少一个最小负数。

例 2.7　若 $X=+10110$、$Y=-10110$，求 $[X]_\text{原}$、$[X]_\text{补}$、$[X]_\text{反}$，$[Y]_\text{原}$、$[Y]_\text{补}$、$[Y]_\text{反}$。

解：$[X]_\text{原}=0\,10110$，$[X]_\text{补}=0\,10110$，$[X]_\text{反}=0\,10110$；

　　　　$[Y]_\text{原}=1\,10110$，$[Y]_\text{补}=1\overline{10110}+1=1\,01010$，$[Y]_\text{反}=1\overline{10110}=1\,01001$。

根据原码、补码及反码的定义，原码、补码及反码在数轴上的表示特征如图 2.1 所示。

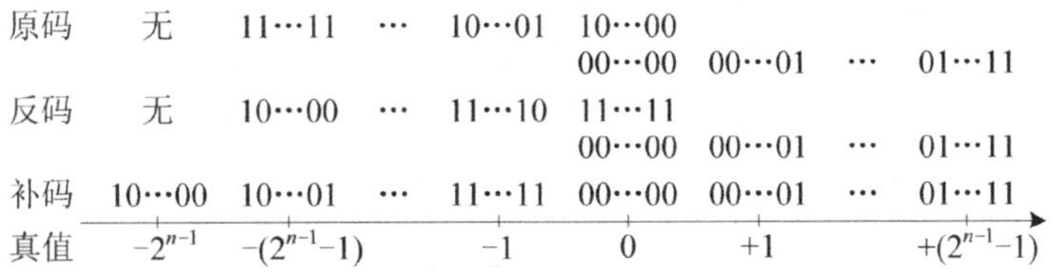

原码	无	11…11	…	10…01	10…00 00…00	00…01	…	01…11
反码	无	10…00	…	11…10	11…11 00…00	00…01	…	01…11
补码	10…00	10…01	…	11…11	00…00	00…01	…	01…11
真值	-2^{n-1}	$-(2^{n-1}-1)$		-1	0	$+1$		$+(2^{n-1}-1)$

图 2.1　原码、补码及反码在数轴上的表示特征

综上所述，原码、补码及反码表示法有如下特点：

（1）三种编码的最高位都为符号位，0 表示正、1 表示负。

（2）真值 X 为正数时，$[X]_\text{原}=[X]_\text{补}=[X]_\text{反}$。

（3）真值 X 为负数时，$[X]_补=[X]_反+1$，$[X]_反=[X]_原$除符号位外各位求反。

（4）补码比原码、反码多表示一个最小负数，原因是 $[+0]_补=[-0]_补$。

4．移码表示法

由图 2.1 可见，原码与补码沿数轴方向的编码是不连续的，比较两个机器数的大小时，必须通过有符号运算进行。那么，是否有直接比较编码判断大小的编码方式呢？

移码的编码思想是：机器数等于真值加上一个常数。可见，移码是一种可以直接比较编码来判断大小的编码方法。移码主要用来表示浮点数的阶，便于浮点运算的对阶实现，因此，移码只用来表示整数。

设 $X=\pm x_{n-2}\cdots x_0$，则其移码为 n 位，移码的定义为：$[X]_移=2^{n-1}+X$。其中，2^{n-1} 称为偏置常数，这也是移码得名的由来。

例如，$[+111]_移=2^3+111=1\ 111$，$[+001]_移=1\ 001$，$[-000]_移=[+000]_移=1\ 000$，
$[-001]_移=2^3-001=0\ 111$，$[-111]_移=0\ 001$，$[-1000]_移=2^3-1000=0\ 000$。

可见，移码可表示数的范围为 $-2^{n-1}\leqslant X<2^{n-1}$，数 0 的表示是唯一的。

对比图 2.1 可以发现，同一真值的移码与补码仅最高位不同、其余位完全相同，这可以从两种编码的定义看出。因此，由真值求移码的简便方法是：先求真值的补码，再将最高位取反。例如，若 $X=+10110$、$Y=-10110$，则 $[X]_补=0\ 10110$，$[Y]_补=1\ 01010$，$[X]_移=1\ 10110$，$[Y]_移=0\ 01010$。

综上所述，原码、补码、反码及移码这 4 种编码中，原码的特征是直观，补码便于加减运算的硬件实现，反码仅是补码的一种过渡编码，移码在比较大小时效率很高。因此，大多数计算机中，整数使用补码表示，浮点数的阶使用移码表示，浮点数的尾数使用原码表示。

2.1.3　十进制数编码

人们习惯于使用十进制数，而机器内部的数据通常表示为二进制数，运算也采用二进制方式。计算机对十进制数的处理方法有两种：一种是存储采用二进制数，I/O 时进行二-十进制转换；另一种是存储采用十进制数，运算后立即转换为十进制数。前一种方法对计算密集型应用很好，但对财会、数据库等 I/O 密集型应用则不好，大量时间花费在了进制转换上。因此，计算机内部通常可以直接表示十进制数。

用二进制形式表示十进制数的编码方式，称为二-十进制编码（Binary Coded Decimal, BCD）方式。每个十进制数位需要 4 位二进制编码，在 $2^4=16$ 个码点中，表示 0～9 只需 10 个码点，根据这 10 个码点的选择方法，BCD 码有多种类型编码。

BCD 码的类型可分为有权码、无权码两种，表 2.3 分别列出了它们的典型代表。

表 2.3　两种二-十进制编码

十进制数	0	1	2	3	4	5	6	7	8	9
8421 码	0000	0001	0010	0011	0100	0101	0110	0111	1000	1001
余 3 码	0011	0100	0101	0110	0111	1000	1001	1010	1011	1100

有权码指编码的每位都有一定的权重，如 8421 码各位的权重为 2^3、2^2、2^1 及 2^0，

常见的有权码还有 2421、5211、4311 码等。无权码指编码的各位无权重，用总体编码表示十进制数，如余 3 码、格雷码等。余 3 码是 8421 码加 3 后形成的，余 3 码作加法时能自动产生十进制数对应的进位，同时具有对 9 的自补性，即 0 与 9、1 与 8 等互为反码。

由于 8421 码与真值一一对应，虽然运算的进位有些复杂，但其 I/O 时不需要转换，使得 8421 码得到广泛应用，不明确说明时，BCD 码都是指 8421 码。

十进制数用 BCD 码进行表示时，通常的方法是：十进制数的每个数字对应 4 位二进制编码，数符用特定编码表示、放在最低数值位之后。为了便于按字节存储，这种表示方式还约定，数符与数字的个数之和必须为偶数，为奇数时须在最高数值位之前补数字 0。以 8421 码为例，8421 码用 1100、1101 表示正号、负号，−123 的 BCD 码为 0001 0010 0011 1101，+27 的 BCD 码为 0000 0010 0111 1100，其中的 0000 就是将两位数 27 转变为三位数 027。

计算机中，十进制数还可用字符形式表示，字符通常为 ASCII 码。如 +7 的字符编码为 2B、37，占 2 个字节；−123 的字符编码为 2D、31、32、33，占 4 个字节。

2.1.4　字符编码

字符泛指字母和符号，多个字符的集合称为字符集，不同字符集的字符数量不同，如 ASCII 字符集包含 128 个字符。由于计算机中所有的数据都采用二进制形式表示，因此，计算机中的字符必须用编码形式表示，字符是一种数据。

字符编码指字符在字符集中的唯一数字化代码，表示字符在字符集中的序号或特征号。因此，字符编码为无符号数据，这一点需要特别注意。

为了进一步了解字符编码的含义，我们先了解与字符相关的编码种类。计算机中，字符通常有输入码、字模码、内码及交换码 4 种编码类型，各种字符编码的种类及应用如图 2.2 所示。

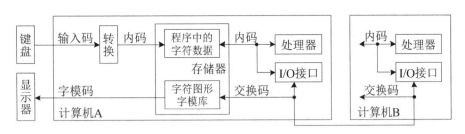

图 2.2　字符编码的种类及应用

输入码主要用于字符的输入，编码由一至几个按键码组成，如输入码 'd'、'a' 及 '1'，英文输入法时对应 3 个字符，拼音输入法时对应 1 个汉字"大"。输入码的长度与字符集大小、键盘按键数量及输入法等有关。

交换码主要用于字符的索引、传送，编码为字符在字符集中的序号，如字符 'A' 的 ASCII 码为 65，'3' 的 ASCII 码为 51。交换码的长度只与字符集大小有关。

内码主要用于字符的存储和处理，编码由交换码及扩展码组成。扩展码可用于支持多个字符集，使编码长度为主存单元长度的倍数。内码的长度与字符集大小、支持的字符集个数、主存单元长度有关。

字模码主要用于字符的输出，由一定长度的二进制位串组成，如 16×16 点阵的字模码占 32 个字节，二进制位串中的 1 表示相应位置有黑点，所有字符的各种字模码构成了字符集的字模库。字模码的长度与字符的字体、字号、字形等有关。

可见，字符编码指字符的交换码，是表示字符在字符集中位置的编码；字符的内码指交换码在计算机内部存储和处理时的编码，常称为字符数据。

下面，我们通过几个常用字符集来分析字符编码（交换码）的组成特性。

ASCII 码（美国国家信息交换标准字符码）的字符集包含 128 个字符（码点），包括 26 个英文字母、10 个数字和若干专用符号。因此，ASCII 码长为 $\log_2 128 = 7$ 位。

GB2312－80 码是汉字信息交换时使用的编码，其字符集有 7445 个码点，定义了 6763 个常用汉字及 682 个非汉字符号，由我国 1981 年的国家标准发布（编号为 GB2312－80），故又称为国标码，或 GB2312－80 码。国标码长为 14 位。

Unicode 码是一种可容纳世界上所有文字和符号的字符编码，支持 UCS-2、UCS-4 两种字符集，交换码长分别为 16 位和 32 位，UCS-4 编码的低 16 位与 UCS-2 编码相同。基于跨平台、节约空间的考虑，其内码通常采用 UTF-8、UTF-16、UTF-32 格式。UTF-8 码是一种变长编码，转换 UCS-2 编码时为 1～3 个字节，转换 UCS-4 编码时可能为 6 个字节，兼容 ASCII 码的表示；UTF-16 码在转换 UCS-2 编码时为 2 个字节，转换 UCS-4 编码时为 4 个字节，转换很简单，但不兼容 ASCII 码的表示。

2.1.5 数据校验码

计算机中的数据，在存储、传送过程中很可能会产生错误。为了减少或避免这类错误，一方面可以通过精心设计电路，提高硬件的可靠性；另一方面可以通过采用校验措施，检验数据是否发生了错误，出错时报告错误或自动纠正错误。

数据校验指数据的检验（检错）和校正（纠错）。数据校验通常采用"冗余校验"思想实现，即除数据信息外，利用附加的信息来实现校验。

数据校验的基本过程如图 2.3 所示。数据发送时，对数据信息 M 按某种函数形成校验信息 $P=f(M)$，M 和 P 一起被传送（或存入存储器）。数据接收时，数据信息 M' 和校验信息 P' 一起被接收，按相同函数形成校验信息 $P''=f(M')$，将接收的校验信息和形成的校验信息进行比较，利用比较结果 S 进行数据校验，并返回校验状态 CHK。

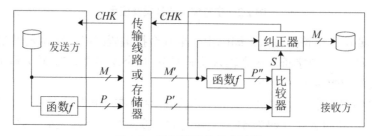

图 2.3 数据校验的基本过程

比较结果 S 有三种可能性：①没有错误，纠正器直接输出 M'（有 $M'=M$），$CHK=$ 正确；②有错且可以纠正，纠正器产生正确的数据 M，$CHK=$ 正确；③有错但无法纠正，纠正器的输出无效，$CHK=$ 错误。

通常，将由数据信息和校验信息组成的编码称为校验码，校验码中的数据信息称为数据位，校验码中的校验信息称为校验位。注意，虽然数据位、校验位的名称中有个位字，它们都可能包含多个二进制位。

为了判断一种编码的冗余程度，引入"码距"这个概念。由若干位代码组成的一个字称为码字，如 001 与 011 是不同的码字。任何一种编码由多个码字构成，任意两个码字中位值不相同的个数的最小值称为码距。例如，用 3 位二进制编码表示 8 种状态时，有 8 个不同的码字，此时的码距为 1，即两个码字中最少只有一位不相同（如 000 与 010）；用 3 位二进制编码表示 4 种状态时，只有 4 个码字是合法的，另 4 个码字是非法的，若 4 个合法码字为 000、011、101、110，则此时的码距为 2。

校验码具有检错、纠错功能的原理是：编码中包含合法码字和非法码字，合法码字出错时，就变成了非法码字；能够识别非法码字，就具有了检错功能；能够根据非法码字定位出错位置，就具有了纠错功能。

码距≥2 的校验码开始具有检错功能，码距越大，检错、纠错能力越强。常见的校验码有奇偶校验码、海明校验码、循环冗余校验码 3 种。

1. 奇偶校验码

奇偶校验是最简单的校验方法。奇偶校验的基本原理通过检测校验码中 1 的个数是否为奇数（或偶数），来判断是否有错误。因此，校验码中的校验位只需要 1 位即可，通过校验位的取值，使校验码中 1 的个数为奇数（或偶数）。具体应用时，可以选择使用奇校验方式或偶校验方式。

编码时，假设数据位为 $M=m_n m_{n-1} \cdots m_1$、校验位为 $P=p_1$，则奇偶校验码由 M 和 P 组成（例如 $m_n m_{n-1} \cdots m_1 p_1$），奇校验的校验位 $P=m_n \oplus m_{n-1} \oplus \cdots \oplus m_1 \oplus 1$，偶校验的校验位 $P=m_n \oplus m_{n-1} \oplus \cdots \oplus m_1$。

校验时，若接收的校验码由数据位 $M'=m'_n m'_{n-1} \cdots m'_1$ 及校验位 $P'=p'_1$ 组成，根据 M' 形成的校验位为 $P''=p''_1$，则故障字 $S=s_1=p'_1 \oplus p''_1$，$S=0$ 时表示数据位 M' 是正确的，$S=1$ 时表示数据位 M' 存在错误。故障字 S 即图 2.3 中比较器的比较结果。

例 2.8 请回答下列问题。

（1）求数据 0100110 的奇校验码，及数据 1000100 的偶校验码。

（2）若接收的奇校验码为 10100100、01000100，则传送过程是否发生了错误？

（3）若发送及接收的奇校验码分别为 11010011 及 11000010，传送过程是否有错？

解：（1）0100110 的奇校验位为 $0 \oplus 1 \oplus 0 \oplus 0 \oplus 1 \oplus 1 \oplus 0 \oplus 1=0$，奇校验码为 0100110<u>0</u>，其中带下划线的位为校验位；1000100 的偶校验位为 $1 \oplus 0 \oplus 0 \oplus 0 \oplus 1 \oplus 0 \oplus 0=0$，偶校验码为 1000100<u>0</u>。

（2）由奇检验码 10100100 可知，接收的数据位 $M'=1010010$，校验位 $P'=0$，形成的校验位 $P''=1 \oplus 0 \oplus 1 \oplus 0 \oplus 0 \oplus 1 \oplus 0 \oplus 1=0$，$S=0 \oplus 0=0$，因此，传送过程正确；

由奇检验码 01000100 可知，$P'=0$，$P''=0 \oplus 1 \oplus 0 \oplus 0 \oplus 0 \oplus 1 \oplus 0 \oplus 1=1$，$S=0 \oplus 1=1$，

因此，传送过程发生了错误。

（3）由所接收的奇校验码 11000010 可求得，$S=0\oplus0=0$，即传送过程无误，但对比发送的校验码 11010011 可知，存在 2 个错误。

两个奇偶校验码中，若数据位有奇数个位不相同，则校验位就不相同；若数据位有偶数个位不相同，则校验位是相同的；因此，任意两个码字间至少有两位不相同，奇偶校验码的码距为 2。可见，奇偶检验码可以检测出奇数位错误，但不能确定错误位置，也无纠错能力。

奇偶校验码开销最小，广泛应用于 I/O 传送等不需要纠错的数据校验。

2. 海明校验码

海明校验码是查理•海明（Richard Hamming）在 1950 年提出的。海明校验的基本原理是多重奇偶校验，就是将数据位分成多个有重叠的组，每个组分别进行奇偶校验，某个数据位发生错误时将导致多个校验位出错，从而可以确定出错位置，并将其纠正。

通常，将只能纠正一位出错的校验码称为单纠错码（SEC），将能够纠正一位错并发现两位错的校验码称为单纠错双检错码（SEC-DED）。校验码的检错及纠错能力越强，要求校验码的码距就越大，需要的校验位位数就越多。

下面，仅讨论只能纠正一位错误的海明校验码的编码原理及校验原理。我们将从校验位的位数确定、数据位的分组规则、校验位的形成方式方面进行讨论。

1）校验位的位数确定

假设校验码中的数据位为 n 位，被分成 k 个有重叠的组，每个组需要一个奇偶校验位，因此，校验位为 k 位，校验码为 $n+k$ 位。在数据校验时，若接收的和形成的校验位分别为 $P'=p'_k\cdots p'_1$ 和 $P''=p''_k\cdots p''_1$，则故障字 $S=s_k\cdots s_1$，$s_i=p'_i\oplus p''_i$。显然，故障字 S 也为 k 位，可以表示 2^k 种状态，其中的一种表示无错，其余每种可以表示一种出错情况。

由于校验结果可能为无错、某一位出错，共有 $n+k+1$ 种情况，因此，n 和 k 必须满足关系式 $2^k\geq n+k+1$，才能正确表示每一种校验结果。表 2.4 列出了常用的数据位数 n 与校验位数 k 的关系。可见，传送 32 位数据时，最少需要 6 个奇偶校验位。

表 2.4　数据位数 n 与校验位数 k 的对应关系

校验位数 k（最小值）	2	3	4	5	6	7
数据位数 n	1	2~4	5~11	12~26	27~57	58~120

若校验码的纠错能力较强，则需要更多位数的校验位。如双纠错码中，两位出错的情况 $\leq(n+k)(n+k-1)$ 种，n 和 k 必须满足关系式 $2^k\geq(n+k)(n+k-1)+n+k+1$，才能正确表示每一种校验结果。

2）数据位的分组规则

数据校验时，为了实现纠错，必须先确定出错位置，纠错时将该位置的值取反即可。由图 2.3 可见，出错位置只与故障字 S 有关。

海明校验码约定，用故障字 S 的值表示出错位置。若 $S=s_k\cdots s_1$，表示数据分成了 k 个校验组，则 $S=0$ 时，表示没有错误发生；$S=2^i$（仅一位为 1）时，表示只有一个校验位出错，即该位置的信息只加入了一个校验组；$S=\sum s_i2^i$（有多位为 1）时，表示有多个校验位出错，即该位置的信息加入了多个校验组。显然，位置为 $\sum s_i 2^i$ 的信息，出错能被检测出的概率要大于位置为 2^i 的信息。

海明校验码又约定，用 $S=2^i$ 表示校验位出错，用 S 的其余非零值表示数据位出错。因此，海明校验码中，各个校验位的位置为 2^i（$i=0\sim k-1$），数据位依次安排在其余位置上。这种约定的理由，可以理解为数据位比校验位更重要。

假设 8 位数据为 $M=m_8\cdots m_1$，需要 4 位校验位 $P=p_4\cdots p_1$，故障字也为 4 位。按照约定，$S=0001$、0010、0100、1000 分别表示 p_1、p_2、p_3、p_4 出错，即校验位 $p_1\sim p_4$ 分别安排在 1、2、4、8 位置上，数据位依次安排在其余位置上。表 2.5 列出了该海明校验码的码字组成，即码字中各信息位的排列次序。

表2.5　海明校验码的码字组成

位置	12	11	10	9	8	7	6	5	4	3	2	1
内容	m_8	m_7	m_6	m_5	p_4	m_4	m_3	m_2	p_3	m_1	p_2	p_1

下面来讨论数据位的分组规则。续上例，校验位为 4 位，表示数据被分成了 4 个校验组。由于故障字 S 的值用来表示出错位置，因此，故障字 S 与出错信息的关系如表 2.6 上部所示，如 $S=1011$ 表示信息 m_7（第 11 位）出错。由于 S 中 $s_i=1$ 表示第 i 个校验组出错，因此，故障字 S 与出错校验组的关系如表 2.6 下部所示，S 的每一位对应一个校验组，如 $S=1100$ 表示第 3 组、第 4 组出错。

表2.6　故障字 S 与出错信息及出错校验组的对应关系

出错位置 出错内容 校验组　　　S	12 m_8 1100	11 m_7 1011	10 m_6 1010	9 m_5 1001	8 p_4 1000	7 m_4 0111	6 m_3 0110	5 m_2 0101	4 p_3 0100	3 m_1 0011	2 p_2 0010	1 p_1 0001
第 4 组	√	√	√	√	△							
第 3 组	√					√	√	√	△			
第 2 组		√	√			√	√			√	△	
第 1 组		√		√		√		√		√		△

将表 2.6 的上部和下部合在一起看可知，第 $s_4\cdots s_1$ 位置的信息出错时，将会引起与 $s_i=1$ 对应的那些校验组出错，也就是说，该信息需要加入到与 $s_i=1$ 对应的那些校验组中。例如，$S=0101$ 表示信息 m_2（第 5 位）出错，$S=0101$ 同时表示第 1 校验组和第 3 校验组产生错误，这表明，信息 m_2 需要加入到第 1 校验组和第 3 校验组中。

可见，数据位的分组规则为，按数据位所在位置的二进制位的值进行分组。统计表 2.6 中每个校验组所包含的数据位，即可得到数据的分组结果。

这种分组方式表明，每个数据位至少加入了 2 个校验组，某数据位出错时，至少有 2 个校验位出错，加上数据位本身，海明校验码的码距为 3。

3）校验位的形成方式

根据数据的分组结果，很容易就可以形成每个校验组的校验位。由于采用奇校验和偶校验的效果是相同的，通常，海明校验码默认采用偶校验方式。

续上例，由表 2.6 可知，各校验位的形成方式如下：

$$p_1 = m_7 \oplus m_5 \oplus m_4 \oplus m_2 \oplus m_1, \quad p_2 = m_7 \oplus m_6 \oplus m_4 \oplus m_3 \oplus m_1,$$
$$p_3 = m_8 \oplus m_4 \oplus m_3 \oplus m_2, \qquad p_4 = m_8 \oplus m_7 \oplus m_6 \oplus m_5.$$

综上所述，海明校验码的编码过程为，首先确定校验位的位数；其次确定校验码字的组成，进而获得数据的分组结果；然后求出各校验位的值；最后将各个信息位填入海明校验码字中即可。

例 2.9 已知字符 'b' 的 ASCII 码为 1100010，求该 ASCII 码的海明校验码。

解： 依题意，数据位数 $n=7$，数据信息 $m_7 \cdots m_1 = 1100010$，设校验位的位数为 k，根据约束条件 $2^k \geqslant 7+k+1$，可得到 $k=4$。

校验码为 $7+4=11$ 位，码字为 $m_7 m_6 m_5 p_4 m_4 m_3 m_2 p_3 m_1 p_2 p_1$；数据分为 4 个校验组，第 1 检验组包括 m_7、m_5、m_4、m_2、m_1，第 2 检验组包括 m_7、m_6、m_4、m_3、m_1，第 3 检验组包括 m_4、m_3、m_2，第 4 检验组包括 m_7、m_6、m_5。

各个校验组的校验位为：

$$p_1 = m_7 \oplus m_5 \oplus m_4 \oplus m_2 \oplus m_1 = 1 \oplus 0 \oplus 0 \oplus 1 \oplus 0 = 0,$$
$$p_2 = m_7 \oplus m_6 \oplus m_4 \oplus m_3 \oplus m_1 = 1 \oplus 1 \oplus 0 \oplus 0 \oplus 0 = 0,$$
$$p_3 = m_4 \oplus m_3 \oplus m_2 = 0 \oplus 0 \oplus 1 = 1, \quad p_4 = m_7 \oplus m_6 \oplus m_5 = 1 \oplus 1 \oplus 0 = 0.$$

因此，海明校验码为 11000011000，其中带下划线的为校验位。

由于海明校验的实质是多重奇偶校验，因此，海明校验码的校验过程为，首先从校验码中分离出数据位 M'、校验位 P'，其次根据 M' 形成校验位 P''，然后求出故障字 $S = P' \oplus P''$，最后根据 S 判断是否有错，有错时 S 用作出错位置进行纠错。

例 2.10 续例 2.9，若接收的海明校验码为（1）11000001000，（2）11001001000，分别求出其故障字，并验证其校验的正确性。

解： 依题意，11 位校验码的码字为 $m_7 m_6 m_5 p_4 m_4 m_3 m_2 p_3 m_1 p_2 p_1$。

（1）由 11000001000 可知，接收数据 $M' = 1100000$，校验位 $P' = p'_4 p'_3 p'_2 p'_1 = 0100$；

形成的校验位 $P'' = p''_4 p''_3 p''_2 p''_1$ 中，$p''_1 = 1 \oplus 0 \oplus 0 \oplus 0 \oplus 0 = 1$，$p''_2 = 1 \oplus 1 \oplus 0 \oplus 0 \oplus 0 = 0$，$p''_3 = 0 \oplus 0 \oplus 0 = 0$，$p''_4 = 1 \oplus 1 \oplus 0 = 0$；

故障字 $S = s_4 s_3 s_2 s_1$ 中，有 $s_1 = 0 \oplus 1 = 1$，$s_2 = 0 \oplus 0 = 0$，$s_3 = 1 \oplus 0 = 1$，$s_4 = 0 \oplus 0 = 0$，即 $S = 0101$，表明第 5 位（m_2）出错。

对照例 2.9 可以发现，是 m_2 出错，可见校验结果是正确的。

（2）由 11001001000 可知，接收的校验位 $P' = 0100$，形成的校验位 $P'' = 0110$，因而，故障字 $S = 0010$，表明第 2 位（p_2）出错。

对照例 2.9 可以发现，是 m_4 和 m_2 出错，可见校验结果是错误的，但检错结果是正确的（$S \neq 0$）。这是因为所讨论的海明校验码只能纠正一位错误，1 位错导致至少 2 个校验位错误，2 位错会同时修改某个校验位（分组重叠），导致该校验位是正确的。

要增强校验码的校验功能，就要增大码距。例如，要检测出 2 位错，需要 5 个校验位（SEC 为 4 个），使每个数据位都加入到 3 个校验组中（码距=4）；故障字 S 中有 3 位为 1 时，表明 1 位错，S 可定位错误；S 中有 2 位为 1 时，表明 2 位错，因为分组有重叠，但无法定位错误；S 中仅 1 位为 1 时，表明校验位出错，或 3 位错（概率很小）；S 中有 4 位或 5 位为 1 时，表明出错很严重。

海明校验码具有纠错能力，广泛应用于主存读写、总线传输等小概率出错的数据校验。

3. 循环冗余校验码

循环冗余校验码（Cyclic Redundancy Check，CRC 码）不采用奇偶校验方法，CRC 的基本原理是通过检测校验码是否能被整除，来发现并纠正错误。

在具体讨论之前，先介绍一下 CRC 所用的模 2 运算。模 2 加、模 2 减的功能都是按位加，即逻辑异或，没有进位和借位。模 2 乘、模 2 除都类似于手工运算，求积和、求余数时都采用模 2 加法，上商时用余数首位作为商。例如

$$
\begin{array}{r}
1010 \\
\times\ \ 101 \\
\hline
1010 \\
0000 \\
1010 \\
\hline
100010
\end{array}
\qquad
\begin{array}{r}
10 \\
1001\,\overline{)\,10100} \\
1001 \\
\hline
0110 \\
0000 \\
\hline
110
\end{array}
$$

为便于描述，编码 $m_{n-1}\cdots m_1 m_0$ 可以用多项式 $M(x)=m_{n-1}x^{n-1}+\cdots+m_1 x+m_0$ 来表示。当 $m_i=0$ 或 1 时，$M(x)$ 称为二进制多项式，编码左移 k 位相当于 $M(x)\cdot x^k$。

1）CRC 码的编码

CRC 是通过除法形成校验位的，假设 n 位数据用多项式 $M(x)$ 表示，k 位校验位用 $R(x)$ 表示，除数用 $G(x)$ 表示。由于 $R(x)$ 依据 $G(x)$ 形成，故 $G(x)$ 常称为生成多项式。

CRC 码由数据位、校验位拼接而成，左边为数据位，右边为校验位。基于上述假设，CRC 码为 $n+k$ 位，又称 $(n+k, n)$ 码，可用 $M(x)\cdot x^k+R(x)$ 表示。

由于 CRC 通过校验码是否能被整除来检测错误，因此，编码时，$M(x)\cdot x^k+R(x)$ 应能够被 $G(x)$ 整数，即 $[M(x)\cdot x^k+R(x)]/G(x)$ 的余数为 0。

那么如何形成 $R(x)$ 呢？假设 $[M(x)\cdot x^k]/G(x)$ 的商为 $Q(x)$、余数为 $R'(x)$，则有

$$
\begin{aligned}
[M(x)\cdot x^k+R(x)]/G(x) &= \{[Q(x)\cdot G(x)+R'(x)]+R(x)\}/G(x) \\
&= \{Q(x)\cdot G(x)+[R'(x)+R(x)]\}/G(x) \\
&= Q(x) \cdots\cdots R'(x)+R(x) \qquad\text{（模 2 除）}
\end{aligned}
$$

由于是模 2 运算，$R(x)=R'(x)$ 时，$R'(x)+R(x)=0$，$[M(x)\cdot x^k+R(x)]/G(x)$ 的余数为 0。因此，CRC 码的校验位 $R(x)$ 为 $M(x)$ 左移 k 位后除以 $G(x)$ 所得的余数。

由于 $R(x)$ 为除以 $G(x)$ 的余数，因此，$R(x)$ 比 $G(x)$ 少一位，$G(x)$ 为 $k+1$ 位。

例 2.11　若生成多项式为 1011，求数据 1100 的 CRC 码。

解：依题意，$M(x)=x^3+x^2$，$G(x)=x^3+x+1$，$R(x)$ 为 $4-1=3$ 位。

由于 $[M(x)\cdot x^3]/G(x)=1100000/1011=1110 \cdots\cdots 010$ 　　　（模 2 除）

因此，$R(x)=010$，CRC 码为 $M(x)\cdot x^3+R(x)=1100000+010=1100010$。

2）CRC 码的校验

CRC 的校验原理是，用接收的 CRC 码除以约定的 $G(x)$，若余数为 0，表示没有错误，否则用余数表明出错位置。

为了能够根据余数定位错误，CRC 码的一个特征是，不同位置错误时的余数不同，即出错时的余数与出错位置一一对应。表 2.7 列出了 $G(x) = 1011$ 的 $(7, 4)$ 码出错时，余数与出错位置的关系。表中给出了两个 CRC 码字，加粗的为出错位，可见不同出错位置的余数是不同的。

表 2.7　CRC 码字中出错位置与余数的关系

	m_4	m_3	m_2	m_1	r_3	r_2	r_1	m_4	m_3	m_2	m_1	r_3	r_2	r_1	余数	出错位置
正确	1	0	1	0	0	1	1	1	0	1	1	0	0	0	0 0 0	无
错误	1	0	1	0	0	1	**0**	1	0	1	1	0	0	**1**	0 0 1	7
	1	0	1	0	0	**0**	1	1	0	1	1	0	**1**	0	0 1 0	6
	1	0	1	0	**1**	1	1	1	0	1	1	**1**	0	0	1 0 0	5
	1	0	1	**1**	0	1	1	1	0	1	**0**	0	0	0	0 1 1	4
	1	0	**0**	0	0	1	1	1	0	**0**	1	0	0	0	1 1 0	3
	1	**1**	1	0	0	1	1	1	**1**	1	1	0	0	0	1 1 1	2
	0	0	1	0	0	1	1	**0**	0	1	1	0	0	0	1 0 1	1

为了便于纠错，CRC 码的另一个特征是，不断地将余数补 0 后再除以 $G(x)$，各次的余数按照一个特定的顺序循环。例如，表 2.7 中，余数 001 补 0 除以 1011 的余数为 010，010 补 0 后再除以 1011 的余数为 100，依次可得余数 011，110，……反复循环。这就是为什么称为"循环码"的由来。

CRC 纠错时，可以利用循环码的特征，不断地对余数补 0 后除以 $G(x)$，同时将 CRC 码字左移，当错误移动到最左位置时，再进行纠正。这种纠错方法不需要使用译码器进行定位，因而硬件开销很小，特别是数据位数很大时。

由于 CRC 校验只关心余数，实现时可以仿照手工除法，在接收码字的过程中，逐步除以 $G(x)$ 来求余数，因此，特别适合串行传输的数据校验，而且除以 $G(x)$ 的时延被隐藏。

3）生成多项式的选择

生成多项式 $G(x)$ 决定了 CRC 码的校验能力，从检错及纠错的要求出发，$G(x)$ 应满足下列要求：

（1）任何一位发生错误时，都应使余数不为 0；

（2）不同位发生错误时，余数应该不同；

（3）对余数作模 2 除法时，应使余数循环。

这些条件用数学方式描述时比较复杂，对 $(n + k, n)$ 码来说，可将 $(x^{n+k} - 1)$ 按模 2 运算分解成若干质因子，根据所要求的码距，选取其中的因式或多个因式的乘积作为生成多项式 $G(x)$。例如，对 $(7, n)$ 码而言，$(x^7 - 1) = (x + 1)(x^3 + x + 1)(x^3 + x^2 + 1)$，$G(x)$ 有 11、1011、1101、11101、10111 五种选择，不同 $G(x)$ 对应的校验能力不同。

CRC 码具有较强的检错能力，同一 $G(x)$ 适用的数据位数的范围较大，因此，$G(x)$ 的选择要求不是很高。为了提高编码效率，通常只要求 CRC 具有一位纠错能力，多位出错时，通过告知对方重发的方式来进行纠错，以降低对 $G(x)$ 的选择要求。

下列常用的 $G(x)$，可以满足成百上千位数据的校验需求，它们为：

CRC-CCITT: $G(x)=x^{16}+x^{12}+x^5+1$

CRC-16:　　$G(x)=x^{16}+x^{15}+x^2+1$

CRC-12:　　$G(x)=x^{12}+x^{11}+x^3+x^2+x+1$

CRC-32:　　$G(x)=x^{32}+x^{26}+x^{23}+x^{16}+x^{12}+x^{11}+x^{10}+x^7+x^7+x^5+x^4+x^2+x+1$

　　循环冗余校验码检错能力较强，可以在接收过程中进行校验，广泛应用于磁盘存储、网络通信等数据量很大的数据校验中。

2.2　数据的表示

　　计算机需要处理的各种信息，如数字、符号、声音、图像等，在机器内部都以二进制编码的形式存在，因此，统称为数据。根据数据的应用特征，计算机中的数据可分为数值数据和非数值数据两种类型。数值数据包括自然数、整数、实数，运算类型为数学运算；非数值数据包括逻辑数、字符、图像等数据，运算类型包括逻辑运算、关系运算、特殊数学运算等。

　　本节主要讨论各种数据在计算机中的表示方法，下节讨论其运算方法。

2.2.1　数据的表示方法

　　数据有数值数据、非数值数据两种类型，计算机中，非数值数据也必须用二进制编码表示，可以理解为无符号、无小数点的数值数据，只是运算类型不是算术运算而已，因此，可以从数值数据角度出发，来分析所有数据的表示方法。

　　数据主要包含进制、符号、小数点、编码、长度 5 个属性。实际应用中，数据可以有多种进制，如十进制、二进制等；数据可以没有符号，如整数＋123、123；数据的小数点可以隐含、小数点位置可变，如＋12.3，－123；数据采用绝对值编码方式；数据的长度可根据需要任意变化，如进位时自动增加长度，运算永远不会溢出。

　　计算机硬件有许多特征，指令和数据都用二进制方式表示，运算也采用二进制方式；二进制中只有 0 和 1，没有正/负符号及小数点；数据的存储和处理采用定长方式，导致所有运算都是有模运算，运算结果可能溢出。

　　比较应用数据的属性与计算机的特征，可以发现两者差距很大。那么，计算机中应如何表示数据呢？对于数据的各个属性，计算机结构都有一定的处理方法，我们以此来说明数据的表示方法。

　　1）进制的选择

　　由于运算采用二进制方式，数据应支持二进制表示。又由于计算机外部大多使用十进制数，而有些应用领域的数据计算量很少，基本上就是存储和 I/O，为了减少十→二进制、二→十进制的进制转换开销，数据可以支持十进制表示。

　　通常的方法是，数据支持二进制表示，需要时支持十进制表示。

　　2）符号的表示

　　对于二进制数据而言，有符号数的符号用编码的最高位表示。无符号机器数的长度应与有符号机器数相同，此时有两种处理方法供选择，一是最高位为数值位，二是最高位恒为 0，为了不缩小表示范围，通常的方法是编码的最高位为数值位。

对于十进制数据而言，有符号机器数的符号放在最低位之后表示，具体方法如 2.1.3 节所示。无符号机器数也有两种处理方法供选择，即最高位为数值位，或最低位之后补正号，为了支持不同长度数据的表示，通常的方法是在最低位之后补正号，即有/无符号数用同一种方法表示。

3）小数点的表示

机器的二进制中只有 0 和 1，小数点本身必须隐含表示，因而约定的小数点位置必须是固定的。可根据数据类型约定少量位置，如整数、自然数在最低位之后，纯小数在最高数值位之前。但实数需要另外处理，如数据由尾数、阶组成，尾数和阶的小数点位置固定。

通常的方法是，小数点本身隐含表示，小数点位置支持定点、浮点两种表示格式。

4）编码方式的选择

不同数据类型有不同的运算类型，不同的机器数编码方式适合的运算类型不同，例如，补码适合有符号数的加/减运算，移码适合浮点数的对阶运算，无符号数的表示与运算应该采用无符号编码方式。通常的方法是，每种数据类型只选择一种编码方式，不同数据类型的编码方式可以不同。

由于长度不同的相同类型数据，可以采用同一种方法来表示，因此，数据的表示方法中，不涉及数据长度问题。但是，数据的运算方法中，定长运算可能会产生溢出，硬件必须进行结果的溢出检测，来保证结果的正确性，溢出检测方法与数据长度相关。

因此，数据的表示方法由进制、格式及编码三个要素组成，不同类型数据的表示属性有所不同。通常，进制有二进制、十进制两种，格式有定点、浮点两种，编码方式有无符号编码、原码、补码、移码等。

由于数据的表示形式都是二进制编码，数据本身无法指明其数据类型，因此，需要通过另外的手段来指明。由于数据在操作时才需要区分其数据类型，因此，通常用指令操作码来指明操作类型、操作数类型，操作数类型中包含操作数长度属性。

下面，我们分别讨论计算机中各种数据的表示方式。

2.2.2　整数的表示

整数包括有符号整数、自然数（无符号整数）两种，小数点隐含在最低位之后。计算机中表示整数时，通常采用二进制表示，有时也支持十进制（BCD 码）表示方式。十进制数的表示方法已在 2.1.3 节中介绍过，本节重点讨论二进制整数的表示方法。

二进制整数都采用定点格式表示，采用的编码方式因数据类型而有所不同。

1．定点表示法

定点表示法约定数据中的小数点位置固定不变，这种数据格式称为定点格式。采用定点格式表示的数称为定点数。

通常，小数点位置只约定在最低位之后或最高数值位之前。针对不同的数据类型，定点数的表示格式共有 3 种，如图 2.4 所示。

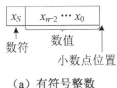
（a）有符号整数

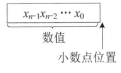
（b）无符号整数

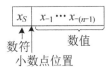
（c）纯小数

图 2.4　定点数的表示格式

不同类型的定点数，可以采用不同的编码方式，如无符号整数只能采用无符号编码方式，有符号整数、纯小数可有多种选择。若定点数的数码长度都为 n，则采用不同编码方式时定点数的表示范围如表 2.8 所示。

表 2.8　不同编码方式定点数的表示范围

数据类型 编码方式	有符号整数	无符号整数	纯小数
无符号编码	—	$0 \sim 2^n - 1$	—
原码	$-(2^{n-1}-1) \sim +(2^{n-1}-1)$	—	$-(1-2^{-(n-1)}) \sim +(1-2^{-(n-1)})$
补码	$-2^{n-1} \sim +(2^{n-1}-1)$		$-1 \sim +(1-2^{-(n-1)})$

例如，8 位无符号整数可表示的范围为 0~255，8 位原码编码的有符号整数可表示的范围为－127~＋127，8 位补码编码的有符号整数可表示的范围为－128~＋127。可见，有符号定点数的编码方式不同，可表示数的范围就不同。

2. 整数的表示

我们知道，无符号整数只能采用无符号编码方式，有符号整数的编码方式有多种选择，那么，究竟选哪一种呢？各种机器数编码方式中，竞争主要来自原码与补码。相对于原码，补码具有如下优点：多表示了一个数、符号与数值一起运算、减法无须比较大小，因此，现代计算机中，有符号整数的编码方式采用的都是补码。

可见，整数的表示方法中，进制通常为二进制，格式为定点格式，编码方式中，无符号整数为无符号编码，有符号整数为补码。

数学上，将具有同一值域及操作集的数据称为同一种数据类型，如整数、实数等，数据长度可以无限。计算机中，数据的表示和运算都是定长的，为了提高存储效率及运算性能，通常，数学上的一种数据类型，在机器中会表示为多种数据类型，它们的表示方法相同，但值域不同。例如，C 语言中的 int、short int、long int 是 3 种不同的数据类型，不同类型数据仅长度（值域）不同。

为了区别于软件中的数据类型，硬件中常将采用同一种方法表示的数据类型称为同一种数据表示，如浮点表示可以表示单精度浮点数、双精度浮点数 2 种数据类型。

那么，计算机中，整数究竟需要表示成多少种数据类型呢？这是由计算机结构确定的，不同计算机的选择有所不同。以 IA32（Intel Architecture 32bit）为例，整数共表示为 6 种数据类型，分别为 8/16/32 位的有符号整数和 8/16/32 位的无符号整数。32 位计算机中，这 6 种整数表示与 C 语言中的 char、short、int、unsigned char、unsigned short、unsigned int 数据类型一一对应。

3. 整数的类型转换

应用需求表明，不同长度的数据之间，总免不了需要进行运算，而硬件要求参与运算的数据长度相同，这就引起了数据的类型转换问题。

高级语言中，允许不同数据类型之间进行转换。例如，对于下列 C 语言代码：

```
int a=-2; unsigned ua=(unsigned)a; int iua=(int)ua;
short b=-5; int ib=(int)b; unsigned ub=(unsigned)b;
char ch=(char)a;
printf("xa=%x, xua=%x, ua=%u, iua=%d.\n", a, ua, ua, iua);
printf("xib=%x, ib=%d, xub=%x, ub=%u \n", ib, ib, ub, ub);
printf("ch=%d \n", ch);
```

其中，%d、%u 分别表示输出有符号整数、无符号整数的十进制值，%x 表示输出整数的十六进制值。32 位计算机中，执行该代码的输出结果为：

```
xa=fffffffe, xua=fffffffe, ua=4294967294, iua=-2
xib=fffffffb, ib=-5, xub=0000fffb, ub=65531
ch=-2
```

由第 1 行输出可见，位数相同的类型转换，数据的位值保持不变，只是位值的解释不同了。这就是为什么数据的数据类型需要用指令操作码指明的原因。

由第 2 行输出可见，位数增加的类型转换，数据的真值保持不变。由于 short 型变量 b 的十六进制位值为 fffffb，看作无符号数时的值是 65531，可见，仅增加数据位数时，真值能够保持不变。

由第 3 行输出可见，位数减小的类型转换，数据的低位保持不变，目的是尽可能保持真值不变。如 -2 的 8 位补码为 fe，变量 ch 保留了 fffffffea 的最低 8 位，使 a 在 ch 值域内时，能够保持 a 与 ch 的真值相同。

高级语言中，数据类型转换可以通过编译器实现。计算机硬件中，也避免不了不同类型数据的运算需求，类型转换需要通过相应的运算（操作）实现。

位数相同的类型转换，无须进行任何运算，数据运算方法可以改变位值的解释。位数减小的类型转换，需要通过截断运算实现，即保留数据的低位部分。位数增加的类型转换，需要通过位扩展运算实现，位扩展运算有零扩展（Zero Extension）、符号扩展（Sign Extension）两种类型。

零扩展的功能是增加无符号数的位数、保持真值不变，方法是在数据的高位补零。符号扩展的功能是增加有符号数的位数、保持真值不变，方法是在数据的高位补符号位。假设数据为 $d_{n-1}d_{n-2}\cdots d_0$，则零扩展的结果为 $0\cdots 0d_{n-1}d_{n-2}\cdots d_0$，符号扩展的结果为 $d_{n-1}\cdots d_{n-1}d_{n-1}d_{n-2}\cdots d_0$。可见，符号扩展默认有符号数的编码方式为补码。

2.2.3 实数的表示

实数都是有符号数，小数点位置不固定，在计算机中表示时，只能采用浮点格式。

任意一个实数都可描述成 $X=M\times R^E$ 形式，其中，M 称为尾数（mantissa），E 称为指数（exponent）或阶，R 称为基数（或基），基是尾数的进制。通常，尾数为纯小数，

即 $M=\pm 0. m_{-1}\cdots m_{k-1}$；阶为有符号整数，即 $E=\pm e_{l-1}\cdots e_0$；基为二进制，即 $R=2$。

1．浮点表示法

浮点表示法指数据用尾数和阶来表示，用阶来表示小数点的位置。浮点表示的一般格式如图 2.5 所示，尾数包括数符和尾数值，阶包括阶符和阶值。

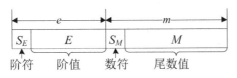

图 2.5　浮点表示的一般格式

采用浮点格式表示的数称为浮点数。浮点数由尾数和阶码组成，阶码和尾数都为定点数。通常，尾数为纯小数，采用二进制的原码或补码表示；阶码为有符号整数，采用二进制的移码或补码表示。由图 2.5 可见，尾数及阶的基都是隐含表示的，其余都是显式表示的。为便于描述，后面的尾数和阶都基于二进制进行讨论。

例 2.12　假设浮点数表示格式中，阶码为 5 位、尾数为 11 位，尾数和阶都用补码表示。

（1）将 $+13/128$ 转换为浮点数。

（2）将浮点数 11010 10011011100B 转换成十进制数。

解：（1）$(+13/128)_{10}=(+1101/10000000)_2=+0.1101\times 2^{-11}$。

$[+0.1101]_补=0.1101000000$，尾数为 01101000000；$[-11]_补=11101$，阶为 11101。因此，$+13/128$ 的浮点数为 11101 01101000000。

（2）尾数的机器数（补码）为 1.0011011100，可得到尾数的值为 -0.1100100100；阶的机器数（补码）为 11010，可以得到阶的值为 -0110。因此，该浮点数的真值为 $(-0.1100100100\times 2^{-0110})_2=-201/16384$。

假设浮点数的尾数为 m 个二进制位，阶码为 e 个二进制位，尾数和阶码都用原码表示，浮点数的表示范围如图 2.6 所示。

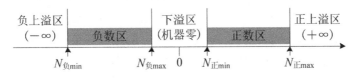

图 2.6　浮点数的表示范围

则 $N_{正max}=-N_{负min}=(1-2^{-(m-1)})\times 2^{+(2^{e-1}-1)}$，$N_{正min}=-N_{负max}=2^{-(m-1)}\times 2^{-(2^{e-1}-1)}$，可见，$e$ 的大小影响实数的表示范围，m 的大小影响实数的表示精度。

浮点数的阶大于最大阶码时称为上溢，上溢是真正的溢出，应进行溢出处理；浮点数的阶小于最小阶码时称为下溢，下溢可以认为是机器零，不是溢出。

实际应用中，为了提高存储效率及运算性能，计算机中通常支持多种类型的浮点数，不同类型浮点数的尾数和阶码的长度不同、编码方式相同。例如，几乎所有计算机中，浮点数表示都支持 IEEE 754 标准的单精度、双精度浮点格式，它们与 C 语言中的

float、double 数据类型一一对应。

2. 浮点数的规格化

浮点数中，有效数字的位数越多，浮点数的精度就越高，有效位数的最大值由浮点数的尾数决定。为了提高浮点数的精度，减少浮点运算过程中的精度损失，尾数中有效数字的位数应最大化，即尾数的最高数值位为有效数字（基数 $R=2$ 时为 1）。

通常，将尾数最高数值位为非 0 的浮点数称为规格化数。理论上，基数 $R=2$ 时，规格化数的尾数 M 应满足条件：$1/2 \leqslant |M| < 1$。

一个浮点数的表示形式并不唯一，但规格化数的表示是唯一的，而且规格化数的精度是最高的。将浮点数转换成规格化数的过程称为规格化操作。规格化操作通过移动尾数、同时修改阶码的方法来实现，根据尾数的移动方向，规格化操作有左规格化（左规）和右规格化（右规）两种类型。

左规指将尾数左移 1 "位"，同时将阶码减 1；右规指将尾数右移 1 "位"，同时将阶码加 1。注意，基数 $R \neq 2$ 时，"位"指 $\log_2 R$ 个二进制位。由于尾数是纯小数，进行尾数运算后，浮点数规格化时，可能需要进行多次左规操作，但最多只需要进行一次右规操作。

例 2.13 假设浮点数格式中，阶码为 5 位、尾数为 8 位，阶码用移码表示。

（1）当尾数用原码表示时，写出浮点数 10000 10010110B 的规格化数，并说明左规的次数。

（2）当尾数用补码表示时，写出浮点数 11101 11101000B 的规格化数。

解：（1）依题意，尾数 $[M]_原 = 10010110$，阶码 $[E]_移 = 10000$，$M = -0.0010110$，则尾数左移 2 位后，$M' = -0.1011000$，$[M']_原 = 11011000$，左规后 $[E']_移 = 01110$；因此，规格化数为 01110 11011000B，左规了 2 次。

（2）依题意，尾数 $[M]_补 = 11101000$，阶码 $[E]_移 = 11101$，$M = -0.0011000$，则尾数左移 2 位后，$M' = -0.1100000$，$[M']_补 = 10100000$，左规后 $[E']_移 = 11011$；因此，规格化数为 11011 10100000B。

现在，我们来讨论硬件判断浮点数是否为规格化数的方法。当尾数 M 用原码表示时，规格化数的标志为：尾数（原码）的最高数值位为 1，即 $1/2 \leqslant |M| < 1$。当尾数 M 用补码表示时，规格化数的标志为：尾数（补码）的最高数值位与符号位相反。

补码规格化数这样规定的原因是，当 $M \geqslant 0$ 时，$+1/2 \leqslant M < +1$ 的补码为 $0.1x\cdots x$，满足上述规定要求；当 $M < 0$ 时，$-1 \leqslant M < -1/2$ 的补码为 $1.0x\cdots x$，仅 $-1/2$ 不在范围内，但范围内多了 -1.0，为了使规格化、非规格化尾数的个数相同，规格化数中应剔除 $-1/2$，上述规定还简化了判断过程，因此，上述规定是合理的。

3. IEEE 754 标准

IEEE 754 标准是 IEEE 于 1985 年提出的浮点数表示格式。目前，几乎所有的计算机都采用 IEEE 754 标准表示浮点数，有力地增强了软件的可移植性。

IEEE 754 标准定义的浮点表示格式如下：

数符 S	阶码 E	尾数 M

IEEE 754 标准定义了两种类型的浮点数格式，即单精度格式和双精度格式，同时还定义了浮点数的两种扩展格式，便于在浮点运算时提高运算精度，扩展格式只规定了精度和大小的最小值。它们的具体格式如表 2.9 所示，表中只列出了一种扩展格式，扩展格式的参数为常用值。

表 2.9　IEEE 754 标准中的的浮点数格式

格式　　　　参数	数符	阶码	尾数	总长度
单精度格式	1	8	23	32
双精度格式	1	11	51	64
扩展双精度格式	1	15	64	80

IEEE 754 标准中，阶码及尾数的基都为 2。阶码用移码表示，但偏置常数为 127 和 1023（标准移码为 128 和 1024），目的是留出全 0 和全 1 两个阶码另作他用。尾数用原码表示，但隐藏了尾数的最高数值位，目的是增加 1 位精度。例如，规格化的单精度浮点数表示为 $1.M \times 2^{E-127}$，隐藏小数点前面的"1"后，23 位的位数 M 便达到了 24 位精度。

下面以单精度浮点数为例，讨论 IEEE 754 标准的浮点数表示特性。单精度浮点数的表示特征如表 2.10 所示，阶码 0 和 255 不用于规格化数的表示。

表 2.10　IEEE 754 单精度浮点数的表示特征

格 式 参 数	真　值	说　明
$E=0$、$M=0$	0	机器零
$E=0$、$M\neq0$	$(-1)^S \times 2^{-126} \times 0.M$	非规格化数
$1\leqslant E\leqslant254$	$(-1)^S \times 2^{E-127} \times 1.M$	规格化数
$E=255$、$M=0$	$(-1)^S \times \infty$	$\pm\infty$
$E=255$、$M\neq0$	NaN	非数值

可见，IEEE 754 标准明确表示了机器零及无穷大；支持非规格化数的表示，可以减小下溢区空间，提高表示精度；明确表示了非数值（Not a Number, NaN），对浮点数的初始化、运算异常表示提供了有力的帮助。

例 2.14　将二进制数 −0.0111 转换为 IEEE 754 单精度浮点数。

解： $(-0.0111)_2 = (-1)^1 \times (1.11) \times 2^{-2}$，阶码的真值为 −2，尾数的真值为 0.11；因此，浮点数格式中，数符 $S=1$，阶码 $E=127+(-2)=01111101B$，尾数 $M=110\cdots0$；单精度浮点数为 1 01111101 11000000000000000000000。

例 2.15　将 IEEE 754 单精度浮点数 C1C90000H 转换为十进制数。

解： C1C90000H=1100 0001 1100 1001 0000 0000 0000 0000B，浮点数格式中，数符 $S=1$，阶码 $E=10000011$，尾数 $M=10010010\cdots0$；由于 $1\leqslant E\leqslant254$，阶码对应的真值为 $E-127=4$，尾数真值为 1.1001001B；该数为 $-1.1001001B\times2^4 = -11001.001B = -25.125$。

由于应用需要，浮点数之间、浮点数与定点数之间同样存在类型转换问题。转换的原则的真值尽量保持不变，下面以 C 语言为例来进行说明，float 转换为 double 时，能够保留所有精度；double 转换为 float 时，可能会发生溢出，或者尾数舍入；int 转换为 float 时，可能会发生尾数舍入；float 转换为 int 时，可能会发生溢出，或者朝零方向截断（如±1.99 被转换为±1）。类型转换必须通过浮点运算实现，而不能采用简单的位扩展、位截断运算。

综上所述，数值数据的表示方式中，进制通常为二进制，格式有定点格式、浮点格式两种，编码方式根据数据类型而有所不同。计算机内部的数据表示中，通常，无符号整数及有符号整数采用无符号编码及补码的定点格式表示，实数和纯小数用 IEEE 754 标准的浮点格式表示，每种格式支持多种数据类型（操作集相同、值域不同）。

2.2.4　非数值数据的表示

非数值数据包括逻辑数、字符、声音、图像等类型，运算类型大多不是算术运算，如逻辑运算、关系运算等。

下面主要讨论逻辑数、字符的表示，同时讨论逻辑运算、关系运算的实现方法。数据的表示与运算一并讨论的原因是，这些运算不同于算术运算，又很简单，后续几节只讨论定点运算、浮点运算的实现方法。

1．逻辑数的表示

我们知道，逻辑数的值域为"真"和"假"，逻辑数的运算主要有逻辑与（AND）、逻辑或（OR）、逻辑非（NOT）、逻辑异或（XOR）等。

1）逻辑数的表示

从值域角度看，逻辑数的长度只需 1 位即可；从存储角度看，逻辑数的长度须为 m 位（$m>1$），如一个主存单元长度。为了提高表示效率，每一位可以表示一个逻辑值，m 位的逻辑数可以表示 m 个逻辑值。

因此，逻辑数通常用位向量表示，每位表示一个逻辑值，用 1 表示真、0 表示假。

那么，计算机中，逻辑数究竟需要表示成多少种数据类型呢？由于逻辑运算与算术运算可以使用同一部件实现，为了不增加逻辑数的运算成本，通常，逻辑数与整数的长度种类是相同的。因此，整数和逻辑数需要通过指令的操作码才能区分它们，算术运算时为整数，逻辑运算时为逻辑数。

2）逻辑数的运算

基于逻辑数的表示方法，逻辑数的运算方法必须为按位运算，即各位的运算相互独立。硬件支持的逻辑运算通常有按位与、按位或、按位非、按位异或等类型，与 C 语言中&、|、~、^运算符的功能相对应。为了便于描述，运算类型用 C 语言运算符代替。

若 $A=a_{n-1}\cdots a_0$，$B=b_{n-1}\cdots b_0$，则 $Z=A \& B=z_{n-1}\cdots z_0$，$z_i=a_i \& b_i$（$i=0, 1, \cdots, n$）。例如，00110100 & 00100010＝00100000，00110100｜00100010＝00110110。

逻辑数的表示方法决定了逻辑值的读写方法。例如对 8 位逻辑数 a，读出第 2 位的值则需要进行 a & 00000100 运算，结果的真/假表示该位的值；第 3 位改为 1 则需要进行 a｜00001000 运算。

逻辑运算通过逻辑门电路实现，通常与算术运算混合在一起实现。这是因为，算术运算是基于逻辑运算实现的，算术运算的位间有进位/借位，逻辑运算的位间无关联，例如 1 位加/减法就是用异或门实现的，逻辑运算可以借用算术运算电路，或在其中增加一些门电路，并选择性输出即可。

2．字符的表示

2.1.4 节中讲过，字符编码指字符的交换码，唯一表示字符在字符集中的序号或特征号；字符数据指字符的内码，是字符编码在计算机内部存储和处理时的编码。可见，字符的表示方法指字符编码的表示方法，字符的表示结果为字符数据（内码）。

1）字符的表示

由于字符编码仅表示序号或特征号，可看作无符号整数，因此，字符的表示方法与无符号整数相同，用定点格式的二进制的无符号编码表示。由于字符集大小固定，因此，同一字符集的字符只有一种数据类型，不同字符集字符的数据类型可以不同。

通常，字符内码由交换码和扩展码组成，交换码放在低位，扩展码放在高位。扩展码的功能是将字符内码长度扩展为主存单元长度的倍数，通常填 0。若主存单元长度为 n 位，交换码为 m 位，则字符内码为 $\lceil m/n \rceil \times n$ 位，扩展码为 $n-(m \bmod n)$ 位。

当系统同时支持多个字符集时，扩展码还可以用于表示字符集的类型。例如，PC 机中，主存按字节编址，ASCII 内码占 1 个字节、最高位为 0，GB2312－80 内码占 2 个字节、每个字节的最高位为 1，这样，字符内码本身就可以表示其字符集类型了。

2）字符的运算

字符的运算主要是字符比较，运算类型包括＝、≠、>、≥、<等关系运算，运算结果为逻辑值（真/假）。字符内码是无符号整数，字符运算就是无符号数的关系运算。

减法运算的结果，可以用于判断相等、大小关系，如 $A-B$ 的结果为零时 $A=B$，无符号减法的结果有借位时 $A<B$，有符号减法的结果为负时 $A<B$。

因此，关系运算可以通过减法运算和逻辑运算来实现，无符号数、有符号数的关系运算的实现方法有所不同。

对于无符号数的关系运算，需要使用无符号减法运算，假设：结果是否为零用标志 ZF 表示，ZF＝1 时结果为零、ZF＝0 时结果不为零；结果是否有借位用标志 CF 表示，CF＝1 时结果有借位，CF＝0 时结果无借位。则关系运算结果需要通过 ZF、CF 进行判断，逻辑运算的方法如表 2.11 所示。例如，假设变量 $A='n'$、$B='m'$，则 $A-B$ 运算后 ZF＝0、CF＝0，$A=B$ 的结果为假、$A>B$ 的结果为真。

表 2.11　无符号数的关系运算的实现方法

关系运算		$A=B$	$A\neq B$	$A<B$	$A\leqslant B$	$A>B$	$A\geqslant B$
实现	减法运算		$A-B$，产生 ZF 及 CF				
	逻辑运算	ZF	$\overline{\text{ZF}}$	CF	CF+ZF	$\overline{\text{CF+ZF}}$	$\overline{\text{CF}}$

对于有符号数的关系运算，需要使用有符号减法运算，关系运算结果需要通过减法运算的结果符号、结果是否溢出进行判断（逻辑运算）。判断的方法可以在学习定点运算后，自行推导。

关系运算实现时，通常借用加减法器完成减法运算。这就要求，加减法器在输出运算结果的同时，产生结果的标志信息：零标志 ZF（Zero Flag）、进位/借位标志 CF

（Carry Flag）、符号标志 SF（Sign Flag）和溢出标志 OF（Overflow Flag）。

3）字符串的表示

字符串指连续的一串字符，字符串的长度没有限制，字符串的操作为子串比较等关系操作。字符串长度无限制的应用特征，使计算机很难处理。

基于性能与成本的考虑，通常的处理方案是：软件负责将字符串操作转换为字符操作，并用特定字符表示字符串结束；硬件只支持字符的表示及关系运算。例如，C 语言用编码为 0 的 ASCII 字符 '\0' 作为字符串的结束符。

3. 其他类型数据的表示

除逻辑数、字符外，非数值数据还包括声音、图像、图形等类型，运算类型除逻辑运算、关系运算外，大多是些特殊的数学运算。

通常，复杂数据类型可以分解为简单数据类型的结构（如数组、矩阵、向量），硬件负责简单数据类型的表示与处理，软件负责数据结构的管理。例如，数字图像由像素点矩阵组成，像素点的编码方式有多种，可以用一个或多个无符号数表示，进一步地，多个像素点可以用一个向量表示，每个向量元素表示一个像素点。

非数值数据的表示方法有两类，一类为无符号编码方式，如字符、声音采样点、图像像素点的表示；另一类为向量方式，如逻辑数的表示（每位表示一个元素），图像的表示（几位表示一个元素）。每种数据表示的数据类型可能有多种，其长度都是主存单元长度的倍数。

非数值数据的运算方法有多种，典型的有逻辑运算、关系运算、饱和运算。

饱和（Saturation）运算是一种特殊的算术运算，当运算结果超过上限或低于下限时，结果就等于上限或下限。如 8 位颜色灰度的值域为 0~255，饱和运算 250＋8 的结果是 255。

饱和运算可以通过算术运算和分段函数实现，通常会配置专用部件，而不借用已有运算部件，以实现定点/浮点运算与多媒体处理的并行。

2.2.5 数据表示举例

由前面的讨论可知，数据的表示方法由进制、格式及编码三个要素组成，同一种数据表示方法可以表示几种数据类型（操作集相同、值域不同）。

从应用角度看，数据包括数值数据、非数值数据两大类型，数值数据可以用定点数、浮点数表示，非数值数据可以用向量、定点数等表示。不同数据的运算类型可能不同，运算的实现方法由数据的表示方法决定。

1. 数据表示示例

现代计算机中，纯小数都作为实数处理，常见数据的表示结果如表 2.12 所示。

为了提高存储效率，每种数据通常表示成几种长度的数据类型，长度都是主存单元长度的倍数。为了降低运算部件成本，关系运算通常通过减法运算和逻辑运算来实现。

下面，以 Intel 公司的 IA32 结构为例，介绍其数据表示。

IA32 的数据类型包括整数、浮点数、指针、逻辑数（位域）、压缩 SIMD 数（多媒

表 2.12 计算机中常见数据的表示结果

数据分类＼表示方法		进制	表示格式	编码方式	数据类型	运算方法
数值数据	自然数	二进制，可有十进制	定点格式（无符号）	无符号编码，可有 BCD 码	几种	定点运算
	整数		定点格式（有符号）	补码或原码，可有 BCD 码	几种	
	实数	二进制	浮点格式	尾数为原码、阶码为移码	两种	浮点运算
非数值数据	逻辑数	二进制	位向量格式	无符号编码（每位）	几种	逻辑运算
	字符	二进制	定点格式（无符号）	无符号编码	几种	关系运算
	像素等	二进制	定点格式（无符号）	无符号编码	几种	饱和运算

体数据类型）、BCD 数，长度有 8 位、16 位、32 位、48 位、64 位共五种，其中，整数、逻辑数都可为 8/16/32 位，浮点数为 32 位和 64 位，指针为 32 位和 48 位，压缩 SIMD 数为 64 位，BCD 数为 8 位。

从表示方法看，BCD 数用十进制表示，其余数据都用二进制表示，具体的表示方法同表 2.12。压缩 SIMD 数采用向量格式表示，每个元素为无符号整数。

从运算方法看，各种数据类型的运算方法同表 2.12。由于关系运算是通过减法运算和逻辑运算实现的，转移指令使用逻辑运算结果来实现，因此，字符不作为数据类型存在，属于无符号整数。BCD 数的运算是通过先进行二进制运算、再将结果转换为十进制的方法实现的，因此，BCD 数的专用指令只有一些转换指令。

注意，硬件中的数据表示与编程语言中的数据类型，在表述方面会有所不同。例如 C 语言中，char 类型用 8 位无符号整数表示，逻辑数没有专用数据类型、只有逻辑运算符，指针类型用 32 位无符号整数表示。

2. 相关机器参数

1.6 节介绍过主存编址单位（主存单元长度）、机器字长的概念，下面我们来看看它们与各种数据类型的关系。

假设一个数据的长度为 n 位，用一个数 m 来表示其长度时，m 的位数（＝$\log_2 n$）应该为整数，因此，数据长度 n 通常为 2 的幂。

从数据的访问效率看，希望一次访存就能够访问到数据的全部内容，主存单元长度应该是所有数据长度的最大值，如 int。从主存的存储效率看，希望数据存放时的空闲位数最小，主存单元长度应该是所有数据长度的最小值，如布尔数。确定主存单元长度时，通常采用折中方案，只在高频率使用的数据中选择，选择结果是最小的数据长度。例如，ASCII 码的使用频率很高，大多数计算机的主存就按字节进行编址。

因此，主存单元长度为各种数据表示的最小长度，每种数据表示的长度都是主存单元长度的倍数。

机器字长指的是 CPU 一次能处理的定点数的位数，因此，机器字长为各种定点数据的最大长度，如 IA32 中的 32 位整数。

需要提醒的是，计算机中的运算都采用定长方式，定长运算属于有模运算，结果可能会产生溢出，因此，为了保证运算结果的正确性，运算实现时必须进行溢出检测，发生溢出时，根据应用需要确定是否通知软件进行处理。

2.3　定点数的运算

定点数包含无符号整数、有符号整数和纯小数三种类型，纯小数通常看作浮点数，因此，本节主要讨论两种整数的运算方法。

整数的运算类型主要包括加、减、乘、除、移位等。为了便于理解各种运算器的组成，这里先回顾一下常用的逻辑部件。

2.3.1　常用的逻辑部件

数字逻辑电路有组合逻辑电路、时序逻辑电路两种类型。组合逻辑电路的输出只依赖于输入，功能为计算或操作，故称为操作单元。时序逻辑电路的输出依赖于当前的输入以及此前的状态，即带有输出到输入的反馈回路，因而能够保存信息，故称为状态单元。

计算机中，常用的组合逻辑电路有三态门、译码器、数据选择器、加法器，常用的时序逻辑电路有触发器、寄存器、计数器。

1. 三态门

所谓三态是指正常 0 态、正常 1 态、高阻态 Z，高阻态等价于断开状态。三态门是三态输出门的简称，其输出端可以输出上述三种状态。

三态门是在常规门电路的基础上增加控制电路来实现的，用控制端来控制输出是正常还是高阻。三态门的输出可以为正相或反相，控制端可以高电平或低电平有效。输出反相、低电平控制的三态门功能表及逻辑图如图 2.7(a) 所示，$\overline{G}=0$ 时 $Y=\overline{A}$，$\overline{G}=1$ 时 $Y=Z$。输出正相、高电平控制的三态门功能表及逻辑图如图 2.7(b) 所示。

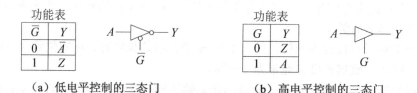

（a）低电平控制的三态门　　　　（b）高电平控制的三态门

图 2.7　三态门的功能及逻辑图

三态门主要用作开关电路，如总线接口电路。总线是一种共享信号线，同时最多有一个部件可以输出信息到总线上，因此，所有部件的输出端都必须通过三态门连接到总线上。

2. 译码器

译码器的功能是将输入的每个二进制代码都译成不同的控制电位。若译码器有 n 个输入，则有 2^n 个输出；任何一种输入组合，都只有一个输出为 0（或 1），其余输出都为 1（或 0）；每一种输入组合，输出为 0（或 1）的输出端都不同。

图 2.8 是 2-4 译码器的功能表及内部逻辑。译码器中常设置"使能"控制端 $\overline{E}$，控制是否禁止译码功能，$\overline{E}=0$ 时正常译码，$\overline{E}=1$ 时输出全部无效。

功能表

$\overline{E}$	B	A	$\overline{Y_3}$	$\overline{Y_2}$	$\overline{Y_1}$	$\overline{Y_0}$
0	0	0	1	1	1	0
0	0	1	1	1	0	1
0	1	0	1	0	1	1
0	1	1	0	1	1	1
1	×	×	1	1	1	1

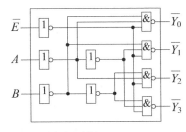

图 2.8　2-4 译码器的功能表及内部逻辑

3．数据选择器

数据选择器又称多路选择器（Multiplexer）或多路复用器，功能是在选择信号的作用下，从多个输入通道中选择一个通道的数据输出。若数据选择器的输入有 n 个，则需要 $\log_2 n$ 个选择信号。多路选择器可以带三态输出功能，此时常称为多路开关。

图 2.9 是三态 4 选 1 数据选择器的功能表及内部逻辑，其中，$S_1 S_0$ 为通道选择信号，$\overline{G}$ 为三态控制端。$\overline{G}$ 的另一个作用是可以用来扩展通道数。

功能表

$\overline{G}$	S_1	S_0	D_3	D_2	D_1	D_0	Y
0	0	0	×	×	×	D_0	D_0
0	0	1	×	×	D_1	×	D_1
0	1	0	×	D_2	×	×	D_2
0	1	1	D_3	×	×	×	D_3
1	×	×	×	×	×	×	Z

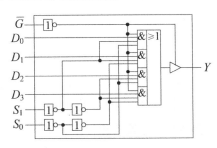

图 2.9　三态 4 选 1 数据选择器的功能表及内部逻辑

数据选择器不带三态输出功能时，只需将图 2.9 中的三态门移除即可。

数据选择器主要用于多个部件输出端与一个部件输入端间的连接。

4．触发器

时序逻辑电路内部包含状态单元，一个状态单元至少有两个输入和一个输出，两个输入分别为待写入数据及写入控制信号。

触发器是时序电路的基础元件。触发器的种类很多，按控制方式分，有电位触发、边沿触发、主从触发等；按功能分，有 RS 型、D 型、JK 型等。同一触发器的功能可以用不同的触发方式来实现，如同步写入、异步清零，使用时要注意。

1）电位触发方式触发器

当控制端 E 为约定电平（如 1）时，触发器接收输入数据，输出端的值随输入端而变化；当 E 为非约定电平时，触发器的状态保持不变，这种触发器又称为锁存器。

图 2.10 是锁存器的功能表及内部逻辑，其中带反馈回路的两个与非门构成了基本 RS 触发器，E 端用来控制 D 是否能够写入，Q_0 表示之前的输出状态。

锁存器的结构简单，常用它来组成作暂存器。

2）边沿触发方式触发器

当时钟脉冲端 CP 上的约定跳变（如上升沿）到来时，触发器接收输入数据；当 CP

功能表

E	D	Q	$\overline{Q}$
1	0	0	1
1	1	1	0
0	×	Q_0	$\overline{Q_0}$

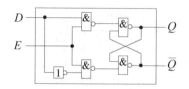

图 2.10　锁存器的功能表及内部逻辑

处于非约定跳变状态（如 1/0/下降沿）时，触发器的状态保持不变。

D 触发器是常用的正边沿触发器，其功能表、内部逻辑及写入时序如图 2.11 所示，其中，$\overline{R_D}$ 及 $\overline{S_D}$ 为异步清零及异步置位端。所谓异步指控制立即生效、不受 CP 影响。

功能表

$\overline{R_D}$	$\overline{S_D}$	CP	D	Q	$\overline{Q}$
0	1	×	×	0	1
1	0	×	×	1	0
1	1	↑	0	0	1
1	1	↑	1	1	0
1	1	↯	×	Q_0	$\overline{Q_0}$

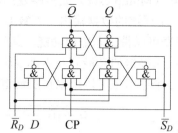

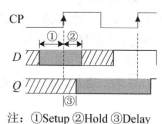

注：①Setup ②Hold ③Delay

图 2.11　D 触发器的功能表、内部逻辑及写入时序

边沿触发器的抗干扰能力强，能在同一时钟周期内读出和写入（图 2.11），常用它来组成作寄存器、移位寄存器及计数器。

5. 寄存器和移位寄存器

寄存器是一个重要的存储部件，用于暂存数据、指令等。寄存器由触发器及一些控制门组成，常用的是正边沿触发 D 触发器。

图 2.12 是由正边沿触发 D 触发器组成的 4 位寄存器，$\overline{R_D}$ 为异步清零端。寄存器的读出是使能的（无须信号控制），寄存器的写入通过 CK 来控制（上升沿）。

功能表

$\overline{R_D}$	CK	$D_3 \sim D_0$	$Q_3 \sim Q_0$
1	↑	D	D
1	↯	×	Q_0
0	×	×	0

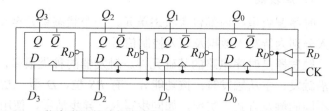

图 2.12　4 位寄存器的功能表及组成

移位寄存器具有移位功能，有些还具有寄存器的功能，如通过控制端 $S_1 S_0$ 来选择功能，在 CK 上升沿实现功能，$S_1 S_0 = 00 \sim 11$ 分别对应左移、右移、并行输入、保持功能。实际应用中，移位寄存器的功能通常根据需要来定，如环形信号发生器。

6. 计数器

计数器可以用于脉冲计数、分频、定时、产生节拍脉冲等，是一种常用部件。按时钟作用方式分，有同步计数器和异步计数器两种，同步计数器中各个触发器的时钟脉冲信号是由同一脉冲来提供的。CPU 内部常用的是同步计数器。

图 2.13 所示的是一个 4 位计数器的功能表及外部引脚，其中，EP、ET 为计数使能端，ET 还用于计数进位端 C 的控制。

功能表

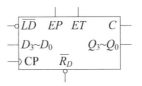

CP	$\overline{R_D}$	$\overline{LD}$	EP	ET	工作状态
×	0	×	×	×	清零
↑	1	0	×	×	置数
↑	1	1	1	1	计数
×	1	1	0	1	保持
×	1	1	×	0	保持($C=0$)

图 2.13　4 位计数器功能表及外部引脚

"置数"功能使计数器具有了寄存器的功能，这个功能实用性很大，CPU 中的程序计数器 PC 通常由计数器构成。

7. 加法器

加法器的功能是实现加法运算，n 位加法器由 n 个一位全加器及进位电路组成。根据进位方式的不同，加法器有串行进位加法器、并行进位加法器两种。

1）全加器

全加器是相对半加器而言的，半加器（HA）实现加法时不考虑来自低位的进位。一位全加器（FA）的输入有操作数 A_i、B_i 及低位进位 C_{i-1} 三个，输出有本位和 S_i 及高位进位 C_i 两个。一位全加器的真值表如图 2.14(a) 所示。

输　入			输　出	
A_i	B_i	C_{i-1}	S_i	C_i
0	0	0	0	0
0	1	0	1	0
1	0	0	1	0
1	1	0	0	1
0	0	1	1	0
0	1	1	0	1
1	0	1	0	1
1	1	1	1	1

（a）真值表

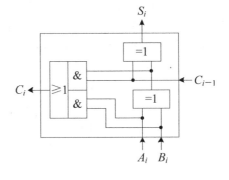

（b）内部逻辑

图 2.14　一位全加器的基本组成

根据真值表，可以得到本位和 S_i 及高位进位 C_i 的逻辑表达式：

$$S_i = \overline{A_i}B_i\overline{C_{i-1}} + A_i\overline{B_i}\overline{C_{i-1}} + \overline{A_i}\,\overline{B_i}C_{i-1} + A_iB_iC_{i-1} = A_i \oplus B_i \oplus C_{i-1} \qquad (2-1)$$

$$C_i = A_iB_i\overline{C_{i-1}} + \overline{A_i}B_iC_{i-1} + A_i\overline{B_i}C_{i-1} + A_iB_iC_{i-1} = (A_i \oplus B_i)C_{i-1} + A_iB_i \qquad (2-2)$$

因此，一位全加器的内部逻辑如图 2.14(b) 所示。

为了便于描述 C_i 的进位逻辑，定义两个函数 $G_i = A_iB_i$ 和 $P_i = A_i \oplus B_i$。G_i 称为进位产生函数，当两个输入都为 1 时产生进位，因进位产生与低位无关而得名。P_i 称为进位传递函数，当两个输入有一个为 1、低位有进位时就产生进位，因 $P_i = 1$ 时传递低位进位而得名。因此，C_i 的逻辑表达式可写成 $C_i = G_i + P_i C_{i-1}$，本位和可写成 $S_i = P_i \oplus C_{i-1}$。

2）串行进位加法器

串行进位方式指各个位的进位逐级形成，每一级的进位直接依赖于低一级的进位，故又称为行波进位方式。设 n 位加法器的数据入端为 $A_{n-1} \cdots A_1 A_0$、$B_{n-1} \cdots B_1 B_0$，最低位的初始进位（低级进位）为 C_{-1}，则各个位的进位的逻辑表达式为：

$$\begin{cases} C_0 = G_0 + P_0 C_{-1} \\ C_1 = G_1 + P_1 C_0 \\ \quad\vdots \\ C_{n-1} = G_{n-1} + P_{n-1} C_{n-2} \end{cases} \tag{2-3}$$

采用串行进位方式的加法器如图 2.15 所示，加法器延迟为各个全加器的延迟之和。

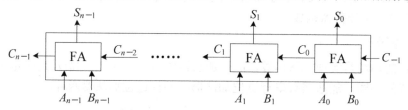

图 2.15 串行进位加法器的组成

串行进位加法器的特点是进位电路简单，但运算速度最慢。

3）并行进位加法器

并行进位方式指各个位的进位同时形成，各级的进位之间不存在依赖关系。因此，进位可以在求和之前形成，故又称为先行进位方式。

并行进位的实现方法是，基于串行进位方式，消除各级进位之间的依赖关系。对式（2-3），采用代入方法，即可得到并行进位方式的各个进位的逻辑表达式：

$$\begin{cases} C_0 = G_0 + P_0 C_{-1} \\ C_1 = G_1 + P_1 G_0 + P_1 P_0 C_{-1} \\ \quad\vdots \\ C_{n-1} = G_{n-1} + P_{n-1} G_{n-2} + P_{n-1} P_{n-2} G_{n-3} + \cdots + P_{n-1} \cdots P_0 C_{-1} \end{cases} \tag{2-4}$$

图 2.16 画出了 4 位并行进位电路的内部逻辑，可见，各个进位信号是独自形成的。

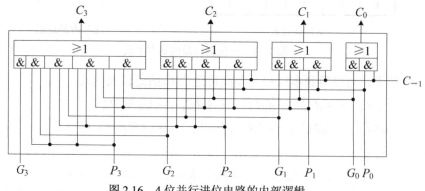

图 2.16 4 位并行进位电路的内部逻辑

采用并行进位方式的加法器如图 2.17 所示，加法器延迟为进位电路延迟与一个全加器延迟之和。

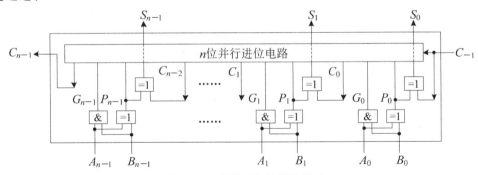

图 2.17　并行进位加法器的组成

并行进位加法器的特点是运算速度最快，但进位电路很复杂。当 n 较大时，完全采用并行进位是不现实的，因此，并行进位又衍生出分组并行进位、分级并行进位两种方式。

分组并行进位方式把 n 位全加器分成几个组，采取组内并行进位、组间串行进位方式。分组并行进位加法器的组成类似于图 2.15，只需要将全加器改为 m 位并行进位加法器即可，m 为每个组的全加器个数，共有 n/m 个组。

分级并行进位方式把 n 位全加器分成几个组，采取组内并行进位、组间并行进位方式。分级并行进位加法器的组成类似于图 2.17，只需要将全加器改为 m 位并行进位加法器，将并行进位电路改为 n/m 位即可，m 为每个组的全加器个数，G_i 及 P_i 为组内最后一位的函数。

2.3.2　加减运算

加减运算是最基本的运算，运算方法必须与数据表示方法相对应。对应于整数的表示方法，最常用的加减运算是补码加减、无符号加减运算，原码加减、移码加减运算只在浮点运算中用到。

计算机中的运算都是定长运算，运算结果可能会产生溢出，需要进行溢出检测，以便于在发生溢出时及时通知软件进行处理。

1．补码加减运算

下面从补码加减运算的运算规则、逻辑实现、溢出判断三个方面进行讨论。

1）运算规则

对补码加法运算，由补码定义 $[X]_补=2^n+X$ 及同余公式，可以得到补码加法公式：

$$[A]_补+[B]_补=[A+B]_补 \qquad (\mod\ 2^n) \qquad (2\text{-}5)$$

式（2-5）表明，真值相加可以用补码相加实现，并且不必考虑真值的符号。

对补码减法运算，由 $A-B=A+(-B)$ 及加法公式，可以得到补码减法公式：

$$[A]_补+[-B]_补=[A-B]_补 \qquad (\mod\ 2^n) \qquad (2\text{-}6)$$

式（2-6）表明，真值相减可以用补码加法实现，同样不必考虑真值的符号。由于 B 是用补码表示的，$[-B]_补$ 可用 $[B]_补$ 求得：包括符号位在内，各位取反、末位加 1。

结合式（2-5）和式（2-6），可以发现，真值加减可以用补码加减运算实现，补码加减运算时，数值与符号可以一起运算，减法运算可以用加法运算实现。运算结果的位数与源操作数相同，结果不超出补码表示范围时，结果是正确的。

例 2.16 设 $A=-01010$，$B=+10011$，用 6 位补码求 $[A+B]_{补}$ 及 $[A-B]_{补}$。

解： 由题意，$[A]_{补}=110110$，$[B]_{补}=010011$，$[-B]_{补}=101101$

$$[A+B]_{补}=[A]_{补}+[B]_{补}=\begin{array}{r}110110\\+\ 010011\\\hline \boxed{1}001001\end{array}\qquad [A-B]_{补}=[A]_{补}+[-B]_{补}=\begin{array}{r}110110\\+\ 101101\\\hline \boxed{1}100011\end{array}$$

丢弃 ← 　　　　　　　　　　　　　　　　　　丢弃 ←

由于补码加减运算是 6 位，结果也应为 6 位（有模运算），最左边带框的 1 为最高位的进位，与运算结果相关，但不是运算结果，应丢弃。验证运算结果可知，A、B 真值分别为 -10、$+19$，$[A+B]_{补}$ 的真值为 $+9$，$[A-B]_{补}$ 的真值为 -29，结果都正确。

若例 2.16 的 B 改为 $+10111$，则 $[A+B]_{补}=001101$，$[A-B]_{补}=011111$，验证运算结果可知，$[A-B]_{补}$ 结果错误，因为 -33 超出了 6 位补码的表示范围，结果发生了溢出。

2）运算的逻辑实现

设 $[A]_{补}=a_{n-1}a_{n-2}\cdots a_0$，$[B]_{补}=b_{n-1}b_{n-2}\cdots b_0$，则 $[-B]_{补}=\overline{b_{n-1}}\,\overline{b_{n-2}}\cdots\overline{b_0}+1$，有

$$[A+B]_{补}=[A]_{补}+[B]_{补}=a_{n-1}a_{n-2}\cdots a_0+b_{n-1}b_{n-2}\cdots b_0+0,$$
$$[A-B]_{补}=[A]_{补}+[-B]_{补}=a_{n-1}a_{n-2}\cdots a_0+\overline{b_{n-1}}\,\overline{b_{n-2}}\cdots\overline{b_0}+1.$$

可见，补码加减运算使用加法器即可实现，加法、减法时的输入有所不同。

假设 n 位加法器如图 2.15 所示，数据输入记为 A'、B'，最高位进位记为 C_{n-1}，最低位进位记为 C_{-1}，那么，加法时需要使 $C_{-1}=0$、$B'=b_{n-1}b_{n-2}\cdots b_0$，减法时需使 $C_{-1}=1$、$B'=\overline{b_{n-1}}\,\overline{b_{n-2}}\cdots\overline{b_0}$。可见，$B'=B\oplus C_{-1}$，$[A\pm B]_{补}=a_{n-1}a_{n-2}\cdots a_0+b'_{n-1}b'_{n-2}\cdots b'_0+C_{-1}$，其中 $b'_i=b_i\oplus C_{-1}$。

补码加减运算器的基本组成如图 2.18 所示，其中，op 为控制信号（0 表示加法、1 表示减法），OF 为溢出标志，CF 为进位/借位标志。溢出判断逻辑稍后讨论。

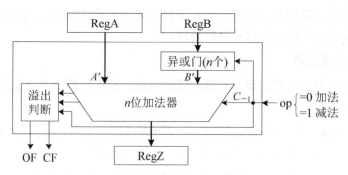

图 2.18　补码加减运算器的基本组成

需要注意的是，补码加减运算部件由组合逻辑电路组成，使用它进行运算时，必须保持入端信号稳定，并保存出端结果，图 2.18 中的 RegA、RegB、RegZ 隐指寄存器。

3）溢出判断

有符号加减运算溢出的特征是：同号相加或异号相减时，结果符号与被加（减）数符号不同。有符号运算结果是否溢出，常用标志 OF（Overflow Flag）表示，OF＝1 表示结果溢出，OF＝0 表示结果正确。

由于补码加减法都是用加法器实现的，因此，只要判断加法器的加法运算是否溢出即可。若加法器输入端记为 A' 和 B'，则有 $A'＝[A]_补＝a_{n-1}a_{n-2}\cdots a_0$，$B'＝[B]_补$ 或 $[-B]_反＝b'_{n-1}b'_{n-2}\cdots b'_0$；输出端记为 Z，则有 $Z＝[A\pm B]_补＝z_{n-1}z_{n-2}\cdots z_0$。常见的补码加减溢出判断有如下三种方法。

第一种方法，用一个符号位判断溢出。Z 正溢出时有 $a_{n-1}＝b'_{n-1}＝0$、$z_{n-1}＝1$，负溢出时有 $a_{n-1}＝b'_{n-1}＝1$、$z_{n-1}＝0$，即 Z 溢出时有 $a_{n-1}＝b'_{n-1}\neq z_{n-1}$，因此，溢出的判断条件是 $OF＝\overline{a_{n-1}}\ \overline{b'_{n-1}}\ z_{n-1}＋a_{n-1}b'_{n-1}\overline{z_{n-1}}＝(a_{n-1}\oplus z_{n-1})(b'_{n-1}\oplus z_{n-1})$。

第二种方法，用进位位判断溢出。若加法器的最高位进位为 C_{n-1}、次高位进位为 C_{n-2}，则 Z 正溢出时有 $C_{n-1}＝0$、$C_{n-2}＝1$，负溢出时有 $C_{n-1}＝1$、$C_{n-2}＝0$，因此，溢出的判断条件是 $OF＝C_{n-1}\oplus C_{n-2}$。

例 2.17　设 $A＝-11$，$B＝+7$，用 5 位补码求 $[A+B]_补$ 及 $[A-B]_补$，判断是否溢出。

解：依题意，$[A]_补＝10101$，$[B]_补＝00111$，$[-B]_补＝11001$，

$$[A+B]_补＝[A]_补+[B]_补＝\begin{array}{r}10101\\+\ \ 00111\\\hline \boxed{0}\,11100\end{array}\qquad [A-B]_补＝[A]_补+[-B]_补＝\begin{array}{r}10101\\+\ \ 11001\\\hline \boxed{1}\,01110\end{array}$$

用一位符号位判断溢出时，对于 $[A+B]_补$，$OF＝(1\oplus1)(0\oplus1)＝0$，不溢出；

对于 $[A-B]_补$，$OF＝(1\oplus0)(1\oplus0)＝1$，溢出。

用进位位判断溢出时，对于 $[A+B]_补$，$C_4＝0$、$C_3＝0$，$OF＝0\oplus0＝0$，不溢出；

对于 $[A-B]_补$，$C_4＝1$、$C_3＝0$，$OF＝1\oplus0＝1$，溢出。

第三种方法，用两位符号位判断溢出。这种方法使用变形补码实现加法，通过变形补码的双符号位进行溢出判断。

变形补码为采用双符号位的补码，如 $[+0101]_{变补}＝00\,0101$，$[-0101]_{变补}＝11\,1011$。设 $[Z]_{变补}＝z_nz_{n-1}z_{n-2}\cdots z_0$，其中 z_nz_{n-1} 为双符号位，则正溢出时有 $C_{n-2}＝1$，$z_nz_{n-1}＝00+00+1＝01$，负溢出时有 $C_{n-2}＝0$，$z_nz_{n-1}＝11+11+0＝10$。因此，用两位符号位判断溢出的判断条件是 $OF＝z_n\oplus z_{n-1}$。

例 2.18　设 $A＝-11$，$B＝+7$，用 6 位变形补码求 $[A+B]_{变补}$ 及 $[A-B]_{变补}$，判断是否溢出。

解：依题意，$[A]_{变补}＝11\,0101$，$[B]_{变补}＝00\,0111$，$[-B]_{变补}＝11\,1001$，

$[A+B]_{变补}＝[A]_{变补}+[B]_{变补}＝11\,0101+00\,0111＝11\,1100$，$OF＝1\oplus1＝0$，不溢出；

$[A-B]_{变补}＝[A]_{变补}+[-B]_{变补}＝11\,0101+11\,1001＝10\,1110$，$OF＝1\oplus0＝1$，溢出。

2. 无符号加减运算

无符号数用无符号编码表示，运算时所有位一起参与运算，因此，无符号加减运算与补码加减运算有许多共同之处。

若 A、B 的无符号编码分别记为 $[A]_无$、$[B]_无$，则 n 位无符号加减法的运算公式为：

$$[A+B]_无 = [A]_无 + [B]_无 \quad (\bmod\ 2^n) \tag{2-7}$$

$$[A-B]_无 = [A]_无 + [B]_{补数} \quad (\bmod\ 2^n) \tag{2-8}$$

式中，$[B]_{补数}$ 为 B 的补数的无符号编码，$[B]_{补数} = 2^n - B$，可对 $[B]_无$ 进行各位取反、末位加 1 即可求得。可见，无符号加减的运算规则与补码加减基本相同。

若 $[A]_无 = a_{n-1}a_{n-2}\cdots a_0$，$[B]_无 = b_{n-1}b_{n-2}\cdots b_0$，且加法器的引脚定义与补码运算时相同，由于用 $[B]_无$ 求 $[B]_{补数}$ 的方法与用 $[B]_补$ 求 $[-B]_补$ 的方法相同，因此，$[A\pm B]_无 = a_{n-1}a_{n-2}\cdots a_0 + b'_{n-1}b'_{n-2}\cdots b'_0 + C_{-1}$，其中 $b'_i = b_i \oplus C_{-1}$。因此，无符号加减运算的实现方法与补码加减运算完全相同，可以共用同一套运算部件，如图 2.18 所示。

无符号加减运算的溢出条件是：加法时最高位有进位，减法时最高位有借位。由于无符号运算常用于非数值数据的运算，习惯上，无符号运算的溢出称为有进位/借位，常用标志 CF（Carry Flag）表示，CF = 1 表示结果有进位/借位，CF = 0 表示结果正确。

无符号加减法也都是用加法器实现的，不难发现，实现加法运算应使 $C_{-1} = 0$，最高位有进位时 $C_{n-1} = 1$；实现减法运算应使 $C_{-1} = 1$，最高位有借位时 $C_{n-1} = 0$。因此，使用加法器判断时，溢出的判断条件是 $CF = C_{n-1} \oplus C_{-1}$，即 $CF = C_{n-1} \oplus \mathrm{Sub}$。

回头再看图 2.18，可以发现，根据 op 无法区分当前运算是有符号运算，还是无符号运算。其实也无须区分，因为两种运算的结果是一样的，只是是否溢出不同而已，因此，硬件同时输出 OF、CF，软件关注哪个标志，实现的就是哪种运算，即 $CF = C_{n-1} \oplus \mathrm{Sub}$。

3. 原码加减运算

原码同样用符号位和数值位表示一个数，数值位为其绝对值的编码。因而，原码加减运算方法和手工加减运算相同，符号位和数值位必须分开计算。

由于减法运算需要先比较大小，不适宜用硬件实现，因此，硬件的基本部件中只有加法器，减法运算须转换为加法运算来实现。

假设 $[A]_原 = a_{n-1}a_{n-2}\cdots a_0$，$[B]_原 = b_{n-1}b_{n-2}\cdots b_0$，$[A\pm B]_原 = z_{n-1}z_{n-2}\cdots z_0$，op 为运算类型（0 表示加法、1 表示减法），则原码加减运算规则如下：

（1）判断求和/求差，加法为同号求和、异号求差，减法为同号求差、异号求和。即

$$op' = a_{n-1} \oplus b_{n-1} \oplus op，= 0\ 表示求和、= 1\ 表示求差$$

（2）求和时，数值位相加，结果符号为被加（减）数的符号。即

$$z_{n-1} = a_{n-1}，z_{n-2}\cdots z_0 = a_{n-2}\cdots a_0 + b_{n-2}\cdots b_0，OF = C_{n-2}$$

（3）求差时，数值位相减，够减时结果为正（绝对值），结果符号与被加（减）数符号相同；不够减时结果为负（补数），需再次求补，结果符号与被加（减）数符号相反。即

$$z'_{n-2}\cdots z'_0 = a_{n-2}\cdots a_0 + \overline{b_{n-2}}\cdots\overline{b_0} + 1，$$

$C_{n-2} = 1$ 时，$z_{n-1} = a_{n-1}$，$z_{n-2}\cdots z_0 = z'_{n-2}\cdots z'_0$，OF = 0，

$C_{n-2} = 0$ 时，$z_{n-1} = \overline{a_{n-1}}$，$z_{n-2}\cdots z_0 = \overline{z'_{n-2}}\cdots\overline{z'_0} + 1$，OF = 0

其中，求和/求差为无符号加减运算（用加法器实现），$C_{n-2} = 1$ 表示最高数值位有进位，求和时表示溢出，求差时表示够减。

可见，原码加减运算比较复杂，加法器最多需要进行两次运算。原码加减运算的逻辑实现相对复杂，部件组成需要在图 2.18 的基础上增加电路。

原码加减运算的溢出判断方法，已在运算规则中说明，不再赘述。

2.3.3　移位运算

移位运算有左移和右移两种类型。从数学上看，二进制定点数左移或右移 n 位，相当于乘以或除以 2^n。移位运算是一种位级运算，通常归类到逻辑运算中。

计算机中，数据是定长表示的，移位必然会产生空位，空位补 0 还是补 1，取决于数据是否有符号。通常有符号数的移位称为算术移位，无符号数的移位称为逻辑移位，因此，基本的移位运算有算术左移、算术右移、逻辑左移、逻辑右移 4 种类型，通常用 $<<_A$、$>>_A$、$<<_L$、$>>_L$ 表示。如 $1001 >>_L 2$ 表示 1001 逻辑右移 2 位。

1. 逻辑移位运算

逻辑移位的数据为无符号数，无符号数乘以 2 时末位补 0、除以 2 时首位补 0。因此，逻辑移位运算规则为：机器数整体移位，移出的数位丢弃，出现的空位补 0。

例 2.19　对 8 位机器数 00100100、01000001，分别求逻辑左移 2 位及逻辑右移 2 位后的值，并分析结果的正确性。

解： 按照逻辑移位规则，$00100100 <<_L 2 = 10010000$，即 $36 \times 4 = 144$，结果正确；

$00100100 >>_L 2 = 00001001$，即 $36 \div 4 = 9$，结果正确；

$01000001 <<_L 2 = 00000100$，即 $65 \times 4 = 260$，$260 \equiv 4 \pmod{2^8}$，运算结果产生溢出，结果错误；

$01000001 >>_L 2 = 00010000$，即 $65 \div 4 = 16 \cdots 1$，结果正确，但精度受损。

可见，逻辑运算会产生溢出，溢出的判断条件是：逻辑左移移丢 1 时。逻辑右移不会产生溢出，只是当逻辑右移移丢 1 时，会损失精度。

逻辑移位运算实现时，通常采用桶形移位器或移位寄存器方法。图 2.19 画出了 4 位右移桶形移位器的内部逻辑，$f=0$ 时的功能为 $q_3q_2q_1q_0 = d_3d_2d_1d_0 >>_L s_1s_0$，图中元件为 2 选 1 多路选择器，$s_i=0/1$ 时输出为 0 端/1 端。当数据长度为 n 位时，移位器的移位位数引脚为 $\log_2 n$ 位。电路设计时，移位器通常包含多种左移和右移功能，用控制信号进行功能选择。

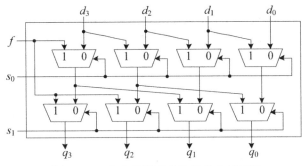

图 2.19　4 位右移桶形移位器的内部逻辑

移位寄存器由多个触发器构成，所有触发器的 D 端、Q 端级连，通过公共的移位脉冲来控制移位位数。通常，移动位数由脉冲控制的移位操作，才会使用移位寄存器实现，如串行通信中的并-串转换。

2. 算术移位运算

算术移位的数据为有符号数，有符号数有原码、补码、反码等多种表示方法，乘以2或除以2时，空位所补数字与表示方式及数据的符号有关。

因此，算术移位运算规则为：机器数符号位不变，数值部分整体移位，移出的数位丢弃，空位添补规则如表 2.13 所示。

表 2.13　算术移位运算规则

码　　制		符号位	数值左移的空位添补规则	数值右移的空位添补规则
原码　（正/负数）		保持不变	补 0	
补码　（正/负数）			补 0	补符号位
反码	正数		补 0	补符号位
	负数		补 1	

例 2.20　对 4 位的 $[+3]_原$、$[+3]_补$、$[-3]_原$、$[-3]_补$，分别求它们进行下列运算后的结果，并分析结果的正确性。（1）先 $<<_A1$、再 $<<_A1$；（2）先 $>>_A1$、再 $>>_A1$。

解：按照算术移位规则，它们进行运算后的结果如表 2.14 所示。

表 2.14　±3 两次算术移位后的结果

数据 ＼ 操作		初始值	（1）先$<<_A1$	（1）再$<<_A1$	（2）先$>>_A1$	（2）再$>>_A1$
+3（原码/补码）		0 011	0 110（+6）	0 100（+4）	0 001（+1）	0 000（+0）
−3	原码	1 011	1 110（−6）	1 100（−4）	1 001（−1）	1 000（−0）
	补码	1 101	1 010（−6）	1 100（−4）	1 110（−2）	1 111（−1）

由于 4 位原码整数的表示范围是 −7~+7，4 位补码整数的表示范围是 −8~+7，因此，第 1 次算术左移的结果正确，第 2 次算术左移产生溢出、结果错误；算术右移的结果正确，但精度受损，这也是没办法的事，因为产生了小数，原码、正数补码向零方向舍入，负数补码向负方向舍入。

因此，算术移位运算的溢出判断条件是：原码算术左移移丢 1，或补码算术左移移丢与符号相反的位时。算术右移不会产生溢出，只是当算术右移移丢 1 时，精度受损。

算术移位理论上只移动数值位，为了便于同时实现逻辑移位与算术移位，实际上符号位也移动，但值保持不变（移入符号本身），不同编码方式的实现方法如图 2.20 所示，小方框为符号位，大方框为数值位。可见，原码、补码的左移实现方法相同，但溢出判断方法不同。

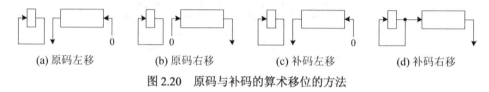

| (a) 原码左移 | (b) 原码右移 | (c) 补码左移 | (d) 补码右移 |

图 2.20　原码与补码的算术移位的方法

对于补码左移而言，不溢出时，最高数值位移入符号位的结果是正确的，因此，逻辑左移、补码算术左移的实现方法是相同的，仅溢出判断方法不同。

算术移位运算实现时，通常采用桶形移位器方法，控制移入值即可。例如，图 2.19 中，$f=0$ 时功能为逻辑右移，$f=d_3$ 时功能为算术右移。

3．其他移位运算

计算机中，经常需要进行一些特殊的移位运算，如 $(a+b)/2$ 用加法、逻辑右移实现时，无法处理加法溢出。为此，除了逻辑移位、算术移位外，计算机还经常需要支持一些特殊的移位运算，如带进位的逻辑移位、带进位的算术移位、循环移位、带进位的循环移位等。

上述特殊移位运算的一部分功能如图 2.21 所示，其中 C 为加法器最高位的进位信号（图 2.15 中的 C_{n-1}），带进位的算术移位未画出。带进位的算术移位功能与图 2.21（a）基本相同，算术左移完全相同，算术右移的不同之处为高位补符号位。

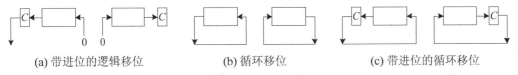

(a) 带进位的逻辑移位　　　　　(b) 循环移位　　　　　(c) 带进位的循环移位

图 2.21　特殊移位运算的功能

注意，不同功能移位运算的组织方式不同，如 $(a+b)/2$ 可用带进位的右移实现，进位 C 将移到数据的最高位，与图 2.21（a）有所不同，在定点乘法运算中经常使用。

2.3.4　乘法运算

乘法运算比较复杂，我们先回顾一下手工乘法的过程，看看如何才能便于硬件实现。设 $A=+101$、$B=-110$，$A\times B$ 有两个步骤，一是乘积的符号运算，正负得负；二是乘积的数值运算，过程如下：

$$
\begin{array}{r}
111 \\
\times\,101 \\
\hline
111 \quad\cdots\cdots\,(A\times 2^0)\times 1 \\
000 \quad\cdots\cdots\,(A\times 2^1)\times 0 \\
111 \quad\cdots\cdots\,(A\times 2^2)\times 1 \\
\hline
100011
\end{array}
$$

硬件实现时，由于加法器只有两个输入端，因此，每次加法为两个数相加，求和过程只能通过多次累加来实现。又由于加法器长度固定，因此，每次加法后需要将结果的最低位移出（该位已不再参与运算），最后一次加法及移位后的结果为乘积的高位部分，逐次移出的位为乘积的低位部分。

采用定长加法实现 111×101 的过程如图 2.22 所示。

因此，机器乘法的实现思路是：

（1）乘法运算用循环的加法运算及右移运算实现。

（2）每次相加时，根据乘数当前位的值，确定是加被乘数还是加 0。

（3）每次右移时，加法的进位、部分积高位、部分积低位一起右移。

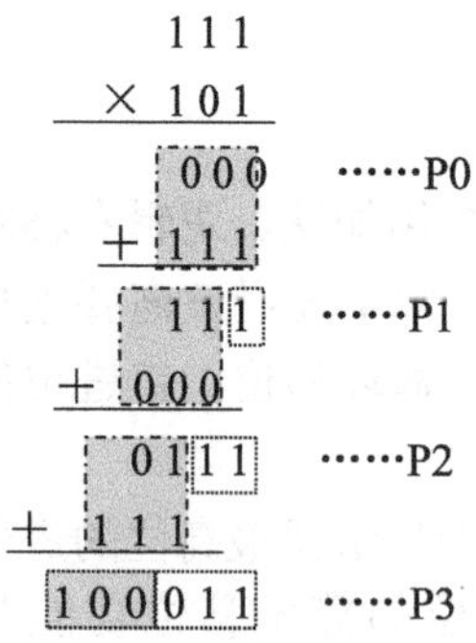

乘数	部分积高位	部分积低位	说明
1 0 1	0 0 0		部分积初值 P0 为 000
	+ 1 1 1		当前加法为 + |A| × 1
	0 1 1 1		P1, 0 为加法的进位
1 0	0 1 1	1	部分积右移 1 位
	+ 0 0 0		当前加法为 + |A| × 0
	0 0 1 1	1	P2
1	0 0 1	1 1	部分积右移 1 位
	+ 1 1 1		当前加法为 + |A| × 1
	1 0 0 0	1 1	P3
	1 0 0	0 1 1	部分积右移 1 位

（左侧竖式）

```
      1 1 1
    × 1 0 1
    ─────────
      0 0 0   ······P0
    + 1 1 1
    ─────────
    1 1 1     ······P1
  + 0 0 0
  ─────────
  0 1 1 1     ······P2
+ 1 1 1
─────────
1 0 0 0 1 1   ······P3
```

图 2.22　采用定长加法实现乘法运算的过程

计算机中，机器乘法的运算方法与数据表示方法相对应。通常，整数运算使用无符号乘法及补码乘法，原码乘法用于浮点数运算中。乘法运算既可以用加法运算及移位运算实现，也可以用阵列乘法器直接实现，下面将分别进行讨论。

通常，将每次使用一位乘数确定加数的乘法称为一位乘法，每次使用两位乘数确定加数的乘法称为两位乘法。一位乘法实现简单，两位乘法因累加次数减少一半而性能较好。为便于理解机器乘法的实现原理，我们只讨论一位乘法。

1．无符号乘法

由于没有符号位，无符号乘法为两个数的绝对值相乘，比原码乘法、补码乘法简单得多。为了便于理解有符号乘法运算，下面写成绝对值相乘的形式。

下面将从无符号乘法的运算规则、逻辑实现、控制流程三个方面进行讨论。

1）运算规则

假设 $[A]_无 = a_{n-1}a_{n-2}\cdots a_0$，$[B]_无 = b_{n-1}b_{n-2}\cdots b_0$，则 $[A \times B]_无 = z_{2n-1}\cdots z_n z_{n-1}\cdots z_0$，乘积为 $2n$ 位。根据机器乘法的实现思路，$|A| \times |B|$ 可写成：

$$|A| \times |B| = |A| \times 2^{n-1} \times b_{n-1} + \cdots + |A| \times 2^1 \times b_1 + |A| \times 2^0 \times b_0$$
$$= 2^n \times \{|A| \times b_{n-1} + \cdots + [|A| \times b_1 + (|A| \times b_0 + 0) \times 2^{-1}] \times 2^{-1} \cdots\} \times 2^{-1} \quad (2-9)$$

式（2-9）中，最后一次加法及右移一位的结果为 $z_{2n-1}\cdots z_n$，2^n 表示小数点在 z_n 的右边 n 位（即 z_0 之后）。若忽略 2^n，令 $P_0 = 0$，则式（2-9）可写成如下递推公式：

$$\begin{cases} P_1 = (P_0 + |A| \times b_0) \times 2^{-1} \\ \quad \vdots \\ P_i = (P_{i-1} + |A| \times b_{i-1}) \times 2^{-1} \\ \quad \vdots \\ P_n = (P_{n-1} + |A| \times b_{n-1}) \times 2^{-1} \end{cases} \quad (2-10)$$

可见，每一步都完成判断-加法-移位操作，判断决定是 $+|A|$ 还是 $+0$；移位实现 $\div 2$ 运算，由图 2.22 可知，需将部分积与加法的进位一起右移。

n 位无符号乘法的运算规则为：循环进行 n 次判断-加法-移位操作，每次循环中，判断操作确定加数的值，加法操作求出部分积，移位操作将加法进位及部分积一起右移。

由图 2.22 可见，乘数从最低位开始，用过的位将不再使用。为了节约空间，可以将部分积移出的位放在乘数空出的位置上；为了便于实现，空位置通常安排在乘数的高位部分。

例 2.21 设 $A=111$、$B=101$，用无符号乘法求 $A\times B$。

解：按照无符号乘法运算规则，$|A|\times|B|$ 需要循环 3 次，运算过程如表 2.15 所示。表中，将部分积移出的位放在乘数空出的位置上。

表 2.15　例 2.21 无符号乘法的运算过程

循环次数	部分积高位	部分积低位及乘数	说　　明
0	0 0 0	1 0 1	部分积初值 $P_0=000$
1	+ 1 1 1 0 1 1 1 0 1 1	1 1 0	乘数最低位为 1，应 $+|A|$ 0 为 3 位加法的进位 进位、部分积、乘数同时右移 1 位
2	+ 0 0 0 0 0 1 1 0 0 1	1 1 1 1	乘数最低位为 0，应 $+0$ 进位、部分积、乘数同时右移 1 位
3	+ 1 1 1 1 0 0 0 1 0 0	1 1 0 1 1	乘数最低位为 1，应 $+|A|$ 进位、部分积、乘数同时右移 1 位

即 $|A|\times|B|=100011$，操作数为 3 位，乘积为 6 位。

2）运算的逻辑实现

乘法实现时，循环次数可以通过计数器来控制，为了节约空间，部分积移出的位可以存放在乘数空出的位置中。每次循环中，使用 1 位进行判断，加数的值有 2 种类型，移位为带进位的部分积、乘数同时右移。

n 位无符号乘法器的基本组成如图 2.23 所示。其中，RegB 为 n 位移位寄存器，存放乘数；RegP 为 n 位寄存器，存放部分积高位；Cnt 为计数器，用于控制循环次数；C 为加法器的最高位进位信号（C_{n-1}）；控制门输出 RegA 或 0，由 RegB 的 b_0 位决定；控制逻辑负责控制门、加法器、移位寄存器等的控制。

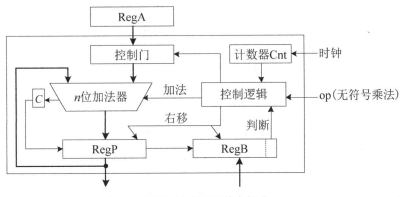

图 2.23　无符号乘法器的基本组成

理论上，带进位的部分积与乘数同时右移 1 位，可以通过图中的 C、RegP、RegB 同时右移 1 位实现，但需要 2 个时钟周期。实际上，为了在 1 个时钟周期完成一次循环，加法器的进位 C、输出数据共 $n+1$ 位信息中，高 n 位存放到 RegP 中，相当于右移了 1 位，最低位送 RegB 进行右移。后文提到的同时右移都是指这种实现方式。

3）运算的控制流程

基于图 2.23 的乘法器结构，无符号乘法运算的控制流程如图 2.24 所示。注意，图中带进位的 RegP 右移不能称为逻辑右移。

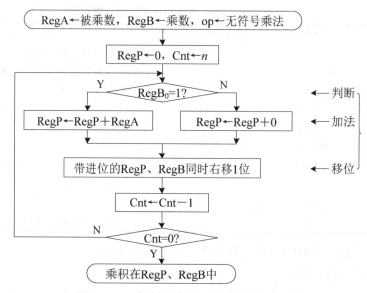

图 2.24　无符号乘法运算的控制流程

实际应用中，我们通常希望乘积与被乘数等长，如"unsigned x, y, z = x*y;"，因此，为了保证乘积的正确性，乘法运算也要进行溢出判断。假设 n 位无符号整数乘法的乘积为 $z_{2n-1}\cdots z_n z_{n-1}\cdots z_0$，则 $z_{2n-1}\cdots z_n=0$ 时，乘积的低 n 位与乘积真值相同，结果正确；$z_{2n-1}\cdots z_n\neq0$ 时，乘积的低 n 位发生了溢出，溢出判断条件为 $OF=z_{2n-1}+\cdots+z_n$。

2. 原码乘法

原码乘法的符号位与数值位需分开运算，运算分为计算乘积符号、计算乘积数值两个步骤。计算乘积数值的方法就是无符号乘法运算。

1）运算规则

设 $[A]_原=a_{n-1}a_{n-2}\cdots a_0$，$[B]_原=b_{n-1}b_{n-2}\cdots b_0$，则 $[A\times B]_原=[A]_原\times[B]_原$，$[A\times B]_原$ 通常为 $2n$ 位。由于数值位为 $n-1$ 位，$n-1$ 位数的乘积为 $2n-2$ 位，因此，乘积的数值位需在 $|A|\times|B|$ 完成后再扩展一位，整数乘法在高位补 0，小数乘法在低位补 0。

基于无符号乘法的运算规则，n 位原码乘法的运算规则为：

（1）计算乘积的符号位，由两个数的符号异或得到，即 $S_P=a_{n-1}\oplus b_{n-1}$。

（2）计算乘积的数值位，先求两数绝对值的乘积（$|A|\times|B|$），再将结果扩展一位。其中，$|A|\times|B|$ 通过循环的判断-加法-移位操作实现，其递推公式与式（2-10）

相同。该运算规则适用于整数乘法、小数乘法，不同之处在于小数点的位置不同。

例 2.22　设 $A=-111$、$B=-101$，求 $[A\times B]_原$。

解：依题意，$|A|=111$，$|B|=101$。乘积符号 $S_P=1\oplus 1=0$；乘积数值为 $|A|\times|B|$，需要循环 3 次进行判断–加法–移位操作，计算过程如表 2.15 所示，$|A|\times|B|=100011$。$|A|\times|B|$ 扩展一位（高位补 0）后的值为 0100011，因此，$[A\times B]_原=0\,0100011$。

2）运算的逻辑实现

由原码乘法运算规则可知，n 位原码乘法器的内部逻辑，只需在图 2.23 基础上，增加一个触发器 S_P 即可。S_P 暂存乘积符号，在乘法结束时写入 RegP 的最高位。

3）运算的控制流程

设 $[A]_原$、$[B]_原$ 为 n 位，则 $[A\times B]_原$ 为 $2n$ 位，加法器为 n 位。用加法器实现 $n-1$ 位加法时，进位 C 恒为 0，因此，部分积 $\div 2$ 只需将部分积、乘数同时逻辑右移即可。

$[A]_原$ 的数值位为 $n-1$ 位，$|A|\times|B|$ 需要循环 $n-1$ 次。整数乘法将结果扩展一位时，应在高位补 0，等于将结果再逻辑右移一位，可以通过再循环一次来实现，循环中的加法 $+0$ 即可。小数乘法将结果扩展一位时，应在低位补 0，不需要做任何动作。

基于原码乘法器的结构，整数原码乘法运算的控制流程如图 2.25 所示。由于整数乘法应在高位补 0，因此，需要循环 $(n-1)+1$ 次，即 $Cnt=n$。

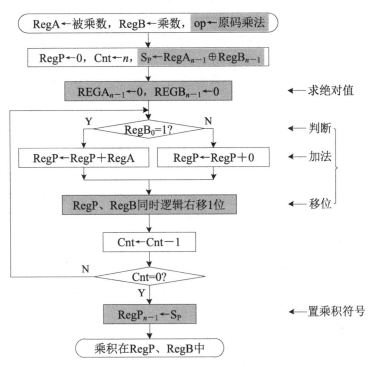

图 2.25　整数原码乘法运算的控制流程

可见，原码乘法的控制流程与无符号乘法基本相同，不同之处为符号、绝对值的处理，图中已用灰色底纹标出。图中的求绝对值方法，使数值为 n 位，好处有：加法时不会有进位，移位为逻辑移位（不需要带上进位 C）；$n-1$ 次循环结束时，$RegB_0$ 为乘数的符号位（已清 0），通过再循环一次将结果扩展一位时，加法操作刚好实现的是 +0。

注意，对于小数乘法，由于扩展一位时在低位补 0，因此，只需要循环 $n-1$ 次，其控制流程与图 2.25 相同，但需要将 $\text{Cnt} \leftarrow n$ 改为 $\text{Cnt} \leftarrow n-1$。由于 $n-1$ 次循环结束时，RegB_0 为乘数的符号位（已清 0），因此，扩展一位不需要做任何动作。

实际应用中，原码乘法常用于浮点数的尾数运算，此处暂不讨论其乘积溢出问题。

3．补码乘法

有符号整数都用补码表示，下面以整数的补码乘法为例进行介绍。

1）运算规则

补码加减法可以符号与数值一起运算，补码乘法最好也能够符号与数值一起运算。补码乘法有校正法和比较法两种，比较法能够达到符号与数值一起运算的目标，由于比较法是由英国的 Booth 提出的，又称 Booth 算法（布斯算法）。

设 $[A]_{补} = a_{n-1} a_{n-2} \cdots a_0$，$[B]_{补} = b_{n-1} b_{n-2} \cdots b_0$，$[A \times B]_{补} = z_{2n-1} z_{2n-2} \cdots z_0$，有

$$
\begin{aligned}
B &= -b_{n-1} \times 2^{n-1} + b_{n-2} \times 2^{n-2} + \cdots + b_0 \times 2^0 \\
&= -b_{n-1} \times 2^{n-1} + (b_{n-2} \times 2^{n-1} - b_{n-2} \times 2^{n-2}) + \cdots + (b_0 \times 2^1 - b_0 \times 2^0) \\
&= (b_{n-2} - b_{n-1}) 2^{n-1} + (b_{n-3} - b_{n-2}) 2^{n-2} + \cdots + (b_0 - b_1) 2^1 + (0 - b_0) 2^0
\end{aligned}
$$

则 $[A \times B]_{补} = [A \times \{(b_{n-2} - b_{n-1}) 2^{n-1} + (b_{n-3} - b_{n-2}) 2^{n-2} + \cdots + (b_0 - b_1) 2^1 + (0 - b_0) 2^0\}]_{补}$

$= 2^n \times [\{(b_{n-2} - b_{n-1}) \times A + \cdots + \{(b_0 - b_1) \times A + (0 - b_0) \times A \times 2^{-1}\} \times 2^{-1} \cdots\} \times 2^{-1}]_{补}$

由补码加法公式可知，$[(P + b \times A) \times 2^{-1}]_{补} = ([P]_{补} + [b \times A]_{补}) \times 2^{-1}$，$2^{-1}$ 需要用算术右移来实现，式中 2^n 表示小数点在 z_0 之后。

参考无符号乘法的相关方法，若忽略 2^n，令 $[P_0]_{补} = 0$、$b_{-1} = 0$，则 $[A \times B]_{补}$ 可写成如下递推公式：

$$
\left\{
\begin{aligned}
[P_1]_{补} &= ([P_0]_{补} + [(b_{-1} - b_0) \times A]_{补}) \times 2^{-1} \\
&\vdots \\
[P_{i+1}]_{补} &= ([P_i]_{补} + [(b_{i-1} - b_i) \times A]_{补}) \times 2^{-1} \\
&\vdots \\
[P_n]_{补} &= ([P_{n-1}]_{补} + [(b_{i-2} - b_{i-1}) \times A]_{补}) \times 2^{-1}
\end{aligned}
\right.
\tag{2-11}
$$

由于 b_{-1} 不是 $[B]_{补}$ 中的位，通常称为附加位。

因此，n 位补码乘法的运算规则为：循环进行 n 次判断-加法-移位操作，每次循环的操作如表 2.16 所示。

表 2.16　补码乘法的判断-加法-移位操作

判断位 $b_i b_{i-1}$	加法	移位
00 或 11	+0	算术右移一位
01	+$[A]_{补}$	算术右移一位
10	+$[-A]_{补}$	算术右移一位

例 2.23　设 $A = -111$、$B = -101$，用 Booth 算法求 $[A \times B]_{补}$。

解： 依题意，$[A]_{补} = 1001$，$[B]_{补} = 1011$，$[-A]_{补} = 0111$，运算需要 4 次循环。

运算时，将部分积移出的位放在乘数空出的位置上，为了便于判断时只比较 $b_0 b_{-1}$

位，将乘数移出的位放在附加位 b_{-1} 上，运算过程如表 2.17 所示。

因此，$[A \times B]_{补} = 0\,0100011$。对比例 2.18，可知结果正确。

表 2.17　例 2.23 补码乘法的运算过程

循环	部分积高位	部分积低位及乘数	附加位 b_{-1}	操作说明
0	0000	1011	0	使 $[P_0]_{补} = 0$，$b_{-1} = 0$
1	$\underline{+\ 0111}$ 0111 0011	1101	1	$b_0 b_{-1} = 10$，应 $+[-A]_{补}$ 部分积、乘数、附加位同时算术右移 1 位
2	$\underline{+\ 0000}$ 0011 0001	1 1110	1	$b_1 b_0 = 11$，应 $+0$ 部分积、乘数、附加位同时算术右移 1 位
3	$\underline{+\ 1001}$ 1010 1101	11 0111	0	$b_2 b_1 = 01$，应 $+[A]_{补}$ 部分积、乘数、附加位同时算术右移 1 位
4	$\underline{+\ 0111}$ ⓵0100 0010	011 0011	1	$b_3 b_2 = 10$，应 $+[-A]_{补}$ 部分积、乘数、附加位同时算术右移 1 位

由表 2.17 可以发现，算术右移时没有带进位一起移位，因为加法运算不会产生溢出。其原因是，连续的加法运算中，不会连续 $+[A]_{补}$ 或 $+[-A]_{补}$，而是轮流地 $+[A]_{补}$ 和 $+[-A]_{补}$，虽然移位运算穿插其中，但总是不会产生溢出的。

若 $[A \times B]_{补} = z_{2n-1} z_{2n-2} \cdots z_0$，整数补码乘法中，小数点隐含在 z_0 之后，运算需要 n 次加法、n 次算术右移。注意，小数补码乘法中，小数点隐含在 z_{2n-1}、z_{2n-2} 之间（不在 z_{2n-1} 之前），因此，运算需要 n 次加法、$n-1$ 次算术右移，最后一次加法后不右移。

2）运算的逻辑实现

补码乘法中符号与数值一起运算，其运算过程与无符号乘法基本相同，在判断方法、加数种类、移位方法上有所不同，其使用 2 位判断、有 3 种加数、采用算术右移。

n 位补码乘法器的基本组成如图 2.26 所示，与无符号乘法器不同的是，增加了一位触发器存放附加位 b_{-1}；控制门输出 0、RegA 或 $-$RegA，由 RegB 的 b_0 位及附加位 b_{-1} 决定；RegP 的移位为算术右移。

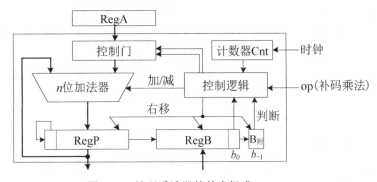

图 2.26　补码乘法器的基本组成

3）运算的控制流程

基于图 2.26 的乘法器结构，整数补码乘法运算的控制流程如图 2.27 所示。

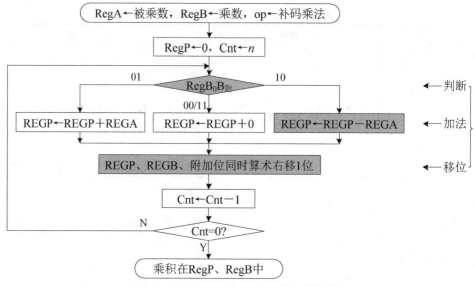

图 2.27　整数补码乘法运算的控制流程

可见，图 2.27 的控制流程与图 2.24 基本相同，不同之处为判断方法、加数类型、移位方法，已用灰色底纹标出。

与无符号乘法运算一样，整数补码乘法也需要进行溢出判断。假设 n 位整数补码乘法的乘积为 $z_{2n-1}\cdots z_n z_{n-1}\cdots z_0$，则 $z_{2n-1}\cdots z_n z_{n-1}\neq 0\cdots 00$ 或 $\neq 1\cdots 11$ 时发生溢出，溢出判断条件为 $OF=\overline{z_{n-1}}\cdot(z_{2n-1}+\cdots +z_n)+z_{n-1}(\overline{z_{2n-1}}+\cdots +\overline{z_n})$。

需要注意的是，纯小数的补码乘法运算，最后一次加法后不右移。

下面总结一下 3 种定点乘法的运算方法。3 种乘法都是通过循环的判断-加法-移位操作实现的。

整数乘法运算中，无符号乘法用 1 位判断、有 2 种加数，移位为带进位的部分积、乘数同时右移；原码乘法增加了符号、绝对值处理过程，移位改为部分积、乘数同时逻辑右移；补码乘法用 2 位判断、有 3 种加数，移位为部分积、乘数同时算术右移。

小数乘法运算中，运算方法与整数乘法相同，原码乘法减少了一次循环，补码乘法最后一次加法后不移位。

为了满足乘积与被乘数等长的应用需求，整数乘法需要进行溢出检测，小数乘法舍弃低位部分即可。假设 n 位定点整数乘法的乘积为 $z_{2n-1}\cdots z_n z_{n-1}\cdots z_0$，无符号乘法时，$OF=z_{2n-1}+\cdots +z_n$；补码乘法时，$OF=\overline{z_{n-1}}\cdot(z_{2n-1}+\cdots +z_n)+z_{n-1}(\overline{z_{2n-1}}+\cdots +\overline{z_n})$。由于通常使用双倍长被乘数的乘积，因此，$OF=1$ 是否表示发生了异常，需要软件在乘法指令后用专用指令来指明，该方法同样适用于加减法的 $OF=1$ 处理。

4．阵列乘法器

为了进一步提高乘法运算的速度，可以采用 2 位乘法器，循环次数可减少一半。现代计算机中，都采用由组合逻辑部件构成的阵列乘法器，不需要循环，运算速度更快。

以 4 位阵列乘法器为例，阵列乘法器的基本结构如图 2.28(a) 所示，共需要 4^4 个乘法元件，每个乘法元件完成 1 位部分积的运算。

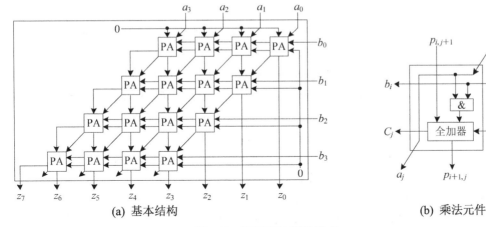

(a) 基本结构　　　　　　　　　　　　　(b) 乘法元件

图 2.28　阵列乘法器的组成

乘法元件的内部结构如图 2.28(b) 所示，令 $p_{0,k}=0$、$C_{k,-1}=0$，$k=0,1,2,3$，则 $a_j \times b_i$ 乘法元件的运算功能为：$p_{i+1,j}=p_{i,j+1}+a_j \times b_i+C_{i+1,j-1}$。

可见，阵列乘法器实现的是无符号乘法。若用于原码乘法、补码乘法，还需要预先计算符号、进行绝对值处理，运算完成后，再将结果转换为原码或补码。

2.3.5　除法运算

机器除法中，为了便于硬件实现，通常要求：商、余数的数据类型与除数相同，余数的符号与被除数相同。因此，n 位整数除法中，被除数为 $2n$ 位，除法结果关心商 Q 和余数 R，|被除数$_{高 n 位}$|≥|除数| 时除法溢出；n 位小数除法中，被除数可以为 n 位，除法结果通常只关心商 Q，当 |被除数|≥|除数| 时除法溢出。

与乘法不同，除法运算包含 3 个步骤：判断异常，计算结果符号，求商和余数。有两种情况会导致异常发生：除数为 0 时称为除零异常，|被除数$_{高位}$|≥|除数| 时称为溢出异常。发生异常时除法中止，并发出"除零"或"溢出"异常信号。

类似于机器乘法运算，机器除法运算的实现思路是：

（1）除法运算用循环的减法运算及左移运算实现。

（2）每次相减时，判断是否够减，来确定上商，并计算余数。

（3）每次左移时，余数、被除数低位同时左移。

根据余数计算方法的不同，除法运算有恢复余数法、不恢复余数法两种类型。

恢复余数法的思想是，本轮循环的商为 0 时，立即加上除数来恢复余数，求商操作永远为减去除数。不恢复余数法的思想是，本轮循环的商为 0 时，恢复余数放在下轮循环中实现，下轮的求商操作变为加上除数；商为 1 时，下轮的求商操作仍为减去除数。其原理是，下轮循环中，恢复余数应该是＋(除数<<1)＝＋除数×2，求商操作则变成：＋除数×2－除数＝＋除数。

可见，不恢复余数法性能较优，被广泛使用。为了节省篇幅，本节只讨论不恢复余数法的整数除法。

1．无符号除法

1）运算规则

设被除数$[A]_无=a_{2n-1}a_{2n-2}\cdots a_0$，除数$[B]_无=b_{n-1}b_{n-2}\cdots b_0$，商$[Q]_无=q_{n-1}q_{n-2}\cdots q_0$，第$i$轮循环的余数为$R_i$，数学上的余数为$R'_i$，则不恢复余数法的无符号除法运算规则为：

（1）判断异常，$R_0=|A_{高位}|-|B|$，若$R_0\geq 0$或$B=0$，则发生异常、运算中止。

（2）求余及上商，循环n次求得$q_{n-1}q_{n-2}\cdots q_0$及R_{n-1}。第i轮循环的操作为：

若$R_{i-1}\geq 0$，$R_i=(R_{i-1}<<1+a_{n-i})-|B|$，否则$R_i=(R_{i-1}<<1+a_{n-i})+|B|$；

若$R_i\geq 0$，$q_{n-i}=1$，否则$q_{n-i}=0$；　　　　　（注$q_{n-i}=0$时$R'_i=R_i+|B|$）

若$i=n$，$q_0=1$时$R'_n=R_n$，$q_0=0$时$R'_n=R_n+|B|$。

其中，$A_{高位}$指A的高n位，$i=1\sim n$，上商的次序为高位到低位（$q_{n-1}\to q_0$），若循环结束时余数为负数，还需加上除数来修正余数。

因此，不恢复余数法的n轮循环中，每轮循环都进行移位-求余-上商操作，移位将余数、被除数低位一起左移，求余实现减法或加法操作，上商根据余数符号进行。求余的操作类型由上轮循环的余数符号决定。

不恢复余数法的余数可能为负，余数应增加一位符号位，求余的加减也应为$n+1$位补码运算。而恢复余数法中，余数永远为正数，求余的减法为n位的无符号运算。

例2.24　设$A=010011$，$B=101$，用不恢复余数法求A/B。

解： 求余操作为$3+1=4$位补码加减运算。按照运算规则需循环3次，运算过程如表2.18所示，判断异常在循环初始化中完成，表中位商放在A低位的空位置上。

表2.18　例2.24不恢复余数法的运算过程

循环	被除数高位及余数	被除数低位及商	说　明
0	0010 + 1011 0 1101	011	$\|A\|$ 求余操作为$-\|B\|=+[-\|B\|]_补$ 结果最高位为符号位，因$R_0<0$，不溢出
1	1010 + 0101 0 1111	11 11 0	R_0、A低位同时左移1位，□为空出的位置 因$R_0<0$，求余操作为$+\|B\|$ 因$R_1<0$，$q_2\leftarrow 0$，放在空位置上
2	1111 + 0101 1 0100	10 1 01	R_1、A低位、位商同时左移1位 $R_1<0$，求余操作为$+\|B\|$ 因$R_2\geq 0$，$q_1\leftarrow 1$
3	1001 + 1011 1 0100	01 011	R_2、A低位、位商同时左移1位 因$R_2\geq 0$，求余操作为$-\|B\|=+[-\|B\|]_补$ 因$R_3\geq 0$，$q_0\leftarrow 1$，$R'_3=R_3$

依题意，$[\|A\|]_补=0010011$，$[\|B\|]_补=0101$，$[-\|B\|]_补=1011$。结果：$Q=011$，$R=100$。

由表2.18可见，无符号除法通过循环的移位-求余-上商操作实现，移位将余数、被除数低位、位商一起左移1位，求余操作为减法或加法，上商根据余数符号进行。

2）运算的逻辑实现

n位无符号除法器的基本组成如图2.29所示。其中，RegA、RegB为寄存器，RegQ为移位寄存器，RegB存放除数，其余的存放被除数、商和余数；控制门输出RegB或

－RegB，由 RegA 最高位决定；控制逻辑负责控制门、加法器、移位寄存器等的控制。

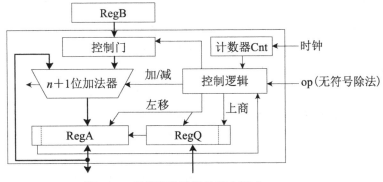

图 2.29　无符号除法器的基本组成

由于余数需增加一个符号位，因此，加法器、RegA、控制门都为 $n+1$ 位，但 RegB、RegA 的读/写都是 n 位。注意，恢复余数除法不需要扩展加法器位数。

3）运算的控制流程

基于图 2.29 的除法器结构，无符号除法运算的控制流程如图 2.30 所示。

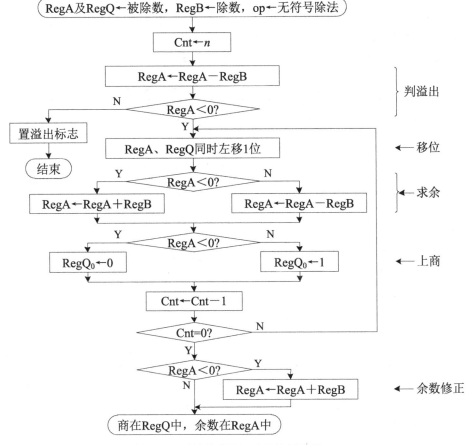

图 2.30　无符号除法运算的控制流程

注意，求余时的 RegA 是上轮循环的值，上商时的 RegA 是本轮循环的值。

2. 原码除法

原码除法比无符号除法多了符号处理，运算包含 3 个步骤：判断异常，计算结果符号，求商和余数。求商和余数的方法与无符号除法相同。

1）运算规则

设被除数 $[A]_原=a_{2n-1}a_{2n-2}\cdots a_0$，除数 $[B]_原=b_{n-1}b_{n-2}\cdots b_0$，商 $[Q]_原=q_{n-1}q_{n-2}\cdots q_0$，余数为 $[R]_原$，则不恢复余数法的原码除法运算规则为：

（1）求结果符号，商的符号 $S_Q=a_{2n-1}\oplus b_{n-1}$，余数的符号 $S_R=a_{2n-1}$。

（2）判断异常，$R_0=|A_{高位}|-|B|$，若 $R_0 \geqslant 0$ 或 $B=0$，则发生异常、运算中止。

（3）求余及上商，循环 $n-1$ 次，求商 $q_{n-2}\cdots q_0$ 及余数 R_{n-1}，方法同无符号除法。

其中，$|B|$ 及 $|R|$ 都为 $n-1$ 位，求余的加减运算为 n 位；$|A|$ 为 $2n-1$ 位，$|A_{高位}|$ 为 $2n-1-(n-1)=n$ 位，存放时 $|A_{高位}|$ 与 $|B|$ 是高位对齐的，即 a_{2n-2} 与 b_{n-2} 对齐，而运算时两者必须低位对齐，因此，$|A|$ 应先左移一位。这两点都与无符号除法不同。

小数除法中，$[A]_原$ 通常为 n 位，通过低位补零扩展被除数位数，$|A|$ 无须左移一位，循环次数为 $n-1$ 次，使得商为 n 位原码。

例 2.25 设 $A=-0010011$，$B=+101$，用不恢复余数法求 A/B。

解： 依题意，$[|B|]_补=0101$，$[-|B|]_补=1011$，求余为 4 位补码加减运算。

按照运算规则，商的符号 $S_Q=1\oplus 0=1$，余数的符号 $S_R=1$；

运算需要循环 3 次，初始化时，$|A|\ll 1$ 后高 4 位 0010，运算过程如表 2.19 所示。

表 2.19 例 2.25 不恢复余数原码除法的运算过程

循环	被除数高位及余数	被除数低位及商	说　　　明
0	0 0 0 1 0 0 1 0 + 1 0 1 1 0 1 1 0 1	0 0 1 1 0 1 1 □ 0 1 1 0	$\|A\|$ 操作数预置 $\|A\|=\|A\|\ll 1$，□为空出的位置 求余操作为 $-\|B\|=+[-\|B\|]_补$ 因 $R_0<0$，不溢出，$q_3\leftarrow 0$、放在空位置上
1	1 0 1 0 + 0 1 0 1 1 1 1 1 1	1 1 0 □ 1 1 0 1	R_0、A 低位、位商同时左移 1 位 因 $R_0<0$，求余操作为 $+\|B\|$ 因 $R_1\geqslant 0$，$q_2\leftarrow 0$
2	1 1 1 1 + 0 1 0 1 1 0 1 0 0	1 0 1 □ 1 0 1 1	R_1、A 低位、位商同时左移 1 位 因 $R_1<0$，求余操作为 $+\|B\|$ 因 $R_2\geqslant 0$，$q_1\leftarrow 1$
3	1 0 0 1 + 1 0 1 1 1 0 1 0 0	0 1 1 □ 0 1 1 1	R_2、A 低位、位商同时左移 1 位 因 $R_2\geqslant 0$，求余操作为 $-\|B\|=+[-\|B\|]_补$ 因 $R_3\geqslant 0$，$q_0\leftarrow 1$，$R'_3=R_3$

由于是绝对值运算，q_3 肯定为 0，最后的符号就填在此处。因此，A/B 的商 $[Q]_原=$ 1011，符号位为 S_Q；余数 $[R]_原=$ 1100，符号位为 S_R。

2）运算的逻辑实现

由原码除法运算规则可知，n 位原码除法器的内部逻辑，只需在图 2.29 基础上，将加法器、RegA、控制门改为 n 位，再增加两个触发器 S_Q、S_R 即可。S_Q、S_R 分别暂存商、余数的符号，在循环结束时分别写入 RegQ、RegA 的最高位。

加法器等部件改为 n 位的原因是，除法核心是绝对值运算，增加符号位后与除数等的位数相同，加法器位数与乘法相同。而无符号除法为 $n+1$ 位，加法器位数与乘法不同，这都是不恢复余数惹的祸，恢复余数法则不存在这个问题。

3）运算的控制流程

由于原码除法器的结构与无符号除法器基本相同，因此，整数原码除法运算的控制流程也与图 2.30 基本相同，但需要增加符号处理、绝对值处理、被除数预置功能，不同之处如图 2.31 所示。

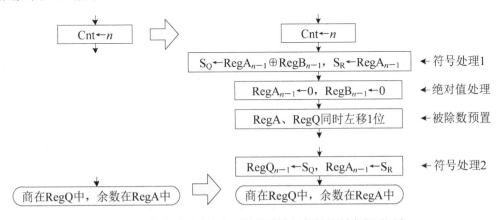

图 2.31　整数原码除法与无符号除法运算的控制流程不同点

其中，绝对值处理的方法与原码乘法相同，有符号整数除法都必须进行被除数预置，由于 RegA 中是绝对值，左移时无须判断溢出。注意，小数除法运算中无须进行被除数预置。

3. 补码除法

与补码乘法类似，补码除法运算也希望符号位和数值位能够一起运算。

1）运算规则

与原码除法一致，补码除法也是通过循环方式求商及余数，只是商及余数用补码表示。由于符号与数值一起运算，因此，循环次数为 n 次。

除法每一步的动作包括够减判断、上商及求余数，而求余数的操作结果可以用于够减判断，够减判断的结果可以用于上商。

下面，从每一步的动作角度分析运算规则。由于余数、除数都是补码，所有的操作及判断都要考虑符号，要时刻注意。为了便于描述，作如下假设：被除数为 $[A]_补$，除数为 $[B]_补$，商为 $[Q]_补 = q_{n-1}q_{n-2}\cdots q_0$，余数为 $[R]_补$，第 i 轮循环的余数为 R_i。

（1）够减判断。够减指余数的绝对值大于等于除数的绝对值，即 $|R_i| \geqslant |B|$。因此，够减判断所需操作为：R_i 与 B 同号时做减法、异号时做加法运算，而求余数操作提供了所需操作的结果。

够减判断的方法为：若 R_i 与 B 同号，R_{i+1} 与 B 同号时够减，否则不够减；若 R_i 与 B

异号，R_{i+1} 与 B 异号（与 R_i 同号）时够减，否则不够减。

（2）商符确定。依据够减定义，溢出判断的操作为：A 与 B 同号时做减法、异号时做加法运算。操作结果不溢出时可用于确定商符 q_{n-1}，溢出判断及商符确定方法为：若 A 与 B 同号，R_0 与 B 同号时除法溢出，否则 $q_{n-1}\leftarrow0$；若 A 与 B 异号，R_0 与 B 异号时除法溢出，否则 $q_{n-1}\leftarrow1$。

由于是有符号除法，溢出判断前需要对被除数进行预置处理，即算术左移一位。移位时需要检测是否溢出，发生移位溢出时，除法溢出。

若存在除法溢出或 $B=0$，则发生异常、运算中止。

（3）上商规则。由于商是补码表示的，根据补码的特性，若商为正数，够减时上商为 1，否则上商为 0；若商为负数，够减时上商为 0，否则上商为 1。

结合够减判断的方法，商的确定规则如表 2.20 所示。

表 2.20 商的确定规则

A 与 B	上商	
	R_i 与 B 同号	R_i 与 B 异号
同号	与 A 同号，够减，$q_i\leftarrow1$	与 A 异号，不够减，$q_i\leftarrow0$
异号	与 A 异号，不够减，$q_i\leftarrow1$	与 A 同号，够减，$q_i\leftarrow0$

可见，A 与 B 同号时，$q_{n-1}q_{n-2}\cdots q_0$ 等于商的真值；A 与 B 异号时，$q_{n-1}q_{n-2}\cdots q_0$ 是商的反码，运算结束时，需在末位加 1。

（4）求余数操作。求余数的操作取决于上一轮是否够减，够减时做真值的减法运算（$R_{i+1}=2R_i-B$）；不够减时做真值的加法运算（$R_{i+1}=2R_i+B$）。补码运算类型还需由 A 与 B 的符号确定。

（5）商及余数修正。商是用补码表示的，A 与 B 同号时，$q_{n-1}q_{n-2}\cdots q_0$ 等于商的真值，此时无须修正；否则是商的反码，需在末位加 1，以转换成补码。余数可正可负，最后一轮不够减时，其真值需加上除数，补码运算类型还需根据 A 与 B 的符号确定。

汇总上述处理方法，不恢复余数法的补码除法规则如表 2.21 所示。其中，求余数、商及余数修正依赖于够减判断、被除数与除数符号。

表 2.21 不恢复余数除法的运算规则

$[A]_补$ 与 $[B]_补$	商符确定	够减判断（$[R_i]_补$ 与 $[B]_补$）	上商	求余数	商及余数修正
同号	$[A]_补-[B]_补$	同号（够减）	1	$[R_{i+1}]_补=2[R_i]_补-[B]_补$	$[Q]_补=q_{n-1}\cdots q_0$ $[R]_补=[R_{n-1}]_补$
		异号（不够减）	0	$[R_{i+1}]_补=2[R_i]_补+[B]_补$	$[Q]_补=q_{n-1}\cdots q_0$ $[R]_补=[R_{n-1}]_补+[B]_补$
异号	$[A]_补+[B]_补$	同号（不够减）	1	$[R_{i+1}]_补=2[R_i]_补-[B]_补$	$[Q]_补=q_{n-1}\cdots q_0+1$ $[R]_补=[R_{n-1}]_补-[B]_补$
		异号（够减）	0	$[R_{i+1}]_补=2[R_i]_补+[B]_补$	$[Q]_补=q_{n-1}\cdots q_11$ $[R]_补=[R_{n-1}]_补$

注意，整数除法中，$[A]_补$ 需先算术左移一位，并检测是否溢出。

例 2.26　设 $[A]_补=11101101$，$[B]_补=0101$，用不恢复余数法的补码除法求 A/B。

解：依题意，$[-B]_补=1011$，求余数采用 4 位补码加减运算。

按照补码除法的规则，运算过程如表 2.22 所示。

表 2.22　例 2.26 不恢复余数补码除法的运算过程

循环	被除数高位及余数	被除数低位及商	说　　明
0	1110	1101	$\vert A\vert$
	1101	101□	被除数预置 $\vert A\vert=\vert A\vert\ll1$，不溢出，□为空出的位置
	＋ 0101		因 A 与 B 异号，商符确定的操作为 $+[B]_补$
	$\underline{1}0010$	101$\underline{1}$	因 R_0 与 B 同号，不够减（不溢出），$q_3\leftarrow1$
1	0101	01$\underline{1}$□	R_0、A 低位、位商同时左移 1 位
	＋ 1011		因 R_0 与 B 同号，求余操作为 $-[B]_补$
	$\underline{1}0000$	01$\underline{1}1$	因 R_1 与 B 同号，不够减，$q_2\leftarrow1$
2	0000	1$\underline{1}1$□	R_1、A 低位、位商同时左移 1 位
	＋ 1011		因 R_1 与 B 同号，求余操作为 $-[B]_补$
	$\underline{1}1011$	1$\underline{1}10$	因 R_2 与 B 异号，够减，$q_1\leftarrow0$
3	0111	$\underline{1}10$□	R_2、A 低位、位商同时左移 1 位
	＋ 0101		因 R_2 与 B 异号，求余操作为 $+[B]_补$
	$\underline{0}1100$	$\underline{1}100$	因 R_3 与 B 异号，够减，$q_0\leftarrow0$
		＋ 0001	因 R_3 与 B 异号、$q_3\leftarrow1$，商末位加 1，
		1101	余数无须修正

因此，A/B 的商 $[Q]_补=\underline{1}101$，余数 $[R]_补=\underline{1}100$。

2）运算的逻辑实现

由表 2.22 可知，补码除法的符号与数值一起运算，比原码除法简单，但循环结束后的商及余数修正比较麻烦。

n 位补码除法器的内部逻辑，只需在图 2.29 基础上，将加法器、RegA、控制门改为 n 位即可，比原码除法器少了暂存结果符号的触发器。

3）运算的控制流程

基于补码除法器的结构，整数补码除法运算的控制流程如图 2.32 所示。图中未画出移位溢出检测、除法溢出检测的控制流程，读者可自行补上。

注意，控制流程中，上商出现在求余数之前，与前面讲的有所不同，这是因为商符确定的动作（置 q_{n-1}）放在图中上商位置了。由于上商都在下一轮循环中完成，因此，循环结束时，位商 q_0 尚未设置（值为左移时填充的 0），可以与商修正合并处理。

小数除法中，通常只关心商而不关心余数，并且末位商的权值已经很小，因此，不少机器采用末位商恒置 1 的修正方法，来降低结果修正的复杂性。整数除法中，商和余数都很重要，因此，必须进行精确的修正，而不论有多复杂。

至此，我们讨论了无符号整数、有符号整数（原码及补码）的加法、减法、乘法、除法、移位运算的实现方法。纯小数相应运算的实现方法大同小异，教材中已经提及，读者应注意区分。

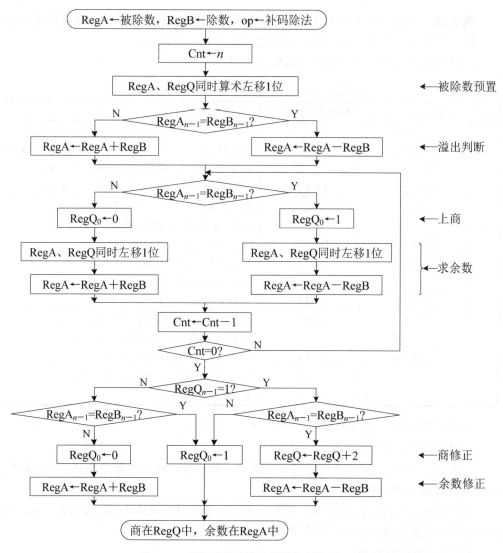

图 2.32　整数补码除法运算的控制流程

2.4 浮点数的运算

实数可以写成 $M \times r^E$，浮点表示方法中，浮点数由尾数 M 和阶码 E 组成，基数 r 通常为 2，M 常用补码或原码编码的纯小数表示，E 常用移码或补码编码的整数表示。浮点数的数据类型有单精度和双精度两种。

2.4.1 浮点加减运算

先来看一个例子：$0.102 \times 10^8 - 0.301 \times 10^6 = (0.102 - 0.00311) \times 10^8 = 0.01889 \times 10^8 = 0.1889 \times 10^7$。从这个例子可以理解浮点加减法的运算规则。

设浮点数 $A = M_A \times 2^{E_A}, B = M_B \times 2^{E_B}$，$E_A \leqslant E_B$ 时，$A \pm B = (M_A \times 2^{E_A - E_B} \pm M_B) \times 2^{E_B}$，

运算过程分为对阶、尾数加减、尾数规格化、溢出判断 4 个步骤。

计算机中，所有运算全部采用定长方式，对阶时，$M_A \times 2^{E_A - E_B}$ 使 M_A 的有效位数损失不少。那么，如何提高运算精度呢？常用的方法是，运算时增加尾数的有效位数，运算结束后再对结果进行舍入。

运算时尾数新增加的位称为附加位，例如 IEEE 754 标准中，所有中间结果至少保留 2 位附加位，这两位称为保护位（guard）和舍入位（round）。附加位的使用方法是，对阶时右移的尾数先移入附加位中，附加位一起参与运算。

附加位的设置使浮点运算的步骤有所增加，浮点加减运算有对阶、尾数加减、规格化、尾数舍入和溢出判断这 5 个步骤。为了便于实现，运算过程中浮点数常采用双符号位（如变形补码）格式，运算结束时才转换为浮点数格式。

1. 对阶

对阶的目的是使两个浮点数的小数点对齐，即两个浮点数的阶相同。

对阶的规则是小阶对大阶，用大阶作为运算结果的阶，小阶浮点数的尾数右移，右移位数等于两个数的阶差。

设大阶为 E_F，$\Delta E = E_A - E_B$，若 $\Delta E \geqslant 0$，则 $E_F = E_A$，$M'_A = M_A$，$M'_B = M_B \times 2^{E_B - E_A}$，

若 $\Delta E < 0$，则 $E_F = E_B$，$M'_A = M_A \times 2^{E_A - E_B}$，$M'_B = M_B$。

尾数右移为算术移位，移出的数值位进入附加位，即尾数与附加位同时右移，右移位数为两个数的阶差。

例如，假设浮点数的尾数用 5 位补码表示，阶用 3 位补码表示，硬件设有 2 位附加位，$A = +0.1101 \times 2^{01}$，$B = -0.1010 \times 2^{11}$，则 $[A]_浮 = 001;0.1101$，$[B]_浮 = 011;1.0110$，其中 ";" 用于划分阶和尾数。对阶时的变形补码阶差 $[\Delta E]_补 = 0001 - 0011 = 1110$，因此 A 为小阶数，尾数右移 $|\Delta E|$ 位（2 位）、阶码 +2，中间结果 $[A']_浮 = 0011;00.0011\ \underline{01}$，$[B']_浮 = 0011;11.0110\ \underline{00}$，下划线部分为附加位。

注意，机器中小数点是隐含的，此处的小数点仅为便于解释而写出的。

2. 尾数加减

对阶后两个数的阶相同，尾数可直接进行加减运算，运算时附加位一同参与。

由于可以通过规格化改变小数点的位置，因此，尾数运算溢出不能算出错，进而常采用双符号位进行运算。

例如，上例中对阶后的两数相加，结果为

$$
\begin{array}{r}
00.0011\ 01 \\
+\ 11.0110\ 00 \\
\hline
11.1001\ 01
\end{array}
$$

即 $[A' + B']_浮 = 0011;11.1001\ \underline{01}$

3. 规格化

规格化的目的是使运算结果的精度最大化，即 $0.5 \leqslant |M| < 1$。

根据尾数加减的结果，相应的规格化操作为：

（1）当 $|M| \geqslant 1.0$ 时，1 次右规，即尾数算术右移 1 位、阶码加 1。

（2）当 $0.5 \leqslant |M| < 1.0$ 时，不需要规格化，尾数已是规格化数。

（3）当 $|M|$＜0.5 时，多次左规，直到 $|M|$≥0.5，即尾数逐次左移、阶码逐次减 1。

判断是否为规格化数的方法中，原码尾数的判断条件是最高数值位为 1，补码尾数的条件是最高数值位与符号位相反。

例如，上例中尾数加减后 $[A'+B']_浮$＝0011;11.1001 <u>01</u>，可见 $|M|$＜0.5，需要 1 次左规操作，即 $[A'+B']_浮$＝0010;11.0010 <u>10</u>。注意，附加位随尾数同时移动。

4. 尾数舍入

尾数舍入的目的是减小运算误差，根据运算后附加位的值，来决定尾数的值。

舍入的方法有许多种，常见的有截断法、恒置 1 法、舍入法、查表舍入法 4 种。

（1）截断法：无论附加位的值如何，尾数都不变。

（2）恒置 1 法：无论附加位的值如何，都将尾数的末位真值置为 1。

（3）舍入法：当附加位最高位真值为 1 时尾数加 1，否则尾数不变。

（4）查表舍入法：用尾数末尾几位及附加位查表，确定采用舍入法还是恒置 1 法。

由此可见，不同舍入方法的最大误差、平均误差等性能不同，成本也不同。究竟采用哪种舍入方法由计算机结构确定，计算机组成只负责实现。

需要注意的是，舍入法针对真值而言，不同码制及符号的操作方法不同：

对于原码而言，采用 0 舍 1 入法，舍使绝对值变小，入使绝对值变大。

对于补码而言，正数采用 0 舍 1 入法。由于负数的舍使绝对值变大、入使绝对值变小，为了针对真值舍入，负数采用如下规则：①所有位全为 0 时，不舍不入；②最高位为 0、其余位不全为 0 时，或最高位为 1、其余位全为 0 时，进行舍处理；③最高位为 1、其余位不全为 0 时，进行入处理。就是说，在（−1,−0.5]时舍、（−0.5,0)时入、0 时弃。

例如，上例中规格化后 $[A'+B']_补$＝0010;11.0010 <u>10</u>，若采用舍入法，因补码为负数，附加位为 10，故选择舍，尾数舍入后的结果是 $[A'+B']_浮$＝0010;11.0010。

5. 溢出判断

浮点运算结果是否溢出，是通过判断阶码是否发生上溢来实现的。运算结果下溢时可以用机器零来表示，不属于溢出；尾数溢出可以通过规格化操作来进行纠正，也不属于溢出。

规格化、尾数舍入操作可能会改变阶码，因此，浮点加减运算需要判断溢出。溢出判断实际上是在规格化、尾数舍入过程中进行的，采用双符号位运算时，可在最后统一判断。

阶码是否溢出的判断方法，与阶码的编码方式及运算方式有关。如采用变形补码方式运算时，符号位为 01 表示发生了上溢，浮点数超出了表示范围，置溢出标志 OF＝1；符号位为 10 表示发生了下溢，结果为机器零。

例如，上例中尾数舍入后 $[A'+B']_浮$＝0010;11.0010，符号位为 00，不溢出，浮点加运算的最终结果为 $[A+B]_浮$＝010;1.0010。注意，运算结束时，才将中间结果转换为浮点数。

例 2.27 假设浮点数的尾数用 9 位补码表示，阶用 4 位补码表示，硬件设置有 2

位附加位，采用双符号位进行运算，尾数舍入采用舍入法。请计算 $0.11011011\times2^2+$
$(-0.10101100)\times2^4$。

解：依题意，$[A]_浮=0010;011011011$，$[B]_浮=0100;101010100$，浮点加法的计算过程如下：

（1）对阶，$[\Delta E]_补=00\,010-00\,100=11110$，$A$ 为小阶数，阶差 $|\Delta E|=2$ 位，
　　　则 $[M_A{'}]_补=00.00110110\,\underline{11}$，$[M_B{'}]_补=11.01010100\,\underline{00}$，$[E_A{'}]_补=[E_B{'}]_补=00\,100$。

（2）尾数加减，$[M_A{'}]_补+[M_B{'}]_补=00.00110110\,\underline{11}+11.01010100\,\underline{00}=11.10001010\,\underline{11}$，
　　　则 $[A+B]_浮=00\,100;11\,10001010\,\underline{11}$。

（3）规格化，尾数不溢出、符号位与最高数值位相同，左规 1 次后，
　　　得 $[A+B]_浮=00\,011;11\,00010101\,\underline{10}$。

（4）尾数舍入，负数补码的附加位为 10，选择舍，
　　　得 $[A+B]_浮=00\,011;11\,00010101$。

（5）溢出判断，阶码符号为 00，不溢出。浮点加法运算结果为 $0011;100010101$。

综上所述，浮点加减运算流程如图 2.33 所示。其中，对阶移出的数值位先进入附加位，附加位参与运算，尾数舍入对附加位进行舍入。

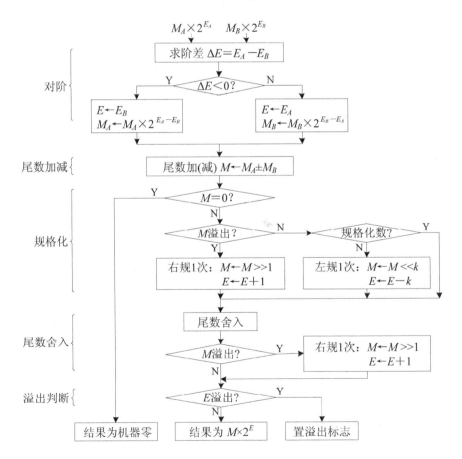

图 2.33　浮点加减运算流程

2.4.2 浮点乘除运算

设两个非 0 的规格化浮点数为 $A = M_A \times 2^{E_A}$，$B = M_B \times 2^{E_B}$，则浮点乘除法的运算规则为 $A \times B = (M_A \times M_B) \times 2^{E_A + E_B}$，$A \div B = (M_A \div M_B) \times 2^{E_A - E_B}$。

为了提高运算精度，要求操作数都是规格化数，运算时通常采用表示范围、精度更大的中间浮点格式。例如 IEEE 754 标准中，运算格式采用扩展双精度格式（80 位）。

浮点乘除的运算过程包括操作数预判、阶码运算、尾数运算、规格化、尾数舍入、溢出判断几个步骤，每个步骤中，乘法、除法的操作有所不同。

1. 操作数预判

操作数预判的目的是判断操作数是否满足运算要求，或者能否简化运算。

对于浮点乘法，可检测操作数是否为 0，若 M_A 或 M_B 为 0，则乘积为 0，运算结束。

对于浮点除法，需检测操作数是否为 0，除数为 0 时产生除零异常，被除数为 0 时商为 0，运算结束。还须检测 $|M_A| < |M_B|$ 是否成立，不成立时 M_A 右规一次，以保证商的尾数是纯小数。由于 M_A、M_B 都是规格化数，右规最多一次。

2. 阶码运算

阶码运算中，浮点乘法为两个阶码相加，浮点除法为两个阶码相减。

由于阶码常用移码表示，我们先了解一下移码的加减运算及溢出判断方法。根据移码的定义 $[X]_{移} = 2^{n-1} + X$，及补码的定义 $[X]_{补} = 2^n + X \pmod{2^n}$，有

$$[E_A]_{移} + [E_B]_{移} = 2^{n-1} + (2^{n-1} + E_A + E_B) = 2^{n-1} + [E_A + E_B]_{移}$$

$$[E_A]_{移} - [E_B]_{移} = [E_A]_{移} + [-[E_B]_{移}]_{补} = 2^n + E_A - E_B = 2^{n-1} + [E_A - E_B]_{移} \pmod{2^n}$$

则 $[E_A + E_B]_{移} = [E_A]_{移} + [E_B]_{移} - 2^{n-1}$

$$= [E_A]_{移} + ([E_B]_{移} + 2^{n-1}) = [E_A]_{移} + [E_B]_{补} \pmod{2^n}$$

$[E_A - E_B]_{移} = [E_A]_{移} - [E_B]_{移} - 2^{n-1}$

$$= [E_A]_{移} - ([E_B]_{移} - 2^{n-1}) = [E_A]_{移} - [E_B]_{补} \pmod{2^n}$$

移码加减的溢出判断通常采用双符号位法。即采用双符号位（$z_n z_{n-1}$）运算，操作数符号扩展时使 z_n 为 0，则 $z_n = 1$、$z_{n-1} = 0$ 时发生上溢，$z_n = 1$、$z_{n-1} = 1$ 时发生下溢。

若阶码用补码来表示，则乘积的阶码 $[E]_{补} = [E_A]_{补} + [E_B]_{补}$，商的阶码 $[E]_{补} = [E_A]_{补} - [E_B]_{补}$，阶码溢出判断方法同补码加减法。

若阶码用移码来表示，则乘积的阶码 $[E]_{移} = [E_A]_{移} + [E_B]_{补}$，商的阶码 $[E]_{移} = [E_A]_{移} - [E_B]_{补}$，阶码溢出判断方法通常为双符号位法。

3. 尾数运算

浮点乘法中，$M_A \times M_B$ 通过相应编码的纯小数定点乘法实现，得到一个双倍长的乘积，定点乘法的运算方法在 2.3.4 节已讲过。

浮点除法中，$M_A \div M_B$ 通过相应编码的纯小数定点除法实现，商与除数等长，小数除法通常忽略余数，定点除法的运算方法与 2.3.5 节相同。

4．规格化

由于 M_A、M_B 都是规格化数，浮点乘法中，有 $1/4 \leqslant |M_A \times M_B| < 1$，最多需要 1 次左规操作；IEEE 754 标准中，有 $1 \leqslant |M_A \times M_B| < 4$，只会需要右规操作。浮点除法中，有 $1/2 \leqslant |M_A \div M_B| < 1$，不需要进行规格化操作。

5．尾数舍入

为了提高运算精度，尾数乘积或商的中间结果的位数都很多，产生运算结果时需要根据指定长度进行舍入，舍入方法通常与浮点加减运算的舍入方法相同。

6．溢出处理

浮点预算的结果是否溢出，通过判断阶码是否上溢来实现。溢出判断实际上是在阶码运算、规格化、尾数舍入过程中进行的，只要有阶码运算，就要进行溢出检测。注意，运算过程中的溢出检测是相对于浮点数运算格式的。

产生运算结果时，阶码下溢通常表示为机器零。IEEE 754 标准中，浮点格式可以表示为非规格化数，此时可以用非规格化浮点数处理阶码下溢，非规格化浮点数的尾数为全 0 时，才表示为机器零。

例 2.28　假设浮点数的阶用 4 位移码表示，尾数用 8 位补码表示，运算过程中，阶码、尾数都为双符号位。已知 $A = 0.1100110 \times 2^{-110}$，$B = -0.1110010 \times 2^{011}$，用浮点乘法求 $A \times B$，乘积的尾数保留 8 位。

解：依题意，$[E_A]_{移} = 0010$，$[E_B]_{移} = 1011$，$[E_B]_{补} = 0011$，按照浮点数格式要求，有 $[A]_{浮} = 0010; 0.1100110$，$[B]_{浮} = 1011; 1.0001110$，运算过程如下：

（1）操作数预判，A、B 的尾数都不为 0，转下一步。

（2）阶码运算，$[E_A + E_B]_{移} = [E_A]_{移} + [E_B]_{补} = 00\ 010 + 00\ 011 = 00\ 101$。

（3）尾数运算，使用 Booth 算法，得 $[M_A \times M_B]_{补} = 11.010010100010100$，即

$$[A \times B]_{浮} = 00\ 101; 11.01001010010100.$$

（4）规格化，最高数值位与符号相反，无须进行规格化操作，即

$$[A \times B]_{浮} = 00\ 101; 11.010010100\ 10100.$$

（5）尾数舍入，按负数补码的舍入规则，选择舍（绝对值变大），结果为 11.0100101。

（6）溢出判断，运算过程中，阶码都未溢出。

$A \times B$ 结果为：$[A \times B]_{浮} = 0101; 1.0100101$，$A \times B = -0.1011011 \times 2^{-011}$。

分析浮点数的四种运算，可以发现，浮点运算的操作可分为阶码和尾数两个部分，规格化、尾数舍入时两者会相互影响；阶码只有加、减运算，尾数有加、减、乘、除四种运算。

因此，浮点运算器主要由两个定点部件组成，一个是阶码运算部件，主要完成阶码的加减运算，及规格化时阶码的调整功能；另一个是尾数运算部件，主要完成尾数的四则运算，对阶和规格化时尾数的移位，及尾数舍入处理功能。此外，还需要包含操作数为 0 判断、溢出判断等电路。

由于浮点运算部件比定点运算器复杂得多，现代计算机中，浮点运算部件通常设计成独立部件。进一步地，浮点运算部件内部设计成流水线，可以隐藏连续或相近浮点运

算的操作延迟。

2.5 十进制数的加减运算

很多计算机都支持十进制的数据表示，即用 BCD 码来表示十进制数。相应地，硬件必须支持十进制数的运算。本节仅讨论十进制数的加减运算，进行运算的十进制数都采用 8421 码进行编码。

计算机中，运算都采用二进制方式，因此，十进制加减法运算的实现方法通常是，先按二进制进行加减法运算，需要时对结果进行校正（Adjust）。

1．十进制加法校正规则

BCD 码运算中，十进制数位之间的进位规则是逢十进一，而十进制数位的 4 个二进制码向高位的进位规则是逢 16 进一，因此，当十进制数位按二进制进行运算的和 $\geqslant 10$ 时，就需要用 $+6$ 来进行校正。

假设 BCD 码相加结果为 F，则校正规则为：

（1）当 $F \leqslant 9$ 时，不需要校正；

（2）当 $10 \leqslant F \leqslant 15$ 时，本十进制数位需要 $+6$，并向高位产生进位；

（3）当 $F > 15$ 时，已经产生了高位进位，本十进制数位需要 $+6$。

若 $F = S_3 S_2 S_1 S_0$，S_3 的进位记为 C_3，由校正规则可见，当 $S_3 S_2 S_1 S_0 = 11**$ 或 $1*1*$ 时，或者 $C_3 = 1$ 时，需要进行校正，其中*表示值任意。即 $S_3 S_2 + S_3 S_1 + C_3 = 1$ 时，需要增加 $F' = F + 6$、$C_3' = 1$（向十进制高位进位）的操作。

2．十进制减法校正规则

BCD 码减法通过无符号减法实现，即 $A - B = A + [B]_{补数} = S \pmod{16}$。若 S 的最高位产生进位，则说明 S 为正数，结果正确，如 $0101 - 0011 = 0101 + 1101 = \boxed{1}0010$，结果正确。若 S 的最高位不产生进位，则说明 S 为负数，结果需要校正，如 $0101 - 0111 = 0101 + 1001 = \boxed{0}1110$，而 $1110 - 0110 = 1000$ 才是正确结果，这样校正的原因是两种进制的借位差值为 6。

假设两个 BCD 码相减之差为 F，F 中最高二进制位的进位为 C_3，校正规则为：

（1）当 $C_3 = 1$ 时，不需要校正；

（2）当 $C_3 = 0$ 时，本十进制数位需要 -6，并向高位产生借位。

若 $F = S_3 S_2 S_1 S_0$，S_3 的进位记为 C_3，由校正规则可见，当 $C_3 = 0$ 时，需要进行校正，校正操作为 $F' = F - 6$、$C_3' = 1$（向十进制高位借位）。

3．十进制数加减法器

可见，BCD 码加减法的运算方法相同，都是先按二进制进行加减运算，需要时再进行校正。加法校正时，结果 $+6$、产生进位；减法校正时，结果 -6、产生借位；加/减法的校正条件有所不同。

因此，BCD 码加减法器可以由二进制加减法器、校正电路组成，一位 BCD 码加减法器的内部逻辑如图 2.34 所示，下部为 4 位二进制加减法器，其余为校正电路。其中，加减法器为带进位/借位的加减法器。

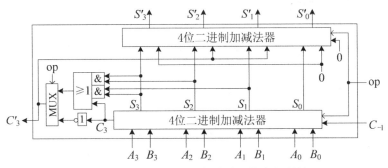

图 2.34　一位 BCD 码加减法器的内部逻辑

由加减法的校正规则可知，加法的校正条件为 $C_3 + S_3S_2 + S_3S_1 = 1$，减法的校正条件为 $C_3 = 0$。又由于校正时都会产生进位或借位，因此，可以用校正条件的逻辑作为十进制进位或借位标志 C'_3 的逻辑，即加法的进位标志 $C'_3 = C_3 + S_3S_2 + S_3S_1$，减法的借位标志 $C'_3 = \overline{C_3}$。图 2.34 中，MUX 为 2 选 1 多路选择器，用于实现进位逻辑或借位逻辑的选择，C_{-1} 表示十进制低位的进位或借位。

校正时，通过加减法的校正条件（等于 C'_3）控制是否 +6 或 −6，不±6 等价于±0，如图 2.34 中上面一个加减法器所示。

由图 2.34 可以发现，两个加减法器是完全相同的。现代计算机中，BCD 码运算的使用频率不高，为了节约成本，BCD 码加减法器通常只是用一个二进制加法器实现，这就要求 BCD 码加减运算通过两个独立的运算实现：二进制加减运算、十进制校正运算，而且两条指令要紧邻。Intel 公司的 IA32 采用的就是这种方法，用一个加减法器来实现二进制加减、十进制加减校正运算。

支持二进制和十进制加减运算的加减法器组成如图 2.35 所示，图中，$op_1op_0 = 00$ 或 01 时实现二进制加减法运算，$op_1op_0 = 10$ 或 11 时实现十进制加减法校正运算。十进制校正运算时，应使 $A_3 \sim A_0$ = 二进制运算的 $S'_3 \sim S'_0$、C_x = 二进制运算的 C'_3。

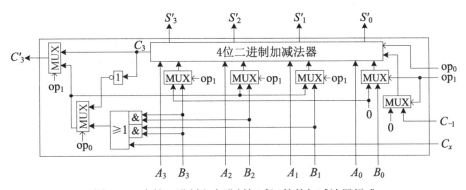

图 2.35　支持二进制和十进制加减运算的加减法器组成

将 n 个这种加减法器串联起来，就可以构成一个 n 位的串行进位的 BCD 码加减法器，或 $4n$ 位的二进制加减法器。

2.6　运算器的组成

由表 2.12 可知，数据分为数值数据、非数值数据，运算类型有算术运算、逻辑运算、关系运算、饱和运算等，其中关系运算常可以通过减法运算和逻辑运算实现。因此，计算机中的运算类型主要有算术运算、逻辑运算、饱和运算。

计算机中的数据表示主要有定点数、浮点数、逻辑数 3 种，同一种运算类型的数据表示方法不同，运算方法就不同。2.3 节讨论了定点数的各种运算方法、部件组成，2.4 节讨论了浮点数的各种运算方法，2.2.4 节讨论了逻辑运算的各种运算方法、实现方法。饱和运算的运算方法因数据类型而异，本课程暂不讨论。

运算器的主要功能是实现各种数据的运算及处理，运算器的核心是 ALU。下面，我们讨论运算器的基本组成。

2.6.1　ALU 的组成

由于所有的算术运算都以加减运算为基础，而加减运算又是通过逻辑运算实现的，因此，算术运算和逻辑运算功能可以用同一部件实现，这个部件被称为算术逻辑单元 ALU。若以 ALU 为核心，加上移位器、寄存器等器件，及相应的控制逻辑，就可以构成实现复杂运算的运算部件，如乘法器、除法器。

ALU 主要完成定点加减法算术运算及基本逻辑运算。因此，ALU 具有两个数据入端、一个数据出端。同时，ALU 还应能够输出算术运算结果的状态，如是否为零、是否为负、是否溢出等，以支持关系运算用减法运算及逻辑运算实现。ALU 属于多功能部件，还需设置控制端用来选择功能。

74181 是一个 4 位 ALU，下面我们以 74181 芯片为例，来分析 ALU 的结构与组成。

74181 具有 16 种算术运算及 16 种逻辑运算功能，算术运算包括 $A+B$、$A-B$、$A-1$、$A+AB$、$AB-1$ 等，逻辑运算包括 AB、$A+B$、$A\oplus B$、$\overline{A}$ 、$\overline{A+B}$ 等，AB 表示逻辑与，逻辑运算中的 "＋" 表示逻辑或。

74181 的外部信号如图 2.36 所示，其中，控制信号为 M 和 $S_3S_2S_1S_0$，$M=0$ 时实现算术运算、$M=1$ 时实现逻辑运算，具体的运算功能由 $S_3S_2S_1S_0$ 指定。为了便于构成更多位数的 ALU，74181 提供了串行进位方式所需的 C_3、C_{-1}，提供了并行进位方式所需要的 G、P。

74181 还提供了运算结果的状态，如表示结果是否为零的 $A=B$、是否为负的 F_3，其他状态需要由外部电路提供，如结果是否有进位/借位的逻辑为 $C_3\oplus C_{-1}$。

多种运算功能的设计方法有两种，一种是常规的逻辑设计方法，即真值表、卡诺化简、逻辑表达式、逻辑电路方法；另一种是先选择恰当的输入组合，再导出可能实现的算术或逻辑运算功能。显然，第二种方法更简单，74181 采用的就是第二种方法。

74181 的内部结构如图 2.37 所示。算术运算的加减功能为 $F_i=X_i\oplus Y_i\oplus C_{i-1}$，逻辑运算的按位操作要求 $C_i=0$，如 $F_i=X_i\oplus Y_i$，因此，$C_i=(G_i+P_iC_{i-1})\overline{M}$。组合逻辑网络中，$X$ 和 Y 为（A, B, $S_3S_2S_1S_0$）的函数，提供 16 种输入组合，与加法器相结合实现 16

种功能，其中包含所需的基本功能。

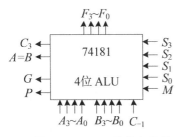

图 2.36 74181 的外部信号

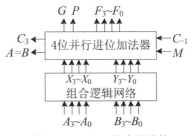

图 2.37 74181 的内部结构

需要注意的是，ALU 为组合逻辑电路，为了得到正确的运算结果，运算期间的输入信号必须稳定。例如，ALU 的入端 A、B 与锁存器相连，出端 F 的数据保存到寄存器中。

2.6.2 运算器的组成

CPU 由运算器和控制器组成，运算器是 CPU 中所有运算部件的统称，它负责所有数据的运算及运算结果的临时存放。由前面的讨论可知，运算部件有定点运算、浮点运算、逻辑运算三种类型，如 ALU、乘除法器、移位器、FPU、饱和运算部件等。

运算部件指能够完成某些数据运算功能的芯片或电路。运算部件通常由基本运算功能电路、扩展运算功能电路（如移位器）、暂存数据的寄存器、选择数据的多路选择器，以及内部控制逻辑等构成。

现代计算机中，通常将可以复用器件的运算功能做在同一个运算部件中，如 ALU、乘除法器等是多功能部件，而将运算方法不同的运算功能做到不同的运算部件中，如 ALU、移位器、浮点部件等。因此，CPU 中会有多个运算部件，由于在指令执行过程中完成特定的处理功能，这些运算部件又常称为执行部件或功能部件。

1. 运算部件举例

29C101 是一个 16 位运算部件，下面我们以 29C101 芯片为例，来分析运算部件的结构与组成。

29C101 具有加、减、乘、除，以及与、或、非等 5 种逻辑运算功能，乘除功能通过循环的加法及移位实现。29C101 的逻辑结构如图 2.38 所示，核心部件是 ALU 及寄存器组，ALU 实现运算功能，寄存器组用于存放操作数。

寄存器组有 16 个寄存器，只要给出 A 口、B 口的 4 位地址，就可以同时进行读/写操作。数据写入只能通过 B 口完成，数据从输入端 D 经过 ALU、移位器 R 到达寄存器组。寄存器组由双端口 RAM 组成，双端口 RAM 在 3.3.4 节有具体介绍。

ALU 可实现 $A+B$、$A-B$、$B-A$ 三种算术运算及 5 种逻辑运算，选择功能由 $I_5 \sim I_3$ 控制。ALU 提供了串行/并行进位方式级联所需的信号：C_{15}、C_{in}、G、P，ALU 提供了 3 个运算结果状态：是否为零的 $F=0$、是否溢出的 OVR、是否为负的 F_{15}。无符号运算的进位/借位状态需要由外部电路产生，其形成逻辑为 $C_{15} \oplus C_{in}$。

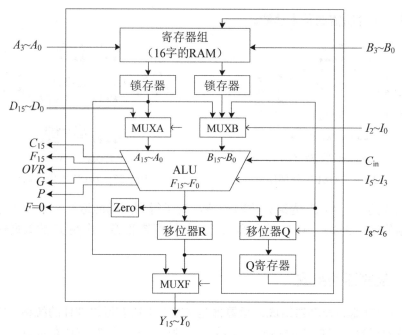

图 2.38 29C101 的逻辑结构

为了实现乘除运算，设置了两个同时移位的移位器，具有直送、左移一位和右移一位功能，移位器的功能选择、输出端 Y 的数据源选择由 $I_8 \sim I_6$ 控制。用移位器＋寄存器代替移位寄存器的好处是，加减运算和移位操作可以在同一时钟内完成。

ALU 入端的数据可以来自寄存器组、输入端 D 或寄存器 Q，数据的选择由 $I_2 \sim I_0$ 控制多路选择器 MUXA、MUXB 来实现。

2. 运算部件的互连

由图 2.38 可见，操作数可以由输入端 D 提供，寄存器组并不是运算部件的必备部件。现代 CPU 中，通常只设置一组寄存器，供所有运算部件使用，既可以节约成本，又可以避免因取数据而占用其他部件。这组寄存器作为独立功能部件存在，通常既可以存放数据，也可以存放地址，称为通用寄存器组（General Purpose Registers, GPRs），而运算部件中只设置必需的临时寄存器，如图 2.38 中的寄存器 Q。

由于运算结果状态是供后续指令使用的，因此，运算部件所提供的结果状态必须用寄存器保存起来，这个寄存器称为状态寄存器。状态寄存器可以保存运算结果状态，每个结果状态占一位，如 ZF、CF、OF、SF 位，还可以保存程序工作状态，后续章节会讲到。

可见，CPU 中除包含运算部件外，还包括通用寄存器组、状态寄存器等，而且运算部件种类繁多。例如，Pentium II CPU 内部有简单 IEU、复杂 IEU、简单 FPU、复杂 FPU、MMX ALU、MMX 乘法器、MMX 移位器等运算部件，简单 IEU 可以实现定点加减、逻辑及移位等运算，复杂 FPU 可以实现浮点乘除等运算，MMX（MultiMedia eXtensions，多媒体扩展）部件可以实现饱和运算。

那么，如何将运算器中的运算部件、寄存器组等连接起来呢？常见的有总线互连、点点互连两种方式。注意，这个总线与第 1 章所说的系统总线不同，仅包括数据总线。

1）总线互连的运算器

总线互连指各个部件的输入端及输出端通过一条或几条总线连接起来。由于每条总线上都连接有多个输出端，因而数据传送需要分时进行。

总线方式的互连结构称为总线结构。按照总线的数量，运算器内部的互连结构又分为单总线结构、双总线结构、三总线结构等。

总线结构的运算器中，每个部件的输出端必须通过三态门连接到总线上，以避免输出信号冲突。当部件的不同输入端，或输入端及输出端连接在同一条总线上时，入端之前或出端之后必须增设锁存器，以避免端口间的数据干扰。

图 2.39 为一个单总线结构的运算器示例，其中，L_x、L_y、L_d 及 L_m 为锁存器，TS_A、TS_S、TS_R 为三态门。可见，设置三态门可避免总线上的信号冲突。

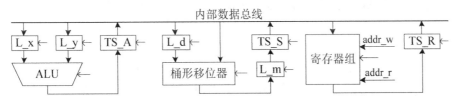

图 2.39　单总线互连的运算器

由于 ALU、桶形移位器都是组合逻辑部件，三个端口必须锁存两个端口，否则会出现数据干扰或出端→入端自锁问题。寄存器组是时序逻辑部件，输出端与输入端不会相互干扰。

2）点点互连的运算器

点点互连指不同部件的输入端与输出端之间都根据需要使用信号线连接，因此，不同部件间的数据传送可以同时进行。至于哪些部件之间需要连接，取决于指令系统的操作需求，因此，点点方式的部件互连结构又称为专用结构。

点点互连的运算器中，当部件的输入端数据来自多个部件的输出端时，都设置多路选择器来实现直接连接。图 2.40 为点点互连的运算器示例，其中 MUX 为多路选择器。可见，两个部件（含 MUX）之间的总线上只有一个输出端，各条总线可以同时传送数据。

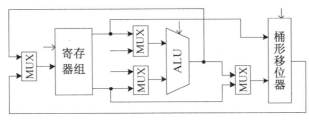

图 2.40　点点互连的运算器

两种互连方式的运算器中，总线互连方式成本低、性能差，点点互连方式刚好相反。实际应用中，选择的结果取决于指令系统的特征。

习题 2

1. 解释以下概念或术语。

(1) 机器数、原码、补码、移码　　(2) BCD 码,交换码、内码

(3) 码距,奇校验、CRC　　(4) 上溢、下溢,左规,对阶,附加位

(5) 溢出标志、进位/借位标志　　(6) 部分积,Booth 算法,不恢复余数除法

(7) 全加器、加法器,串行进位、先行进位

2. 完成下列不同进制数之间的转换。

(1) $(347.625)_{10}=($ 　　 $)_2=($ 　　 $)_8=($ 　　 $)_{16}$

(2) $(9C.E)_{16}=($ 　　 $)_2=($ 　　 $)_8=($ 　　 $)_{10}$

(3) $(11010011)_2=($ 　　 $)_{10}=($ 　　 $)_{BCD}$

3. 对下列十进制数,分别写出用 8 位机器数表示时的原码及补码。

(1) $+23/128$　　(2) $-35/64$　　(3) 43　　(4) -72

(5) $+7/32$　　(6) $-9/16$　　(7) $+91$　　(8) -33

4. 对下列机器数,为原码时求补码及真值,为补码或反码时求原码及真值。

(1) $[X]_原=100011$　　(2) $[X]_补=0.00011$　　(3) $[X]_反=1.01010$

(4) $[X]_原=1.10011$　　(5) $[X]_补=101001$　　(6) $[X]_反=101011$

5. 回答下列问题。

(1) 若 $[X]_补=1.01001$,求 $[-X]_补$ 及 X;

(2) 若 $[-X]_补=101001$,求 $[X]_补$ 及 X。

6. 回答下列问题。

(1) 若 $X=+23$ 及 -42,分别求 8 位长度的 $[X]_移$;

(2) 若 $[X]_移=1100101$ 及 0011101,分别求 X。

7. 若 $[X]_补=0.x_{-1}x_{-2}x_{-3}x_{-4}x_{-5}$,$[Y]_补=1y_4y_3y_2y_1y_0$,写出下列情况下,$x_{-i}$ 或 y_i 需满足的条件。

(1) $X>1/4$　　(2) $1/8 \geqslant X>1/16$　　(3) $Y<-16$　　(4) $-32<Y \leqslant -8$

8. 冗余校验的基本原理是什么?

9. 若采用奇校验,数据 0101001、0011011 的校验位的值分别是多少?

10. 在奇偶校验码 10001101、01101101、10101001 中,若只有一个有错误,请问校验码采用的是奇校验还是偶校验?为什么?

11. 对于 8 位数据 01101101,求其海明校验码,要求写出过程。

12. 若信息为 10101100100001111,生成多项式为 x^5+x^2+1,写出其 CRC 码。

13. 若下列数据类型的长度都为 8 位,写出它们可表示数的范围(十进制)。

(1) 无符号整数　　(2) 原码编码的整数　　(3) 补码编码的整数

(4) 原码编码的纯小数　　(5) 补码编码的纯小数

14. 对 8 位长度的定点整数 9BH 及 FFH,分别写出它们采用原码、补码、移码、无符号编码时的真值。

15. 浮点表示格式中，阶码为 6 位、尾数为 10 位，可以采用下列编码方式，分别将 51/128、−27/1024、7.375、−86.5 转换为浮点数。

（1）阶码和尾数都为原码　　　　（2）阶码和尾数都为补码

16. 若浮点数用 6 位阶码、10 位尾数表示，阶码和尾数都采用补码编码方式。

（1）写出浮点数能表示的正数及负数的范围；

（2）写出规格化浮点数能表示的正数及负数的范围。

17. 若浮点表示格式中，阶码为 6 位、尾数为 10 位，可以采用下列编码方式，分别写出浮点数 E796H、E696H 的规格化数。

（1）阶码和尾数都用原码表示　　　　（2）阶码和尾数都用补码表示

18. 若浮点数采用 IEEE 754 标准表示，回答下列问题。

（1）写出浮点数 99D00000H 及 59800000H 的真值；

（2）分别将 −51/128、28.75 转换为单精度浮点数。

19. 十进制数 12345 分别用 32 位补码编码的定点数和 IEEE 754 单精度浮点数表示时，结果各是什么？如何才能知道表示所用的数据类型？

20. 关系运算通过减法运算和逻辑运算实现时，对运算器有什么要求？

21. 计算机中常见的数据类型有哪些？

22. 参考图 2.17 的并行进位加法器，画出可以采用并行进位方式级联的 4 位并行进位加法器电路，并写出 G、P 引脚的逻辑表达式。

23. 若下列 A 和 B 用 8 位补码表示，求 $[A+B]_{补}$ 及 $[A-B]_{补}$，并判断结果是否溢出。

（1）$A=-87$，$B=13$　　　　（2）$A=115$，$B=-24$

24. 若下列 A 和 B 用 6 位补码表示，求 $[A+B]_{补}$ 及 $[A-B]_{补}$，并判断结果是否溢出。

（1）$A=0.11011$，$B=-0.10101$　　　　（2）$A=-0.10111$，$B=-0.01011$

25. 若下列 A 和 B 用 7 位变形补码表示，求 $[A-B]_{变补}$，并判断结果是否溢出。

（1）$A=0.11011$，$B=-0.11111$　　　　（2）$A=0.10111$，$B=-0.01010$

26. 若下列 A 和 B 用 6 位无符号编码表示，求 $A-B$，并判断结果是否有进位/借位。

（1）$A=38$，$B=22$　　　　（2）$A=38$，$B=45$

27. 已知机器数 $a=00101000$，假设 $a<<_L n$ 发生溢出，则 n 的最小值是多少？假设 $((a>>_L n)<<_L n)\neq a$，则 n 的最小值又是多少？请分别说明原因。

28. 对下列 X、Y，分别写出下表中各变量的值，其中 $Bx*$、$By*$ 为布尔值。

（1）$[X]_{原}=0.0011010$，$[Y]_{补}=1.1101000$

（2）$[X]_{原}=1.0011010$，$[Y]_{补}=1.1001101$

	$<<_A$ 1 位	溢出?	$<<_A$ 2 位	溢出?	$>>_A$ 1 位	损精度?	$>>_A$ 2 位	损精度?
$[X]_{原}$	$x1$	$Bx1$	$x2$	$Bx2$	$x3$	$Bx3$	$x4$	$Bx4$
$[Y]_{补}$	$y1$	$By1$	$y2$	$By2$	$y3$	$By3$	$y4$	$By4$

29. 若 $[X]_{补}=x^S x_{n-2}\cdots x_0$，请推导 $[2X]_{补}=2[X]_{补}$ 及 $[1/2X]_{补}=x^S\times 2^{n-1}+1/2[X]_{补}$。

30. 对下列 A 和 B，用原码乘法求 $A\times B$。

（1）$A=19$，$B=35$ （2）$A=0.110111$，$B=-0.101110$

31. 对下列 A 和 B，用 Booth 算法求 $A \times B$。

（1）$A=19$，$B=35$ （2）$A=0.110111$，$B=-0.101010$

32. 若 $A=0100100110$，$B=10101$，用不恢复余数法原码除法求 $A \div B$。

33. 若浮点表示格式中，阶码为 4 位、尾数为 7 位，阶码及尾数都用补码表示。对下列 A 和 B，用浮点运算方法计算 $A+B$。

（1）$A=2^{-011} \times 0.101100$，$B=2^{-010} \times (-0.011100)$

（2）$A=2^{101} \times (-0.100101)$，$B=2^{100} \times (-0.001111)$

34. 若浮点表示格式中，尾数用 8 位补码表示，阶用 5 位移码表示。浮点运算时，采用双符号位运算，附加位为 3 位，采用舍入法，请用浮点运算方法计算下列表达式。

（1）$[2^{15} \times 11/16] + [2^{13} \times (-9/16)]$

（2）$[2^{-13} \times 13/16] + [2^{-14} \times (-5/8)]$

35. 若浮点表示格式中，尾数用 10 位补码表示，阶 6 位原码表示。乘积的尾数保留 1 倍长度，请用浮点乘法求 $[2^{-13} \times 101/128] \times [2^{-4} \times (-135/256)]$。

36. 图 2.38 中 $F=0$ 信号的作用是什么？画出图中 Zero 方框的内部逻辑。

第 3 章　存储系统

存储器的功能是存放指令和数据，存储器使计算机具有了记忆能力，进而具备自动进行操作的能力，因此，存储器在计算机中的地位很重要。存储器设计中，采用什么存储介质、怎样控制操作过程是一个基本问题；怎样进行结构组织，使存取速度较快、总成本较小是另一个重要问题。

本章主要讨论主存储器、高速缓冲存储器的基本组成与工作原理，以及虚拟存储器的基本原理及实现技术。

3.1　存储系统概述

3.1.1　存储器的分类

存储器有很多属性，从不同角度可以有不同的分类方法。例如，按电源掉电后信息的可保存性来分类，存储器有易失性、非易失性两种类型。下面仅讨论几种主要的分类方法。

1. 按存储介质分类

存储介质指可用两个稳定的物态来表示二进制 0 和 1 的物质或元器件。目前主流的存储介质有半导体器件、磁性材料和光介质材料 3 种。

半导体存储器利用电平高低表示信息，有 TTL 型、MOS 型两种类型，后者被广泛使用。磁性材料存储器利用剩磁状态表示信息，有磁芯、磁表面两种类型，磁芯存储器已被淘汰，磁表面存储器又可分为磁盘、磁带两种。光介质存储器利用不同物态的反光性表示信息，常见的是光盘。除半导体存储器为易失性存储器外，其余两类都是非易失性存储器。

2. 按存取方式分类

存取方式指存储器中信息的定位方法及操作方式。按照存取方式，存储器可分为随机存取、顺序存取、直接存取和只读 4 种类型。

1）随机存取存储器（Random Access Memory，RAM）

这类存储器的访问时间固定，通过译码器定位信息存放位置。由于访问时间与访问地址值无关，为了提高存储空间的利用率，RAM 的编址单位可以很小，如存储字长通常是 1B。半导体存储器就是一种 RAM。

2）顺序存取存储器（Sequential Access Memory，SAM）

这类存储器的信息总是按顺序读出和存储，访问时间完全取决于信息存放位置与当前位置的距离。为了提高存取效率，每次访问的数据量都很大。磁带就是一种 SAM，它的特点是存储容量大、存取速度慢，常用作海量数据的脱机备份存储器。

3）直接存取存储器（Direct Access Memory，DAM）

这类存储器的存取方式和存取性能都介于 SAM 和 RAM 之间。访问时，先用 RAM 方式进行信息所在区域的寻址，再用 SAM 方式进行信息的存取。为了提高存取效率及存储空间利用率，DAM 的编址单位通常是大小固定的记录块。磁盘是一种典型的 DAM，记录块称为扇区，扇区大小通常为 512B，单个盘片的磁盘地址由磁道号及扇区号两级地址组成。

4）只读存储器（Read Only Memory，ROM）

这类存储器的存取方式是只读不写，信息寻址方法取决于内部结构是 RAM 还是 DAM，而 RAM、SAM、DAM 属于读写存储器（RWM）。随着用户需求的变化，目前 ROM 也允许修改信息，只是 ROM 具有非易失性，这是 ROM 和 RWM 的最大区别。

3．按应用功能分类

按照存储器在计算机中的应用功能，存储器可分为主存储器、辅助存储器、高速缓冲存储器和控制存储器 4 种类型。

1）主存储器（Main Memory）

主存用来存放程序运行时的代码和数据，是 CPU 唯一按地址访问的存储器。因而，主存具有较快的存取速度，通常由 MOS 型半导体动态 RAM 构成。由于半导体存储器的价格较高，因此，主存的容量不会很大。

2）辅助存储器（Secondary Memory）

辅存指计算机运行期间与主存直接交换信息的存储器，是主存的后援存储器，存放主存暂时不用的程序和数据。与主存相比，辅存的容量更大，速度不要求很快，通常由磁性材料或光介质的 DAM 构成。后备存储器主要用于脱机时存放信息，由于容量巨大，通常称为海量存储器。

3）高速缓冲存储器（Cache）

高速缓冲存储器位于 CPU 与主存之间，速度比主存更快，存放主存中最近使用的信息，是主存的快速缓冲器。Cache 通常由 MOS 型半导体静态 RAM 构成。

4）控制存储器（Control Storage）

控制存储器用来存放解释机器语言指令的微程序，位于 CPU 内部。由于其信息不需要修改，通常由 MOS 型半导体 ROM 构成。

3.1.2 存储器的主要技术指标

存储器的主要技术指标是存储容量、存取速度及传输速度。

1）存储容量

存储容量指存储器能够存放的二进制信息的总量，基本单位为位（bit）或字节（Byte），用 b 或 B 表示。常用单位有 KB、MB、GB、TB 等。

2）存取速度

存取速度可用访问时间、存储周期来表示。

存取时间（Access Time）又称访问时间，指存储器从启动一次存储器操作（读或写）到完成该操作所需的时间。存取时间有读出时间、写入时间两种。读出时间是存储器从收到有效地址开始，到数据送到引脚的全部时间；写入时间是存储器从收到有效地址开始，到数据写到所选地址的全部时间。

存取周期（Memory Cycle，存储周期）指存储器连续进行两次存储器操作的最短间隔时间。通常，存取周期大于存取时间，因为存储器完成一次操作后，需要一定的时间恢复到就绪状态。

存取时间、存取周期的单位通常为 ns（纳秒）或 μs（微秒）。

3）传输速度

传输速度通常用存储器带宽表示。存储器带宽指存储器被连续访问时，可以提供数据的速率，即单位时间内存储器最多可以传送的信息量，单位通常是 Mbps（兆位/秒）、MB/s（兆字节/秒）等。对基本 RAM 而言，存储器带宽等于 W/T_M，其中，W 为 RAM 的数据引脚位数，T_M 为 RAM 的存取周期。

3.1.3　层次结构存储系统

存储器的技术指标有容量和速度，对计算机用户而言，还很关注价格这个经济指标。假设存储器的容量为 S，存储器的总价、每位均价分别为 C 和 c，则 $c=C/S$。一般来说，速度快的存储器，每位价格也会高。

1. 层次结构的引入

计算机中，随着应用领域不断扩大，应用程序不断增大，同时执行的应用程序不断增多，所需的存储器容量越来越大。存储器的容量增大，势必会导致速度下降；而提高存储器的速度来应对，又会增加存储器的价格。

我们每个计算机用户对存储器的需求永远是：大容量、高速度和低价格。从实现角度看，存储器的大容量和高速度是一对矛盾；从成本角度看，高速度与低价格又是一对矛盾。因此，用一种存储器根本无法满足用户的这种贪婪需求。

那么，怎么才能满足用户的这种需求呢？计算机界的前辈们发现了程序访问的局部性原理（principle of locality），从中找到了解决方案。

1）程序访问的局部性原理

程序访问的局部性原理是指，程序运行时，指令和数据访问所呈现出的相对簇聚的现象，局部性有时间局部性、空间局部性两个方面。时间局部性指最近访问过的信息，在不久将会被再次访问。空间局部性指与最近访问信息相邻的信息，在不久将会被访问。

对于下列 C 语言代码："int i, s, A[100]; for（i = 0; i < 100; i ++）s = s + A[i];"，可以发现，对 s 的访问具有时间局部性，对 A[i] 的访问具有空间局部性。

根据编程经验可知，程序经常在 10%的代码上花费 90%的执行时间，这就是时间局部性；而代码中大多数是顺序型语句（指令），程序一般按顺序执行，除非遇到跳转语句，这就是空间局部性。

2）层次结构的引入

程序访问的局部性原理给我们的启迪是：根据程序近期访问信息的情况，可以预测出将来要访问哪些信息。因此，存储器需求矛盾的一个解决方案就出炉了：将近期访问的信息存放在前方的小容量、快速存储器中，而将近期未访问的信息存放在后方的大容量、慢速存储器中，前后方存储器之间可以传递信息。这是做的好处是，快速存储器可以满足速度需求，小容量可以降低总价格，内部的传递信息使其成为一个整体。

上述方案中，存储器之间的这种前后方关系，就是层次结构。由此，为了满足用户对存储器的需求，冯·诺依曼计算机中单一的存储器，就变成了由多种存储器组成的、按层次结构组织的存储系统。

2. 存储系统的层次结构

存储系统的层次结构如图 3.1 所示，其中 M_1、M_2、…、M_n 为采用不同技术实现的存储器，M_1 速度最快，M_n 速度最慢。从 CPU 角度看，所有存储器在逻辑上是一个整体。

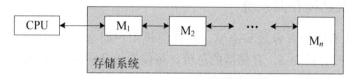

图 3.1 存储系统的层次结构

若存储系统的平均访问时间为 T_A，第 i 种存储器的容量、存储周期、每位价格分别为 S_i、T_i、c_i，则存储系统的每位平均价格 c 为：

$$c = (c_1 S_1 + c_2 S_2 + \cdots + c_n S_n) / (S_1 + S_2 + \cdots + S_n)$$

假如存储系统达到 $T_A \approx T_1$、$c \approx c_n$ 目标，S_n 就可任性配置，完全可以满足用户的需求。为了达到 $c \approx c_n$ 目标，各个存储器之间应满足如下条件：$S_1 << S_2 << \cdots << S_n$，$T_1 << T_2 << \cdots << T_n$。为了达到 $T_A \approx T_1$ 目标，各个存储器中的信息组织应符合程序访问局部性原理，并且 M_i 中存放的信息应是 M_{i+1} 中信息的副本。

由于各级存储器中的信息是包容关系，因此，各级存储器之间需要进行信息交换。又由于存储系统从外部看是一个整体，因此，存储器之间的信息交换对外部而言是透明的。

现代计算机中，主存是 CPU 可以直接按其地址访问的存储器，因此，存储系统以主存为中心。存储系统通常由高速缓冲存储器（Cache）、主存、辅存三种存储器组成。可分成 Cache-主存、主存-辅存两个存储层次，如图 3.2 所示。

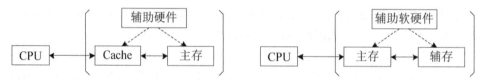

图 3.2 现代计算机的两个存储层次

Cache-主存层次主要解决主存的访问速度问题。借助辅助硬件，Cache 与主存构成一个整体。根据程序访问的局部性，将 CPU 近期访问信息存放在 Cache 中，其余信息存放在主存中，有需要时自动实现信息交换。由于信息交换管理由硬件自动完成，因此，Cache 对所有程序员是透明的。

主存-辅存层次主要解决主存的存储容量问题，借助辅助软件和少量硬件，构成一个整体。根据程序访问的局部性，将近期所用信息存放在主存中，其余信息存放在辅存中，有需要时再将信息从辅存调入到主存。由于有软件参与，层次管理对程序员并不透明。早期的层次管理由应用程序员负责，CPU 用主存地址访问程序和数据；现在的层次管理由操作系统负责，CPU 用程序地址进行存储器访问。

3．存储系统的工作过程

根据存储程序工作方式的要求，程序被调入主存后方可执行，程序执行时，CPU 是按主存地址访问存储系统的。

CPU 按主存地址访问 Cache 时，Cache-主存层次的辅助硬件控制整个访问过程，若访问信息在 Cache 中，Cache 立即完成访问；否则，从主存中调入访问信息后，再继续未完成的访问。由于存在程序访问的局部性，信息在 Cache 中找到的概率很高，平均访问速度接近于 Cache 速度。相关技术将在 3.4 节高速缓冲存储器中介绍。

程序总是存放在辅存中的，主存怎么分配给程序使用，目前由操作系统及相关硬件共同完成。程序执行时，不需要全部装入主存，有需要时自动在主存-辅存之间交换信息，并能够自动将程序地址转换成主存地址。这样，CPU 就可以按程序地址访问存储器，这个存储器的空间不再受主存容量限制了，其访问速度接近于主存速度。相关技术将在 3.5 节虚拟存储器中介绍。

可见，Cache-主存-辅存三级存储系统，可以达到容量为辅存容量、速度接近于 Cache 速度、价格略超过辅存价格的目标。

3.2　半导体存储技术

按照信息存储方法，半导体存储器可分为静态 RAM 和动态 RAM 两种，静态 RAM（Static RAM，SRAM）利用触发器电路状态存储信息，动态 RAM（Dynamic RAM，DRAM）利用 MOS 电容是否带电荷存储信息。半导体存储器中，RAM 属于易失性存储器，而具有非易失性的存储器只有 ROM。

3.2.1　静态存储器

1．SRAM 的存储元

存储器中，只能存放一位二进制信息的电路被称为存储元。

SRAM 存储元用触发器存储信息，由 6 个 MOS 管组成，如图 3.3 所示。其中，T_1、T_2 构成触发器，用来存储信息；T_3、T_4 是触发器的负载管；T_5、T_6 是门控管，用来控制是否对存储元进行操作。

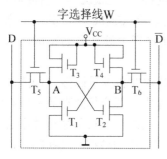

图3.3 6管SRAM存储元电路

触发器存储信息的基本原理是，若 T_1 截止，则 A 为高电平→T_2 导通→B 为低电平，B 为低电平更加使 T_1 截止，从而到达一个稳定状态。反之，若 T_2 截止，则 T_1 导通，到达另一个稳定状态。假定 T_2 导通表示所存的是信息 1，那么，T_1 导通存放的就是信息 0。

现在，我们来分析一下 SRAM 存储元的写入、读出和保持信息的原理。需要操作时，在字选择线 W 上加高电平，使 T_5、T_6 导通，从而可以对存储元进行读出或写入操作；否则，在 W 上加低电平时，使 T_5、T_6 截止，存储元进入保持状态。

对写操作而言，若要写 0，在 D 上加低电平、$\overline{D}$ 上加高电平，使 T_1 导通、T_2 截止，到达信息 0 状态。若要写 1，在 D 上加高电平、$\overline{D}$ 上加低电平，使 T_1 截止、T_2 导通，达到信息 1 状态。

对读操作而言，若所存信息为 0，则 D 为低电平、$\overline{D}$ 为高电平，反之，则 D 为高电平、$\overline{D}$ 为低电平；通过 D 可以读出所存信息。由于 D 和 $\overline{D}$ 流出电流不会改变 T_1、T_2 的状态，因此，读操作不会破坏所存信息状态，故 SRAM 的读操作为非破坏性读操作。

对信息保持而言，T_5、T_6 截止时，触发器与外部的连接断开，T_1、T_2 稳定地处于原有状态。只要不掉电，存储元中的信息可以永远保持不变，这种特性就是 SRAM 得名的原因。

2．SRAM 芯片的组成

最基本的 SRAM 是以芯片的形式出现的，SRAM 模块可以由多个 SRAM 芯片扩展而成。本节我们只讨论 SRAM 芯片的基本组成。

1）SRAM 芯片的基本组成

SRAM 芯片主要由存储矩阵、地址译码器、I/O 门、读写电路及控制电路组成，其结构如图 3.4 所示。为了便于理解，图中使用的是 2K×2 位 SRAM 芯片的引脚参数，即芯片有 2K 个存储单元，每个存储单元长度为 2 位。

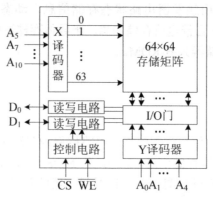

图 3.4 SRAM 芯片的内部结构

图中，A_{10}~A_0 为地址引脚，D_1~D_0 为数据引脚，$\overline{CS}$ 为片选引脚（低电平有效），$\overline{WE}$ 为读写引脚（低电平为写、高电平为读）。

（1）存储矩阵。存储矩阵由所有存储单元组成，存储单元的排列方式有一维和二维两种形式。由于信号延迟与线路长度成正比，存储矩阵通常都组织成二维的正方形，以便使存储元之间的连线最短、信号延迟最小，故称为存储矩阵，又称为存储阵列。

（2）地址译码器。功能是将每个地址信号转换为相应的信号线电平。存储单元的排列方式决定了其地址译码方式，相应地，地址译码有单译码、双译码两种方式。

单译码方式又称字选法，存储矩阵的每一行只有一个存储单元，存储单元的选择信号只需由一个译码器给出，译码器的输出信号线常称为字选择线。

双译码方式又称重合法，存储单元的选择信号由行、列两个方向的选择信号组合而成，对应的译码器常称为 X 译码器与 Y 译码器，其输出信号线常称为字选择线与位选择线，如图 3.5 所示。由于同一列的所有存储元，任何时候最多只有一个被选中，因此，同一列的存储元可共用 D 线、$\overline{D}$ 线及位选择线。

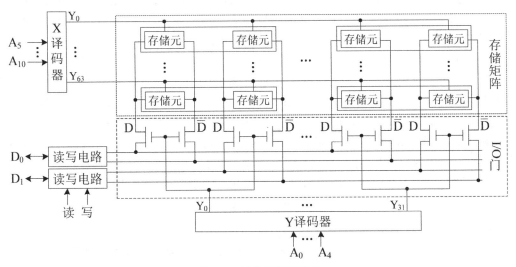

图 3.5　双地址译码结构

注意，Y 译码器的每个输出信号线（位选择线）选择的是一个存储单元，即存储单元中的所有存储元，图 3.5 中选择的是 2 个存储元。

（3）I/O 门。功能是从所有列的存储单元中，选择一个存储单元进行 I/O，如图 3.5 下部所示，又常称为列 I/O 电路。

（4）读写电路。读写电路由读出放大器、写放大器组成，用于控制被选中存储元的信息读出或写入，内部结构如图 3.6 所示。

注意，每个读写电路只能读写一位数据，芯片中读写电路的个数与存储单元长度相同。

（5）控制电路。功能是产生芯片内部的读/写操作控制信号。只有当芯片被选中（$\overline{CS}$有效）时，才可以对芯片进行读/写操作，电路组成如图 3.7 所示。为什么要设置$\overline{CS}$引脚，稍后再解释。

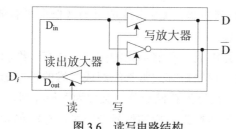

图 3.6 读写电路结构

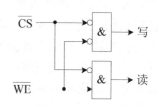

图 3.7 控制电路组成

2）SRAM 芯片的引脚组织

由图 3.4 可见，SRAM 芯片有地址引脚、数据引脚、控制引脚（片选及读写引脚）。

地址引脚的个数与芯片容量、存储单元长度都有关系。假设 SRAM 芯片的存储单元长度为 w 位，容量为 S 位，地址引脚为 n 个，则有 $S=$ 存储单元个数 × 存储单元长度 $=2^n \times w$，$n=\log_2$(存储字数) $=\log_2(S/w)$。

数据引脚的个数只与存储单元长度有关。数据引脚有双向引脚、单向引脚两种组织方式。图 3.6 是双向引脚的组织方式，数据引脚的个数等于存储单元长度。只要将图 3.6 中的 D_{in}、D_{out} 直接变为引脚，就变成了单向引脚的组织方式，数据引脚的个数是存储单元长度的两倍。不特别指明时，默认采用双向引脚组织方式。

任何 RAM 芯片都会设置 $\overline{CS}$ 引脚。这是因为，RAM 芯片的规格有限，只有允许用户利用已有芯片，进行存储模块设计，才能满足用户千变万化的需求。例如，一个 4K×2 位 SRAM 模块可以由 2 个 2K×2 位 SRAM 芯片组成，对该 SRAM 模块操作时，只会选中某一个芯片，因此，要求芯片具有 $\overline{CS}$ 引脚，用来进行芯片选择。

例 3.1　若某 SRAM 芯片容量为 4Kb，数据引脚为 8 根，则地址引脚应为多少根？若将数据引脚改为 32 根，则地址引脚又应为多少根？

解：数据引脚为 8 根时，地址引脚数量 $=\log_2(4 \times 2^{10} \div 8) = 9$ 根；

数据引脚为 32 根时，地址引脚数量 $=\log_2(4 \times 2^{10} \div 32) = 7$ 根。

3. SRAM 芯片的读写时序

为了保证读/写操作的正确性，RAM 厂家对引脚信号的时序提出了严格要求。时序包括时长、次序两个方面，指信号的有效时刻和有效时长。

由 SRAM 的组成可知，SRAM 用 $\overline{CS}$ 从无效→有效表示开始响应操作，此时地址信号必须已经稳定，操作类型及开始时间取决于命令信号，$\overline{CS}$ 从有效→无效表示结束操作。因此，操作时应先发送地址信号，后使 $\overline{CS}$ 有效，并发送操作命令。

SRAM 读周期的时序如图 3.8 所示，$\overline{CS}$ 可以与地址信号同时有效，$\overline{WE}$ 在操作期间为高电平。其中，t_{CO} 为开始操作到数据稳定输出所需的时间，t_{OTD} 为从 $\overline{CS}$ 无效到数据线变为高阻所需的时间，t_A（访问时间）为从地址有效到数据有效的时间，t_{RC}（读周期）为连续两次读操作的间隔时间，$t_{RC}-t_A$ 用于传送数据、等待数据线恢复。

SRAM 写周期的时序如图 3.9 所示，$\overline{WE}$ 在地址译码期间为高电平、在操作期间为低电平。其中，t_{AW} 为地址译码延迟，t_W 为数据写入到存储单元所需的时间，t_{DW} 为数据建立时间，t_{DH} 为 $\overline{WE}$ 撤销后数据需要保持的时间，t_{WR} 为写恢复（地址须保持）时间。t_{WC} 由 t_{AW}、t_W、t_{WR} 三部分组成，为了正确进行写操作，信号时序有如下要求：

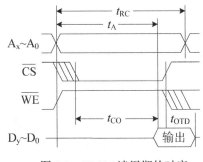

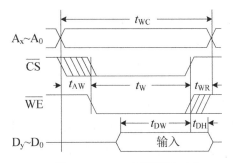

图 3.8　SRAM 读周期的时序　　　　图 3.9　SRAM 写周期的时序

（1）$\overline{\text{CS}}$ 在地址信号有效后有效，可以同时有效。

（2）$\overline{\text{WE}}$ 须在地址信号有效 t_{AW} 后有效，防止因地址来不及译码而出错。

（3）所写数据的发送时间可以早于 $t_{AW}+t_W-t_{DW}$。

3.2.2　动态存储器

DRAM 用电容是否带电荷来存储信息，由于电容中的电荷总会缓慢泄漏的，必须在规定时间内，根据所存的信息重新补充电荷，才能长时间保持信息，因此，称为动态RAM。相应地，用触发器保存信息的 RAM 称为静态 RAM。

1．DRAM 的存储元

DRAM 存储元的组成经历了四管 MOS、三管 MOS 及单管 MOS 等阶段，功耗、成本不断降低，集成度不断提高。下面，仅分析目前主流的单管 DRAM 存储元的基本组成。

单管 DRAM 存储元的基本电路如图 3.10 所示。电容 C_S 用于存储信息（有电荷表示 1、无电荷表示 0）；T_1 为门控管，用来控制是否对存储元进行操作。C_D 为预充电电容，每列只需设置一个，读操作需要用到它。

对写操作而言，先在 W 线上加高电平，使 T_1 导通；再将所写数据加到 D 线上，C_S 随之充电或放电，信息被写入。

对信息保持而言，在 W 线上加低电平，使 T_1 截止，C_S 与外部无放电回路，其中的电荷可以暂存一定时间。需要定时进行刷新操作，以长久保持信息。

对读操作而言，先对 C_D 预充电，使 D 线为中等电位；再在 W 线上加高电位，使 T_1 导通，D 线上的电位将随 C_S 中所存的信息而产生变化，C_S 中信息为 0 时对 C_S 充电，D 线上电压下降，否则 C_S 放电，D 线上电压上升，放大该电位变化即可读出所存信息；最后还须进行再生操作。再生操作指用所读信息再次进行存储元写入，这是由于 C_S 中原有信息被破坏，必须立即恢复。

对刷新操作而言，操作步骤与读操作完全相同，因为读操作可以读出信息并重新写入。

图3.10　单管DRAM存储元电路

2．DRAM 芯片的组成

由于 DRAM 存储元所用元件少，DRAM 芯片的集成度远高于 SRAM，等同面积的存储容量成倍增加，而地址引脚数量严重制约了芯片封装面积的减少。为此，DRAM 芯片都采用地址引脚复用技术，即地址由行地址、列地址组成，地址分两次送入 DRAM，地址引脚个数只有地址位数的一半。

为了实现地址分两次传输，DRAM 设置有行地址选通信号 $\overline{RAS}$、列地址选通信号 $\overline{CAS}$，来指明地址引脚上的当前地址类型。进一步地，使 $\overline{RAS}$ 在整个读写周期中全部有效，可以代替片选信号 $\overline{CS}$。

DRAM 芯片主要由存储矩阵、地址译码器、读写电路等组成，其结构如图 3.11 所示。与 SRAM 相比，DRAM 增加了地址锁存器、时序控制电路、再生电路。

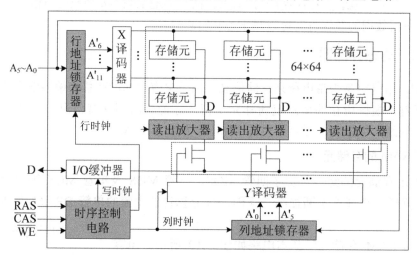

图 3.11　DRAM 芯片的内部结构

图中 DRAM 容量为 4K×1 位，地址引脚只有 6 根，是地址位数的一半。因此，地址需要分两次传送，芯片中设置地址锁存器来暂存行地址、列地址，通过 $\overline{RAS}$、$\overline{CAS}$ 产生的时钟信号，将地址写入到相应锁存器中。注意，本芯片没有 $\overline{CS}$ 引脚，是用 $\overline{RAS}$ 来代替的，这就要求使 $\overline{RAS}$ 在整个操作周期中全部有效。

时序控制电路中，行时钟、列时钟、写时钟信号是依次产生的，用来控制内部操作的时序。其中，行时钟由 $\overline{RAS}$ 控制产生，列时钟由 $\overline{CAS}$ 及行时钟控制产生，写时钟由 $\overline{WE}$ 及列时钟控制产生。可见，$\overline{RAS}$ 有效表示一个读写周期的开始。

图中的读出放大器，可以实现指定存储单元的读操作、写操作功能。读操作在输出所读信息的同时，自动进行再生操作。写操作与再生操作的原理相同，只是所写数据来自引脚。读出放大器的写操作功能应由写时钟控制（图中未标出信号名）。

3．DRAM 芯片的读写周期

由 DRAM 的组成可知，DRAM 的读写周期以 $\overline{RAS}$ 有效为开始标志，此时，行地址信号必须已经稳定，以 $\overline{RAS}$ 无效为结束标志。由于地址分两次传送，对 DRAM 进行操作时，应先分别发送行地址、列地址，然后发送操作命令。

DRAM 读周期的时序如图 3.12 所示。其中，t_{AH} 为地址锁存延迟，t_{CAC} 为开始操作到数据稳定输出时间，t_{DOH} 为 $\overline{RAS}$ 无效后数据线变为高阻的时间，$t_{CAS}-t_{CAC}$ 为再生操作时间及数据传送时间。为了正确地进行读操作，信号时序有如下要求：

（1）$\overline{CAS}$ 后于 $\overline{RAS}$ 有效，且有 $t_{RCL} \geqslant t_{AH}$、$t_{CAS} \geqslant t_{AH}$，以避免地址来不及锁存而出错。

（2）$\overline{WE}$ 在 $\overline{CAS}$ 有效前无效（高电平），与 $\overline{RAS}$ 和 $\overline{CAS}$ 同时撤销，防止对存储单元进行误操作。

DRAM 写周期的时序如图 3.13 所示。其中，t_{DH} 为数据写入到存储单元所需时间。为了正确地进行写操作，信号时序有如下要求：

（1）$\overline{WE}$ 在 $\overline{CAS}$ 有效前有效（低电平），在 $\overline{CAS}$ 有效后至少保持 t_{DH} 时间，防止来不及写。

（2）写入数据应在 $\overline{CAS}$ 有效前发送到数据线上，且保持到 $\overline{WE}$ 无效之后。

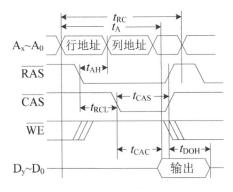

图 3.12　DRAM 读周期的时序

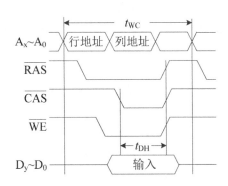

图 3.13　DRAM 写周期的时序

4．DRAM 芯片的刷新

由于使用电容保存信息，所存信息会因电荷泄漏而慢慢消失，必须周期性地对所有存储元，根据其所存信息重新进行电荷补充，这个过程称为刷新。

1）芯片的刷新操作

刷新可以采用读操作的方法实现，但所读信息不能输出到数据引脚上。由图 3.11 可见，刷新时，Y 译码器的输出必须全部无效，将存储元与数据引脚断开。如此一来，刷新时只要给出行地址即可，同一行的所有存储单元就可以同时刷新了，这种刷新方式称为行刷新。

行刷新方式是一种高效的刷新方法，例如图 3.11 中的刷新次数可从 4096 次减少为 64 次。采用行刷新方式，要求每一列都可独立地进行读写，因此，DRAM 中每一列都设置了读出放大器，如图 3.11 所示，就是为了支持行刷新的实现。

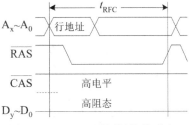

图 3.14　DRAM 刷新操作的时序

刷新操作中，只需要通过 $\overline{RAS}$ 提供行地址，使 $\overline{CAS}$ 一直保持无效，即可完成一行存储元的刷新，如图 3.14 所示。图中未画出 $\overline{WE}$ 信号，因为只要 $\overline{CAS}$ 一直无效，图 3.11 中的时序控制电路就一直不产生列时钟、写时钟信号，$\overline{\text{WE}}$ 的状态就与刷新操作无关。

那么，DRAM 如何区分操作是读还是行刷新呢？由图 3.11 可见，两者不同点在于 Y 译码器输出是否有效，只要使用列时钟信号来控制 Y 译码器是否输出，芯片内部就无须区分这两种操作。可见，刷新操作与读操作所需的时间是一样的。

2）芯片的刷新方式

刷新周期指每个存储元相邻两次刷新的最大间隔时间。刷新周期的时长由电容材料的特性决定，目前一般为 64ms。

采用行刷新方式后，DRAM 芯片的刷新实际上是在一个刷新周期内，对所有行逐行进行刷新操作。根据各行刷新时间的间隔不同，DRAM 芯片的刷新有集中、分散、异步三种方式。为了便于描述，假设刷新周期中，可以进行 n 次读写操作，需要进行 m 次刷新操作。

（1）集中式刷新。集中式刷新指各行的刷新操作集中在一段时间内连续进行。集中方式中，前一段时间用于读写操作，后一段时间只用于刷新操作，刷新时间分配如图 3.15 所示，其中 t_C 为 DRAM 的存取周期。刷新期间的读写操作只能等待，这段时间称为死时间（死区）。

（2）分散式刷新。分散式刷新指各行的刷新操作分散在各个存取周期中进行。分散方式中，存取周期的前一半用于读写操作，后一半用于刷新操作，刷新时间分配如图 3.16 所示。分散式刷新不存在死区，但存取周期的时长翻倍，存取效率比较低（很多 t_C 的后一半为空闲状态）。

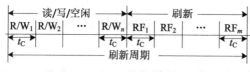

图 3.15　集中式刷新的时间分配

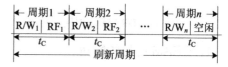

图 3.16　分散式刷新的时间分配

（3）异步式刷新。异步式刷新指各行的刷新操作均匀分散在整个刷新周期中进行。异步方式中，每过一定时间进行一次刷新操作，刷新周期结束时刚好刷新一遍，刷新时间分配如图 3.17 所示，其中，$d = n \div m$。异步式刷新的存取效率很好，死区仅为一个存取周期，可以忽略。

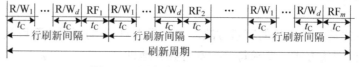

图 3.17　异步式刷新的时间分配

因此，DRAM 基本上都采用异步刷新方式。进一步地，为了减少刷新与读写的操作冲突，DRAM 可以包含两个以上的存储矩阵，使刷新和读写并行进行，只要两种操作不是针对同一个存储矩阵即可。

3）芯片刷新的实现

DRAM 芯片的刷新需要通过芯片以外的刷新电路实现，刷新电路通常做在 DRAM

控制器（DRAMC）中。DRAMC 管理所有 DRAM 芯片，一方面可以共享刷新电路，节约硬件成本；另一方面可以使不同芯片的读写与刷新并行，消除操作冲突。

现代计算机中，DRAM 只用作主存，因此，DRAMC 又称为主存控制器。DRAMC 是主存与外部的接口电路，主要有两大功能：一是管理对主存的操作，如 DRAM 芯片选择（产生芯片的 $\overline{RAS}$ 信号）、产生行/列地址等；二是实现所有 DRAM 芯片的刷新。

DRAMC 一般采用循环方式实现 DRAM 芯片的刷新，DRAMC 中刷新电路的逻辑框图如图 3.18 所示。其中，刷新定时器固化了所采用的刷新方式，会定时产生刷新命令；当前刷新操作的行地址由刷新地址计数器提供，计数器的初值为 DRAM 芯片的行数，在计算机启动时写入。

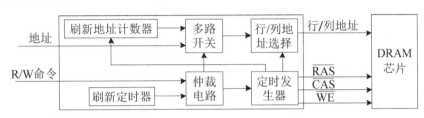

图 3.18　DRAMC 中刷新电路的逻辑框图

图中，仲裁电路负责处理操作冲突，确定 DRAM 芯片下面进行的是刷新操作，还是读写操作，或者无操作，仲裁结果决定了多路开关的选通方向。定时发生器根据当前的操作类型，产生相应的操作控制信号，控制 DRAM 完成操作；若当前是刷新操作，则控制刷新地址计数器计数一次。

5. DRAM 与 SRAM 的比较

DRAM 的存储元所需元件少（只有 1 个 MOS 管），地址引脚数量是地址位数的一半，相对于 SRAM，DRAM 的集成度高、封装尺寸小、功耗低（约为 SRAM 的 1/4）、成本小（约为 SRAM 的 1/100），DRAM 最大的缺点就是速度慢，约为 SRAM 的 1/10。

因此，DRAM 被用作大容量的主存，SRAM 则用作小容量的高速缓存（Cache）。

3.2.3　半导体只读存储器

相对于 RAM，ROM 的典型特征是具有非易失性。早期的 ROM 不可以修改信息，随着用户需求的改变，目前的 ROM 允许修改信息，通常，将具有非易失性的半导体存储器统称为 ROM。ROM 的类型有掩膜 ROM、PROM、EPROM、EEPROM、Flash 等。

由于存储元大多由半导体元件组成，ROM 都采用随机访问方式，因此，ROM 的结构与 SRAM 基本相同，由存储阵列、译码器、读写电路、控制电路等组成。不同类型的 ROM 主要区别是存储元的组成方式不同。下面我们只介绍存储元的逻辑实现。

1. 掩膜 ROM（Mask ROM, MROM）

MROM 是一种不可编程的 ROM。用 MOS 管的有无来表示信息 1/0，如图 3.19 所示。当 W 为高电平时，存储元中有 MOS 管时输出低电平，无 MOS 管时输出高电平。

存储元中的 MOS 管是厂家在制造时，用掩膜工艺"写入"的，因此称为掩膜

ROM，用户无法修改。

2. 可编程 ROM（Programmable ROM，PROM）

PROM 是一种可以一次编程的 ROM，通常有 P-N 结击穿型及熔丝烧断型两种类型，它们的结构相同，信息表示方法不同。熔丝型 PROM 用熔丝的未断/已断来表示信息 1/0，如图 3.20 所示，出厂时全部为未断状态（信息 1）。

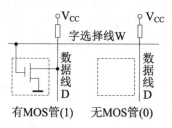

图 3.19　MROM 的存储元状态

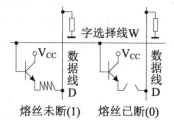

图 3.20　PROM 的存储元状态

读信息时，若熔丝未断，D 线为高电平；若熔丝已断，D 线为低电平。

写信息时，使字选择线 W 为高电平，若要写 1，则在 D 线上加地电压，熔丝保持未断状态；若要写 0，则在 D 线上加负电压，流过的大电流使熔丝呈断开状态。

3. 可擦除可编程 ROM（Erasable Programmable ROM，EPROM）

EPROM 是一种光擦除、可以多次编程的 ROM。FAMOS 型 EPROM 的存储元中采用了浮栅雪崩注入 MOS 管（Floating-gate Avalanche-Injection MOS），其结构如图 3.21 所示。

EPROM 存储元电路如图 3.22 所示，用 FAMOS 管的浮栅 G_f 上是/否带电荷来表示信息 1/0。

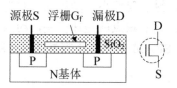

图 3.21　FAMOS 管的结构

图 3.22　EPROM 存储元电路

读信息时，若浮栅上带电荷，FAMOS 因漏-源间形成导电沟道而导通，漏极 D 线因 FAMOS 导通为低电平，反向后输出 1；若浮栅上不带电荷，D 线因 FAMOS 截止为高电平，反向后输出 0。

若在漏极 D 加+25V、50ms 宽的脉冲电压，漏极-衬底间 PN 结产生雪崩击穿，高能量空穴使速度较快的电子穿过 SiO_2 层注入到浮栅中，当漏极 D 和源极 S 间的高电压去掉后，浮栅中的电子因无放电回路而得以保存下来，相当于写入了信息 1。

若要释放 FAMOS 浮栅上的电子，通过电路方式是不行的。如果用紫外线或 X 射线照射 FAMOS 管 20~30min，浮栅上的电子会获得光子能量穿过 SiO_2 层返回衬底，浮栅回到不带电荷的状态。由于光芒普照，芯片上全部存储元都被写入了信息 0。

习惯上，将一次对应多个存储单元的写操作被称为擦除，将一次对应一个存储单元的写操作被称为写入。显然，FAMOS 型 EPROM 是一种光擦除的 EPROM，写入操作可以写 1 和写 0，而写 0 是假写，在 D 线上加地电压（0V），存储元的状态保持不变。

因此，EPROM 写信息时有两个步骤：先使用光擦除方法使全部存储元变为 0；再对所选的存储单元进行写入操作，根据所写信息为 1 或 0，在 D 线上相应地加正电压（+25V）或地电压（0V）。

4. 电擦除可编程 ROM（Electrically Erasable Programmable ROM，EEPROM）

EEPROM（E^2PROM）是一种电擦除、可以多次编程的 ROM，其存储元中采用了浮栅隧道氧化层 MOS 管（Floating-gate Tunnel Oxide MOS，Flotox 管），Flotox 管的结构如图 3.23 所示。相对于 FAMOS 管，Flotox 管增加了一个控制栅 G_c，并在浮栅与漏区之间增加了一个氧化层（这个区域称为隧道区），使得写入和擦除的电压较小、速度较快。

EEPROM 存储元电路如图 3.24 所示，用 Flotox 管的浮栅 G_c 上是/否带电荷来表示信息 1/0。

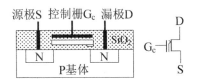

图 3.23　Flotox 管的结构

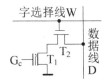

图 3.24　EEPROM 存储元电路

读信息时，在 G_c 上加+3V 电压，若 Flotox 管浮栅上不带电荷，则 G_c 上的电压使漏-源间形成导电沟道，Flotox 管导通，D 线上读出低电平（信息 0）；若 Flotox 管浮栅上带电荷，则 G_c 上的电压不足以抵消所注入负电荷的影响（G_c 上加≥+7V 电压才能使漏-源间形成导电沟道），Flotox 管截止，D 线上读出高电平（信息 1）。

若在 G_c 上加+20V 左右、10ms 宽的脉冲电压，同时在 D 线上加地电压（+0V），吸引漏区的电子注入浮栅，形成存储电荷，使 Flotox 管的开启电压上升到+7V 以上，读信息时 G_c 上所加的+3V 电压使 Flotox 截止，相当于写入了 1。若在 G_c 上加地电压（+0V），同时 D 线上加+20V 左右、10ms 宽的脉冲电压，浮栅上的存储电荷通过隧道区放电，使 Flotox 管的开启电压降为 0V 左右，读信息时 G_c 上所加的+3V 电压使 Flotox 导通，相当于写入了 0。

为了节约成本，EEPROM 通常将同一行所有存储元的 G_c 连接在一起，因此，写 1 因对应多个存储单元属于擦除操作，写 0 则属于写入操作。

因此，EEPROM 写信息时也分为两步：先执行一个擦除操作，擦除同一行所有信息；再对同一行各存储单元执行写入操作，根据所写信息为 1 或 0，在 D 线上相应地加+20V 或 0V 电压（存储元保持擦除后的信息 1）。

虽然 EEPROM 采用电压擦除信息，但由于写信息时需要较高的电压，且所需时间仍较长，因此，通常情况下，EEPROM 仍只工作在读出状态，做 ROM 使用。

5. 闪速存储器（Flash）

Flash 是新一代的电擦除、可编程 ROM，它既吸取了 EPROM 结构简单、编程可靠的特点，又保留了 EEPROM 用隧道效应实现电擦除的特性。

图3.25 Flash存储元电路

Flash 存储元采用了类似于 EEPROM 的叠栅 MOS 管，EEPROM 中浮栅与衬底间氧化层的厚度为 30～40nm，而 Flash 中氧化层的厚度只有 15nm，因此，这种叠栅 MOS 管的浮栅中，存储及释放电荷所需的电压较低（＋12V、10μs 的脉冲电压）。而正是这一特性，使 Flash 的存储元可以只由一个这种叠栅 MOS 管组成，如图 3.25 所示。

Flash 的读/写操作与 EEPROM 完全相同，只是 EEPROM 的擦除与 G_c 的连接有关，而 Flash 的擦除与源极 S 有关。早期，Flash 所有叠栅 MOS 管的源极 S 均连在一起，因而电擦除时所有存储元被同时擦除；现在，通常按字块（如 512B）将叠栅 MOS 管的源极 S 连在一起，因而电擦除时只同时擦除一个字块，大大提高了写信息的速度。

由于 Flash 的存储元由单管 MOS 组成，并且工作电压不高，因此，Flash 具有集成度高、容量大、速度快、成本低、功耗低等优点。正是由于这些优点，Flash 从其问世起便得到广泛的应用。

3.3 主存储器

3.3.1 主存储器的基本组成

我们知道，主存容量＝主存单元长度×主存单元个数，计算机结构设计时，确定了主存单元长度、主存地址空间这两个参数的值，软件和硬件都要遵守此规定。这个主存地址空间是一个线性空间，通常用位或个表示，如 32 位空间或 2^{32} 个地址，它限定了主存的最大可寻址空间。

由于主存是 CPU 唯一可以直接访问的存储器，因此，CPU 设计时，访问存储器（访存）时的地址位数、数据位数都需要受计算机结构规定的约束，与实际配置的主存容量无关。例如，IA32 约定，主存按字节编址，主存地址空间为 32 位，则 CPU 访问主存的地址为 32 位，每次可以访问一个字节的数据，而不管计算机配置了多大容量的主存。从 CPU 角度看，CPU 的可寻址空间的大小等于主存地址空间的大小。

为了保证访问速度，主存通常由 SRAM 或 DRAM 芯片组成。由于它们都是易失性存储器，无法解决计算机启动时，最先执行的程序和数据的存储问题，因此，主存空间由只读区域、读写区域组成，分别用 ROM 芯片、SRAM 或 DRAM 芯片实现。计算机启动完成后，系统通常会将 ROM 中的内容复制到 RAM 中，用来提高只读区域的访问速度。

因此，主存由 ROM 及 RAM 组成，如图 3.26 所示。对具体的计算机来说，主存单元长度、主存地址位数都是计算机结构所确定的，不可更改。主存容量可以改变，但必须小于等于主存最大容量。

图3.26 主存的组成及参数

3.3.2　主存储器的逻辑设计

我们知道，主存容量＝存储字长×存储字数＝主存单元长度×主存单元个数，主存单元长度是计算机结构确定的固定值，主存单元个数是主存设计的具体目标值。由于 ROM、RAM 芯片的规格是有限的，主存往往需要由多个 ROM、SRAM 或 DRAM 芯片构成。

通常，将由多个存储器芯片构成的电路称为存储模块。为了区别于芯片，本教材将存储模块的对外接口称为信号线，而芯片称为引脚，如片选信号线 $\overline{CS}$ 指的是存储模块的信号。

可见，主存的逻辑设计实际上是一种存储器容量扩展，使用 ROM、SRAM 或 DRAM 芯片构成存储模块，存储模块的存储字长、存储字数分别等于主存单元长度、主存单元个数。

存储器容量扩展方法有位扩展、字扩展及字位扩展三种，位扩展可扩展存储字长，字扩展可扩展存储字数，字位扩展是位扩展和字扩展的简单组合。

1. 位扩展法

位扩展法又称位并联法，将多个存储器芯片并联起来增加存储字长，扩展后存储模块的字数与各芯片字数相同，存储字长为各芯片存储字长的和。

例 3.2　现有若干 1K×1 位 SRAM 芯片，要求组成一个 1K×4 位 SRAM 模块，请画出 SRAM 模块内部各 SRAM 芯片的引脚连接图。

解： 1K×1 位（常记为 1K×1b）SRAM 芯片的地址、数据、片选、读写引脚分别记为 $A_9{\sim}A_0$、D、$\overline{CS}$、$\overline{WE}$。1K×4 位 SRAM 模块的数据信号线记为 $D_3{\sim}D_0$，其余信号线与 SRAM 芯片相同（且同名）。

由于两者的存储字数相同（1K÷1K＝1）、存储字长不同（4 位÷1 位＝4），扩展容量采用位扩展法，需 4 个 SRAM 芯片，SRAM 模块的存储空间组成如图 3.27（a）所示。

由图 3.27（a）可见，访问 SRAM 模块的某个存储单元时，需要同时访问所有 SRAM 芯片的这个存储单元，因此，各个 SRAM 芯片的 $\overline{CS}$、$\overline{WE}$、$A_9{\sim}A_0$ 分别连接到 SRAM 模块的相应信号线上，而各个 SRAM 芯片的 D 分别连接到 SRAM 模块的 $D_3{\sim}D_0$ 上，如图 3.27（b）所示。

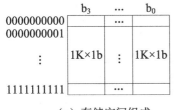

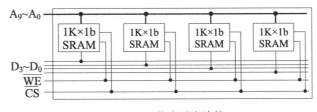

（a）存储空间组成　　　　　　　　（b）芯片引脚连接

图 3.27　用 1K×1 位 SRAM 芯片组成 1K×4 位 SRAM 模块

例 3.3　现有若干 1K×1 位 DRAM 芯片，要求组成一个 1K×4 位 DRAM 模块，请画出 DRAM 模块内部各 DRAM 芯片的引脚连接图。

解：1K×1 位 DRAM 芯片有 $[\log_2(1K)] \div 2 = 5$ 根地址引脚，地址、数据、地址选通、读写引脚分别记为 $A_4 \sim A_0$、D、$\overline{RAS}$ 及 $\overline{CAS}$、$\overline{WE}$。1K×4 位 DRAM 模块的数据信号线数记为 $D_3 \sim D_0$，其余信号线与 DRAM 芯片相同（且同名）。

类似于例 3.2，DRAM 模块采用位扩展法扩展容量，共需要 4 个 DRAM 芯片，存储空间组成与图 3.27(a) 相同。访问 DRAM 模块的某个存储单元时，需要访问所有 DRAM 芯片的同一个存储单元，故各个 DRAM 芯片的 $A_4 \sim A_0$、$\overline{RAS}$ 及 $\overline{CAS}$、$\overline{WE}$ 分别连接到 DRAM 模块的相应信号线上，而各个 DRAM 芯片的 D 线分别连接到 SRAM 模块的 $D_3 \sim D_0$ 上。

从上面两个例题可以看出，位扩展只是扩展存储字长，存储字数不变，SRAM 与 DRAM 的位扩展方法相同，各个芯片连接时仅数据引脚连接不同，其余引脚连接相同。

2. 字扩展法

字扩展法又称地址串联法，用多个存储器芯片串联起来增加存储字数，扩展后存储器的字长与各个芯片字长相同，存储字数为各个芯片存储字数的和。

例 3.4 现有若干 1K×4 位 SRAM 芯片，要求组成一个 4K×4 位 SRAM 模块，请画出 SRAM 模块内部各 SRAM 芯片的引脚连接图。

解：1K×4 位 SRAM 芯片地址、数据、片选、读写引脚分别记为 $A_9 \sim A_0$、$D_3 \sim D_0$、$\overline{CS}$、$\overline{WE}$。1K×4 位 SRAM 模块的地址信号线记为 $A_{11} \sim A_0$，其余信号线与 SRAM 芯片相同（且同名）。

由于两者的存储字数不同（4K÷1K=4）、存储字长相同（4 位÷4 位=1），扩展容量采用字扩展法，需 4 个 SRAM 芯片，SRAM 模块的存储空间组成如图 3.28(a) 所示。

由图 3.28(a) 可见，访问 SRAM 模块中地址为 x 的存储单元时，只会访问某个 SRAM 芯片中地址与 x 的低位相同的存储单元，而 x 的高位用于选择所访问的 SRAM 芯片。因此，各个 SRAM 芯片的 $A_9 \sim A_0$、$D_3 \sim D_0$、$\overline{WE}$ 分别连接到 SRAM 模块的相应信号线上，如图 3.28(b) 所示，而 $A_{11}A_{10}$ 用于选择 SRAM 芯片（连接到芯片的 $\overline{CS}$）。

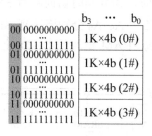
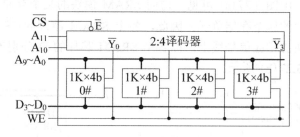

（a）存储空间组成　　　　（b）芯片引脚连接

图 3.28　用 1K×4 位 SRAM 芯片组成 4K×4 位 SRAM 模块

由于 $A_{11}A_{10}=00\sim11$ 访问的分别是 0#~3# SRAM 芯片，因此，0#~3#芯片的片选引脚的逻辑表达式应分别为 $CS \cdot \overline{A_{11}} \cdot \overline{A_{10}}$、$\overline{CS \cdot \overline{A_{11}} \cdot A_{10}}$、$\overline{CS \cdot A_{11} \cdot \overline{A_{10}}}$、$\overline{CS \cdot A_{11} \cdot A_{10}}$，其中的 CS 为对 SRAM 模块片选引脚 $\overline{CS}$ 进行逻辑非操作的结果。

例 3.5 现有若干 1K×4 位 DRAM 芯片，要求组成一个 4K×4 位 DRAM 模块，请画出 DRAM 模块内部各 DRAM 芯片的引脚连接图。

解：1K×4 位 DRAM 芯片有 5 根地址引脚，地址、数据、地址选通、读写引脚分别记为 $A_4\sim A_0$、$D_3\sim D_0$、$\overline{RAS}$ 及 $\overline{CAS}$、$\overline{WE}$。DRAM 模块的存储空间组成与图 3.28(a) 相同。

一种扩展方法是锁存行列地址，DRAM 模块有 6 根地址信号线，其余信号线与 DRAM 芯片相同。由于 DRAM 模块的 $\overline{RAS}$ 有效时，用 6 位地址来选择 DRAM 芯片、提供 DRAM 芯片行地址不能两全（缺少 1 位），因此，DRAM 模块中，4 个芯片排列成 2×2 矩阵，增设行/列地址锁存器，用行地址和列地址的 A_5 信号来选择某一行的 2 个 DRAM 芯片，和某一列的 DRAM 芯片及 I/O。这种扩展方法只适宜于芯片内的存储体字扩展，由于每次有 2 个 DRAM 芯片参与操作，因此功耗较大。

另一种扩展方法是开放片选信号，DRAM 模块有 4 根 $\overline{RAS}$ 信号线，其余信号线与 DRAM 芯片相同。DRAM 模块内部，4 根 $\overline{RAS}$ 信号线用来选择芯片，其余信号线与芯片并联连接，如图 3.29 所示。这种扩展方法适宜于板级的 DRAM 芯片字扩展。

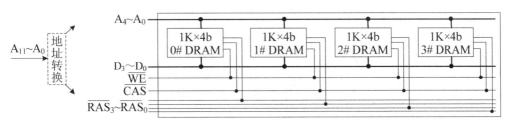

图 3.29　用 1K×4 位 DRAM 芯片组成 4K×4 位 DRAM 模块

参考图 3.28(a) 可以发现，对 DRAM 模块进行访问时，地址在哪个芯片范围内，就应使哪个芯片的 $\overline{RAS}$ 有效，以控制该 DRAM 芯片完成访问。而如何进行芯片选择，是由外部的地址转换电路实现的，如图 3.29 左部所示，该转换电路用地址高位（$A_{11}A_{10}$）选择某个 DRAM 芯片，将剩余地址（$A_9\sim A_0$）划分成行地址和列地址。

计算机中，DRAMC 是主存与外部的接口电路，它已经负责所有 DRAM 芯片的刷新，负责主存地址到 DRAM 地址的地址变换，那么，DRAM 字扩展的芯片选择也是它的职责。DRAMC 用地址高位选择 DRAM 芯片（使相应 $\overline{RAS}$ 信号有效），将剩余地址划分成行地址、列地址，用于对所选 DRAM 芯片的访问。

从上面两个例题可以看出，字扩展只是扩展存储字数，存储字长不变，SRAM 与 DRAM 的字扩展方法不同。

3. 字位扩展法

字位扩展法是位扩展和字扩展的组合，扩展后存储器的字数及字长都有所增加。

例 3.6　现有若干 1K×4 位 SRAM 芯片，要求组成一个 4K×8 位 SRAM 模块，请画出 SRAM 模块内部各 SRAM 芯片的引脚连接图。

解：SRAM 模块与 SRAM 芯片的存储字数和存储字长都不相同，容量扩展采用字位扩展法。需 (8b÷4b)×(4K÷1K)＝8 个芯片，SRAM 模块的存储空间组成如图 3.30(a) 所示。

由图 3.30(a) 可见，位扩展的两个 SRAM 芯片（记为 SRAM 芯片组）会同时被选中，$A_{11}A_{10}$ 用于选择 SRAM 芯片组。因此，SRAM 芯片组内部只有数据引脚连接不同，不同 SRAM 芯片组只有片选引脚连接不同，如图 3.30(b) 所示。

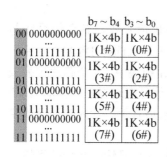 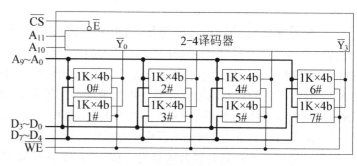

（a）存储空间组成　　　　　　　　　　　　　（b）芯片引脚连接

图 3.30　用 1K×4 位 SRAM 芯片组成 4K×8 位 SRAM 模块

由于 $A_{11}A_{10}$ 用于选择 SRAM 芯片组，因此，各 SRAM 芯片组的片选引脚的逻辑表达式应分别为 $\overline{CS} \cdot A_{11} \cdot A_{10}$、$\overline{CS} \cdot \overline{A_{11}} \cdot A_{10}$、$\overline{CS} \cdot A_{11} \cdot \overline{A_{10}}$、$\overline{CS} \cdot A_{11} \cdot A_{10}$，用 2-4 译码器可以有效地实现各个 SRAM 芯片片选引脚的连接电路。

从上面这个例题可以看出，字位扩展只是字扩展、位扩展的组合。SRAM 与 DRAM 的字位扩展方法受限于它们的字扩展方法。

可以发现，任何一个存储器模块的设计，都可以利用已有的存储器芯片，使用某一种容量扩展方法进行。主存的逻辑设计只是其中的一个实例而已。

3.3.3　主存储器与 CPU 的连接

1．CPU 的存储器接口

现代计算机中，CPU 与主存及 I/O 设备都通过总线进行互连，CPU 对外部的访问需要遵循总线标准的相关协议。总线操作过程大体上分为地址/命令传送、数据传送两个步骤，1.3.3 节已有过简单介绍。

CPU 的存储器接口包含地址、数据、控制/状态引脚。下面以 Intel 8088 CPU 为例来说明。8088 CPU 中，主存按字节编址、地址空间为 20 位，数据引脚有 8 根，地址引脚有 20 根，CPU 并不限制主存由 SRAM 还是 DRAM 构成，也不限制主存的配置容量。

图3.31　Intel 8088 CPU的存储器接口

图 3.31 是 Intel 8088 CPU 的存储器接口，其中，$IO/\overline{M}$ 用于表示操作的目标部件类型（高电平为 I/O 设备、低电平为主存），$\overline{RD}$ 及 $\overline{WR}$ 用于表示操作类型（读/写/空闲），READY 用于表示操作的完成状态（高电平为已完成、低电平为未完成）。

可见，8088 CPU 的操作类型可用 $IO/\overline{M}$、$\overline{RD}$ 及 $\overline{WR}$ 来表示，$\overline{RD} \oplus \overline{WR} = 0$ 表示无操作，$\overline{IO/\overline{M}} \cdot (\overline{RD} \oplus \overline{WR}) = 1$ 表示访存操作，$IO/\overline{M} \cdot (\overline{RD} \oplus \overline{WR}) = 1$ 表示 I/O 操作。从 Intel 80386 CPU 开始，操作类型改用 $\overline{ADS}$（地址数据选通）、$M/\overline{IO}$ 及 $W/\overline{R}$ 来

表示，$\overline{\text{ADS}}$ 在操作期间都有效，以便使主存或 I/O 设备可以立即进行响应，而不必等待操作命令。

2. 主存与 CPU 的连接

主存可以由 SRAM 或 DRAM 组成，差别在于地址是一次传送还是两次传送。计算机组成不应限制主存的构成方式，为了不影响 I/O 操作的性能，通常，CPU 按地址一次传送的方式来设置地址引脚。

因此，SRAM 主存连接 CPU 较为简单，那么，DRAM 主存如何连接呢？前面已经讲过，DRAM 控制器（DRAMC）是 DRAM 芯片的外部接口，管理对 DRAM 芯片的操作，负责 DRAM 芯片的刷新。DRAMC 使 DRAM 主存与 SRAM 主存的外部接口完全相同，如图 3.32 所示。

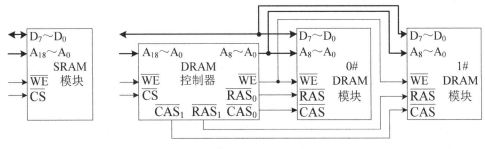

图 3.32　DRAM 主存的接口组织

由于 DRAM 主存与 SRAM 主存的接口相同，下面仅讨论 SRAM 主存与 CPU 的连接。主存与 CPU 的连接线有 3 组：数据线、地址线、控制线（读写线和片选线）。

1）数据线的连接

CPU 的数据线数决定了一次可访问数据的位数，由于 CPU 可以直接访问主存，主存数据线的位数与 CPU 数据线的位数必须相同。数据线连接时，主存的数据线与 CPU 的数据线一一连接，否则 CPU 无法正确地进行访问。

例如，主存与 8088 CPU（图 3.31）连接时，主存的数据线必须为 8 根，与 CPU 的 $D_7 \sim D_0$ 一一连接，如图 3.33（b）所示。

注意，主存的数据线与其内部的 SRAM 或 DRAM 芯片数据引脚不是一个概念。

2）地址线的连接

CPU 的地址线数决定了主存的可寻址空间，而主存大小可以选配，因此，主存地址线的位数往往小于 CPU 地址线的位数。

为了便于硬件实现，通常将主存安排到 CPU 可寻址空间的低端。地址线连接时，主存的地址线与 CPU 地址线的低位信号线连接，CPU 地址线的高位信号线用来选择主存，即高位地址线的值为 0 时是对主存进行操作。

例如，若计算机的主存容量为 512KB，则主存有 19 根地址线 $A_{18} \sim A_0$，主存与 8088 CPU 连接时，主存空间通常映射到 1MB 空间的低端，如图 3.33（a）所示。

地址线连接时，主存的 $A_{18} \sim A_0$ 连接 CPU 的 $A_{18} \sim A_0$，CPU 的 A_{19} 用来选择主存，$A_{19} = 0$ 时操作对象为主存，故 A_{19} 需要连接到主存的片选引脚 $\overline{\text{CS}}$，如图 3.33（b）所示。

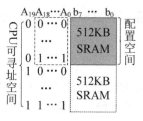

（a）地址空间映射

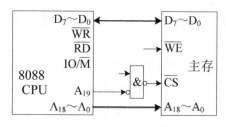

（b）地址线及数据线的连接

图 3.33　主存与 CPU 的地址线及数据线连接

3）控制线的连接

SRAM 主存的控制线有 $\overline{\text{WE}}$ 及 $\overline{\text{CS}}$，CPU 可以对主存和 I/O 设备进行读/写操作，主存控制线与 CPU 连接的逻辑是：CPU 对主存操作时，使 $\overline{\text{CS}}$ 有效，否则使 $\overline{\text{CS}}$ 无效；CPU 的操作类型为写时，使 $\overline{\text{WE}}$ 有效，否则使 $\overline{\text{WE}}$ 无效。这个连接逻辑通常需要用电路来实现。

主存的 $\overline{\text{WE}}$ 线应与 CPU 的写操作控制线连接。由图 3.33（b）可见，主存的 $\overline{\text{WE}}$ 线应与 CPU 的 $\overline{\text{WR}}$ 线连接。

主存的 $\overline{\text{CS}}$ 线应与 CPU 的控制线、地址线连接。上述连接逻辑中，CPU 对主存操作的逻辑可分解为有操作、操作目标为主存两个方面，操作目标为主存还包含"操作地址在主存的地址范围之内"这个条件。由图 3.31 可见，CPU 的 $\overline{\text{RD}} \oplus \overline{\text{WR}} = 1$ 表示有操作，$\text{IO} / \overline{\text{M}} = 0$ 表示操作目标为主存；由图 3.33（a）可见，$A_{19} = 0$ 时操作地址在主存的地址范围内，因此，主存 $\overline{\text{CS}}$ 线的连接逻辑为 $\overline{\text{CS}} = \overline{(\overline{\text{RD}} \oplus \overline{\text{WR}}) \cdot \overline{\text{IO} / \overline{\text{M}}} \cdot \overline{A_{19}}}$。

注意，主存连接的部件不同，$\overline{\text{CS}}$ 的连接逻辑就不同。例如，主存与 80386 CPU 连接时，主存 $\overline{\text{CS}}$ 线的连接逻辑为 $\overline{\text{CS}} = \overline{\text{ADS} \cdot \text{M} / \overline{\text{IO}} \cdot \overline{A_{31}} \cdots \cdot \overline{A_{19}}}$。

例 3.7　ISA 总线有 24 根地址线（LA23~LA20、SA19~SA0），有 16 根数据线（SD15~SD0），对存储器、I/O 设备进行读、写操作的命令线为 $\overline{\text{MEMR}}$、$\overline{\text{MEMW}}$、$\overline{\text{IOR}}$、$\overline{\text{IOW}}$。某计算机中，主存的编址单位为 16 位，主存容量为 2MB，主存地址从零开始，画出主存连接到 ISA 总线时的连接图。

解：主存的数据线有 16 根（D_{15}~D_0），地址线有 $\log_2(2\text{MB}/16\text{bit}) = 20$ 根（A_{19}~A_0），因此，主存的地址范围为 $0 \sim 1\text{M} - 1$。

主存连接到 ISA 总线时，D_{15}~D_0 与 SD15~SD0 连接，A_{19}~A_0 与 SA19~SA0 连接。

ISA 总线中，$\overline{\text{MEMR}} \oplus \overline{\text{MEMW}} = 1$ 表示有主存操作，LA23~LA20 = 0000 表示总线操作目标的地址范围为 $0 \sim 1\text{M} - 1$，因此，主存与 ISA 总线的连接如图 3.34 所示。

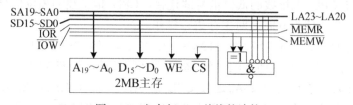

图 3.34　主存与 ISA 总线的连接

3.3.4 提高访存速度的技术

主存通常由 DRAM 存储器构成，与 CPU 所用的半导体工艺有所不同，两者在速度上的差异较大。主存的主要性能指标为带宽 B，$B = W/T_M$，其中 W 为数据宽度、T_M 为存取周期。

对于数据访问而言，由于不同数据类型的长度可能不同，一个数据可能占用多个连续的主存单元，一次访存应该可以访问多个连续的主存单元。由程序访问局部性可知，数据访问具有空间局部性，多次访存的地址很有可能是连续的。

因此，要提高访问主存的速度，可以从三个方面入手：第一，改进工艺及技术，提高存储器芯片本身的速度，来降低 T_M；第二，采用并行技术，在空间上和时间上并行访问存储器，来增加 W 或降低 $\overline{T_M}$；第三，采用层次结构，增设高速缓存 Cache，来降低 $\overline{T_M}$。

1. 增强的 DRAM

目前的 DRAM 芯片，大都基于传统的 DRAM 芯片进行改进，提高其访问性能，下面介绍几种典型的 DRAM 芯片。

1）FPM DRAM（Fast Page Mode DRAM，快页模式 DRAM）

基本的 DRAM 每次都要用行地址、列地址进行访问，如图 3.11 所示。FPM DRAM 允许在选定某一行后，直接用列地址对该行的多个列进行操作。

对于同一行的连续访问，第一个访问通过 $\overline{RAS}/\overline{CAS}$ 信号来控制，其余的访问通过 $\overline{CAS}$ 信号来控制（$\overline{RAS}$ 一直保持有效），$\overline{CAS}$ 在数据传送结束时才无效。FPM DRAM 中，页指同一行中所有存储单元的组合，快页模式指可以加速同一页中单元的访问。

FPM DRAM 的改进版是 EDO DRAM（Extended Data Output DRAM，扩展数据输出 DRAM）。EDO DRAM 可以在传送数据的同时，启动下一个访问，即 $\overline{CAS}$ 可以在访问结束前就变为无效，因而，EDO DRAM 的访问速度更快。

2）SDRAM（Synchrobous DRAM，同步 DRAM）

传统 DRAM、FPM DRAM 都属于异步 DRAM，访问过程中，地址和控制信号要一直保持，CPU 及 DRAMC 在访问完成前都必须一直等待，降低了系统的性能。SDRAM 的所有操作都在时钟信号控制下进行，在确定的几个时钟周期后给出响应，CPU 及 DRAMC 在此期间无须等待。

SDRAM 的数据传送采用同步传输方式，所有动作都基于时钟信号进行，如图 3.35(a) 所示。图中，假设 SDRAM 的存取周期为 3 个时钟周期，第 4 个时钟周期用于数据传输，当两次访问的地址连续时，访存性能也不能提高。由于同步传输不需要异步传输的信号握手，因而速度更快。

SDRAM 还可以支持突发（burst，猝发）传输模式，在第一个数据被访问后，可以连续传输多个数据，如图 3.35(b) 所示。通常，将连续传输的数据个数称为突发长度（Turst Length, BL），常规传输常看作 BL=1 的突发传输。突发传输模式对一次需要访问多个连续存储单元的访存操作很有效，是 SDRAM 相对异步 DRAM 的最大优点。

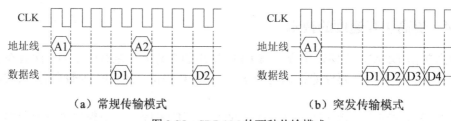

（a）常规传输模式　　　　　　　　（b）突发传输模式

图 3.35　SDRAM 的两种传输模式

图 3.36 是一个 SDRAM 芯片的逻辑结构，SDRAM 都需设置时钟引脚 CLK，I/O 缓冲器通常也设置有锁存器，信号锁存及 I/O 都受 CLK 控制，内部操作与异步 DRAM 相同。

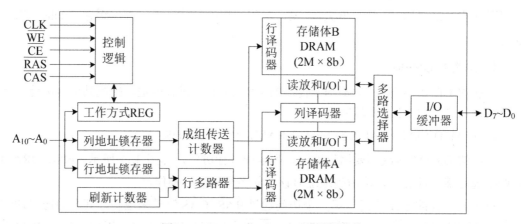

图 3.36　4M×8 位 SDRAM 的逻辑结构

SDRAM 由两个存储体组成，由于是字扩展，列译码器只需 1 个。采用多个存储体的原因有两个，一是工艺上要求存储体不宜太大，二是便于实现芯片自刷新，操作与刷新并行。

SDRAM 突发传输时，每传送一个数据，成组传送计数器就加 1。SDRAM 只支持几种 BL，当前 BL 存放在工作方式 REG 中，因此，每次操作都要先设置 BL，再进行数据访问，当上次操作的的 BL 与本次相同时，BL 设置就可以缺省。如何设置 BL 呢？由图可见，需要用特殊命令（如 $\overline{\text{RAS}}$、$\overline{\text{CAS}}$ 及 $\overline{\text{WE}}$ 同时有效）进行设置，因此，需要增设片选引脚 $\overline{\text{CE}}$。

3）DDR SDRAM（Double Data Rate SDRAM，双倍数据速率 SDRAM）

DDR SDRAM 是 SDRAM 的优化产品，采用了更先进的同步电路，能够在时钟脉冲的上升沿、下降沿分别进行数据传输，因此称为 DDR。

DDR SDRAM 的基本原理是，存储阵列中单元宽度为 I/O 宽度的两倍，在 I/O 缓冲器中增设预取缓冲区（1 个单元宽度），读操作时将缓冲区中数据拆分后分时送出，写操作时数据填满缓冲区后一起写入。可见，DDR SDRAM 的内部工作时钟频率与芯片 I/O 时钟的频率相同，而存取速度却是 SDRAM 的 2 倍，这得益于预取缓冲区大小是 I/O 引脚宽度的双倍，这就是所谓的 2 位预取（基于 I/O 宽度是 1 位的假设）。

DDR2 SDRAM 与 DDR SDRAM 的原理基本相同，只是将存储阵列中单元宽度改为 I/O 引脚宽度的 4 倍（4 位预取），I/O 时钟频率是内部工作时钟频率的两倍，因此，存取速度是 SDRAM 的 4 倍。随着时钟频率的提升，时钟信号受温度、电阻等因素的影响越大，数据的精准传输不易控制，对内部同步电路的要求越来越高。

目前，市面上的内存条已经是 DDR3 SDRAM、DDR4 SDRAM 了，不难理解它们的工作原理，可见制造工艺更加精密。

2. 多体交叉存储器

多体存储器指存储器由多个容量相同的存储体组成，每个存储体都有独立的存储阵列、读写电路。例如，图 3.36 的 SDRAM 就是一个双体存储器。

多体存储器的存储单元有顺序编址和交叉编址两种编址方式，如图 3.37 所示。其中，$M_0 \sim M_3$ 为 m 个存储体（$m=4$），每个体都有 S 个存储单元，则 $n=\log_2 m$，$k=\log_2 S$。

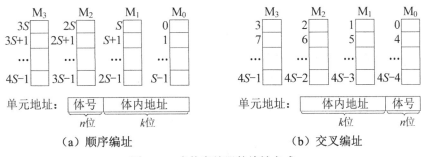

图 3.37　多体存储器的编址方式

顺序编址又称连续编址，同一存储体的存储单元地址是连续的。交叉编址又称模 m 编址，同一存储体的存储单元地址都相差 m（m 为存储体数）。

可以发现，两种编址方式的多体存储器，都是存储体按字扩展方式组成的存储模块，区别在于同一存储体的各个存储单元的地址是否连续。同时访问各个存储体的同一存储单元时，顺序编址方式访问的是多个不连续的存储单元，并行访问毫无意义，多体模式无法提高存取速度；交叉编址方式访问的是多个连续的存储单元，多体模式可以提高存取速度。

交叉编址的多体存储器是一种并行存储器，一次可以读写多个数据，访问方式有交叉访问、并行访问两种类型，通常，前者称为多体交叉存储器，后者称为多体并行存储器。为了便于理解，下面以 SRAM 为例来说明，方法同样适用于 DRAM。

1）交叉访问方式

交叉访问方式指轮流访问各个存储体，多个数据分时 I/O，多体交叉存储器结构如图 3.38(a) 所示。图中，各个存储体的数据端通过多路选择器连接到数据引脚 $D_7 \sim D_0$，各个存储体被访问的都是同一行，地址引脚 $A_1 A_0$ 用于选择存储体。

交叉访问通常采用轮流启动方式（流水访问方式），即每隔 $1/m$ 个存取周期（T_M）启动一个存储体，经过 T_M 时间后，每隔 $1/m$ T_M 即可读出或写入一个数据，如图 3.38(b) 所示。由图 3.38(a) 可见，当 $\overline{CS}$ 引脚有效时，存储控制部件每隔 $1/4$ T_M 使一个存储体的 $\overline{CS}$ 有效，实现轮流启动；数据 I/O 时，每隔 $1/4$ T_M 改变多路选择器的控制信号。

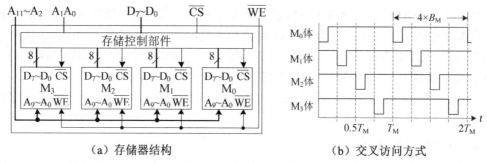

（a）存储器结构 （b）交叉访问方式

图3.38 多体交叉存储器

可见，交叉访问方式的效果类似于 SDRAM 的突发传输或 DDR SDRAM 的存取，存储器带宽提高到 4 倍。

由图 3.38(a) 可见，交叉访问的多体存储器的外部引脚与单体存储器相同，与连接 CPU 的连接方法自然也相同。

2）并行访问方式

并行访问方式指可以同时访问各个存储体，多个数据同时 I/O，多体并行存储器结构如图 3.39 所示，图中，数据引脚宽度为存储字长的 4 倍，DM_3~DM_0 为数据掩码。

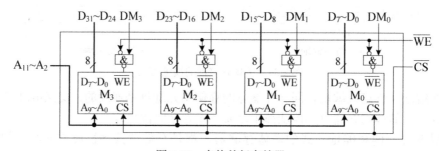

图3.39 多体并行存储器

现代 CPU 为了提高访存速度，都采用并行访问方式，一次允许访问多个存储单元，因此，并行访问方式的多体存储器应该可以同时读/写一个、几个或 m 个存储字。为了便于实现，读操作每次都读出 m 个存储字；而写操作必须精确到存储字，每个存储体必须设置数据掩码（DM_3~DM_0），屏蔽不必要的写操作，如 DM_3~DM_0＝1100 时只写高 2 个字节。

注意，多体并行存储器与单体多字存储器是不同的，前者写的长度有多种，后者写的长度只有一种（长度为 m）。

CPU 采用并行访问方式时，其存储器接口需要进行相应的调整，数据线宽度等于机器字长，地址线的低位信号线用数据掩码信号线代替，如图 3.39 所示。

多体并行存储器与连接 CPU 时，连接方法与单体存储器类似，不同之处是数据线宽度有所增加，地址线没有低位信号线，增加了数据掩码线的连接。

实际应用中，主存通常集多种技术于一身，例如，Core 2 CPU 的主存按字节编址，DDR2 SDRAM 内存条宽度为 64 位（等于机器字长），既采用 SDRAM、预取等芯片技术减小存取周期 T_M，又采用多体并行存储器技术提高数据宽度 W。

3. 双端口存储器

双端口存储器在一个存储器中提供两组独立的读写控制电路及 I/O 电路，因而可以支持对两个数据的同时访问，从而提高了存储器带宽。由于可以同时进行操作，因此，它和多体交叉存储器一样，属于一种并行存储器。

图 3.40 是一个 2K×8 位的双端口 SRAM 逻辑结构示意图，它提供了两个相互独立的操作端口，任意一个端口都可以独立地进行操作。与普通 SRAM 不同，双端口 SRAM 存储元有两个独立的字选择线、列数据线，连接到两个 I/O 电路，以实现同时对两个存储元操作。

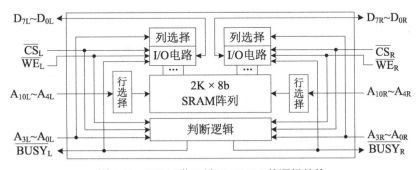

图 3.40   2K×8 位双端口 SRAM 的逻辑结构

有操作时，内部的判断逻辑电路进行冲突检测，若两个 $\overline{\text{CS}}$ 同时有效、两个行地址和列地址均相同时表明有冲突，由判断逻辑决定哪个端口优先操作（置该端口的 $\overline{\text{BUSY}}$ 为高），另一端口暂时等待（置该端口的 $\overline{\text{BUSY}}$ 为低）；否则，对双端口存储器的操作无冲突，可以同时进行。

双端口存储器常用于多个主设备访问共享数据的场合，例如，双端口寄存器组，同时支持两个操作，提高寄存器的访问速度；Cache 目录表，同时处理 CPU 侧及总线侧的事务，减小 Cache 的访问延迟。

3.4 高速缓冲存储器

3.3.4 节中提到，提高芯片本身速度及采用并行存储器都可以提高访存速度，由于主存的速度提高始终跟不上 CPU 的发展，因此，通过高速缓冲存储器（Cache）来提高访存速度，便成为一个很重要的手段。

3.4.1 Cache 的基本原理

从层次结构看，Cache 是主存的上一级存储器，主存通常由 DRAM 构成，Cache 应该由速度更快的 SRAM 构成，同时，Cache 中信息应该是主存中信息的副本（复制）。由于存储系统以主存为中心，CPU 按主存地址访问 Cache-主存层次。

1）Cache 的外部接口

Cache-主存层次中，辅助硬件的功能主要是负责 Cache-主存之间的信息交换、主存地址→Cache 阵列地址的地址变换等工作。

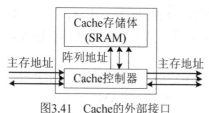

图3.41　Cache的外部接口

为了便于实现，通常将这个辅助硬件放在 Cache 中，因此，Cache 由 Cache 存储体、Cache 控制器组成，Cache 控制器实现的就是 Cache-主存层次中辅助硬件的功能，Cache 的外部接口如图 3.41 所示。由于 Cache 仅是主存的缓冲器，故按主存地址进行访问。

2）Cache 的性能指标

衡量 Cache 性能的指标主要有命中率及平均访问时间。

若访存的信息已经在 Cache 中，则称为命中（Hit），否则称为缺失（Miss）。访存操作在 Cache 中命中的概率称为命中率，等于命中次数与访存总次数的比值，常用 H 表示。

Cache 命中时，Cache 完成访存操作所用的全部时间 T_c 称为命中时间（Hit Time）；缺失时，Cache 需要先与主存交换信息，再完成访存操作，所用的时间由主存访问时间 T_m 和命中时间 T_c 组成，这个主存访问时间 T_m 称为缺失损失（Miss Penalty）或缺失开销。

平均访问时间 T_A 指 Cache-主存层次完成访存操作平均所用的时间，则

$$T_A = H \times T_c + (1-H) \times (T_c + T_m) = T_c + (1-H) \times T_m = T_{命中} + (1-H) \times T_{缺失}$$

例 3.8　假设 CPU 的时钟周期为 10ns，某程序执行时共访存 1000 次，其中 50 次未在 Cache 中命中，已知 Cache 存取一个信息的时间为 2 个时钟周期，每次缺失平均停顿 20 个时钟周期，求 Cache 执行该程序时的命中率，以及平均访问时间。

解： Cache 的命中率 $H = (1000-50)/1000 = 0.95$。

平均访问时间 $T_A = 2 \times 10 \text{ ns} + (1-0.95) \times 20 \times 10 \text{ ns} = 30 \text{ ns}$。

1. Cache 的存储空间管理

1）Cache-主存之间的信息交换单位

由平均访问时间 $T_A = T_c + (1-H) \times T_m$ 可以看出，要想提高 Cache 的性能，主要是提高命中率 H、减小缺失损失 T_m，而命中时间主要由 Cache 器件性能决定。

由于程序访问具有空间局部性，Cache 缺失从主存中调入（复制）信息时，若将多个相邻信息一起调入 Cache 中，则可以提高 Cache 的命中率 H；利用 SDRAM 的突发传输模式，多个信息一起调入的存取效率较高，为多个相邻信息一起调入提供了可行性。

因此，Cache-主存之间的信息交换单位为块（Block），块由多个相邻的存储字（主存字）组成，大小固定。块大小是由计算机结构确定的，通常为 8 个机器字长。

2）Cache 的存储空间管理

由于 CPU 用主存地址访问 Cache，因此，Cache 存储阵列的编址单位必须与主存一致，即按主存字（主存单元中信息）大小编址，但与主存的信息交换单位为块。

为了便于 Cache-主存之间按块交换信息，需要将主存空间、Cache 的数据空间划分成若干个大小为块的区域，主存中的区域称为主存块，Cache 中的区域称为缓存块。为

了进行层次管理，Cache 中的每一个缓存块都要对应有一些管理信息，通常将存放缓存块和相应管理信息的存储空间称为行（Line）或槽（Slot），如图 3.42 所示。可见，主存地址由主存块号、块内地址组成，Cache 地址由 Cache 行号、块内地址组成，块内地址又称为块内偏移地址，即从 0 开始的块内序号。

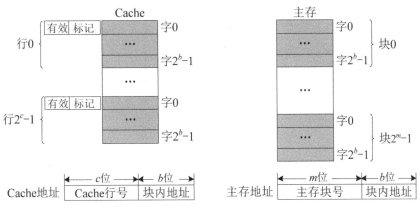

图 3.42　Cache 与主存空间划分

为了表示 Cache 行中的数据是否有效，每个行需要设置一个有效位（Valid bit）字段，常用 V 表示。有效位 V＝1 表示该行的数据有效，V＝0 表示该行空闲。若要清空某一行中的数据，可以通过 V←0 来实现。

为了表示 Cache 行中的数据来自哪个主存块，每个行需要设置一个标记（Tag）字段。这个标记通常是主存块号的一部分，这样 Cache 行与主存块就有了对应关系。通过查找各个 Cache 行的标记，就可以知道目标主存块在哪个 Cache 行中了。

因此，Cache 的存储空间可以组织成行的数组，每个 Cache 行中包含有效位、标记等管理信息，以及缓存块信息，如图 3.43 所示。所有行的管理信息常合称为目录表，所有行的块数据信息合称为数据区。

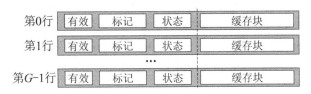

图 3.43　Cache 的存储空间组织

2．Cache 的工作流程

访问 Cache 时，首先需要将主存地址变换成 Cache 地址，而 Cache-主存之间按块交换信息，因此，地址变换进行的是行地址变换（获得当前行地址），块内地址是相同的。由于 Cache 中信息是主存中信息的副本，因此，两者需要保持一致性。

因此，Cache 完成访问的过程分三步：第一，将主存地址变换成 Cache 地址，即查找请求字所在的 Cache 行，缺失时需要先指定一个空闲行，再调入目标主存块；若没有空闲行，还需要先找出一个牺牲行并腾空其中内容。第二，读/写 Cache 存储阵列，完成访问要求。第三，在适当时候将所写数据写回主存。Cache 的工作流程如图 3.44 所示。

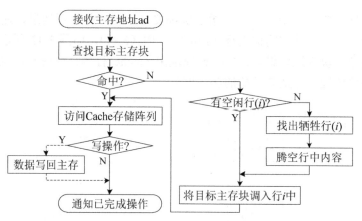

图 3.44　Cache 的工作流程

图 3.44 中，目标主存块指存储单元 ad 所在的主存块；查找主存块、查找空闲行的方法与映射规则有关；命中时已经完成了地址变换（获得了 Cache 当前行地址），访问 Cache 存储阵列只需用块内地址访问当前行中数据即可；找出牺牲行的方法与替换算法有关，数据写回主存的时机、腾空行中内容的方法都与写策略有关，图中的虚线表示数据不一定在此时写回主存。

映射规则指确定主存块可以放到哪些 Cache 行中的方法，映射规则决定了查找范围及查找方法。替换算法指在查找范围内找出牺牲行的方法，替换算法对 Cache 命中率有较大影响。写策略指数据写回主存的时机及方法，时机有立即写和稍后写两种，写策略对命中时间有较大影响，还决定了腾空牺牲行中内容的方法。

Cache 工作流程中，所有功能都在 Cache 控制器的控制下完成。由于 Cache 的目标是提高主存速度，因此，Cache 的全部工作都由硬件完成，对所有软件人员透明。

3. Cache 的基本结构

Cache 的工作流程表明，按主存地址完成访问包括地址变换、访问阵列、数据写回主存三个步骤，地址变换过程中，缺失时需要调入主存块，可能还需要替换主存块。由于 Cache 的所有功能都由硬件完成，因此，Cache 主要由存储体、地址映射机构、替换机构及读写机构组成，如图 3.45 所示。其中，虚线右边为 Cache 控制器，管理信息可以放在 Cache 存储体中。

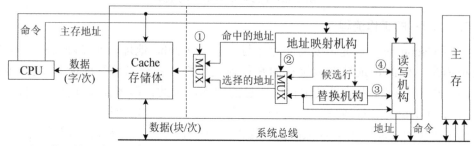

注：①—是/否命中，②—有/无空闲行，③—是/否需要写回块，④—是/否需要调入块

图 3.45　Cache 的基本结构

地址映射机构的功能是判断 Cache 是否命中，命中时得到当前行地址；缺失时选择一个空闲行作为当前行，没有空闲行时由替换机构给出一个行。查找的范围由映射规则确定。

替换机构的功能是在查找范围内选择出一个行，并腾空其中的内容。查找的范围由映射规则确定，选择的方法由替换算法决定，腾空的方法由写策略决定。

读写机构的功能是从主存读出主存块，或将数据（块或字）写回主存。读出的时机为 Cache 缺失时，写入的时机由写策略决定。

基于图 3.45，再来看图 3.44 的 Cache 工作流程，很容易就能理解 Cache 的工作原理。下面，我们来讨论映射规则、替换算法、写策略的组织方法。

3.4.2　Cache 的地址映射

为了将主存数据放到 Cache 中，必须将主存地址空间映像到 Cache 地址空间，这个过程称为地址映射。地址空间映射的方法称为映射规则，映射规则确定了一个主存块可以放到哪些 Cache 行中，因此，映射规则又常称为映射函数。

地址映射规则通常有直接映射、全相联映射、组相联映射三种。

通常，将可能存放某个主存块的那些 Cache 行称为候选行。不同映射规则的候选行的行数不同，主存块调入时的冲突概率不同，地址变换的速度及成本也不同。

1. 直接映射（Direct mapping）

直接映射指一个主存块只能存放到一个 Cache 行中，候选行数只有 1 行。若主存块 i 可以存放到 Cache 行 j 中，则映射函数为：$j=i \bmod G$，其中 G 为 Cache 的行数。

假设 $G=2^c$，主存有 2^m 个块，每 2^c 个块称为一个区，则主存每个区的第 0 块仅映射到 Cache 第 0 行，每个区的第 1 块仅映射到 Cache 第 1 行，…，映射关系如图 3.46（a）所示。注意，区是本教材为便于描述而定义的概念，区的大小等于 Cache 容量。

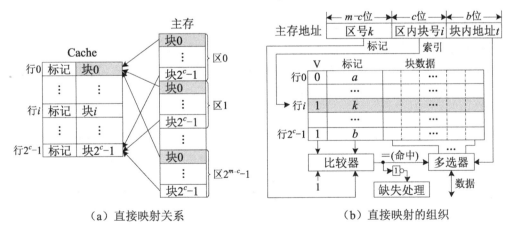

（a）直接映射关系　　　　　　（b）直接映射的组织

图 3.46　直接映射方式

由图 3.46（a）可见，主存地址可以划分成区号、区内块号、块内地址三个字段，其中，区号、区内块号合起来为主存块号。直接映射时，区内块号等于 Cache 行号，因此，区内块号为 c 位，区号为 $m-c$ 位。由于区内块号可用作索引，因此，为了节省空间，Cache 行只要使用区号作为标记（Tag），即可表示行中缓存块来自哪个主存块。

直接映射的地址变换过程为：用主存地址的中间 c 位为索引，找到对应的 Cache 行；用主存地址的高 $m-c$ 位与该 Cache 行的标记进行比较，若相等且有效位为 1，则表示 Cache 命中，否则为 Cache 缺失，如图 3.46(b) 所示。

Cache 命中时，用主存地址的低 b 位（块内地址），对当前行缓存块中的存储字进行读/写，就可以完成图 3.44 中"访问 Cache 存储阵列"的功能；Cache 缺失时，进行腾空行中数据、调入目标块等缺失处理工作。注意，多选器应具有三态功能，命中时才读/写数据。

直接映射的候选行只有 1 行，只要这一行的有效位为 1，块调入时就产生冲突，因而冲突概率最高。地址变换只需要一个比较器，速度最快、成本最低。

例 3.9 假设计算机的主存按字节编址，CPU 的可寻址空间为 1M，Cache 数据区容量为 8KB，主存块大小为 16B，Cache 与主存之间采用直接映射方式。问：

（1）为了实现映射，主存地址应该如何划分？各字段长度分别为多少位？

（2）Cache 行的标记为多少位？

（3）若 CPU 访问主存的地址为 06454H 时，则可能命中的 Cache 行号是多少？命中行的标记的值是多少？

解： 依题意，Cache 有 8KB/16B＝512 行，主存地址为 $\log_2(1M)＝20$ 位。

（1）主存地址可划分为区号、区内块号、块内地址，其中，块内地址为 $\log_2(16B/1B)＝4$ 位，区内块号与 Cache 行号等长，为 $\log_2 512＝9$ 位，区号为 $20-9-4＝7$ 位。

（2）Cache 行使用区号作为标记，标记字段为 7 位。

（3）主存地址 06454H＝0000 0110 0100 0101 0100B，高 7 位 0000 011B 为区号，中间 9 位 0 0100 0101B 为区内块号，命中时 Cache 行号等于区内块号，即 0 0100 0101B＝045H＝69；命中行的标记的值为 0000 011B＝03H＝3。

2. 全相联映射（Fully associate mapping）

全相联映射指一个主存块可以存放到 Cache 任意一行中，候选行为 Cache 所有行。若主存块 i 可以存放到 Cache 行 j 中，则映射函数为随机函数，即 $j \in \{0, 1, \cdots, G-1\}$，其中 G 为 Cache 的行数，映射关系如图 3.47(a) 所示。

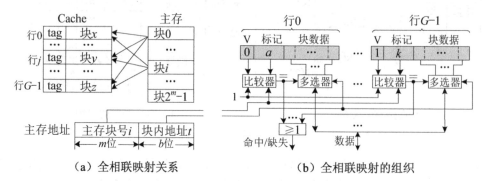

（a）全相联映射关系　　　　（b）全相联映射的组织

图 3.47　全相联映射方式

由图 3.47(a) 可见，主存地址只需要划分成主存块号、块内地址两个字段。由于地址映射没有索引条件，Cache 行只能使用主存块号作为标记（Tag），来表示行中缓存块来自哪个主存块。

地址变换时需要比较所有行，全相联映射有两种组织方式，一是使用一个比较器，轮流比较所有 Cache 行；二是使用 G 个比较器，同时比较所有 Cache 行。显然，只能采用第二种方式，因为设置 Cache 的目的是提高访存速度，第一种方案实在太慢了。

全相联映射的地址变换过程为：用主存地址的高 m 位与各个 Cache 行的标记进行比较，再对所有比较器的输出端进行逻辑或运算，若结果为真，则表示 Cache 命中，否则为 Cache 缺失，如图 3.47(b) 所示。

Cache 命中时，用主存地址的低 b 位（块内地址）对所有 Cache 行进行存储字读/写操作。由于最多只有一个 Cache 行命中，只要多选器带有三态功能，各个 Cache 行同时读/写就不会产生错误。

全相联映射的候选行有 G 个行，只要还剩一个空闲行，块调入时就不会产生冲突，因而冲突概率最低。地址变换需要 G 个比较器，速度很快，成本最高。

例 3.10　假设计算机的主存编址单位为字节，CPU 可寻址空间为 20 位，Cache 容量为 8KB，主存块大小为 16B，Cache 与主存之间采用全相联映射方式。问：

（1）为了实现映射，主存地址应该如何划分？各字段长度分别为多少位？

（2）Cache 有多少行？Cache 行的标记为多少位？

（3）若 CPU 访问主存的地址为 06454H 时，则可能命中的 Cache 行号是多少？命中行的标记的值是多少？

解：（1）主存地址可以划分为主存块号、块内地址，其中，主存地址为 20 位，块内地址为 $\log_2(16B/1B)=4$ 位，主存块号为 $20-4=16$ 位。

（2）Cache 有 8KB/16B＝512 行，Cache 行使用主存块号作为标记，标记为 16 位。

（3）主存地址 06454H＝0000 0110 0100 0101 0100B，高 16 位 0645H 为主存块号，Cache 的任意一行 j 都可能被命中，即 $0 \leqslant j \leqslant G-1$；命中行的标记的值为 0645H。

3. 组相联映射（Set associate mapping）

组相联映射是直接映射和全相联映射的一种折中方案。组相联映射将 Cache 的行划分成若干个组，每个组所含行数为 n，一个主存块可以存放到一个 Cache 组的任意一行中，即组间直接映射、组内全相联映射，候选行数有 n 行。

若主存块 i 可以存放到 Cache 组 j 的任意一行中，则映射函数为：$j=i \bmod G/n$，其中 G 为 Cache 的行数，n 为组内行数，映射关系如图 3.48(a) 所示。通常，将组内行数为 n 的组相联映射称为 n 路组相联映射。

由图 3.48(a) 可见，主存地址可以划分成群号、群内块号、块内地址三个字段，其中，群号、群内块号合起来为主存块号；Cache 行号由组号、组内行号组成，组内行号为 $\log_2 n$ 位。组相联映射时，群内块号等于 Cache 组号，因此，群内块号为 s 位，群号为 $m-s$ 位。由于群内块号用作索引，因此，Cache 行只要使用群号作为标记（Tag），就可以表示行中缓存块来自哪个主存块。注意，类似于区，群也是本教材为便于描述而定义的概念，群的大小等于 Cache 容量的 $1/n$。

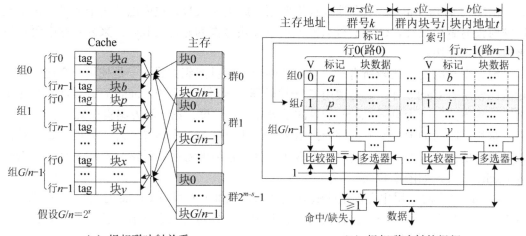

图 3.48　组相联映射方式

与全相联映射类似，为了保证速度，地址变换时应同时比较组内所有 Cache 行。因此，组相联映射的地址变换过程为：用主存地址的中间 s 位为索引，找到对应的 Cache 组；用主存地址的高 $m-s$ 位与组内各个 Cache 行的标记进行比较，再对所有比较器的输出端进行逻辑或运算，若结果为真，则表示 Cache 命中，命中行的多选器输出非高阻态，否则为 Cache 缺失，如图 3.48(b) 所示。

Cache 命中时，用主存地址的低 b 位（块内地址），对组内的所有 Cache 行进行存储字读/写。由于每个组最多只有一个 Cache 行命中，多选器带有三态功能时，各个 Cache 行的同时读/写就不会产生错误。

组相联映射的候选行有 n 个行，只要组内 n 个行中还有一个空闲行，块调入时就不会产生冲突，冲突概率随着 n 增大而快速下降。地址变换需要 n 个比较器，速度很快，成本一般。可见，组相联映射结合了直接映射、全相联映射的优点。

例 3.11　假设计算机的存储器按字节编址，CPU 可寻址空间为 20 位，Cache 可存放 8KB 数据，主存块大小为 16B，Cache 与主存之间采用 4 路组相联映射方式。问：

（1）Cache 有多少个组？Cache 行号应如何划分？各字段长度分别为多少位？

（2）为了实现映射，主存地址应该如何划分？各字段长度分别为多少位？

（3）Cache 行的标记为多少位？

（4）若 CPU 访问主存的地址为 06454H 时，则可能命中的 Cache 组号是多少？命中行的标记值是多少？

（5）若 Cache 初始状态全部为空闲，CPU 从主存第 0 号单元起，依次读出 100 个字节（每次读出一个字节），并重复再读 4 次，则 Cache 命中率是多少？

解：（1）Cache 有 8KB/16B＝512 行，有 512/4＝128 个组；Cache 行号由组号、组内行号组成，组内行号为 $\log_2 4＝2$ 位，组号为 $\log_2 512-2＝\log_2 128＝7$ 位。

（2）主存地址可以划分为群号、群内块号、块内地址，其中，主存地址为 20 位，块内地址为＝4 位，群内块号与 Cache 组号等长（7 位），群号为 20－4－7＝9 位。

（3）Cache 行使用群号作为标记，标记为 9 位。

（4）主存地址 06454H＝0000 0110 0100 0101 0100B，高 9 位 0000 0110 0B 为群号，中间 7 位 100 0101B 为群内块号，命中时的 Cache 组号等于群内块号，因此，可能命中的组号为 100 0101B，命中行的标记值为 0000 0110 0B＝00CH。

（5）第 0 号主存单元起的 100 个字节，存放在连续的 $\lceil(100+0)/16\rceil=7$ 个主存块中，即第 0~6 号主存块。组相联映射方式中，第 0~6 号主存块可映射到 Cache 第 0~6 组的任意一行，由于 Cache 的初始状态为空闲，第 0~6 号主存块调入到 Cache 时，不会产生冲突。由于是连续读出，CPU 第 1 遍读时，每个块的第一次读操作都会缺失，其余字节都会命中，因此有 7 次缺失。而第 2~5 遍读时，由于 7 个主存块已经在 Cache 中，读所有字节都会命中，因此，Cache 命中率为 $(100\times5-7)\div(100\times5)=0.986$。

注意，数据所占主存块数与存放首地址有关。若上例（5）中的 100 个字节从第 814 号单元起存放，则数据存放在连续的 $\lceil(100+814\%16)/16\rceil=8$ 个主存块中。

下面我们来比较一下三种映射方式的特性。

三种映射方式可以统一用组相联方式表示，直接映射为 1 路组相联映射，全相联映射为 G 路组相联映射（G 为 Cache 行数），组相联映射为 n 路组相联映射（$1<n<G$）。三种映射方式的候选行数分别为 1、G、n。

候选行数通常称为相联度，即一个主存块能够映射到的 Cache 行数。可以发现，相联度越大，调入时的冲突率越低，Cache 命中率就越大；Cache 行标记的位数越多，所需成本越大（比较器越多）。

3.4.3　Cache 的替换算法

当 Cache 需要调入主存块，而又没有空闲行时，就需要用某种方法选择一个牺牲块，腾出空间用于块调入。替换算法指从候选行中找出牺牲块的方法，又称为淘汰策略。替换算法找出了牺牲块，也意味着找出了牺牲行。候选行为哪些 Cache 行由地址映射规则确定，三种映射方式的候选行数分别为 1、G 和 n。

替换算法通常有随机（RAND）、先进先出（FIFO）、最近最少使用（LRU）等类型。

不同替换算法对 Cache 命中率的影响不同，实现开销也不同。对 Cache 命中的影响主要看所选择行中数据将来的使用情况，是否遵循程序访问局部性，即是否很少使用。

1. 随机算法（Random，RAND）

随机算法的基本思想是在候选行中随机选择一个牺牲块。这种算法的选择，与所选行中数据的使用情况无关，候选行数多少与 Cache 命中率无关，因此，RAND 算法对 Cache 命中率的影响是随机的，也就是说可能会降低命中率。

这种算法实现时，整个 Cache 只需要一个随机数发生器，即可产生牺牲行的行号，实现开销最低。

2. 先进先出算法（First In First Out，FIFO）

先进先出算法的基本思想是，选择最早调入的块作为牺牲块。这种算法的选择，同样没有反映程序访问局部性，因为最早调入的块可能是经常被使用的块，增加候选行数也不会提高 Cache 命中率，因此，FIFO 算法对 Cache 命中率的影响也是随机的，但比随机算法要好得多。

这种算法实现时，需要在候选行的每一行设置一个计数器，用各个计数器的值来表示候选行中各个块的调入顺序，替换时选择计数值最大的行作为牺牲行，每当有块被调入时更新所有计数器的值。

由于计数器仅用于表示候选行中的顺序，每个计数器的位数为 $\log_2$（候选行数），因此，FIFO 算法较适宜与组相联 Cache，不适宜用于全相联 Cache。

先后顺序也可以使用比较对法实现，其原理与计数器法相同，只是成本更低些。

3. 最近最少使用算法（Least Recently Used，LRU）

最近最少使用算法的基本思想是，选择近期最少使用的块作为牺牲块。这种算法的选择较好地反映了程序访问局部性，因为基于程序访问局部性的推论是：近期最少使用的块，通常也是将来最少被访问的块。由于该算法的选择遵循了程序访问局部性，增加候选行数时，可以提高 Cache 的命中率，因此，LUR 算法不会对 Cache 命中率产生负面影响。

这种算法实现时，硬件配置与 FIFO 算法完全相同，但处理方法不同。LRU 算法用各个计数值来表示各个块的访问顺序，替换时选择计数值最大的行作为牺牲行，每当有块被访问时更新所有计数器的值。

所有计数器的初值为全 1（最大计数值），计数器的更新方法为：计数值比被访问行小的计数器加 1，被访问行的计数器清 0。

Cache 进行 LRU 算法组织时，通常在各个 Cache 行的管理信息中设置"LRU 位"，放在图 3.43 的状态字段中，"LRU 位"的位数就是计数器的位数。

由于 LRU 算法较适宜于组相联 Cache，而且 Cache 命中率随着相联度的增加而提高，因此，现代的组相联 Cache 都采用 LRU 替换算法。

可见，三种替换算法中，只有 LRU 算法不会降低 Cache 命中率。

例 3.12 假设某全相联 Cache 有 4 行，采用 LRU 替换算法，且 Cache 的初态为全部空闲，CPU 访存时每个块连续访问 4 次，访问的块地址流为 2、11、2、9、7、6、3、9、6、3，计算此时的 Cache 命中率。

解： 全相联映射只有一个组，候选行为 4 行，LRU 算法的计数器为 $\log_2 4 = 2$ 位。

Cache 处理 CPU 访问的过程如表 3.1 所示，表中，用底纹标出的单元格表示该行此时处于空闲状态，单元格中虚线左边为标记（块号），右边为计数器的值。

表 3.1　Cache 处理 CPU 访问的过程示例

块地址流		2	11	2	9	7	6	3	9	6	3
行状态	行0	2｜0	2｜1	2｜0	2｜1	2｜2	2｜3	3｜0	3｜1	3｜2	3｜0
	行1	3	11｜0	11｜1	11｜2	11｜3	6｜0	6｜1	6｜2	6｜0	6｜1
	行2	3	3	3	9｜0	9｜1	9｜2	9｜3	9｜0	9｜1	9｜2
	行3	3	3	3	3	7｜0	7｜1	7｜2	7｜3	7｜3	7｜3
操作状态	第 1 次	调入	调入	命中	调入	调入	替换	替换	命中	命中	命中
	第 2~4 次	命中	命中	命中	命中	命中	命中	命中	命中	命中	命中

可见，LRU 算法更新时，只更新自己、计数值比自己小的计数器；LRU 算法替换时，选择计数值最大的行作为牺牲行。

从表中可以看出，CPU 共进行了 10×4＝40 次访问，其中有 6 次不命中，故 Cache 命中率＝(40－6)/40×100%＝85%。

3.4.4　Cache 的写策略

由于 Cache 中信息是主存中信息的副本，应当保持与主存一致，若每次写操作都写主存，又会增加命中时间，Cache 很难兼顾提高访存速度以及与主存保持一致性这两个矛盾的要求。根据侧重点的不同，Cache 有不同的写操作处理方法。

写策略指 Cache 将 CPU 所写数据写回主存的时机及方法，涉及写命中、写缺失两种情况，通常有全写法、写回法两种。不同写策略对平均访问时间的影响不同。

1. 全写法（Write Through）

全写法又称写直达法，基本思路是，写命中时，将数据写入 Cache，同时写入主存；写缺失时，通常直接将数据写入主存，而不将目标主存块调入 Cache。

可见，全写法采用了立即写思想，Cache 与主存一直保持一致性，缺点是命中时写延迟较大（写主存的延迟），对总线带宽的要求较高（每次写操作都占用总线）。

写缺失处理共有两种方法。一种称为按写分配法（write allocate），先将目标块调入 Cache，再将数据写入该 Cache 行；另一种称为不按写分配法（no write allocate），直接将数据写入主存，而不将目标块调入 Cache。

全写法的写缺失处理通常采用不按写分配法，以提高写缺失性能，写缺失的延迟与写命中相同。可见，全写法只有在读缺失时，才会将主存块调入 Cache。

由于 Cache 与主存保持了一致性，全写法在替换时，只需将牺牲行抛弃即可（有效位清零），而无须将其写入主存。基于全写法的 Cache 工作流程如图 3.49(a) 所示。

2. 写回法（Write Back）

写回法又称回写法，基本思路是：写命中时，只将数据写入 Cache，不写入主存；写缺失时，通常先将目标主存块调入 Cache，再将数据写入 Cache；仅当 Cache 行中主存块被替换、且主存块被修改过时，才将该行暂存的主存块写回主存。

可见，写回法采用了稍后写思想，命中时写延迟很小（写 Cache 的延迟），占用总线次数少（替换时才占用总线），但 Cache 没有与主存保持一致性。

写回法的写缺失处理通常采用按写分配法，以利用访问局部性，来减小平均访问时间，但缺失开销比较大。

由于仅当牺牲行中内容被改写过时，才将该主存块写回主存，因此，每个 Cache 行的管理信息中，需要设置一个修改位（Dirty bit），又称脏位，表明该行是否被改写过。

因此，Cache 在处理写操作时，需要将脏位置为 1；在进行替换处理时，需要判断脏位，确定是否将该缓存块写入主存。基于写回法的 Cache 工作流程如图 3.49(b) 所示。

由图 3.49 可见，两种写策略的主要区别是立即写主存还是替换时写主存，写主存的数据粒度也有所不同。

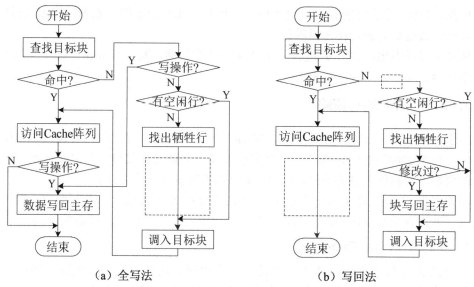

（a）全写法　　　　　　　　　　（b）写回法

图 3.49　不同写策略时的 Cache 工作流程

例 3.13　假设计算机的主存按字节编址，CPU 可寻址空间为 32 位，Cache 可存放 8 KB 数据，主存块大小为 16B，Cache 与主存之间采用 4 路组相联映射方式，Cache 采用 LRU 替换算法、写回法写策略，则每个 Cache 行的管理信息至少有多少位？

解： Cache 有 8KB ÷（16B×4）=128 组，主存地址的群号为 $32-\log_2 16-\log_2 128=$ 21 位，因此，Cache 行的标记为 21 位。4 路组相联映射的候选行为 4 行，LRU 替换算法的 LRU 位为 $\log_2 4=2$ 位。写回法写策略需要每行设置脏位（1 位）。

每个 Cache 行的管理信息包括有效位（V）、标记（Tag）、LRU 位、脏位（M），共有 1+21+2+1=25 位。

3.4.5　Pentium 的 Cache 组织

Cache 的主要性能指标为平均访问时间，即 $T_A=T_{命中}+(1-H)\times T_{缺失}$，影响 T_A 的因素有很多，如主存块大小、相联度、替换算法、Cache 容量等，与 Cache 的结构也有很大关系。在此，我们先介绍 Pentium 使用的 Cache 结构，然后再了解 Pentium 的 Cache 组织方法。

1．新的 Cache 结构

1）多级 Cache 结构

Cache 技术开始出现时，存储系统中只有单级 Cache。随着 CPU 的速度越来越快，对 Cache 的要求越来越高，单一的 Cache 已不能满足要求。

目前，Cache 都采用多级结构，如 L1 Cache 和 L2 Cache，且 L1 Cache 中的内容是 L2 Cache 的子集。L1 Cache 容量最小，致力于减小命中时间；L2 Cache 容量较大，主要目标是提高命中率、减少缺失开销。

实践证明，两级 Cache 系统性能较好。目前的三级 Cache 是由多核 CPU 引起的，每个 CPU 核是两级 Cache，各个 CPU 核再同享 L3 Cache，以减少缺失损失。

2）哈佛结构

现代 CPU 都采用流水线来提高性能，而流水线中的各个操作都是重叠的，需要并行访问存储器。例如指令流水线中，取指令、取操作数可能会同时发生，从而产生存储器访问冲突。

将 Cache 组织成独立的指令 Cache（I-Cache）和数据 Cache（D-Cache），可有效解决指令和数据的并行访存冲突。这种结构由哈佛大学提出，故命名为哈佛结构。通常，将采用哈佛结构的 Cache 称为分离 Cache，将指令和数据混存的 Cache 称为联合 Cache。

哈佛结构将存储器分为指令存储器、数据存储器，颠覆了冯·诺依曼模型计算机一个存储器的模式，相应地，有人将单个存储器的结构称为冯·诺依曼结构。

由于现代计算机的存储系统仍是单一存储器模型，因此，只有紧邻 CPU 的 L1 Cache 会采用哈佛结构，其余 Cache 都为联合 Cache。

2．Pentium 的 Cache 组织

Pentium CPU 是一个 32 位 CPU，具有 2 路超标量流水线，即两条流水线可以同时执行。Pentium 的 Cache 子系统如图 3.50 所示，采用的是两级 Cache 结构，其中，L1 Cache 采用哈佛结构，L1 Cache 与 L2 Cache 为级联（贯穿式）结构。PII CPU 开始，所有 Cache 都放在 CPU 芯片内部。

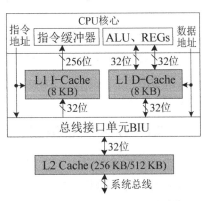

由于 CPU 中有两条并行流水线，为了保证流水线性能，L1 D-Cache（常记为 L1-D$）与 CPU 间起码有 2 条独立的数据链路，故 L1-D$由双端口存储器组成；又由于 2 条流水线执行相邻指令，因此，L1-I$只需要增加链路宽度即可。

图3.50　Pentium的Cache子系统

Pentium CPU 的主存按字节编址，CPU 可寻址空间为 32 位，主存块大小为 32 B，L1$及 L2$都采用 2 路组相联映射方式及 LRU 替换算法，L1-I$为只读 Cache，L1-D$采用写一次法写策略（写回法的变种），L2$采用写回法写策略。

下面，我们以 L1-D$为例，来了解 Pentium 的 Cache 是如何组织的。

L1-D$的容量为 8KB，采用 2 路组相联映射方式，因此，共有 8KB÷32B＝256 个行，有 256/2＝128 个组。为了保证地址变换速度，Cache 应该能够同时查找和比较一个组中所有行的信息，因此，L1-D$采用一个组一行的组织方式，如图 3.51 所示，目录表分为目录表 0 和目录表 1，共有 128 行。

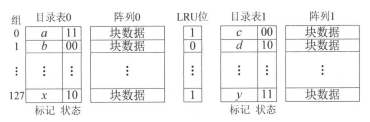

图 3.51　Pentium 的 L1 D-Cache 组织

Cache 的行号由组号（7 位）、组内块号（1 位）组成，主存地址由群号（20 位）、群内块号（7 位）及块内地址（5 位）组成。由于地址映射时，群内块号与 Cache 组号是直接映射，因此，群内块号为 7 位，群号为 32－7－5＝20 位。因此，Cache 行的标记为 20 位。

对 L1-D$的每个行而言，管理信息至少应该由有效位（1 位）、标记（20 位）、LRU 位（1 位）及修改位（1 位）组成。图中的状态就是有效位和修改位。由于是 2 路组相联，组内 2 个行的 LRU 位的值互斥，因此，可以一个组共用一个 LRU 位。

因此，每个组的管理信息有$(1+20+1)\times 2+1=45$ 位，目录表大小为 45 位×128＝720B，Cache 的总容量为 8×1024B＋720B＝8912B。

3.5　虚拟存储器

现代计算机都是多任务系统，允许多个进程同时运行，这些进程需要分享主存的存储空间。主存空间如何分配给进程使用，如何进行进程空间的保护，如何消除主存容量对编程的限制等，都是存储管理（又称主存管理）必须面对的问题。

存储管理的方案由计算机系统结构确定，由操作系统及硬件协同实现，硬件主要为存储器管理单元 MMU（Memory Management Unit），计算机组成的主要任务是有效地组织 MMU。

3.5.1　存储管理的相关概念

存储管理指的是主存管理，辅存管理属于设备管理范畴。存储管理的内容主要包括存储空间分配、进程空间保护、存储空间扩充等方面。下面，仅介绍与存储空间相关的基本概念。

1．程序的地址空间

计算机中，程序需要装入主存才可以执行，因此，程序中的存储单元长度必须与主存单元相同；程序生成时并不知道其装入主存的具体位置，因此，每个程序使用的存储器地址都从 0 开始编址。通常，将程序中的存储器地址称为逻辑地址，对应的地址空间称为逻辑地址空间。相应地，将主存的地址称为物理地址，主存地址空间又称为物理地址空间。

为了便于管理，同一计算机中各个程序的逻辑地址空间大小是一致的；为了面向各种应用，逻辑地址空间通常都比较大。例如，Intel i7 CPU 支持 48 位（256TB）逻辑地址空间。

程序通常由多个逻辑上独立的段构成，如 Windows 系统中的程序，逻辑上独立指每个段内部都从 0 开始编址，因此，逻辑地址由段号及段内地址组成。为了便于管理，同一计算机中，所有程序的段号、段内地址的位数都是固定的，如 IA32 中分别为 16 位、32 位。程序分段时，代码、数据、堆栈等不同内容使用不同的段，好处是很容易实现进程保护，缺点是存储管理比较麻烦。程序也可以不分段，如 Linux 系统中的程序，代码、数据等不同内容使用同一个逻辑地址空间，不同内容的起始地址是固定的，优缺点与程序分段方式相反。

程序都是以文件形式存放在辅存中的，为了实现逻辑空间与文件空间的映射，程序文件都由程序头、各段内容组成，程序头区域中存放有每个段的映射信息，如段号、段长、段类型、段在文件中的偏移地址等，其中，每个段的段号及段长指明了该段所在的逻辑地址范围。

2．主存空间的分配

存储空间分配指如何将主存分配给各个进程使用，早期有分区（Partitioning）、分页（Paging）两种管理方式。给进程分配主存空间后，每个逻辑地址就有了唯一的物理地址，访存时需要先将逻辑地址转换成物理地址，存储空间管理方式不同，对应的地址变换方法就不同。地址变换都由硬件实现，本书将该地址变换硬件也称为 MMU。

1）分区方式

分区方式是将主存划分成若干个分区，分配给进程时，每个进程占一个分区。根据分区的大小是否可以改变，分区又有固定分区、可变分区两种方式。

固定分区方式中，各个分区的大小不可改变，存储空间分配时，从空闲分区中选择超过进程所占空间的最小分区。由于分区大小固定，各个进程所占空间不同，每个分区都会有不少无法使用的空间（称为碎片），因此，固定分区方式会浪费大量主存空间。

可变分区方式中，各个分区的大小可以改变，存储空间分配时，从空闲分区中切割出一个进程所占空间的分区。虽然可以通过拼接技术合并空闲分区，但运行若干个进程后，还是会有不少碎片存在，使用移动技术可以减少碎片，但所需开销很大。

分区方式中，进程全部装入主存，占用连续的主存空间，因此，地址变换的方法是：物理地址＝基地址＋逻辑地址，其中基地址为分区的首地址。地址变换由 MMU 实现，MMU 只需要配置一个基址寄存器，一个地址加法器，程序执行时，操作系统预先将所分配的分区首地址写入到基址寄存器中即可。

2）分页方式

分页方式是将主存空间划分成若干大小相等的区域，每个区域称为一个页框（Page Frame），对应地，每个进程所占空间也划分成若干大小相等的片段，每个片段称为一个页，页和页框大小相同。存储空间分配时，一次性分配进程所需的页框数，页框可以是不连续的，用页表（Page Table）来管理页和页框的映射关系。与分区方式相比，由于页比较小（通常为 4KB），每个进程产生的碎片一般不超过一个页框，因此，主存空间利用率比较高，但管理开销稍大。

分页方式中，主存地址由物理页号及页内地址组成，逻辑地址由逻辑页号及页内地址组成，进程全部装入主存，占用不连续的主存空间，因此，地址变换的方法是：物理页号＝页表[逻辑页号]，即物理页号是用逻辑页号查页表得到的，物理地址由物理页号及页内地址拼接而成。MMU 需要配置的硬件较复杂，在虚拟存储器中一并讨论。

3．存储空间的扩充

分区和分页存储管理方式都要求程序全部装入主存，实际应用中，程序大小很可能超过主存容量，怎么办？

早期使用的是覆盖技术，程序员将程序分成多个可覆盖的片段，给程序分配的存储空间为不可覆盖片段之和，程序执行过程中，由用户程序控制程序片段的装入与换出，由程序员保证程序不会访问未装入的片段。覆盖技术虽然允许程序大小≥主存容量，但对程序员有一定的负担。

目前使用的是虚拟存储技术，程序执行过程中，只将当前所需的程序装入主存，其余部分暂存在辅存中，主存缺失时自动与辅存进行信息交换，这种借助于辅存，为程序提供的比主存空间大得多的存储空间称为虚拟存储器（Virtual Memory, VM），又称虚拟主存，或虚存。

有人不禁要问，为什么不一开始就使用虚拟存储技术？其实，虚拟存储技术早就提出来了，但它需要硬件的支持，受限于器件成本，时机成熟时才能广泛应用。

3.5.2 虚拟存储器的基本原理

1．虚拟存储器的组成

虚拟存储器（VM）是一个以透明方式为程序提供的、比主存空间大得多的存储空间。通常，将虚拟存储器的存储单元地址称为虚拟地址（虚地址），将虚拟存储器的地址空间称为虚拟地址空间，主存地址相应地称为物理地址（实地址）。

对每个进程而言，虚拟存储器的特性是：存储器可以独占，存储器的地址空间比主存空间大得多。独占指每个进程都有一个虚拟地址空间，为了简化存储管理，各个进程的虚拟地址空间大小相同，由于虚拟地址空间是进程私有的，很便于进程空间保护。

虚拟存储器的基本思想是，借助于辅存来扩充主存的存储空间，并能够按虚拟地址来进行访问。可见，虚拟存储器是用主存与辅存实现的、按虚拟地址访问的存储器模型，如图 3.52 所示。

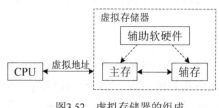

图3.52　虚拟存储器的组成

虚拟存储器的相关参数都由计算机系统结构确定，通常虚拟地址空间大小等于程序逻辑地址空间大小，逻辑地址又常称为虚拟地址。例如，Intel Core i7 的虚拟地址为 48 位，虚拟地址空间为 $2^{48}=256TB$，而物理地址为 44 位，物理地址空间为 $2^{44}=16TB$。

与 Cache-主存层次不同的是，由于虚存的存储空间巨大，考虑成本因素，层次管理只能采用硬件、软件相结合的方法来实现，其中的硬件主要是存储器管理单元 MMU。

2．虚拟存储器的工作过程

虚拟存储器中的信息存放在主存和辅存中，主存用作辅存的高速缓存，虚拟存储器按虚拟地址进行访问，因此，虚拟存储器中存在三个地址空间：虚存地址空间、主存地址空间、辅存地址空间，存在两种映射：虚存-主存映射、虚存-辅存映射，主存-辅存交换信息时需要查找两个映射表。

与 Cache 类似，虚拟存储器在处理访问请求时，首先进行虚存-主存地址变换，若变换成功，则访问主存完成请求；否则，进行虚存-辅存地址变换，同时在主存中找出（或腾出）一个空闲位置，将信息从辅存装入到主存中，再访问主存完成请求，如图 3.53 所示。

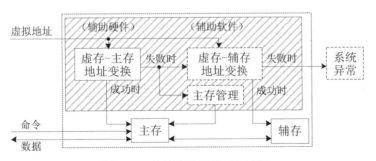

图 3.53　虚拟存储器的工作过程

为了保证访存速度，层次管理工作由硬件、软件协同完成。虚存-主存地址变换必须由 MMU 完成，变换失败时产生异常信号，触发执行缺页异常处理程序来完成剩余工作，并重新执行产生缺页异常的指令，以保证程序正确地执行。

可见，虚拟存储器实际上是一个按虚拟地址访问的主存-辅存层次，是面向程序的存储器模型。注意，并不是所有的主存-辅存层次都是虚拟存储器，前提是 CPU 可以按虚拟地址访问这个存储层次。

3.5.3　虚拟存储器的存储管理

虚拟存储器中，主存用作辅存的高速缓存，因此，主存-辅存之间的信息交换单位就是虚存-主存之间、虚存-辅存之间的存储管理单位。

程序通常由多个段组成，为了提高地址变换速度、便于实现进程保护，主存-辅存之间适宜用程序段作为信息交换单位。为了提高主存空间利用率、减少碎片数量，主存-辅存之间适宜用主存页作为信息交换单位。相应地，虚拟存储器的存储管理方式有段式、页式、段页式三种类型，其中，段页式管理方式是段式管理与页式管理的混合体，可以具备两者的优点。

虚拟存储器的存储管理方式不同，其实现方法就有所不同。虚拟存储器通常用其存储管理方式来命名，因此，共有三种虚拟存储器：段式虚拟存储器、页式虚拟存储器、段页式虚拟存储器。

1．段式虚拟存储器

段式虚拟存储器中，程序由多个段组成，段的类型有多种，如代码段、数据段、堆栈段等，同一类型的段可以有多个，每个段的大小可以不同。

段式虚拟存储器采用段式存储管理方式。段式管理指按程序逻辑结构将虚存空间划分为若干个段，段大小为程序中段的大小，主存空间以段为单位分配给虚存使用，虚拟地址由段号及段内地址组成。

段式管理中，用段表来指明虚存各个段在主存中的位置，由于段的长度可变，段表中应有所指示，为虚存保护提供源数据。通常，段表的表项由装入位、段首址、段长等字段组成，如图 3.54 所示，程序的每个段占一行，装入位表示该段是/否已装入主存，与 Cache 中有效位的含义相同。

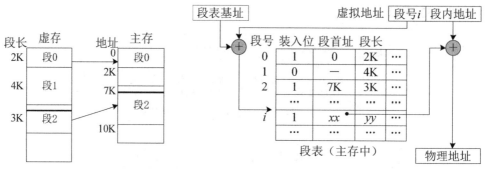

图3.54 段式虚存的段表及地址变换过程

假设段号为16位，段表项长度为8B，则段表最大为512KB，32个进程的段表就可能需要16MB空间。为了降低管理成本，段表只能放在主存中，进而，查表时只能访问一行。因此，段表必须按虚存段号进行索引，段表项中无须设置段号字段。

虚拟存储器的地址变换由MMU实现，MMU使用寄存器保存段表的基地址。地址变换时，先要计算出目标段表项在主存中的首地址，然后读回段表项，再判断装入位、计算物理地址，具体过程如图3.54所示，图中的⊕表示地址加法器。

段式虚存的优点是，段的分界就是程序段的分界，便于实现程序的共享与保护，如代码段不能写可以防病毒。缺点是主存会产生许多碎片，空间利用率不高。

2．页式虚拟存储器

页是大小固定的存储块。称为页的原因主要是为了有别于Cache-主存层次的块，由于辅存的缺失开销巨大，页比块要大得多，通常为4KB。

页式虚拟存储器采用页式存储管理方式。页式虚存管理指将虚存空间及主存空间按页大小划分成若干个页，主存以页为单位分配给虚存使用，虚拟地址由虚拟页号（VP）及页内地址组成，主存地址由物理页号（PP）及页内地址组成。注意，虚拟地址、主存地址的位数都是固定的，由计算机系统结构确定，与虚存管理方式无关。

页式管理中，用页表来指明虚存所有页在主存中的位置，页表项由装入位、物理页号等字段组成，如图3.55所示，进程的每个页占一行。出于与段表一样的原因，页表也放在主存中，页表按虚拟页号（虚页号）进行索引，注意页表项中没有虚拟页号字段。

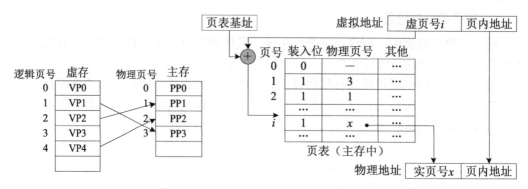

图3.55 页式虚存的页表及地址变换过程

页式虚存的页表基址保存在 MMU 中，地址变换过程如图 3.55 所示，与段式虚存的地址变换基本相同，只是物理地址不需要进行计算，而是通过拼接来实现。

页式管理的优缺点与段式管理相反，主存空间利用率较高，但不易实现程序的共享与保护。

3.　段页式虚拟存储器

段页式虚拟存储器采用段页式存储管理方式。段页式虚存管理指先按程序逻辑结构将虚存空间分段，再对每个段按页大小分页，主存仅按页大小分页，主存以页为单位分配给虚存使用。可见，段页式虚拟存储器中，主存-辅存的信息交换单位是页，虚拟地址由段号、虚页号及页内地址组成，虚页号与页内地址的位数等于段内地址的位数，主存地址由物理页号及页内地址组成。

段页式管理中，用一个段表和一组页表来指明虚存所有页在主存中的位置。段表与段式管理的段表基本相同，只是表项中的段首址换成了页表基址，页表与页式管理的页表完全相同，如图 3.56 所示。

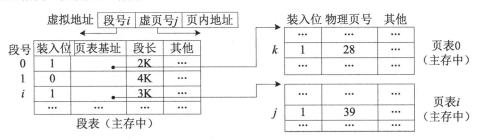

图 3.56　段页式虚存的段表和页表

段页式虚存只有段表基址保存在 MMU 中，地址变换时，先查段表找到该段的页表基址，再查页表进行页式地址变换。

段页式虚存兼备了段式虚存和页式虚存的优点，缺点是地址变换时需要两次查表。

实际应用中，比较重视主存空间利用率，通常使用页式虚拟存储器、段页式虚拟存储器。下面就以页式虚拟存储器为例，来讨论虚拟存储器的组织。

3.5.4　页式虚拟存储器的实现

页式虚拟存储器采用页式存储管理方式，主存空间以页为单位分配给虚存使用。虚存实现时，涉及缓存管理、页表组织、地址变换、缺页（Page Fault）处理、存储保护等方面。

1.　缓存的管理

虚拟存储器中，主存是辅存的缓冲存储器，主存-辅存的信息交换单位为页，虚存空间中的页会被映射到主存及辅存中，因此，存在虚存-主存、虚存-辅存两种映射。

由于主存的缺失开销巨大，为了提高主存的利用率，虚存-主存的映射只能采用全相联映射方式。为了提高访存命中率，替换算法应采用近似 LRU 算法或更精密的算法，近似 LRU 算法的思想是 LRU，实现不能采用计数器式更新方法，因为页表在主存中，访存开销较大。为了减少命中时间，主存的写策略只能采用写回法。

虚存-辅存映射指的是虚存空间与程序文件的存储空间的映射，这个映射由逻辑空间-文件空间、文件空间-文件存储空间两个环节组成，前者由程序文件的程序头来实现（3.5.1 节已有说明），后者由操作系统的文件系统等来实现，暂不讨论。

2．页表的组织

前面已经讲过，由于页表所占空间很大，页表必须放在主存中，查表时应该只访问一次主存，因此，页表必须按虚拟页号进行索引。

页表项（PTE）的基本字段有装入位（又称有效位）、物理页号，还需要包含缓存管理及存储保护所使用的访问位、修改位、保护位等字段，基本字段用于实现虚存-主存映射。下面是一个页表项示例，其中，修改位用于主存的写回法写策略，访问位表示近期是否被访问过，用于主存的近似 LRU 替换算法，读/写位用于访问保护，禁止缓存位表示该页是否可以装入 Cache，用于 Cache-主存间的一致性管理。

装入位	物理页号	访问位	修改位	读/写位	禁止缓存位	…

为了减少页表所占存储空间，页表长度都是程序所占的行数，而不是虚存地址空间对应的行数，因此，MMU 及页表中需要进行相应处理，来实现进程空间保护，如防止越界访问。

地址变换时，页表项的首地址是使用加法得到的，如图 3.55 所示，若页表大小超过一个页面时，地址变换就会出错，因为页的分配是可以不连续的。常见的解决方案是采用多级页表，类似于图 3.55，第一级页表的表项中存放第二级页表的基地址，第二级页表的表项中才存放物理页号；虚页号也划分为一级虚页号、二级虚页号；地址变换时，分别进行索引，需要两次查表。

3．地址变换的实现

由于页表按虚拟页号为索引进行组织，页表存放在主存中，因此，页式虚存管理的地址变换过程，就是一个查表、判断过程，如图 3.55 所示。地址变换由 MMU 负责实现，页表基址、页表长度都存放在 MMU 的寄存器中。

MMU 接收到访问请求后，地址变换的操作步骤如图 3.57 所示，第②步生成页表项首地址，生成方法参见图 3.55；第③步读出页表项内容；第④步判断装入位，为 1 时用页表项构造物理地址，并用该地址访存（第⑤步），构造方法参见图 3.55，否则，产生一个异常，触发执行缺页异常处理程序，进行第⑤~⑦步的操作。

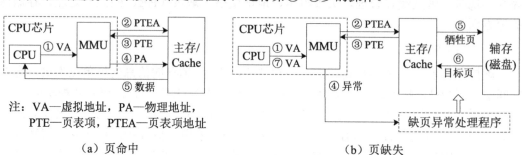

注：VA—虚拟地址，PA—物理地址，
PTE—页表项，PTEA—页表项地址

（a）页命中　　　　　　　　　　（b）页缺失

图 3.57　页式虚拟存储器的访存操作过程

缺页处理的方法是，从主存找出一个空闲页框或选出一个牺牲页框，若牺牲页已被修改，则先将它写到磁盘中；然后调入目标页到主存的指定页框中；最后返回到原来的进程继续执行，即重新执行导致缺页的指令。

缺页时的虚存-辅存地址变换，由操作系统通过软件来实现，此处不再展开讨论。

4. 快表的组织

由图 3.57(a) 可见，CPU 每次按虚拟地址访存时，最少需要两次访问主存，即地址变换和数据访问，与 CPU 按物理地址访存相比，访存性能成倍下降，若不解决地址变换的访存问题，虚拟存储器就没有实用意义。

为了减少地址变换的访存次数，现代 CPU 都利用层次结构的思想，在 MMU 中设置了页表的缓冲存储器，称为后备转换缓冲区（Translation Lookaside Buffer，TLB）。由于 TLB 在 CPU 中，TLB 又称为快表，主存中的页表相应地称为慢表。

TLB 是一个小容量的、用虚拟地址访问的高速缓存，每个条目（entry, 项）存放由一个页表项组成的块，条目类似于 Cache 中的行。由于虚存-主存采用全相联映射方式、写回法写策略，因此，某 TLB 条目被替换时，对应的页是否被改写等信息必须写回到页表中。

为了提高命中率，减少访存次数，TLB 都具有较高的相联度（如 8 路组相联映射），采用 LRU 替换算法及写回法写策略。下面是一个 TLB 条目的结构示例，其中，用底纹标出的是由页表项组成的信息块，其余的是 TLB 条目的管理信息，TLB 标记的位数等于虚页号位数减去 TLB 组号的位数。

有效位	TLB 标记	LRU 位	脏位	物理页号	修改位	…

TLB 的容量应该设置多大？这取决于它的命中率有多高。我们来看一个例子，假设页大小为 4KB，CPU 每次按 4B 大小连续访问同一页内所有信息时，地址变换的命中率为 1023/1024。可见，TLB 的命中率远远高于 Cache，因此，TLB 的大小通常只有几十个条目。与 Cache 一样，TLB 也由 SRAM 组成。

设置了 TLB 后，MMU 进行地址变换时，首先访问 TLB，如图 3.58 所示，其中的 VPN 为虚页号。TLB 命中时，访存操作过程如图中第④步、第⑤步所示；TLB 缺失时，才访问主存中的页表，从图 3.57(a) 的第②步开始进行地址变换，若存在页缺失，还需要启动图 3.57(b) 的过程。可见，TLB 命中时，地址变换无须访存。

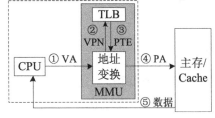

图3.58　TLB命中时的访存操作过程

可见，虚拟存储器由操作系统及 MMU 实现，操作系统负责虚拟存储器的主存管理、缺页处理等工作，MMU 主要负责地址变换、虚存保护等工作。

5. 虚存及 Cache 访问举例

某计算机中，主存按字节编址，主存地址为 12 位；L1 Cache 采用直接映射方式，主存块大小为 4B，共 16 个行；页式虚存的虚拟地址为 14 位，页面大小为 64B，TLB 采用 4 路组相联映射方式，共 16 行。

因此，页内地址为 $\log_2(64B/1B)＝6$ 位，虚拟地址由虚页号 VPN（8 位）、页内地址 VPO（6 位）组成，物理地址由实页号 PPN（6 位）、页内地址 PPO（6 位）组成。

页表按虚页号 VPN 进行索引，共有 $2^8＝256$ 个页表项（PTE），页表项至少有装入位、实页号 PPN 两个字段。

TLB 按虚页号 VPN 进行访问，共有 16/4＝4 个组，组号（TLBI）为 $\log_2 4＝2$ 位，VPN 中的高 8－2＝6 位用作 TLB 项的标记（TLBT）。

L1 Cache 的块内地址（CO）为 $\log_2(4B/1B)＝2$ 位，行号（CI）为 $\log_2 16＝4$ 位，主存地址中的高 12－2－4＝6 位用作 Cache 行的标记（CT）。

这个由 TLB、L1 Cache 组成的小存储系统，某一时刻的状态如图 3.59 所示。其中，页表只列出了前 16 个页表项，无效栏用破折号标出。

组号	标记	PPN	有效	标记	PPN	有效	标记	PPN	有效	标记	PPN	有效
0	03	—	0	09	0D	1	00	—	0	07	02	1
1	03	2D	1	02	—	0	04	—	0	0A	—	0
2	02	—	0	08	—	0	06	—	0	03	—	0
3	07	—	0	03	0D	1	0A	34	1	02	—	0

（a）TLB：4 路组相联，共 16 行

VPN	PPN	V	VPN	PPN	V
00	28	1	08	13	1
01	—	0	09	17	1
02	33	1	0A	09	1
03	02	1	0B	—	0
04	—	0	0C	—	0
05	16	1	0D	2D	1
06	—	0	0E	11	1
07	—	0	0F	0D	1

（b）页表：前 16 个 PTE

行	标记	V	块数据(0~3)				行	标记	V	块数据(0~3)			
0	19	1	99	11	23	11	8	24	1	3A	00	51	89
1	15	0	—	—	—	—	9	2D	0	—	—	—	—
2	1B	1	00	02	04	08	10	2D	1	93	15	DA	3B
3	36	0	—	—	—	—	11	0B	0	—	—	—	—
4	32	1	43	6D	8F	09	12	12	0	—	—	—	—
5	0D	1	36	72	F0	1D	13	16	1	04	96	34	15
6	31	0	—	—	—	—	14	13	1	83	77	1B	D3
7	16	1	11	C2	DF	03	15	14	0	—	—	—	—

（c）L1 Cache：直接映射，共 16 行

图 3.59 小存储系统在某一时刻的状态

假设 CPU 发出地址为 00 0011 1101 0100B 的读请求，参考图 3.58，小存储系统的处理过程（第②~⑤步）如下：

②MMU 从虚拟地址中抽出 VPN（00001111B）、VPO（010100B），用它来查 TLB。

③TLB 处理时，从 VPN 中抽出 TLBT（000011B）、TLBI（11B），结果是第 3 组的第 1 行命中，PPN 为 0DH（001101B）。

④MMU 用 PPN、VPO 构造出物理地址（001101 010100B），用它来访问 L1 Cache。

⑤Cache 处理时，从物理地址抽出 CT（001101B）、CI（0101B）及 CO（00B），由于第 5 行的有效位为 1、标记与 CT 匹配，故 Cache 命中，读出第 0 个字节（36H），将它返回给 CPU，访存请求完成。

地址变换的过程与虚拟地址的值有关，可能有不同的路径，如图 3.57 中的 TLB 缺失或缺页。

习题 3

1. 解释以下概念或术语。

（1）RAM、SAM、DAM、ROM　　　　（2）存取时间、存取周期、存储器带宽

（3）时间局部性、空间局部性　　　　（4）存储元、存储单元、存储阵列

（5）SRAM、DRAM、SDRAM、DDR SDRAM，EEPROM、Flash

（6）行刷新、刷新周期，集中式刷新、分散式刷新、异步式刷新，DMAC

（7）主存地址空间、CPU 可寻址空间　　（8）同步传输、突发传输

（9）顺序编址、交叉编址　　　　　　（10）交叉访问、并行访问

（11）命中时间、缺失率、缺失开销　　（12）行、标记、有效位、目录表

（13）RAND、FIFO、LRU　　　　　　（14）直接映射、全相联映射、组相联映射

（15）全写法、写回法　　　　　　　（16）按写分配法、不按写分配法

（17）哈佛结构　　　　　　　　　　（18）可变分区、页式管理，页框，MMU

（19）虚拟地址、物理地址　　　　　（20）虚页号、实页号，页表、页表基址

（21）段式、页式、段页式　　　　　（22）TLB

2. 存储器层次结构中，不同存储器的容量、速度应满足什么要求？计算机中有哪些基本的存储层次？原因是什么？每个层次的目标是什么？

3. RAM 芯片为什么常采用双译码方式？为什么要设置片选引脚？SRAM 芯片为什么要求地址信号先于 $\overline{CS}$ 建立、后于 $\overline{CS}$ 撤销？读操作、写操作的时序有什么不同？

4. 16K×4 位 SRAM 芯片的引脚有哪些？

5. 读 DRAM 存储元的速度比读 SRAM 存储元慢的原因有哪些？

6. DRAM 芯片为什么要设置 $\overline{RAS}$、$\overline{CAS}$ 引脚，为什么没有 $\overline{CS}$ 引脚？

7. DRAM 芯片为什么需要刷新？行刷新对 DRAM 芯片组成有什么要求？刷新周期的信号时序是什么？芯片刷新如何实现？

8. 某 DRAM 芯片的存储阵列有 1024 行，存取时间为 0.5μs，存储元的最大刷新周期为 2ms，芯片刷新一遍共需要多少时间？若 CPU 在 1μs 内至少要访问一次，请选择你认为较合理的芯片刷新方式，并说明理由，以及两次刷新的时间间隔。

9. SRAM 芯片和 DRAM 芯片各有哪些特点？各适用于什么场合？

10. 主存地址空间、主存地址引脚个数、CPU 可寻址空间之间有什么关系？

11. 若用 16K×4 位 SRAM 芯片构成 16K×16 位 SRAM 模块，请回答下列问题：

（1）需要 SRAM 芯片多少片？

（2）各个芯片在 SRAM 模块中的地址范围、存储单元中的位置各是多少？

（3）各个芯片片选线的有效逻辑是什么？

（4）画出 SRAM 模块的信号线与内部各个芯片引脚的连接图。

12. 若用 4K×16 位 SRAM 芯片构成 16K×16 位 SRAM 模块，回答与题 11 相同的问题。

13. 现有 64K×4 位 ROM 芯片、32K×8 位 SRAM 芯片若干，要求构成 256K×8 位

的存储模块，前 64KB 为 ROM 空间，画出存储模块的信号线与内部各个芯片引脚的连接图。

14. 若用 16K×4 位 DRAM 芯片构成 16K×16 位 DRAM 模块，请回答下列问题：

（1）需要 DRAM 芯片多少片？

（2）各个芯片在 DRAM 模块中的地址范围、存储单元中的位置各是多少？

（3）画出 DRAM 模块的信号线与内部各个芯片引脚的连接图。

15. 若用 4K×16 位 DRAM 芯片构成 16K×16 位 DRAM 模块，回答与题 14 相同的问题。

16. 根据所学内容，DRAM 控制器应有哪些功能？

17. 某计算机中，CPU 有 20 根地址引脚（$A_{19}\sim A_0$）、8 根数据引脚（$D_7\sim D_0$），控制引脚由 $\overline{\text{ADS}}$、IO/$\overline{\text{M}}$ 及 R/$\overline{\text{W}}$ 组成。若配置 256KB 的主存（SRAM），放在 CPU 可寻址空间的低端。请回答下列问题：

（1）主存的地址线、数据线各有多少位？

（2）主存连接到 CPU 时，其片选信号 $\overline{\text{CS}}$ 的有效逻辑是什么？画出主存各引脚与 CPU 的连接图。

18. 有哪些方法可以减小存储周期或平均存储周期，其原理是什么？又有哪些方法不改变存储周期或平均存储周期，但可以提高存储器的带宽，其原理是什么？

19. 现有 4K×16 位 SRAM 芯片若干，要求构成 16K×16 位的多体交叉 SRAM 模块，画出 SRAM 模块与内部各个芯片引脚的连接图。

20. 某 4K×8 位 SRAM 芯片的存储周期为 200ns，该芯片的带宽是多少？由 4 个上述芯片构成的 16K×8 位多体交叉存储器，若采用交叉访问方式，则访问 64 个字节最少需要多少个存储周期？启动各存储体轮流工作的时钟频率是多少？

21. 为什么 Cache 按主存地址进行访问？若 Cache 与主存之间不支持突发传输方式，以块为信息交换单位时，可以减小平均访问时间吗？请说明理由。

22. 某计算机中，主存按字节编址，CPU 有 20 根地址引脚、8 根数据引脚，配置有 64KB 的 Cache，Cache 与主存采用直接映射方式，主存块大小为 16B。回答下列问题：

（1）为了实现映射，主存地址应该如何划分？各个字段分别为多少位？

（2）每个 Cache 行的标记为多少位？说明理由。

（3）若访存地址分别为 2D058H 和 2D078H，Cache 命中时的标记分别是多少？

23. 将题 22 中 Cache 改用全相联映射方式，回答与题 22 相同的问题。

24. 将题 22 中 Cache 改用 4 路相联映射方式，回答与题 22 相同的问题。

25. 某 2 路组相联 Cache 有 4 个行，采用 LRU 替换算法，主存块大小为 8 个字。假设 Cache 初态为空，CPU 先从地址 0000H 起升序连续访问 48 个字，再从地址 002FH 起降序连续访问 48 个字，每次访问 1 个字，求此时的 Cache 命中率。

26. 若题 25 中 Cache 改用全相联映射方式，回答与题 25 相同的问题。

27. 提高相联度通常会提高命中率，但并不总是这样。对于采用 LRU 替换算法的 2 路组相联映射 Cache，以及相同容量的直接映射 Cache，请给出一个访问的块地址序列，使得前者的命中率比后者低。

28. 某计算机的存储器按字节编址，主存地址空间为 24 位，配置有 4MB 的主存，主存块大小为 32B，Cache 有 256 个行，采用 4 路组相联映射、LRU 替换算法、写回法写策略，Cache 行的管理信息至少有多少位？

29. 某 Cache-主存层次中，Cache、主存的存取周期分别为 30ns、150ns，Cache 读/写一个主存块的时间为 600ns。CPU 执行某程序时，共有 700 次读操作、300 次写操作，其中，读操作缺失 50 次，写操作缺失 15 次。若忽略块替换带来的损失时间，请分别计算 Cache 采用全写法、写回法写策略时的平均访问时间。

30. 早期的主存空间分配有哪两种方式？各有什么特点？

31. 主存-辅存层次能否构成虚拟存储器的标志是什么？

32. 虚存的管理表为什么都放在主存中？又为什么用段号或虚页号进行索引？

33. 假设主存按字节编址，主存地址为 32 位，逻辑地址由 8 位段号及 32 位段内地址组成，段式虚拟存储器中，段表最多有多少行？只考虑地址变换的实现，段表项至少有多少位？

34. 假设主存按字节编址，主存地址为 20 位，逻辑地址为 24 位，页式虚拟存储器中，页大小为 8KB，页表最多有多少行？只考虑地址变换的实现，页表项至少有多少位？若 TLB 采用 2 路组相联映射，共 8 个条目，TLB 条目至少有多少位？

35. 基于图 3.59 所示的存储系统状态，若读请求的地址为 0294H，写出存储系统处理访存请求的过程。

第 4 章　指令系统

第 1 章讲过，指令系统是软件和硬件的交界面之一，设计指令系统是计算机结构的职责，计算机组成的任务是实现指令系统，即根据指令系统的内容设计出 CPU。

本章主要介绍指令系统的基本组成，包括指令格式的组织，指令及操作数的寻址方式等。通过具体的指令系统分析，使读者了解指令格式是如何表示指令功能的，以及如何使用指令格式来进行编程，为指令系统的实现打下基础。

4.1　指令系统组成

由计算机的层次结构可知，计算机系统中有多种编程语言，硬件能够直接识别和执行的只有机器语言一种。高级语言程序都要翻译成机器语言程序，才能在计算机硬件上执行，来实现预设的功能。

通常，将硬件能够直接识别和执行的命令称为机器指令，命令内容包括执行的操作及具体的操作数。机器指令是机器语言的基本单位，所有机器指令的集合称为指令系统。可见，指令系统的功能包括了硬件能够实现的所有操作功能。

计算机中的所有信息都必须通过编码表示，指令中的操作类型、操作数内容等也不例外。与数据的表示类似，指令的所有信息也都必须按照一定的格式来表示，以便于硬件正确识别。通常，将表示指令所有信息的编码格式称为指令格式。因此，机器指令的实质是指令功能与指令格式之间的约定。

需要提醒的是，计算机组成只需要实现指令系统，不需要设计指令系统，因此，学习本章内容时，以指令系统的认知、应用为主，无须关心为什么这样设计。也就是说，应该关注指令中有哪些信息需要约定、约定方法有哪些；给定某种指令格式后，应该能够根据应用需求写出相应的机器指令。

下面，我们先了解指令（Instruction）包含哪些信息，再介绍如何进行编码表示。

4.1.1　指令功能

指令功能指机器指令能够实现的操作，操作包含操作类型、操作数类型两个属性。计算机中，数据的表示方法决定了操作的实现方法，因此，操作是针对具体的操作数类型的，例如，定点、浮点加法是不同的操作，16 位、32 位定点加法也是不同的操作。

下面，我们就从操作数（Operand, OPD）和操作（Operation, OP）两个方面来了解指令的功能。

1. 指令的操作数

高级语言中，通常支持整数、浮点数、字符、指针等基本数据类型，以及数组、结构等高级数据类型，整数、浮点数又根据数据长度分为几种数据类型。

指令系统支持的操作数类型，都是使用频率较高的数据类型。不同指令系统所支持的操作数类型可以不同，通常包括定点数、浮点数、逻辑数、字符、多媒体数等数据表示方法，每种数据表示方法一般都支持多种数据类型（仅数据长度不同）。

例如，IA32 的数据长度有：8 位、16 位、32 位、48 位、64 位，支持的数据类型有：8/16/32 位的定点数（有/无符号整数）及逻辑数，32/64 位浮点数，8 位 BCD 数，64 位 MMX 数。其中，8/16 定点数可以表示字符，32/48 位无符号整数可以表示指针。

2. 指令的操作

指令系统支持的操作，都是使用频率较高的基本操作。不同指令系统所支持的操作类型有所不同，通常包括数据传送、输入/输出、算逻运算、移位运算、浮点运算、十进制运算、转移控制、CPU 控制等。

为了便于描述指令功能，本教材借鉴 Intel 80x86 汇编语言的部分表示方法，对指令中操作、操作数的表示作如下约定：

（1）第 a 个寄存器用 Ra 表示，寄存器的内容用 (Ra) 表示，如 R0、(R0)。

（2）第 b 个存储单元用 M[b] 表示，存储单元的内容也用 M[b] 表示，如 M[1000H]。

（3）指令的功能表示为"目的操作数←源操作数 1 OP 源操作数 2"，源操作数用存放部件（寄存器或存储单元）的内容表示，目的操作数用存放部件本身表示，如 R2←(R0)＋(R1)，M[1000H]←(R0)＋M[1000H]。

（4）指令的操作用 C 语言的运算符表示，如＋、－、×、/、&、|、~、^、<<，右移操作略有不同，有 $>>_L$、$>>_A$ 两种。

下面，我们来分析几种常见的基本操作的特性。

1）数据传送及输入/输出

数据传送可以实现寄存器-寄存器、寄存器-存储单元、存储单元-存储单元间的信息传送。例如，R1←(R0) 表示将 0#寄存器的内容传送到 1#寄存器中，R0←M[0100H] 表示读出 0100H#存储单元的内容、传送到 0#寄存器中，M[0100H]←(R0) 表示将 0#寄存器的内容写入到 0100H#存储单元中。

数据传送操作的操作数有 2 个，传送操作只关心操作数的长度，不关心操作数的类型。例如，8 位数据传送与 16 位数据传送是两种操作，且不关心传送的是定点数还是逻辑数。

I/O 操作指寄存器-I/O 设备之间的数据传送操作，I/O 操作是否与数据传送合并为一种操作（同一种操作命令），取决于 I/O 设备的编址方式，第 7 章会有具体介绍。

2）算逻运算及移位运算

算逻运算包括算术运算和逻辑运算，算术运算包括加、减、乘、除等操作，逻辑运算包括与、或、非、异或等操作，如 R1←(R0)＋M[1000H]，R2←(R0)&(R1)。

算逻运算的操作数个数由操作类型决定，除逻辑非为单目运算外，其余都是双目运算。操作数的类型有定点数、逻辑数两种，操作数长度可有多种。由 2.3 节可知，有/无符号整数的加法及减法运算可以只看作 2 种运算，而有/无符号整数的乘法、除法运算则是 4 种运算。

移位运算与逻辑运算都属于按位运算，有时统称为位域运算。移位运算包括逻辑左移、逻辑右移、算术右移、循环移位等操作，如 R1←(R0)<<2，R2←(R0)>>$_A$(R1)。

移位运算的操作数有 2 个，操作数的类型为有/无符号整数，操作数长度可有多种。

为了支持关系运算的实现，算术运算应该产生结果的状态标志（CF/ZF/OF/SF），并保存到状态寄存器中，供其他指令使用。例如，条件转移指令用这些标志来判断是否转移，满足 C 语言中 if、while 等语句用关系运算结果作为转移条件的需要。为了保证运算结果的正确性，算术运算及移位运算都需要进行检测溢出，产生 OF 标志。

3）转移控制

转移操作的功能改变程序的执行顺序，用改写 PC 来实现，即 PC←转移目标地址，而顺序型指令的执行顺序为 PC←(PC)＋"1"。转移操作的类型有无条件转移（JMP）、条件转移（BRANCH）、调用（CALL）、返回（RET）等。

无条件转移指令在任何情况下都执行转移操作，又称为跳转指令。如图 4.1(a) 所示，该 JMP 的指令功能为：PC←2019。

条件转移指令在条件满足时才执行转移操作，又称为分支指令，即条件满足时 PC←转移目标地址，否则 PC←(PC)＋"1"。条件通常有＝、≠、≥、>、<、≤等关系运算，可以表示为标志 CF/ZF/OF/SF 的逻辑表达式，表 2.11 所示的是无符号数关系运算的结果表示，读者不难推导出有符号数关系运算的结果表示。

Intel 80x86 汇编语言中，用 JZ、JNZ 表示＝、≠时转移，用 JGE/JAE、JG/JA、JLE/JBE、JL/JB 分别表示有/无符号数的≥、>、≤、<时转移。如图 4.1(b) 所示，该 JNZ 的指令功能为：ZF＝0 时 PC←2000，否则 PC←2011，而 ZF 由上条指令产生。

图 4.1 转移操作示例

调用指令、返回指令在任何情况下都执行转移操作，一般成对使用。如图 4.1(c) 和图 4.1(d) 所示，该 CALL 的指令功能为：保存 2011、PC←2200，该 RET 的指令功能为：PC←2011。那么，CALL 指令如何保存返回地址呢？而且嵌套调用时，要求后保存的返回地址先取出。学过数据结构的读者，马上就会知道：用栈保存返回地址。栈是一个不按地址访问、后进先出的部件，操作类型有压栈（Push）、出栈（Pop）两种。

可见，转移操作的操作数个数由操作类型决定，为 1 个或 0 个。操作数类型为指针，是一种无符号整数。

4）其他操作

其他操作包括浮点运算、十进制运算、CPU 控制等，前两类在第 2 章已详细讨论过，不再赘述。CPU 控制指令用来控制 CPU 的工作方式，如停机、开中断、关中断等，这类指令没有操作数，只是修改 CPU 内部的控制寄存器。

通过以上分析可以看出，指令功能包括操作、保存结果、形成下条指令地址三个方面；每种操作都有确定的操作功能、操作数类型、操作数个数；除转移控制指令外，顺序型指令的下条指令地址都是 PC←(PC)＋"1"。

4.1.2 指令格式

机器指令的所有信息都必须用编码来表示，通常，将表示指令所有信息的编码格式称为指令格式，将采用指令格式编码的机器指令称为指令字。

由指令功能可知，机器指令包含的信息有操作功能、操作数类型、各个源操作数地址、目的操作数地址、下条指令地址。

因此，指令格式通常由操作码和地址码两个部分组成：

操作码	地址码	

其中，操作码用来表示指令的操作类型及格式信息，操作类型包括操作功能及操作数类型，格式信息包括地址码个数、目的操作数地址位置；地址码用来表示各个操作数地址及下条指令地址。

因此，指令系统由各条机器指令的指令格式组成，不同指令的操作码必须互不相同，否则会产生二义性；不同指令的地址码个数可能不同，由操作码指明。

指令格式的性能指标主要为规整性、平均码长。规整性包含多个方面，如操作码长度是否相等、地址码格式是否一致、目的操作数位置是否固定等，规整性会影响指令译码的复杂度。平均码长指程序中所有指令字长的平均值，平均码长会影响软件存储空间的大小。

指令中信息的表示方法有显式、隐式两种，隐式表示可以缩短指令字长，但可能会破坏规整性。可见，规整性与平均码长是矛盾的，指令格式中仅包含显式表示的信息，设计时通常会兼顾这两个方面，不同指令可能会采用不同的指令格式。

1. 操作码

操作码用编码来表示指令的格式及操作类型，格式包括地址码个数、目的操作数地址位置，操作类型包括操作功能及操作数类型（含长度）。操作码用于标识不同的指令功能，每个编码对应一种信息组合。由于格式信息影响指令功能的操作，故使用操作码表示。通常，一条指令只操作类型相同的指令，故指令条数≤操作码个数。

指令格式中，每条指令的地址码个数可以根据需要来确定。隐式表示、源/目的操作数重叠等方法都可以减少地址码个数。例如顺序型指令的下条指令地址为(PC)＋"1"，根本不用显式表示；将 Z←X＋Y 格式变为 X←X＋Y 格式可以减少一个地址码。每条指令的目的操作数地址位置可以有两种约定方法，一种是隐含约定为第一个或最后一个地址码，但会影响规整性；另一种是用编码显式指明，但需要占用 2 个操作码。

操作码的编码有定长和变长两种格式。定长操作码的位数固定，操作码长度＝$\lceil \log_2(\text{表示信息的种类数})\rceil$，编码采用顺序编号方式。这种编码方式的指令译码电路简单，但平均码长最长。变长操作码的位数不固定，编码通常采用扩展编码方式，就是将哈夫曼（Huffman）编码扩展成几种长度的编码。这种编码方式的优点是平均码长较短，缺点是编码的规整性稍差，译码实现相对复杂。

例 4.1 某指令系统共支持 7 种操作，使用频率分别为 0.4、0.26、0.15、0.06、0.05、0.04、0.04，请分别按定长格式、变长格式（共 2 种长度）进行操作码编码，并计算两种编码方式的平均码长。

解： 定长操作码的编码只需要考虑操作的种类，编码为 000～110，只有一种码长，平均码长＝$\lceil \log_2 7 \rceil$＝3。

变长操作码的编码过程是：先求出哈夫曼编码，再进行编码扩展。哈夫曼编码可以通过哈夫曼树求得，结果如表 4.1 所示。

由于哈夫曼编码有 4 种长度，而题目要求为 2 种长度，因此需要进行分组、重新编码。分组时，频率较高的操作为一组，使用短编码，短编码中需留出一个编码用作编码扩展标志（假设为 11），其余操作为一组，使用长编码，结果如表 4.1 所示，码长分别为 2 位和 4 位。注意，短编码与长编码中的扩展标志不能相同（无二义性）。

表 4.1 操作码的定长编码及变长编码

操作 I_i	频率 P_i	定长编码	哈夫曼编码	扩展编码
I_1	0.40	0 0 0	0	0 0
I_2	0.26	0 0 1	1 0	0 1
I_3	0.15	0 1 0	1 1 0	1 0
I_4	0.06	0 1 1	1 1 1 0 0	1 1 0 0
I_5	0.05	1 0 0	1 1 1 0 1	1 1 0 1
I_6	0.04	1 0 1	1 1 1 1 0	1 1 1 0
I_7	0.04	1 1 0	1 1 1 1 1	1 1 1 1
平均码长（$\sum l_i P_i$）		3	2.32	2.38
规整性（码长种类）		1	4	2

可以想象，指令译码实现时，定长操作码方式使用的是 3-8 译码器，变长操作码使用的是两个 2-4 译码器，第一个译码器的 $\overline{Y_3}$ 连接到第二个译码器的控制端。

指令所含信息中，取值只有 1 种的信息可以隐式表示，由于操作码可以区分不同指令，因此，通过操作码可以指明隐式表示的信息。例如，操作码有 ab0、ab1d 两种长度，ab 表示操作类型，0/1 表示地址码个数（一个/两个），d 表示目的操作数地址位置（第一个/第二个地址码），则功能为 x←x＋1、x←x－1、x←x－y、y←x－y 的指令操作码用 000、010、0110、0111 表示时，000、010 隐含表示一个操作数（常数 1），双地址减法指令需要占用 2 个操作码（目的操作数地址位置显式指明）。

需要注意的是，指令系统中的指令条数，指的是操作类型的个数，与地址码无关。

2. 地址码

地址码用编码来表示指令的各个操作数地址及下条指令地址，操作数地址包括源操作数地址及目的操作数地址。

一个地址码指与一个操作数相对应的所有地址信息。根据指令中地址码的个数，机器指令可以分为零地址指令、单地址指令、双地址指令等指令格式，如图 4.2 所示。

由于操作数地址及指令地址都是指存放操作数及指令的部件地址，地址位数一般都较长（如存储器地址），通常会想办法用较短的地址码来表示部件地址。通过地址码获得部件地址的方法称为寻址方式，操作数地址及指令地址的表示方式与寻址方式是相互对应的，放在 4.2 节中讨论。

零地址指令	操作码		
单地址指令	操作码	A	
双地址指令	操作码	A_1	A_2
三地址指令	操作码	A_1 A_2	A_3

图4.2 按地址码个数分类的指令格式

例 4.2 某指令系统中，有零地址、单地址、双地址 3 种指令格式，指令字长都为 16 位，每个地址码为 6 位。请回答下列问题：

（1）若操作码采用定长编码格式，且已经定义了 3 条零地址指令、4 条单地址指令，则双地址指令最多有多少条？

（2）若操作码采用扩展编码格式，且已经定义了 48 条零地址指令、14 条双地址指令，则单地址指令最多有多少条？

解：（1）操作码长度＝16－6－6＝4 位，双地址指令的条数≤2^4－3－4＝9。

（2）零地址、单地址、双地址指令的操作码长度分别为 16 位、10 位和 4 位。前 4 位编码中，零地址和单地址指令可用的编码数≤2^4－14＝2 个，设单地址指令最多为 m 条，则前 10 位编码中，零地址指令可用的编码有 $2×2^6$－m 个，即 $2×2^6$－m＝$\lceil 48/2^6 \rceil$，解方程得，单地址指令最多有 m＝$2×2^6$－1＝127 条。

3．指令字长

由前面的讨论可知，指令格式由操作码和地址码组成，操作码有定长和变长两种编码格式，不同指令的地址码个数可能不同，由操作码指明。

指令字长指一条指令中所包含二进制信息的位数，指令字长取决于操作码长度、地址码个数及各个地址码长度，不同指令的指令字长可以不同。由于指令装入主存后才可以执行，因此，指令字长必须为主存单元长度的倍数，否则指令地址无法表示。

指令字长与机器字长没有固定的关系，通常，将指令字长等于机器字长的指令称为单字长指令，将指令字长等于半个机器字长的指令称为半字长指令，将指令字长等于两个机器字长的指令称为双字长指令。

若一个指令系统中所有指令的指令字长都相等，则称该指令系统的结构为定长指令字结构。定长指令字结构的好处是结构简单、格式规整。与之对应的称为变长指令字结构。变长指令字结构的特点是灵活性好，但控制复杂。

4.2 操作数的存放方式

操作数有多种长度，操作数如何存放在部件中，会影响操作数的存储成本及访问性能。存放操作数的部件主要有寄存器、存储器、I/O 设备、堆栈、指令寄存器。下面，主要讨论数据在寄存器、存储器中的存放方式。

1. 数据在寄存器中的存放方式

CPU 中都设置有一定数量的寄存器，用来暂存运算或操作结果，寄存器的长度等于机器字长。寄存器按实际个数进行编址，因此，寄存器地址很短，地址码中都直接表示，例如 IA32 有 8 个通用寄存器，寄存器地址为 000~111，地址码（3 位）直接为寄存器地址。

数据有多种长度，不同长度的数据存放在寄存器中时，数据地址都用 n 位寄存器地址（假设寄存器有 2^n 个）表示，以便于统一处理。数据长度＝寄存器长度的长数据存放时，数据占用一个寄存器的全部位数。数据长度＜寄存器长度的短数据存放时，有寄存器低端、部分寄存器两种存放方案，如图 4.3 所示。显然，图 4.3(b)方案优于图 4.3(a)，因为剩余的寄存器还可以用于长数据的存放。

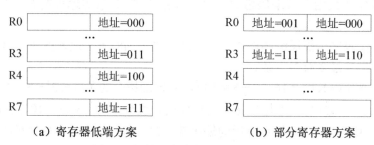

（a）寄存器低端方案　　　　　（b）部分寄存器方案

图 4.3　短数据在寄存器中的存放方式

指令系统会选择一种方案，来处理同一种短数据的存放问题，软件按照所选方案编程即可。如 IA16 采用使用部分寄存器的方案来存放 8 位数据。

那么，指令中如何表示操作数长度及存放部件呢？由于长数据、短数据属于两种数据类型，操作码中需用一个长度位（记为 W）来指明。如操作码中的 W＝1、地址码＝111 时，表示操作数为长数据、存放在 R7 中，操作码中的 W＝0、地址码＝111 时，表示操作数为短数据、存放在 R3 高端（或 R7 低端）。当该指令只有一种数据长度时，W 位可以缺省。

2. 数据在存储器中的存放方式

由于存储单元长度是最短数据的长度，因此，数据在存储器中存放时，其内容可能存放在多个连续的存储单元中，数据地址用第一个存储单元的地址 N 来表示。

数据是一串 0/1 序列，为了不发生歧义，通常，用最低有效位（Least Significant Bit, LSB）及最高有效位（Most Significant Bit, MSB）来表示数据的最低位及最高位。若数据以字节为排列单位，则 LSB 表示最低有效字节（Byte），MSB 表示最高有效字节。

数据在存储器中的存放涉及端序（Endian）及对齐（Alignment）两个方面。

端序指数据中各个字节在存储器中的字节顺序，有大端（big endian）和小端（little endian）两种方式，如图 4.4 所示。大端方式指数据的最高有效字节 MSB 存放在最低地址（N）单元中，小端方式指数据的最低有效字节 LSB 存放在最低地址（N）单元中，其中，最低地址 N 为数据地址。

端序没有好坏之分，Intel 系列机采用的是小端方式，IBM 的机器采用了大端方式。

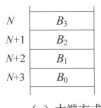
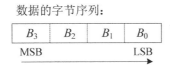
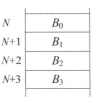

数据的字节序列：

B_3	B_2	B_1	B_0

MSB　　　　　　　　　　LSB

（a）大端方式　　　　　　　　　　　　　　　　　　　（b）小端方式

图 4.4　数据在存储器中存放的端序

　　由于数据存放在多个连续的存储单元中，存储器通常会组织成多体交叉存储器，来提高数据的访问速度，多体交叉存储器在 3.3.4 节已经讲过。

　　对齐指数据在存储器中的位置限制，有不对齐和对齐两种方式，如图 4.5 所示。不对齐方式指数据可以从任意位置开始存放，对齐方式指数据必须从特定位置开始存放，如边界对齐、4 字节对齐等，默认采用边界对齐方式。边界对齐指数据地址为数据长度的倍数，即长度为 2^n 个字节的数据，数据地址的最低 n 位必须为零（$X \cdots Y 0 \cdots 0$）。

（a）不对齐方式　　　　　　　　　　　　　　　　　（b）边界对齐方式

图 4.5　数据在存储器中存放的对齐

　　可以看出，不对齐方式可以节省存储空间，但访问性能较差，例如访问数据 C 和 D 都需要 $2T_M$。而对齐方式可以保证访问性能（$1T_M$），但存储效率不高。随着器件性/价的提高，目前都采用对齐方式存放数据。

　　例 4.3　设存储器按字节编址，数据在存储器中采用小端、边界对齐方式存放，则 2001H 号存储单元中，可能存放的是机器数 12345678H 中的哪个字节？请说明理由。

　　解：由于数据按边界对齐方式存放，数据占 4 个字节，数据地址为 $\lfloor 2001 \div 4 \rfloor \times 4 =$ 2000H，内容存放在 2000H~2003H 号存储单元中。由于数据采用小端方式存放，因此，2000H~2003H 号单元存放的分别是 78H、56H、34H、12H，2001H 号单元存放的是机器数中的 56H。

3. 数据在其他部件中的存放方式

　　可以存放操作数的部件还有指令寄存器或堆栈，这两个部件都不按地址进行访问。

　　指令寄存器用来存放当前指令，常数操作数通常直接放在指令中，执行时直接获取；操作数为为变量时，用地址码表示。常数在指令中存放时，端序通常与在存储器中存放相同，以便于统一处理；并采用不对齐方式存放，以缩短指令字长。

　　堆栈是一种按后进先出顺序访问的存储区，每次存取的数据长度只有机器字长这一种。计算机中，堆栈有两种组织方式：寄存器堆栈和存储器堆栈。寄存器堆栈放在 CPU 中，由寄存器堆及计数器组成，栈底固定，栈顶用计数器指向，常用于 CALL/RET 等指令的数据暂存。存储器堆栈借用存储器空间实现，CPU 中需设置相关寄存器指向栈顶、栈底，常用于用户程序的数据暂存。

4.3 寻址方式

寻址方式指根据地址码形成操作数地址或指令地址的方法。寻址方式中的形成指地址通过某种计算得到，目的是缩短地址码长度，进而缩短指令字长。

操作数的存放部件有寄存器、存储器、I/O 设备、堆栈、指令寄存器，前三种按地址访问，后两种不按地址访问。指令只能存放在存储器中，指令地址为存储器地址。

程序的逻辑地址空间都很大，存储单元地址很长，为了缩短指令字长，就需要对操作数地址进行必要的变换，在地址码中给出较短的地址。通常，将指令中形成的存储单元地址称为有效地址（Effective Address，EA），将地址码中给出的地址称为形式地址（常记为 A），形式地址大多需要经过某种运算才能变成有效地址。程序不分段时，有效地址就是逻辑地址，程序分段时，有效地址指段内地址。

4.3.1 指令寻址方式

指令寻址方式指形成下条指令地址的方法，有顺序寻址和跳跃寻址两大类。

顺序寻址中，下条指令地址由 PC 加一形成，即下条指令地址的 EA＝(PC)＋"1"。其中，"1"为当前指令所占存储单元个数。

跳跃寻址中，下条指令地址由当前指令的地址码形成，即下条指令地址的 EA＝f(地址码)。其中，f 为寻址函数，不同寻址方式的 f 不同，寻址方式通常有直接寻址、相对寻址等，具体内容放在数据寻址方式中一并讨论。

那么，如何表示指令寻址方式呢？由于顺序寻址的地址形成与当前指令内容无关，且只有一种，通常用隐含寻址方式表示，指令字中没有指令地址码。而跳跃寻址的地址形成与当前指令有关，且可能有多种，通常显式地用地址码表示。

识别指令寻址方式时，可以通过操作码来区分是顺序寻址还是跳跃寻址，跳跃寻址中的具体寻址方式，再通过地址码中的信息进行区分。

需要提醒的是，指令执行过程分取指、译码、执行三个步骤，寻址方式的识别在译码阶段完成，寻址方式的实现在执行阶段完成。

4.3.2 数据寻址方式

数据寻址方式指形成操作数或操作数地址的方法，有立即寻址、寄存器寻址、直接寻址、基址寻址、变址寻址等方式。其中的几种寻址方式，指令寻址也经常使用。

由于可能存在多种寻址方式，地址码中需要指明当前采用的是哪一种寻址方式，因此，地址码由寻址方式位（记为 F）和地址参数组成，如图 4.6 所示。寻址方式的结果

地址码 | 寻址方式位F | 地址参数

图4.6 地址码的一般格式

是：f(寻址方式位 F，地址参数)，其中，f 是寻址函数，不同寻址方式的 f 不同，地址参数组成也有所不同。

为了便于理解，下面我们以单地址指令为例，来说明各种基本的寻址方式，包括数据寻址方式和指令寻址方式。其中，寻址方式位的值是一种临时编号，以示区别。

1）立即寻址（Immediate Addressing）

立即寻址方式的操作数存放在指令（寄存器）中，地址码中的地址参数 Imme 不是操作数地址，而是操作数本身（机器数），因而 Imme 又称为立即数。操作数形成方法是：操作数＝Imme，如图 4.7 所示。注意，Imme 是有符号数。

立即寻址方式的特点是执行时不需要再去取操作数，适宜于对常数的操作。

2）寄存器寻址（Register Addressing）

寄存器寻址方式的操作数存放在寄存器中，操作数地址为寄存器编号，地址码中的地址参数 Ri 就是寄存器编号。地址形成方法是：操作数地址＝Ri，操作数＝(Ri)，如图 4.8 所示。

图 4.7　立即寻址方式　　　　　　图 4.8　寄存器寻址方式

由于寄存器的速度快、数量少，因此，寄存器寻址方式具有操作数访问速度快、地址码较短的特点，适用于对使用频率较高数据的访问，是最常用的寻址方式。

3）直接寻址（Direct Addressing）

直接寻址方式的操作数存放在存储器中，操作数地址为有效地址 EA，地址码中的地址参数 A 就是操作数的 EA。地址形成方法是：操作数的 EA＝A，操作数＝M[A]，如图 4.9 所示。

直接寻址方式的特点是地址形成简单（不需要计算），但形式地址 A 的位数较多，适合于对地址为常数的存储单元的操作，如 R0←M[0100H]。

4）间接寻址（Indirect Addressing）

间接寻址方式的操作数存放在存储器中，地址码中的地址参数 A 为存放操作数地址的存储单元地址。地址形成方法是：操作数的 EA＝M[A]＝A′，操作数＝M[A′]，如图 4.10 所示。

图 4.9　直接寻址方式　　　　　　图 4.10　间接寻址方式

间接寻址方式为编程提供了很大的灵活性，但寻址需要访存一次，增加了指令执行时间，适用于对多级指针的操作。

5）寄存器间接寻址（Register Indirect Addressing）

寄存器间接寻址方式的操作数存放在存储器中，地址码中的地址参数 Ri 为存放操作数地址的寄存器编号。地址形成方法是：操作数的 EA＝(Ri)，操作数＝M[(Ri)]，如图 4.11 所示。

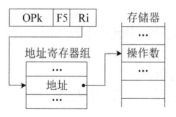

图4.11　寄存器间接寻址方式

可见，地址寄存器中存放的是有效地址，地址寄存器位数应与直接寻址方式中 A 的位数相同。

寄存器间接寻址方式的特点是地址形成简单、地址码较短，汲取了直接寻址、寄存器寻址的优点，很适宜于对指针的操作，该寻址方式的使用频率很高。

有人会问，图 4.11 的地址寄存器与图 4.8 的数据寄存器有关联吗？理论上没有关联，但大多数指令系统都约定，数据寄存器、地址寄存器为同一组寄存器，以提高寄存器的利用率，如 IA32、MIPS 等。第 2 章已经讲过，这种既可存放数据又可存放地址的寄存器称为通用寄存器（GPR）。

6）变址寻址（Indexed Addressing）

变址寻址方式的操作数存放在存储器中，地址码中的地址参数为变址寄存器号 Ij 及形式地址 A。其中，A 为基准地址，变址寄存器 Ij 中内容用作变址值，地址形成方法是：操作数的 EA＝(Ij)＋A，如图 4.12 所示。

变址寻址方式主要用于对数据块的访问，典型应用是数组访问，形式地址 A 为数组的首地址，Ij 中存放的是元素下标。进一步地，有些系统支持自动变址功能，即访问变址寄存器时可以自动＋1 或－1，以减少指令数量，如 Intel 8086、VAX-11 系统。

注意，当指令系统中只有一个变址寄存器时，地址码中没有 Ij 字段，Ij 隐含表示。

7）基址寻址（Based Addressing）

基址寻址方式的操作数存放在存储器中，地址码中的地址参数为基址寄存器号 Bj 及形式地址 A。其中，基址寄存器 Bj 中内容为基准地址，A 用作偏移量（displacement），地址形成方法是：操作数的 EA＝(Bj)＋A，如图 4.13 所示。

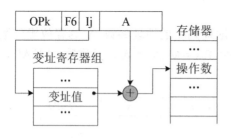

图 4.12　变址寻址方式

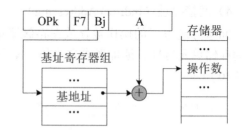

图 4.13　基址寻址方式

基址寻址方式的典型应用是程序重定位，3.5 节中讲过，每个进程都有自己的逻辑地址空间，代码和数据装入到主存后，对其进行访问时，需要进行地址变换，地址变换可以通过基地址与逻辑地址相加来实现。

基址寻址与变址寻址表面上相同，但功能和用法却不同。基址寻址方式中，(Bj)为基准地址，A 为操作数地址相对于(Bj)的偏移量。而变址寻址方式刚好相反，A 为基准地址, (Ij)为操作数地址相对于 A 的偏移量。

与变址寻址一样, 当指令系统中只有一个基址寄存器时, 地址码中没有 Bj 字段。

有读者会问, 图 4.11~图 4.13 中的基址寄存器、变址寄存器及地址寄存器有关联吗? 理论上没有关联, 但大多数指令系统采用通用寄存器方法, 例如, MIPS 的任一寄存器都可用作基址寄存器、变址寄存器及地址寄存器, IA32 将通用寄存器的子集用作地址寄存器, 地址寄存器的子集用作基址寄存器、变址寄存器, 基址寄存器、变址寄存器之间没有交集。

8) 相对寻址 (Relative Addressing)

相对寻址方式的操作数存放在存储器中, 地址码中的地址参数为形式地址 A。A 用作偏移量, 基准地址隐含在 PC 中, 地址形成方法是: 操作数的 $EA=(PC)+A$, 如图 4.14 所示。

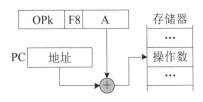

图4.14 相对寻址方式

由于相对寻址是相对于 PC 的, 因此, 相对寻址只能用于指令寻址, 不能用于数据寻址。形式地址 A 表示转移目标相对于当前指令的偏移量, 其位数通常小于 EA 位数, 由于应支持向前及向后偏移, 因而 A 是一个有符号数。

变址寻址、基址寻址、相对寻址非常相似, 都是用某个寄存器的内容与形式地址相加, 来形成操作数的有效地址, 有些指令系统对它们采用相同的方法处理, 寻址方式统称为偏移寻址 (Displacement Addressing)。

例 4.4 某计算机的存储器按字节编址, 相对寻址的转移指令字长为 2 个字节, 第一字节为操作码, 第二字节为偏移量 (用补码表示), CPU 取指令时每取出一个字节就自动实现 $PC \leftarrow (PC)+1$。假设某条相对寻址的转移指令存放在 0100H、0101H 存储单元中, 请回答:

(1) 若该转移指令的转移目标地址为 0120H, 则 M[0101H]为多少?

(2) 若 M[0101H]=EEH, 则该转移指令的转移目标地址是多少?

解: (1) 取指令结束时, PC 的值为(PC)+2=0102H, 指令执行阶段才形成下条指令地址, 因此, 偏移量 disp=0120H−0102H=+11110, M[0101H]=[disp]$_补$=1EH。

(2) 取指令结束时, (PC)=0102H, 在指令执行阶段, 由于[disp]$_补$=EEH, 位扩展后的[disp']$_补$=FFEEH, 转移目标地址=(PC)+disp'=0102H+FFEEH=00F0H。

需要注意的是, 每条指令的每个地址码的寻址方式位 F 的位数, 都根据指令需要进行设置。例如, 某条双地址指令的一个地址码有三种寻址方式, 另一个地址只有一种寻址方式, 则第一个地址码的 F 为 2 位, 第二个地址码的 F 隐含。

例 4.5 某计算机主存按字节编址, 有符号整数用补码表示, 指令系统中只有一个基址寄存器 RB、一个变址寄存器 RI, 单地址指令格式如图 4.15 所示, F 为寻址方式位, 基址寻址、变址寻址方式的 A 用无符号编码表示。设(RB)=8000H、(RI)=0007H、(PC)=1234H, CPU 取指令时, 每取出一个字节就自动实现 $PC \leftarrow (PC)+1$。请计算下列指

F=00—立即寻址, 01—相对寻址
10—基址寻址, 11—变址寻址

图4.15 指令格式示例

令的操作数或操作数地址。

（1）440820H，（2）138014H，（3）221044H，（4）35FF92H。

解：（1）由于 F=00，地址码为立即寻址方式，A 为操作数 Imme 的机器数，因此，[Imme]$_{补}$=0820H。

（2）由于 F=11，地址码为变址寻址方式，A 为基准地址，RI 中为变址值，因此，操作数的 EA=(RI)+A=0007H+8014H=801BH。

（3）由于 F=10，地址码为基址寻址方式，基准地址放在 RB 中，A 为偏移量，因此，操作数的 EA=(RB)+A=8000H+1044H=9044H。

（4）由于 F=01，地址码为相对寻址方式，A 为目标地址相对于 PC 的偏移量 disp，[disp]$_{补}$=FF92H，disp=−6EH；取指令结束时，(PC)=1234H+3=1237H，指令执行阶段才形成指令地址，因此，转移目标地址=(PC)+[disp]$_{补}$=1237H+FF92H=11C9H。

由于是机器数相加，有/无符号加法的运算结果是一样的，真值不同而已。

9）隐含寻址（Implied Addressing）

隐含寻址方式是一种特殊的寻址方式，不使用地址码形成操作数或指令地址。地址形成方法可以通过操作码来表示。由于不使用地址码，隐含寻址方式对缩短指令字长很有利。

例如，Intel 8086 中，顺序型指令隐含约定下条指令地址的形成方法是(PC)+"1"，返回指令（RET）隐含约定下条指令地址存放在堆栈的栈顶，循环指令（LOOP）隐含约定循环变量存放在寄存器 CX 中，上述参数都没有在地址码中出现。

不同指令系统支持的寻址方式不同，如块寻址、串寻址等，这里不再赘述。需要提醒的是，不同指令系统的寻址方式命名可能不同，注意它们的地址形成方法。

从上述 8 种显式的寻址方式可以看出，操作数可以存放在指令寄存器、寄存器、存储器中，除立即寻址、寄存器寻址方式外，其余 6 种寻址方式的操作数都存放在存储器中，多种存储器寻址方式的目的只有两个：缩短地址码长度，便于编译程序生成代码。

8 种显式寻址方式中，除相对寻址方式外，其余 7 种寻址方式都可以用于数据寻址；指令寻址通常只使用直接寻址、寄存器间接寻址、相对寻址等寻址方式。

4.3.3　指令格式分析及其应用

常见的显式寻址方式有 8 种，隐含寻址方式可有多种，那么，一个指令系统支持哪几种寻址方式？每条指令又支持哪几种寻址方式？这是计算机结构在指令系统设计时需要解决的问题。通常只选择使用频率较高的寻址方式，因此，每条指令支持的寻址方式可能不同，指令系统支持的寻址方式，是所有指令所支持寻址方式的集合。

对于每条指令而言，可能包含多个地址码，每个地址码都有一种或多种寻址方式，寻址方式的表示有显式、隐式两种，相应地，寻址方式的识别通过寻址方式位、操作码进行。

下面我们来分析一个简易的指令系统 Demo_IS。Demo_IS 中，操作数类型只有整数这一种，指令功能及格式如图 4.16 所示，图中还列出了每条指令的数据寻址、指令寻址方式。

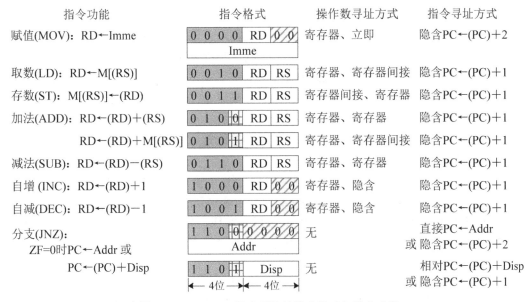

图 4.16　Demo_IS 指令系统的指令格式与指令功能

从图 4.16 可以看出，Demo_IS 的存储器按字节编址、地址空间为 2^8。因为 ADD 等指令字长为 8 位，指令寻址方式为 PC←(PC)＋1，式中的 1 表示一个存储单元；直接寻址方式的 JNZ 指令中，地址参数 Addr 为有效地址（8 位），因而寻址范围为 2^8。Demo_IS 的寄存器有 4 个，为 8 位通用寄存器。因为寄存器编号为 2 位，可以存放地址和操作数，因而机器字长也为 8 位。

从图 4.16 可以看出，Demo_IS 支持 5 种寻址方式（显式）。每个操作数支持 1~2 种寻址方式，ADD、JNZ 指令中各有一个地址码有两种寻址方式，寻址方式位必须显式表明（图中已用方框标出），而其余地址码只有一种寻址方式，寻址方式位可以隐含。寻址方式位与寄存器号或形式地址分开存放，有助于提高指令格式的规整性（RD 位置固定）。隐含寻址有 2 种，数据寻址、指令寻址各一种，注意，(PC)＋1、(PC)＋2 属于同一种隐含寻址方式：(PC)＋"1"，通过操作码可以识别。

从图 4.16 可以看出，Demo_IS 有 8 条指令。注意，操作码相同的指令为同一条指令，操作码用来表示指令格式及操作类型（操作功能、操作数类型），与操作数的寻址方式无关。Demo_IS 的操作码采用了变长编码方式，ADD、JNZ 的操作码为 3 位，其余指令为 4 位；指令有单地址指令、双地址指令两种类型，目的操作数地址隐含约定为第一个地址码。

从图 4.16 可以看出，Demo_IS 中，MOV、JNZ（直接寻址方式）指令字长为 2 个字节，其余指令字长为 1 个字节，前者属于双字长指令，后者属于单字长指令。因此，Demo_IS 采用的是变长指令字结构（或变长指令格式）。

从图 4.16 可以看出，MOV、INC、DEC、JNZ（直接寻址）指令中，都存在冗余位（空闲位）。指令格式中，应尽量减少冗余位，以提高空间利用率、缩短指令字长。

例 4.6　某计算机中，有符号整数用原码表示，采用图 4.16 的指令系统，CPU 取指令时每取出一个字节就自动实现 PC←(PC)＋1。请回答下列问题：

（1）说明指令字 54H 的功能。

（2）写出语句 A[2]＝A[1]的指令序列，数组 A 首地址为 20H。

（3）写出 x＝x－6 的指令序列，x 存放在 20H 号存储单元中。

（4）说明图 4.17 的机器语言代码实现的功能。

（5）若机器指令的操作码只能放在指令字的高 4 位（b₇~b₄ 位），则 Demo_IS 最多还可以定义多少条指令？

地址	存储器
0	00000000
1	00000000
2	00000100
3	00010100
4	01000001
5	10010100
6	11000000
7	00000100

图4.17 代码示例

解：（1）54H＝01010100B，根据指令格式的约定，该指令的功能是 R1←(R1)＋M[(R0)]。

（2）基于指令格式，赋值语句 A[2]＝A[1]可用 4 条指令实现，如图 4.18(a) 所示。可以思考一下，若图 4.18(a) 中 M[3]＝90H，则指令序列的功能是什么？

（3）基于指令格式，x＝x－6 可用 5 条指令实现，如图 4.18(b) 所示。可以思考一下，若图 4.18(b) 中 M[5]＝69H，则指令序列的功能又是什么？

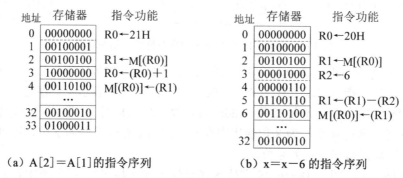

（a）A[2]＝A[1]的指令序列　　　（b）x＝x－6 的指令序列

图 4.18　例 4.6 的机器语言代码

（4）图 4.17 的代码中，由 M[0]＝00H 可知，该指令为 MOV 指令（占两个单元），功能为 R0←00H；由 M[2]＝04H 可知，该指令功能为 R1←14H；由 M[4]＝41H 可知，该指令功能为 R0←(R0)＋(R1)；由 M[5]＝94H 可知，该指令功能为 R1←(R1)－1；由 M[6]＝C0H 可知，该指令为直接寻址方式的 JNZ 指令（占两个单元），功能为 PC←(ZF=0)？04H：08H。综合这 5 条指令功能，可见，机器语言代码实现的功能是 R0←20＋19＋…＋1。可以思考一下，如何将 JNZ 指令改为相对寻址方式？

（5）由图 4.16 可见，指令字的高四位编码中，8 条指令占用了 10 个编码，由于每条新指令最少占用一个编码，因此，Demo_IS 最多还可以定义 2⁴－10＝6 条指令。

4.4　指令系统举例

指令系统是软硬件的主要交界面，对计算机性能的影响很大。指令系统的好坏主要看它对硬件及软件的支持程度，目前还没有统一的衡量标准。

对硬件的支持程度，主要看是否有助于减少译码时间、减少执行时间，通常从指令格式的规整性、指令的操作功能、操作数的存取速度等方面来衡量。规整性影响指令的译码时间，指令的操作功能强弱、操作数是否存放在寄存器中影响指令的执行速度。

对软件的支持程度，主要看是否有助于减少指令条数、缩短指令字长，通常从指令功能、寻址方式种类、寻址范围大小、操作码长度、地址码长度及个数等方面来衡量。前几个因素影响指令条数，后几个因素影响指令字长。

可见，提高规整性与缩短指令字长是矛盾的，不同指令系统会采用不同的处理方法，采用大概率事件优先原则、操作码分开存放、重叠/隐藏地址码是常用的处理方法。

下面，我们分别介绍 MIPS、Pentium 指令系统的基本组成，分析指令功能与指令格式的约定方法，特别是操作码、地址码、指令字的组织方法，力争能够简单应用。

4.4.1　MIPS 指令系统

MIPS（Microprocessor without Interlocked Piped Stages）指令系统是 MIPS 处理器采用的指令系统，有 MIPS16、MIPS32、MIPS64 等版本，处理器的机器字长分别为 16 位、32 位、64 位。下面，仅介绍 MIPS32 指令系统。

1．数据表示

MIPS 支持整数、浮点数、逻辑数 3 种数据表示方法，每种数据表示方法又支持几种数据类型，不同数据类型的数码长度不同。

整数采用二进制定点格式表示，数据类型包括有符号整数、无符号整数，编码方式分别为补码、无符号编码，数码长度可以为 8 位、16 位和 32 位。支持 8/16 位的好处是可以高效地表示字符（ASCII、Unicode），整数长度不会超过 32 位（机器字长）。

浮点数采用浮点格式表示，数据类型包括单精度浮点数、双精度浮点数，浮点格式采用 IEEE 754 标准，数码长度分别为 32 位、64 位。

逻辑数采用位向量格式表示，可表示多个逻辑值，每个逻辑值用 1/0 表示真/假，数码长度与定点数相同。

2．操作数存放

MIPS 的操作数可以存放在指令寄存器、寄存器、存储器中，指令寄存器中只能存放常数，其余操作数存放在寄存器或存储器中。程序中指令只能存放在存储器中。

1）MIPS 的存储器

MIPS 的存储器按字节编址，逻辑地址空间为 32 位。指令或数据在存储器中采用大端、对齐方式存放。

2）MIPS 的寄存器

MIPS 有 32 个 32 位通用寄存器（记为 R0~R31 或$0~$31），简称为 GPRs（General Purpose Registers），以及 32 个 32 位浮点寄存器（记为 F0~F31），简称为 FPRs。

为了简化处理，通用寄存器中只存放 32 位整数，短数据需要进行位扩展后再存入。浮点寄存器可以直接存放单精度浮点数，也可以用相邻 2 个寄存器组合来存放双精度浮点数。

另外，MIPS 还提供了多个专用寄存器，如程序计数器 PC，乘商寄存器 Hi 和 Lo，异常原因寄存器 Cause，异常地址寄存器 EPC。乘法运算时，64 位乘积存放在 Hi 及 Lo 中；除法运算时，余数存放在 Hi 中，商存放在 Lo 中。指令执行发生异常（如除零）

时，异常原因记录在 Cause 中，异常处理后返回的指令地址记录在 EPC 中。

为了方便编程、减少程序的指令条数，MIPS 约定了 32 个通用寄存器的使用方式，如表 4.2 所示。CPU 实现时应按照约定进行相应的处理，如程序无须保存/恢复$s0~$s7。

表 4.2　MIPS 的通用寄存器约定

名　称	别　名	功能约定
$0	$zero	恒为 0
$1	$at	存放汇编器的临时变量
$2~$3	$v0~$v1	存放过程调用返回值
$4~$7	$a0~$a3	存放过程调用参数
$8~$15	$t0~$t7	临时变量，子程序不自动保存，返回后的值可能被破坏
$16~$23	$s0~$s7	子程序用寄存器，子程序返回时自动恢复为调用时的值
$24~$25	$t8~$t9	临时变量，同 t0~t7
$26~$27	$k0~$k1	为 OS 保留
$28	$gp	存放全局指针
$29	$sp	存放栈指针
$30	$fp	存放帧指针
$31	$ra	存放过程调用返回地址

3．寻址方式

MIPS 支持立即寻址、寄存器寻址、基址寻址、PC 相对寻址、伪直接寻址 5 种寻址方式，地址形成方法如表 4.3 所示。其中，OPD 表示操作数的值，EA 表示操作数的有效地址，(x) 表示寄存器 x 的内容。MIPS 采用定长指令格式，指令字长为 32 位，占 4 个存储单元。

表 4.3　MIPS 支持的寻址方式

寻址方式	地址码组成	地址计算方法	注释
立即寻址	imme	OPD＝imme	imme 为立即数
寄存器寻址	rx	OPD＝(rx)	rx 为寄存器号
基址寻址	rx 及 disp	EA＝(rx)＋disp	disp 为偏移量（有符号数）
PC 相对寻址	disp	EA＝(PC)＋disp << 2	
伪直接寻址	addr	EA＝$(PC)_{高4位}$ ‖ addr << 2	addr 为形式地址，‖表示内容拼接

其中，PC 相对寻址就是 4.3 节所讲的相对寻址方式，命名不同。伪直接寻址方式中，addr 为 26 位，有效地址为 32 位，需要由几个短地址拼接而成，寻址范围≤2^{28}，故称为伪直接寻址方式。立即、基址、PC 相对寻址方式中，imme、disp 都为 16 位，需要先进行位扩展、再进行运算，imme 可以采用零扩展或符号扩展，由操作码决定，基址寻址、相对寻址的 disp 采用符号扩展，以便可以向两个方向跳转。

MIPS 中，操作数寻址支持立即寻址、寄存器寻址、基址寻址方式，指令寻址支持 PC 相对寻址、伪直接寻址、隐含寻址等方式，顺序型指令的指令寻址采用隐含寻址方式：EA＝(PC)＋4。

由于指令字占 4 个存储单元，采用对齐方式存放，因此，指令地址的最低两位为00。为了扩大寻址范围，伪直接寻址方式中，addr≪2 可以将寻址范围扩大到 28 位；PC 相对寻址方式中，disp≪2 同样可以将偏移范围扩大到 18 位，注意，(PC)为指令执行时的值，不是取指令时的值。而基址寻址方式中，disp 并不左移，因为操作数可能为字符，存放在任何位置中。

4．指令格式

MIPS 采用 32 位定长指令字结构（又称定长指令格式），指令格式有 R-型、I-型、J-型3 种，如图 4.19 所示。其中，op 为操作码，func 为功能码，rs、rt、rd 为寄存器编号，shamt 为移位位数，imme/disp 为立即数或偏移量，addr 为形式地址。

	31~26	25~21	20~16	15~11	10~6	5~0
R-型格式	op	rs	rt	rd	shamt	func
I-型格式	op	rs	rt	imme/disp		
J-型格式	op	addr				

图 4.19　MIPS 的指令格式

MIPS 指令格式中，操作码采用扩展编码方式，由 op 及 func 组成，分开存放可以提高指令格式的规整性。指令格式及目的操作数地址位置都由操作码指明，目的操作数地址位置隐含约定为最后一个地址码。地址码中，每个地址码只有一种寻址方式，寻址方式位隐含，这样做同样可以提高指令格式的规整性。

R-型格式中，操作类型由 func 指定（op=000000），操作数寻址采用寄存器寻址方式。指令功能主要为算逻运算，如 rd←(rs) func (rt)，rd←(rt) func shamt 等。

I-型格式中，操作类型由 op 指定，操作数寻址支持立即寻址或基址寻址方式，指令寻址支持 PC 相对寻址方式。指令功能主要有算逻运算、存储器访问、比较大小、分支等，如 rt←(rs) op imme，rt←M[(rs)+disp]，M[(rs)+disp]←(rt)，以及(rs)=(rt)时PC←(PC)+disp≪2 等。

J-型格式中，操作类型由 op 指定，指令寻址采用伪直接寻址方式。指令功能主要为跳转、过程调用。注意，过程返回指令为 R-型格式。

5．指令功能

MIPS32 有 150 多条指令（MIPS16 为 31 条），可以分为 4 大类：数据传送、ALU操作、分支与跳转、浮点操作。除数据传送指令外，其余指令的操作数都在寄存器或指令（寄存器）中。

数据传送指令可以实现 8/16/32 位定点数的存/取操作，以及 32/64 位浮点数的存/取操作。定点数可以为有/无符号整数，浮点数可以为单/双精度浮点数。

ALU 操作指令可以实现算术运算、逻辑运算、移位运算。算术运算类型有加法、减法、乘法、除法，操作数可以为有/无符号整数；逻辑运算类型有与、或、异或等，逻辑非通过 $d_i \oplus 1$ 来实现；移位运算有逻辑左移、逻辑右移、算术右移，算术左移与逻辑左移功能相同，用同一条指令实现。

分支与跳转指令可以实现比较运算、条件转移、无条件转移功能，比较运算功能包括有/无符号数的小于比较，条件转移有多种，无条件转移有跳转、调用、返回三种。

浮点操作指令可以实现单/双精度浮点数的算术运算、分支与跳转，算术运算类型有加法、减法、乘法、除法，分支与跳转有比较运算、条件转移等。

表 4.4 列出了 MIPS 核心指令集的指令格式及功能，包括 31 条常用指令，及 3 条短数据传送指令。其中，slt、sltu 指令常称为小于置位、无符号小于置位指令，操作类型同时指明了操作数的类型。

表 4.4 的指令格式中，rs、rt、rd 为通用寄存器，shamt 为移位位数，imme 为立即数，disp 为偏移量，addr 为形式地址。指令功能中，M$[x]$表示从 x 开始的存储单元内容，存/取操作的长度由操作码指定，$(rt)_{7\sim0}$表示 rt 的最低字节，取操作时 rt 的其余位由最低字节进行符号扩展或零扩展获得；SExt、ZExt 分别表示符号扩展、零扩展功能。

注意，MIPS 中的运算都是 32 位，寄存器也只存放 32 位数据，imme、disp、M$[x]$应先进行位扩展操作，再进行具体运算，扩展方法由操作码决定。

由表 4.4 可以发现，分支指令没有使用状态标志（如 ZF/CF 等）。由于地址码个数较多，分支指令可以包含比较功能，因此，MIPS 指令系统的状态寄存器中没有标志。slt、sltu 指令的功能等价于产生状态标志，只是结果存放在通用寄存器中。

为了便于表示机器语言程序，MIPS 汇编语言用助记符来表示操作码，助记符为表 4.4 的指令名称；用标号、变量名、寄存器名、常数等表示操作数或地址码。MIPS 汇编语言的指令格式如下：

[标号:] 指令助记符 第 1 操作数 [, 第 2 操作数][, 第 3 操作数][;注释]

其中，[ ] 中的内容为可选项，标号为英文字母开头的字母或数字串，标号和指令助记符不区分大小写，目的操作数为第 1 个操作数。

例如，加法指令 $8←$9+$10 的汇编指令为　　add $8, $9, $10
　　　　按位与指令 $8←$9 & 200 的汇编指令为　andi $8, $9, 200
　　　　取数指令 $8←M[$9+20] 的汇编指令为　　lw $8, 20($9)
　　　　存数指令 M[$9+20]←$8 的汇编指令为　　sw $8, 20($9)

6. 应用举例

指令格式是机器指令的一种抽象表示，要深入了解指令格式的含义，就必须多加练习。下面，通过两个例子，来加深对 MIPS 指令格式的理解。

例 4.7 若整型数组 A 的首地址存放在$8 中，变量 x 存放在$9 中，写出 C 语言语句"A[12]=A[12]+x;"的 MIPS 汇编指令及机器指令序列（设首条指令地址为 16）。

解：一个整数占 4 个存储单元，A[12] 相对于 A[0] 的偏移量为 $12×4=48$。

对应的汇编指令及机器指令序列如下：

lw $10,48($8)	00000010H:	100011 01000 01010 00000 00000 110000
add $10, $10, $9	00000014H:	000000 01010 01001 01010 00000 100000
sw $10, 48($8)	00000018H:	101011 01000 01010 00000 00000 110000

注意，每条指令占 4 个存储单元，指令地址为 10H、14H、18H，都是 4 的倍数。

表 4.4　MIPS 常用指令字格式一览表

名称	指令格式						指令功能	操作类型
R-型	**op**	**rs**	**rt**	**rd**	**shamt**	**func**		
add	000000	rs	rt	rd	00000	100000	rd←(rs)＋(rt)	有符号加
addu	000000	rs	rt	rd	00000	100001	rd←(rs)＋(rt)	无符号加
sub	000000	rs	rt	rd	00000	100010	rd←(rs)－(rt)	有符号减
subu	000000	rs	rt	rd	00000	100011	rd←(rs)－(rt)	无符号减
and	000000	rs	rt	rd	00000	100100	rd←(rs)＆(rt)	按位与
or	000000	rs	rt	rd	00000	100101	rd←(rs)｜(rt)	按位或
xor	000000	rs	rt	rd	00000	100110	rd←(rs)＾(rt)	按位异或
nor	000000	rs	rt	rd	00000	100111	rd←~((rs)｜(rt))	按位或非
slt	000000	rs	rt	rd	00000	101010	rd←((rs)＜(rt))？1：0	有符号比较
sltu	000000	rs	rt	rd	00000	101011	rd←((rs)＜(rt))？1：0	无符号比较
sll	000000	00000	rt	rd	shamt	000000	rd←(rt)＜＜shamt	逻辑左移
srl	000000	00000	rt	rd	shamt	000010	rd←(rt)＞＞$_L$shamt	逻辑右移
sra	000000	00000	rt	rd	shamt	000011	rd←(rt)＞＞$_A$shamt	算术右移
sllv	000000	rs	rt	rd	00000	000100	rd←(rt)＜＜(rs)	逻辑左移
srlv	000000	rs	rt	rd	00000	000110	rd←(rt)＞＞$_L$(rs)	逻辑右移
srav	000000	rs	rt	rd	00000	000111	rd←(rt)＞＞$_A$(rs)	算术右移
jr	000000	rs	00000	00000	00000	001000	PC←(rs)	跳转
I-型	**op**	**rs**	**rt**	**imme/disp**				
addi	001000	rs	rt	imme			rt←(rs)＋SExt(imme)	有符号加
addiu	001001	rs	rt	imme			rt←(rs)＋SExt(imme)	无符号加
andi	001100	rs	rt	imme			rt←(rs)＆ZExt(imme)	按位与
ori	001101	rs	rt	imme			rt←(rs)｜ZExt(imme)	按位或
xori	001110	rs	rt	imme			rt←(rs)＾ZExt(imme)	按位异或
lui	001111	00000	rt	imme			rt←imme＜＜16	高位取立即数
lb	100000	rs	rt	disp			rt$_{7-0}$←M[(rs)＋SExt(disp)]	取字节
lbu	100100	rs	rt	disp			rt$_{7-0}$←M[(rs)＋SExt(disp)]	取无符号字节
sb	101000	rs	rt	disp			M[(rs)＋SExt(disp)]←(rt)$_{7-0}$	存字节
lw	100011	rs	rt	disp			rt←M[(rs)＋SExt(disp)]	取字
sw	101011	rs	rt	disp			M[(rs)＋SExt(disp)]←(rt)	存字
beq	000100	rs	rt	disp			if((rs)＝(rt))PC←(PC)＋4＋SExt(disp)＜＜2	相等转移
bne	000101	rs	rt	disp			if((rs)≠(rt))PC←(PC)＋4＋SExt(disp)＜＜2	不等转移
slti	001010	rs	rt	imme			rt←((rs)＜SExt(imme))？1：0	有符号比较
sltiu	001011	rs	rt	imme			rt←((rs)＜ZExt(imme))？1：0	无符号比较
J-型	**op**	**address**						
j	000010	addr					PC←(PC)$_{高4位}$‖addr＜＜2	跳转
jal	000011	addr					\$31←(PC)＋4， PC←(PC)$_{高4位}$‖addr＜＜2	过程调用

例 4.8 说明下列 MIPS 指令序列的功能，假设$8~$11 中存放的是变量 i、j、k、m。

12000000H:　000101 01000 01001 00000 00000 000010

12000004H:　000000 01010 01011 01010 00000 100001

12000008H:　000010 00100 00000 00000 00000 000100

1200000CH:　000000 01010 01011 01010 00000 100011

12000010H:　…

解： 第 1 条指令中，op＝000101 表示 bne 指令，指令功能为 bne $8, $9, LL1，相对寻址方式的 disp＝2，取指令完成时，(PC)＝12000000H＋4＝12000004H，转移目标的 EA＝12000004H＋2<<2＝1200000CH，即 LL1＝1200000CH。

第 2 条指令中，op＝000000、func＝100001 表示 addu 指令，当前指令的功能为 addu $10, $10, $11。

第 3 条指令中，op＝000010 表示 j 指令，当前指令的功能为 j LL2，伪直接寻址的 addr<<2＝2000010H，$(PC)_{高4位}$＝1H，转移目标的 EA＝1H‖2000010H＝12000010H。

第 4 条指令中，op＝000000、func＝100011 表示 subu 指令，当前指令的功能为 subu $10, $10, $11。

可见，该指令序列的功能为 if ($8==$9)　$10←$10＋$11　else　$10←$10－$11，

即 if (i==j)　k←k+m　else　k←k−m。

注意，MIPS 指令的跳跃寻址中，偏移量、形式地址都左移 2 位，以扩大寻址范围。

4.4.2　Pentium 指令系统

Pentium 处理器是 IA32 体系结构的典型代表，Pentium 开始采用超标量流水线，支持 MMX（Multi Media eXtension）指令集。Pentium 指令系统是 IA32 指令集的子集。相对于 MIPS，Pentium 指令系统很复杂。

1．数据表示

Pentium 支持整数（包含逻辑数）、浮点数、指针、压缩 SIMD 数、BCD 数、位域 6 种数据表示方法，每种数据表示方法又支持几种数据类型，不同数据类型的数码长度不同。整数、浮点数、逻辑数的表示与 MIPS 完全相同。

指针的表示方法与无符号整数相同，数据类型有近指针（32 位）、远指针（48 位）两种。

压缩 SIMD 数采用向量格式表示，可以表示多个无符号整数，总长度为 64 位，与逻辑数表示不同的是，每个向量元素为多个二进制位，而不是一个二进制位。

BCD 数采用十进制的定点格式表示，数据长度为 8 位，可表示 1 位或 2 位十进制数。

2．操作数存放

Pentium 的操作数可以存放在指令寄存器、寄存器、存储器中，指令寄存器中只能存放常数，其余操作数存放在寄存器或存储器中。程序中指令只能存放在存储器中。

Pentium 的存储器按字节编址，逻辑地址空间为 32 位。指令或数据在存储器中采用

小端、对齐方式存放。

　　Pentium 有 8 个 32 位通用寄存器，以及 8 个 32 位浮点寄存器（FPR0~FPR7）。通用寄存器可存放 8/16/32 位整数，8 位数据的存放采用部分寄存器方法，16 位数据的存放采用寄存器低端方法，如图 4.20 所示。图中还说明了寄存器的使用方式约定。

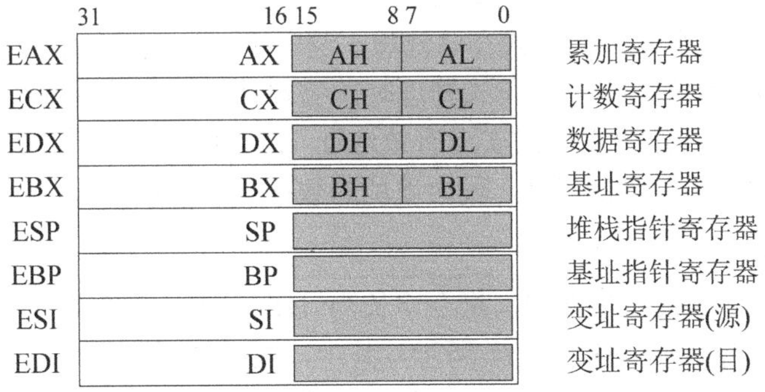

图 4.20　Pentium 的通用寄存器组织

　　为了便于描述，存放 8 位数据的寄存器硬件都有一个别名：AH、AL、BH、BL、CH、CL、DH、DL。32 位寄存器名称与 16 位寄存器名称相差一个"E"。

　　另外，Pentium 还设置了多个专用寄存器，如段寄存器 CS、DS、ES、FS、GS、SS，指令寄存器 EIP（等价于 PC），状态寄存器 EFLAG。段寄存器用来扩展逻辑地址空间，逻辑地址由段号、段内地址组成（3.5.1 节已有过介绍），为了缩短指令字长，段号通常缺省，这就需要将不同类型信息的段号存放在对应的段寄存器中。EFLAG 中包含 ZF、CF、OF、SF、AF 等状态标志，由算术类指令产生，供分支指令使用。

3. 寻址方式

　　Pentium 支持 9 种寻址方式，如表 4.5 所示。其中，R 为数据寄存器（8 个），B 为基址寄存器（2 个），I 为变址寄存器（2 个），EIP 为指令指针寄存器，A 为形式地址，S 为比例因子（1/2/4/8），(x)表示寄存器 x 的内容。

表 4.5　Pentium 支持的寻址方式

序号	寻址方式	地址形成方法	操作数存放部件
1	立即寻址	OPD=指令中的立即数	指令寄存器
2	寄存器寻址	OPD=(R)	寄存器
3	直接寻址	EA=A	存储器
4	寄存器间接寻址	EA=(B)或(I)	
5	寄存器相对寻址（基址寻址）	EA=(B)或(I)+A	
6	基址加变址寻址	EA=(B)+(I)	
7	相对基址加变址寻址	EA=(B)+(I)+A	
8	比例变址寻址	EA=(B)+(I)×S+A	
9	相对寻址	EA=(EIP)+A	

　　可见，8 个通用寄存器中，有 4 个用作地址寄存器，基址寄存器、变址寄存器为地

址寄存器的子集。并且，设置比例因子 S，可以有效支持对不同类型数组的访问，使变址寄存器值都可以用作元素下标，如数组为 short 型、int 型时，S 分别等于 2、4。

寻址方式中，立即数、形式地址 A 都可以为 8/16/32 位，直接寻址方式中，A 用作偏移地址（32 位），其余寻址方式中，A 用作偏移量。这样约定既可满足应用需求，又可缩短指令字长，立即数长度由操作码指明，A 的长度由地址码指明。

IA32 支持段式、页式、段页式存储管理，逻辑地址由段号、段内地址组成，表 4.5 中的有效地址 EA 为段内地址。段式管理时，物理地址＝线性地址＝段基址＋EA；页式、段页式管理时，通过分页方式实现有效地址 EA、线性地址到物理地址的转换。可见，逻辑地址的数据类型为远指针，段内地址的数据类型是近指针。

4. 指令格式

Pentium 采用变长指令字结构，指令字长为 1B～16B。指令格式有多种，由指令前缀、指令本身两部分组成，如图 4.21 所示，其中，指令前缀可以缺省，指令本身中除操作码外的字段都可以缺省。

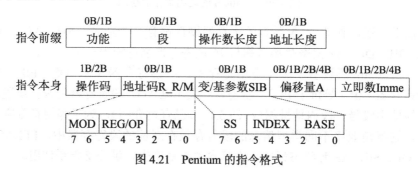

图 4.21 Pentium 的指令格式

1）指令前缀

指令前缀的作用是显式地指明指令本身的功能或参数类型。由于 IA32 必须兼容之前的 IA16，在扩展指令的功能、参数时，IA16 的操作码是不能改变的，只能用指令前缀进行扩展，包括后来的 IA64 也只能采用同样的方法。

IA32 在操作码之前增加前缀码，就可以指明即将采用的约定类型，例如操作数长度、地址长度是 16 位还是 32 位。为了缩短指令字长，当前指令的某些参数与以前指令相同时，相应的指令前缀就可以缺省。

功能前缀主要有 LOCK、REP，LOCK 表示是否独占存储器，REP 表示是否重复执行，重复次数在 CX 中。段前缀指明本次使用的段寄存器，而不使用缺省的段寄存器。

2）指令本身

指令本身的作用是指明指令的操作类型及操作数。指令本身由操作码、地址码 R_R/M、变/基参数 SIB、偏移量 A、立即数 Imme 字段组成，后 4 个字段都用于构成地址码。

为了缩短指令字长，Pentium 规定：地址码数≤2 个，其中，存储器地址码数≤1 个，立即数地址码数≤1 个。因此，双地址指令中的地址码只有 REG-REG、REG-MEM、REG-IMME、MEM-IMME 四种组合。Pentium 将前两种合并为 REG-R/M 形式，后两种合并为 R/M-IMME 形式，R/M 地址码可以表示 REG 型地址或 MEM 型地址。

因此，Pentium 的双地址指令格式有 REG-R/M 或 R/M-IMME 两种，单地址指令格式有 R/M 或 IMME 两种。指令格式由操作码隐式或显式指明，一条指令只支持一种指令格式时，可以通过操作码隐含指明，否则需要使用两个操作码显式指明。

对于目的操作数地址码的位置问题，Pentium 并不限定其位置，以提高规整性，对 REG-R/M 型地址码，通过设置目标位 D 来指明目的地址码是 REG 及 R/M 中的哪一个，指令中目的地址码位置只有一种时 D 缺省。对 R/M-IMME 型地址码、单地址码，指令中位置只有一种（R/M），无须使用目标位 D 来表示。

REG-R/M 型地址码中，两个地址码的位置是固定的，如图 4.21 所示，以提高规整性，因而，REG 地址码无须寻址方式位，R/M 地址码用 MOD 来指明寻址方式。寄存器寻址方式时，地址码为 R/M；存储器寻址方式时，地址码为 R/M、A、SIB 的组合。MOD 及地址码的约定如表 4.6 所示，其中，W 表示操作数长度，W=0/1 表示 8/16 位或 32/64 位，是前者还是后者通过操作数长度前缀指明。

表 4.6　MOD 及 R/M 地址码的约定

R/M	MOD=11		MOD=00、01、10		
	W=0	W=1	MOD=00	MOD=01	MOD=10
0 0 0	AL	AX	BX+SI	BX+SI+DISP8	BX+SI+DISP16
0 0 1	CL	CX	BX+DI	BX+DI+DISP8	BX+DI+DISP16
0 1 0	DL	DX	BP+SI	BP+SI+DISP8	BP+SI+DISP16
0 1 1	BL	BX	BP+DI	BP+DI+DISP8	BP+DI+DISP16
1 0 0	AH	SP	SI	SI+DISP8	SI+DISP16
1 0 1	CH	BP	DI	DI+DISP8	DI+DISP16
1 1 0	DH	SI	直接寻址	BP+DISP8	BP+DISP16
1 1 1	BH	DI	BX	BX+DISP8	BX+DISP16

R/M-IMME 型地址码、单地址码中，R/M 地址码的表示与 REG-R/M 型中相同，IMME 在指令中直接给出。由于 REG 字段没有使用，因此，可以用来存放扩展操作码，减少冗余位数。

Pentium 的指令功能较多，有 191 条指令，主要包括数据传送、算逻运算、浮点运算、转移控制、串操作、系统控制等。每条指令的功能比 MIPS 要强，且支持多种寻址方式。串操作指令是一种增强型指令，使用 REP 前缀实现操作的循环。值得一提的是，转移控制指令中的分支指令，都使用标志位判断是否转移，与 MIPS 有较大的不同。

从 MIPS、Pentium 指令系统的介绍可以看出，不同指令系统支持的数据类型、寻址方式、指令功能、指令格式等都可以是不同的。指令系统的设计，实际上兼顾指令规整性、指令平均码长的结果。

4.5　指令系统发展

第 1 章已经讲过，计算机系统的性能是指计算机硬件的性能，是用运行在该硬件上的软件性能来评价的。程序执行时间可以用 CPU 时间来表示：$T_{CPU}=I_N×CPI×T_C$，其中，I_N 为程序执行的指令条数，CPI 为每条指令执行所需的时钟周期数，T_C 为时钟周期的长度。

指令系统的好坏主要看它对硬件及软件的支持程度。从硬件角度看，目标是提高执行速度，即减小 T_{CPU} 中的 CPI。从软件角度看，目标是减少指令条数及指令字长，减少指令条数就是减小 T_{CPU} 中的 I_N。从指令功能角度看，指令功能强、寻址方式多，程序的 I_N 会较小，但指令的 CPI 肯定会较大，反之亦然。可见，指令系统对软件和硬件的支持是有矛盾的。

根据对软件及硬件支持的倾向性，指令系统开始向两个方向发展，形成了两种风格不同的指令系统及计算机，即复杂指令系统计算机（Complex Instruction Set Computer, CISC）和精简指令系统计算机（Reduced Instruction Set Computer, RISC）。

1. CISC 指令系统

CISC 侧重增强指令功能，减少程序中指令数来提高性能。因而，CISC 指令系统较复杂，指令种类多、寻址方式多、指令格式多（变长结构）。

为了增强对软件的支持，CISC 通常从面向目标程序、面向高级语言及面向操作系统三个方面进行指令系统的优化，增加新的指令和寻址方式，指令系统越来越庞大。

Intel Pentium CPU 是 CISC 处理器的典型代表。Pentium 在 80486 指令集的基础上，增加了 MMX 指令集（57 条指令），可以通过 SIMD（Single Instruction Multiple Data）方式并行处理多个数据（共 64 位），来提高视音频处理性能。PIII 又增加了 SSE（Streaming SIMD Extension）指令集（70 条指令），能够同时处理 128 位数据，并且能够以流水方式提高连续数据流的处理效率。不同指令集操作码的扩展码不同，如 MMX 指令操作码的第一个字节为 0FH（扩展码），第二个字节表示操作类型。

CISC 指令系统的主要特征如下：

（1）采用变长指令字结构，有利于缩短指令字长，提高指令系统可扩展性、兼容性。

（2）指令条数较多，指令格式复杂，支持多种寻址方式，有利于提高编译程序的翻译效率，减少指令数及缩短指令字长。

（3）指令大多为 REG-MEM 型，有利于减少指令条数，降低寄存器数量的使用需求。

（4）指令功能复杂，操作数常放在存储器中，导致指令执行时间较长。

（5）指令功能悬殊较大，执行控制复杂，不利于使用流水技术、并行处理技术来提高性能。

2. RISC 指令系统

RISC 研究者发现，CISC 指令系统的指令使用频率相差悬殊。统计结果表明，程序中 20%的指令占用了 80%的运行时间，他们认为问题的根源是 CISC 指令系统过于庞大，应简化那 80%的指令，因而提出了 RISC 风格的指令系统。

RISC 侧重简化指令功能，通过减小指令执行时间来提高性能。因而，RISC 指令系统很简单，指令种类少、寻址方式少、指令格式规整（定长结构）。

ARM、MIPS、PowerPC、SPARC 等处理器都是 RISC 的典型代表。RISC I 是第一款 RISC 处理器，只有 31 条指令，有 78 个通用寄存器。目前，嵌入式系统是 ARM 处理器的天下，它占据了智能手机 90%的市场份额。

RISC 指令系统的主要特征如下：

（1）采用定长指令字结构，指令条数少，指令功能简单，指令格式少，支持的寻址方式少，有利于简化硬件、提高指令执行速度。

（2）除 Load/Store 指令外，其余指令均为 REG–REG 型，指令的执行能在一个时钟周期内完成。

（3）使用大量通用寄存器，为编译器的编译优化、过程调用的快速实现提供了有力的保障。

（4）指令的执行控制简单，有利于流水技术、并行处理技术的应用。

3．CISC 与 RISC

CISC 的典型代表是 Intel 处理器，占据 PC 机 80%的市场，大型机、嵌入式系统大多采用 RISC 处理器。

CISC 与 RISC 之争从 20 世纪 80 年代初期开始，一直持续了很多年后才趋于平息。

一方面，CISC 与 RISC 各有千秋。从硬件角度看，RISC 处理器在执行速度、制造成本、并行处理能力、功耗等方面，比 CISC 性能好不少；从软件角度看，CISC 拥有大量的系统软件、应用软件，软件兼容性好、执行效率高，而 RISC 拥有的软件较少，RISC 上可以执行 CISC 软件，但需要先进行翻译，执行效率较低。从性价比角度看，由于 CISC 占据的市场份额较大，因而硬件成本较低、更新换代较快，与 RISC 相比，两者的性价比相当。

另一方面，CISC 与 RISC 出现了技术交融。随着应用范围的不断扩大，以及系列产品的兼容性要求，RISC 指令系统也日趋复杂，如 MIPS16 有 31 条指令，MIPS32 已经有 150 多条指令，指令控制也逐步复杂。另一边，CISC 也不断优化自身，汲取了不少 RISC 技术，如 Pentium 是 CISC 处理器，而 Pentium Pro 采用微操作流水线、增设内部寄存器等技术，已经是 CISC 外壳、RISC 内核的 CPU。Intel 也宣称，其研发的 RISC 处理器 Itanium 会逐步过渡到 PC 平台及移动平台上。

习题 4

1．解释以下概念或术语。

（1）机器指令、指令系统　　　　　（2）指令格式，规整性、指令字长

（3）源操作数、目的操作数　　　　（4）跳转、分支，调用、返回

（5）定长编码、扩展编码　　　　　（6）单字长指令，双地址指令，定长指令字结构

（7）大端、小端，边界对齐　　　　（8）寻址方式，有效地址、形式地址

（9）立即寻址、寄存器寻址、直接寻址、间接寻址、寄存器间接寻址

（10）变址寻址、基址寻址、相对寻址

（11）SIMD、SSE　　　　　　　　（12）CISC、RISC

2．一条指令包含哪些信息？哪些信息用操作码表示？

3. 指令字长、机器字长、存储字长三者间有何关系？

4. 若某指令系统中有 10 种操作，使用频率分别为 0.25、0.20、0.15、0.10、0.08、0.08、0.05、0.04、0.03、0.02，请分别用定长编码、霍夫曼编码、扩展编码（两种长度）进行操作码编码，并计算三种编码方式的平均码长。

5. 某指令系统中，指令字长为 16 位，指令格式有单地址、双地址两种，操作码采用扩展编码方式，单地址指令的地址码为 A（6 位），双地址指令的地址码为 A_1（3 位）及 A_2（6 位）。回答下列问题：

（1）若双地址指令已经定义了 40 条，则单地址指令最多有多少条？

（2）若单地址指令已经定义了 100 条，则双地址指令最多有多少条？

6. 试比较变址寻址、基址寻址与相对寻址方式的不同点。

7. 哪些寻址方式不可以用于指令寻址？哪些寻址方式不可以用于数据寻址？

8. 某机器字长为 16 位，存储单元长度为 16 位，有符号数用补码表示。指令系统中，有一个基址寄存器 B 及一个变址寄存器 I，指令格式如下图所示，其中，F=00、01、10 分别表示立即寻址、基址寻址、相对寻址方式，A 用补码表示。

6bit	2bit	8bit
操作码 OP	寻址方式位 F	形式地址 A

若 (B)=8000H、(I)=0029H、(PC)=1234H，请回答下列问题：

（1）分别计算指令字 8888H、5555H、6699H 的操作数值或操作数地址。

（2）若分支指令的转移目标地址为 1200H，则该指令采用相对寻址方式时，指令字第二个字节的内容是多少？

9. 某机器字长为 16 位，存储器按字节编址，指令格式如下，请回答下列问题：

5bit	1bit	2bit	8bit
操作码 OP	寻址方式位 F	通用寄存器号 R	地址参数 A

（1）该指令格式最多可定义多少条指令？指令系统中有几个通用寄存器？

（2）若该指令格式用作单地址指令，指令中没有空闲位，也无其他隐含约定，则操作数可以有哪几种寻址方式？存储器地址空间是多大？

（3）若该指令格式用作双地址指令，指令中没有空闲位，也无其他隐含约定，则两个操作数可以有哪几种寻址方式组合？

10. 对于图 4.16 的指令系统 Demo_IS，若操作码存放位置不局限于指令字的高 4 位，则 Demo_IS 最多还可以定义多少条指令？

11. 基于图 4.16 的指令系统，写出实现下列 C 代码的机器指令序列。其中，i、s、A[0]的地址自行给定。

```
int i, A[100], s=0;
for (i=0; i<100; i++)   s += A[i];
```

12. MIPS 中设置了 lw、sw 指令，为什么还要设置 lb、lbu 指令？

13. 若将例 4.7 的数组改为字节数组，写出相应的 MIPS 汇编指令及机器指令序列。

14. 不使用 lb、lbu 指令，写出实现 lbu 指令功能的 MIPS 指令序列。

15. 图 4.21 的 Pentium 格式中，哪些字段可以缺省，缺省条件是什么？

16. 基于图 4.21 及表 4.6，写出下列指令的地址码字段的内容。

（1）CX←(CX)＋(BX)　　　　　　（2）CX←(CX)＋M[(BX)]

（3）CX←(CX)＋M[(BX)+1200H]　　（4）CX←(CX)＋M[(BX)+(SI)]

（5）CX←M[1234H]　　　　　　　（6）CX←(CX)＋08H

17. 简述 RISC 指令系统的特点。

第 5 章　中央处理器

中央处理器（CPU）是整个计算机的核心，包括运算器和控制器，第 2 章已经讨论了运算器的组成。本章首先分析 CPU 的功能、组成及工作流程，讨论数据通路的组织，以满足指令系统的需求；然后在此基础上，讨论控制器的组成及工作原理，进而讨论硬布线控制器及微程序控制器的设计方法；最后，讨论指令流水线的组成原理。

5.1　CPU 的组成与工作流程

本节首先从 CPU 的功能入手，分析 CPU 的基本组成及其工作流程，然后根据指令系统的需求，讨论指令的执行过程。

5.1.1　CPU 的功能

冯·诺依曼计算机采用存储程序工作方式，要求 CPU 循环地执行指令，而每条指令实现的功能都是指令系统中机器指令的功能，指令执行顺序由当前指令的类型决定。可见，CPU 的基本任务就是实现存储程序工作方式及指令系统。

我们知道，CPU 的基本功能就是循环地执行指令，并负责处理指令执行过程中的异常情况和外部中断请求，其中，顺序型指令主要实现数据操作，转移型指令主要控制执行顺序。具体来说，CPU 就有如下 6 种功能。

（1）指令控制。指控制指令的执行顺序。程序是有序的指令序列，程序存放在存储器中，CPU 必须能够按照程序指定顺序、循环地完成指令执行过程（取指令、分析指令及执行指令），下条指令地址在当前指令执行过程中产生。

（2）操作控制。指产生指令执行所需的操作控制信号。指令执行过程及指令约定功能可以通过一系列操作来实现，CPU 必须能够产生完成这些操作的控制信号，用来控制相应部件实现指定的功能。

（3）时间控制。指对操作控制信号进行时序控制。指令执行的所有操作都有严格的次序要求，每个操作的时长可能不同，CPU 必须能够控制这些操作控制信号产生的次序及时长。

（4）数据加工。指实现指令约定的数据运算。对指令系统约定的所有运算功能，CPU 都必须提供相应的运算部件来实现。数据加工是 CPU 的基本任务，运算部件的组成已在第 2 章详细讨论过。

（5）外部访问。指实现对存储器和 I/O 设备的访问。指令执行过程中，存在取指令、存/取操作数或访问 I/O 设备等外部操作，CPU 必须提供相应的硬件，实现对存储器及 I/O 设备的访问。

（6）异常及中断处理。指实现异常及中断的检测及处理。CPU 与 I/O 设备之间通常采用中断方式 I/O，I/O 设备随时会提出中断请求，并且指令执行过程中可能会发生异常情况，如除零、访存缺页等，CPU 必须提供相应的硬件，来实现异常及中断的检测与处理。

5.1.2　CPU 的组成

1. 基本组成

CPU 的基本功能有指令控制、操作控制、时间控制、数据加工、外部访问、异常及中断处理 6 大功能，除数据加工、外部访问外，其余功能都由控制器实现。不难想象：

（1）为了实现指令控制，控制器中必须设置用于存放指令地址的程序计数器 PC、用于存放指令内容的指令寄存器 IR，以及用于分析指令的指令译码器 ID。

（2）为了实现操作控制和时间控制，控制器中必须设置能够产生各种时序信号的电路，以及能够产生操作控制信号的电路，操作控制信号是基于时序信号产生的。

（3）为了实现数据加工，必须设置用于完成算术和逻辑运算的 ALU、完成浮点运算的 FPU、用于存放结果的寄存器组、用于存放结果状态的状态寄存器等部件。

（4）为了实现外部访问，必须设置能够进行总线传输控制的总线逻辑电路、与 ALU 等交互的缓冲寄存器，以及实现地址变换的存储器管理单元 MMU。

（5）为了实现异常及中断处理，控制器中必须设置用于异常及中断处理的中断机构部件。

因此，CPU 由运算器、总线接口单元 BIU、存储器管理单元 MMU、指令部件、控制单元 CU 及中断机构 6 个部分组成，基本结构如图 5.1 所示。

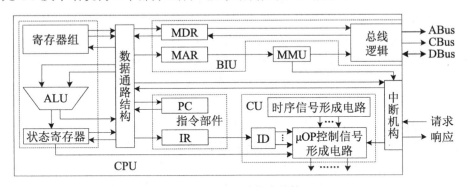

图 5.1　CPU 的基本结构

其中，指令部件由 PC、IR 组成；控制单元 CU（Control Unit）由 ID、时序信号形成电路、微操作控制信号形成电路组成，是控制器的核心部件；总线接口单元 BIU（Bus Interface Unit）由总线逻辑、寄存器 MAR 及 MDR 组成；MMU 是存储器管理硬件，3.5 节已讨论过其基本组成，地址变换失败时，向中断机构发出异常信号。

从数据处理角度看，CPU 可以划分成数据通路（Datapath）及控制器两个部分。通常，将指令执行过程中数据所经过的路径及路径上的部件称为数据通路，剩余部分称为控制器。由图 5.1 可见，ALU、寄存器组、状态寄存器、PC、IR、MAR、MDR、总线逻辑电路等都属于数据通路，其中，用于数据运算的部件称为功能部件（Function Unit）。可见，数据通路可以实现数据加工的所有功能。

数据通路由 CU 进行控制，CU 根据当前指令内容，有序地产生对数据通路操作的各种控制信号，这些控制信号一方面控制指令执行过程，另一方面控制指令约定功能的实现。

2. 寄存器组织

为了提高信息存取性能，CPU 内部设置了一些寄存器，用于暂存操作结果、结果状态、控制信息，以及实现内部与外部的信息缓冲。

CPU 中的寄存器可以分为两大类：一类是用户可见寄存器，用户编程时可以使用这类寄存器来实现订制功能；另一类是系统专用寄存器，用于控制 CPU 的操作及工作模式，只有一部分可以被操作系统程序使用。

1）用户可见寄存器

用户可见寄存器可被应用程序员用来编程，根据寄存器的用途，可分为以下几类。

（1）数据寄存器。专门用于存放指令的操作数。其位数等于机器字长。通常，将既存放源操作数又存放目的操作数的寄存器称为累加寄存器（AC）。

（2）地址寄存器。专门用于存放操作数地址或指令地址，如用于寄存器间接寻址、基址寻址、变址寻址的寄存器。其位数等于程序逻辑地址长度，或段内地址长度。

（3）通用寄存器（General Purpose Register，GPR）。既可用于存放数据，又可用于存放地址。通用寄存器方式提高了寄存器的使用效率。

（4）状态寄存器（Program Status Register，PSR）。用于存放程序运行的状态，又称为标志寄存器。程序运行状态包括运算结果标志及执行方式标志，其内容常称为程序状态字（Program Status Word, PSW）。运算结果标志由 ALU 产生，如 ZF/CF/OF/SF 等，常用作分支等指令的测试条件，故又称为条件码，为了提高灵活性，条件码通常允许用户程序进行修改。执行方式标志用于控制程序如何执行，如跟踪标志 TF、中断允许标志 IF 等，TF＝1 时程序处于单步执行方式，这些标志通常只允许系统程序修改。

2）专用寄存器

专用寄存器用于控制 CPU 的操作和运算，不同 CPU 的设置有所不同，下列 5 种寄存器在所有 CPU 中都存在，在 CPU 工作流程中起着重要的作用。

（1）程序计数器（PC）。专门用于存放指令地址，指令地址用作程序执行过程的循环变量。(PC)在取指令时为当前指令地址，(PC)在取得指令内容后可以改变为下条指令地址。由于大多数指令为顺序型，通常，在取指令阶段实现 PC←(PC)＋"1"，转移型指令在执行阶段重新改写(PC)。

（2）指令寄存器（IR）。专门用于存放当前指令内容。(IR)在取指令结果写入前，存放的是上条指令的内容，(IR)在指令执行结束前，存放的是当前指令的内容。

（3）存储器地址寄存器（Memory Address Register, MAR）。用于存放 CPU 外部访问的部件地址，如存储单元地址或 I/O 设备地址。由于 I/O 设备地址空间经常映射到存储器地址空间中，可以用存储器地址访问 I/O 设备，故这个寄存器称为 MAR，有些教材将该寄存器称为地址寄存器 AR。

（4）存储器数据寄存器（Memory Data Register, MDR）。用于存放 CPU 从外部读出的数据或者欲向外部写入的数据。

设置 MAR、MDR 的最大好处是，可以实现外部访问与内部操作的并行，提高了 CPU 性能。因为设置 MAR、MDR 后，外部访问在 MAR/MDR 与存储器或 I/O 设备间进行，如图 5.1 所示，CPU 在此期间还可以进行其他操作，在外部访问完成时（外部设备通过控制总线 CBus 返回完成信号），再进行相关处理。

（5）控制寄存器。用于控制 CPU 的工作模式及操作方式，如虚存的管理方式、Cache 的写策略等。这些寄存器只允许操作系统程序进行修改。

5.1.3　CPU 的工作流程

由 CPU 的功能可知，CPU 的基本功能就是循环地执行指令，并负责异常及中断的检测及处理。通常，将 CPU 取出一条指令并执行所需的时间称为指令周期。可见，没有异常或中断请求时，CPU 的工作流程由连续的指令周期组成。

异常及中断请求都用信号线表示，它们的检测由中断机构负责，图 5.1 画出了 MMU 的缺页异常、I/O 设备的中断请求信号线连接。

异常及中断的处理过程都是暂停当前程序的执行，转去执行异常或中断处理程序，然后再返回到当前程序继续执行。异常或中断处理程序的执行与任何程序的执行一样，都通过循环地执行指令来实现，而"转去"则是由硬件实现、不是通过执行指令实现的，这个过程称为中断响应。中断响应需要完成一系列操作，异常及中断请求的响应操作略有不同，后续章节会有具体的介绍，此处不展开讨论。中断响应所需的时间称为中断周期。

因此，CPU 的工作流程由循环的指令周期、中断周期组成，如图 5.2 所示。CPU 的 6 大功能中，数据加工、外部访问在指令周期中完成，异常及中断处理通过中断响应、多个指令周期实现，指令周期、中断周期由多种操作序列组成。而指令控制、操作控制、时间控制由控制器实现，有序产生的操作控制信号刚好实现图 5.2 中所有操作的控制。

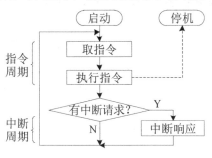

图 5.2　CPU 的工作流程

由图 5.2 可见，计算机启动后，CPU 一直在执行指令，那么 CPU 如何停止执行程序呢？所谓的停止执行程序实际上只是停止了应用程序的执行，操作系统的管理程序还在执行，一旦 CPU 执行到停机指令后，机器就会暂停或关机。

为了实现时间控制，CPU 以固定频率的时钟脉冲为基准来进行所有操作的定时，这个时钟脉冲称为主时钟脉冲，其宽度称为（主）时钟周期，一个时钟周期可以完成一个最基本的操作（原子操作）。

因此，每个指令周期由若干个时钟周期组成，CPU 工作流程中的每一轮循环也由若干个时钟周期数组成。通常，将指令周期由一个时钟周期组成的 CPU 称为单周期

CPU，将指令周期由多个时钟周期组成的 CPU 称为多周期 CPU。

5.1.4 指令的执行过程

1. 指令执行过程步骤

指令执行过程有取指令、分析指令、执行指令 3 个步骤，由于操作数可以存放在寄存器、存储器等部件中，可能支持多种寻址方式，因此，指令执行过程可分为取指令、指令译码、取操作数、数据操作、保存结果、计算指令地址 6 个步骤，如图 5.3 所示。图中，下面 5 个方框的操作都在 CPU 内部进行，上面 3 个方框的操作可能需要访问存储器或 I/O 设备。

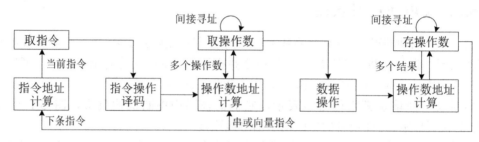

图 5.3　指令执行过程

（1）取指令。用(PC)作为地址读存储器，访存结果（当前指令内容）写入 IR。对于变长指令字格式，可能需要多次访存才能取到完整的指令字。

（2）指令操作译码。对当前指令的操作码及寻址方式进行译码，输出信号供 CU 用来产生各种操作控制信号，地址码的地址参数直接从指令字中提取，供寻址方式的地址计算部件使用。

（3）取操作数。根据源操作数寻址方式的要求，进行源操作数地址计算，并用计算结果作为部件地址读取操作数。若为寄存器操作数，直接从寄存器组中读取；若为立即数，直接从 IR 中读取；若为存储器操作数，则需要一次或多次访存读取。

（4）数据操作。在 ALU 等运算部件中进行数据运算。

（5）保存结果。根据目的操作数寻址方式的要求，进行目的操作数地址计算，并用计算结果作为部件地址写入操作结果。写入方法与取操作数相同，只是操作类型由读改为写。

（6）指令地址计算。根据指令寻址方式的要求，进行下条指令地址的计算，计算结果写入到 PC 中。若当前指令为顺序型指令，则 PC←(PC)＋"1"；若当前指令为转移型指令，且指令发生转移时，PC←转移目标地址（计算结果），否则 PC←(PC)＋"1"。

计算指令地址中的 PC←(PC)＋"1"操作常称为 PC 增量操作。为了缩短指令周期，PC 增量操作通常放在取指令步骤中完成，而转移型指令的下条指令地址计算通常放在取操作数、数据操作步骤中完成。

可见，指令执行过程中，取指令、指令译码步骤的操作对任何指令都是通用的，后 4 个步骤的操作受指令内容的影响。如不同操作类型的指令，数据操作步骤的动作不同；不同寻址方式的指令，取操作数、保存结果步骤的动作有所不同。

2．指令执行过程示例

下面，我们以图 4.16 的 Demo_IS 指令系统为例，通过一个指令序列的执行过程，来分析程序的执行过程，以及实现相应指令功能所需要的基本操作。

需要说明的是，不保存结果的操作毫无意义，基本操作的结果必须保存到寄存器、存储器等时序逻辑部件中；进而，基本操作的源数据也必须来自时序逻辑部件。

假设基于 Demo_IS 指令系统的 CPU 数据通路如图 5.4 所示，其中，通用寄存器组 GPRs 有两个读端口、一个写端口，状态寄存器 PSR 可以自动保存 ALU 产生的标志位（如 ZF），位扩展单元 ExtU 的输入端直接连接 IR 的低 4 位，PC 具有计数功能。

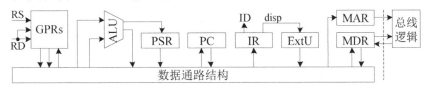

图 5.4　基于 Demo_IS 的 CPU 数据通路

程序执行过程是循环的指令执行过程，指令执行过程包括取指令、分析指令及执行指令三个阶段。假设(PC)＝10H，(R0)＝20H，(R2)＝30H，则程序将从 10H 存储单元开始执行，相应主存空间的内容如图 5.5 所示。

1）取数指令 LD 的执行过程

取指令阶段的任务是：IR←M[(PC)]、PC←(PC)＋"1"。PC 增量操作安排在取指令阶段的好处是有利于缩短指令周期，本指令系统中，＋"1"就是＋1。取指令阶段的操作序列为：MAR←(PC)，MDR←M[(MAR)]，IR←(MDR)，PC←(PC)＋1。其中，逗号用来区分操作序列的不同步骤，M[(MAR)]表示地址为(MAR)的存储单元内容。取指令开始时(PC)＝10H，取指令结束时(IR)＝24H、(PC)＝11H。

主存	
10H	00100100
11H	00111000
12H	01100110
13H	11011110
...	
20H	01001000

图5.5　指令序列例

分析指令阶段的任务是：根据(IR)识别指令格式、操作码，对操作码进行译码，并提取出地址参数。分析指令阶段没有任何操作。当前指令的分析结果是：指令为 LD（单字长指令），功能为 RD←M[(RS)]，RS＝00，RD＝01。

执行指令阶段的任务是：实现当前指令的约定功能。LD 指令无须计算操作数地址，没有数据操作，只需取操作数、保存结果，当前指令的操作序列为：MAR←(R0)，MDR←M[(MAR)]，R1←(MDR)。由于(R0)＝20H，因此，指令执行结束时(R1)＝48H。

对于指令地址计算，由于 LD 为单字长的顺序型指令，指令寻址为隐含寻址方式，下条指令地址为(PC)＋1，而取指令阶段已经完成 PC←(PC)＋1，因此，取指令结束时，(PC)已经是下条指令地址，指令地址计算已经完成（不再需要其他操作）。

2）存数指令 ST 的执行过程

取指令阶段的操作对所有指令通用，LD 指令执行过程中已经说明，不再复述。取指令开始时(PC)＝11H，取指令结束时(IR)＝38H、(PC)＝12H。

分析指令阶段没有任何操作。当前指令的分析结果是：指令为 ST（单字长指令），功能为 M[(RS)]←(RD)，RS＝00，RD＝10。

在执行指令阶段，ST 指令无须计算操作数地址，没有数据操作，当前指令的操作序列为：MAR←(R0)，MDR←(R2)，M[(MAR)]←(MDR)，其中，M[(MAR)]表示地址为(MAR)的存储单元，M[(MAR)]用作源操作数时表示的才是存储单元内容。指令执行结束时 M[20H]＝30H。

对于指令地址计算，ST 指令为单字长的顺序型指令，与 LD 指令相同，取指令阶段结束时，(PC)已经是下条指令地址，指令地址计算已经完成。

3）减法指令 SUB 的执行过程

取指令阶段的操作对所有指令通用，不再复述。取指令开始时(PC)＝12H，取指令结束时(IR)＝66H、(PC)＝13H。

分析指令阶段没有任何操作。当前指令的分析结果是：指令为 SUB（单字长指令），功能为 RD←(RD)－(RS)，RS＝10，RD＝01。

在执行指令阶段，SUB 指令无须计算操作数地址，只有数据操作，当前指令的操作为：R1←(R1)－(R2)。注意，由于 ALU 是组合逻辑部件、无法保存数据，因此，取操作数的动作 ALU_A←(R1)及 ALU_B←(R2)、数据操作的动作 ALU_A－ALU_B、保存结果的动作 R1←ALU_F 必须同时进行，才能保证结果的正确性。也就是说，与 ALU 相关的动作属于同一个操作。指令执行结束时(R1)＝18H、ZF＝0。

对于指令地址计算，SUB 指令为单字长的顺序型指令，与 LD 指令相同，取指令阶段结束时，(PC)已经是下条指令地址，指令地址计算已经完成。

4）分支指令 JNZ 的执行过程

取指令阶段的操作对所有指令通用，不再复述。取指令开始时(PC)＝13H，取指令结束时(IR)＝DEH、(PC)＝14H。

分析指令阶段没有任何操作。当前指令的分析结果是：指令为 JNZ（单字长指令），功能为 ZF=0 时 PC←(PC)＋disp，disp＝1110。

在执行指令阶段，JNZ 指令没有任何操作。

对于指令地址计算，当 ZF=0 时，指令寻址为相对寻址方式，当前指令的操作是：PC←(PC)＋(ExtU)。注意，与 ALU 相关的动作属于同一操作；由于 IR 低 4 位直接连接 ExtU，对 disp 的操作只需控制 ExtU 即可。当 ZF=1 时，指令寻址为隐含寻址方式，JNZ 为单字长指令，与 LD 指令相同，取指令阶段结束时，(PC)已经是下条指令地址，指令地址计算已经完成。由于上条指令执行结束时 ZF＝0，ExtU 的输出为 FEH（符号扩展），下条指令地址为(PC)＝14H＋FEH＝12H。

注意，为了缩短指令周期，分支、跳转等转移型指令的指令地址计算都放在指令执行阶段完成。

通过以上指令序列的执行过程分析可知，指令执行过程有如下特征：

（1）指令执行过程由取指令、分析指令、执行指令阶段三个阶段组成。取指令阶段的操作对所有指令都是通用的，分析指令阶段没有操作，执行指令阶段的操作受指令的操作类型、寻址方式、指令字长等因素影响。

（2）指令执行过程的操作是一个有序的基本操作序列。

（3）基本操作有寄存器间传送、存储器读、存储器写、算逻运算 4 种类型。它们的功能分别是：

①寄存器间传送，实现两个寄存器之间的数据传送，表示为 RD←(RS)；

②存储器读，从存储器中读出一个字，表示为 MDR←M[(MAR)]；

③存储器写，向存储器中写入一个字，表示为 M[(MAR)]←(MDR)；

④算逻运算，实现一次算逻运算，表示为 RD←(RS1) op (RS2)。由于 ALU 为组合逻辑部件，因此，算逻运算的源数据及结果数据必须保存在寄存器中。

那么，图 5.4 的数据通路为什么需要这些部件，采用什么样的结构互连，才能满足各种指令基本操作序列的要求？下面的数据通路组织将要解决这些问题。

5.2　数据通路的组织

5.2.1　数据通路的组成

我们知道，数据通路（DataPath）指指令执行过程中数据所经过的路径及路径上的部件，这些部件需要按照一定方式连接起来，才能满足所有指令执行的需要。因此，数据通路由功能部件、互连结构两部分组成，互连结构又常称为数据通路结构。

1. 数据通路部件

数据通路部件指指令执行过程中用来操作或保存数据的功能部件，有操作部件（组合逻辑电路）、状态部件（时序逻辑电路）两种类型。

操作部件、状态部件都由最基本的数字逻辑电路组成，2.3.1 节已经介绍了常见的组合逻辑、时序逻辑的元件组成，如多路选择器 MUX、加法器 Adder、寄存器、计数器等，数字逻辑电路基础较弱的读者，可以先温习一下这部分内容。

由指令执行过程的操作可知，取指令阶段所需要的功能部件通常有：程序计数器 PC、指令寄存器 IR、指令存储器 IMEM、加法器 Adder，Adder 用于计算下条指令地址，某些情况下可以缺省。分析指令阶段所需要的功能部件为指令译码器 ID，但它不属于数据通路。执行指令阶段所需要的部件通常有寄存器组 GPRs、ALU、状态寄存器 PSR、数据存储器 DMEM，部件需求与指令功能密切相关。注意，IMEM 与 DMEM 为存储系统部件，可以采用哈佛结构（2 个存储器），也可以采用冯·诺依曼结构（1 个存储器），由 CPU 总体架构决定；为了便于理解数据通路，常放在 CPU 中一起讲解。

还是以 Demo_IS 指令系统为例，数据通路部件应该有 PC、IR、MAR、MDR、MEM、GPRs、ExtU（位扩展单元）、ALU、PSR。其中，MEM 可以存放指令和数据，MAR、MDR、MEM 是存储器访问的一组套件。

取指阶段的操作由 PC、IR、MEM、MAR、MDR 实现。PC 增量操作为 PC←(PC)+1 时，可用 PC 实现，此时 PC 由计数器组成；否则为 PC←(PC)+n（MIPS 中 n=4），需要使用 Adder 实现。

执行指令阶段的操作由 GPRs、ExtU、ALU、PSR、MAR、MDR、MEM 实现。其中，GPRs、MEM 保存源/目的操作数，ExtU 实现相对寻址的符号扩展，ALU 实现算术运算，PSR 保存状态标志。

对 GPRs 而言，由于本例中一条指令最多读两个寄存器、写一个寄存器，因此，GPRs 可以组织成两个读端口、一个写端口，不需要为每个寄存器设置读/写端口，如图 5.6(a) 所示。由图 2.12 的功能表可知，读寄存器是组合逻辑操作，写寄存器是时序逻辑操作，因此，对图 5.6(a) 的 GPRs 而言，输入寄存器号到 rA 和 rB，即可输出所读寄存器的数据 dA 和 dB；输入寄存器号到 rW、所写数据到 dW，dW 上数据在 Wr 有效、Clk 上升沿时写入，即所写寄存器 rW 的时钟脉冲端 CK 的逻辑为 Wr·Clk。

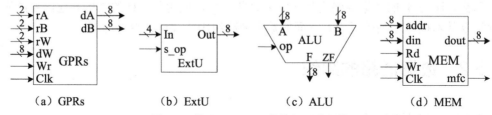

（a）GPRs　　　　（b）ExtU　　　　（c）ALU　　　　（d）MEM

图 5.6　基于 Demo_IS 的数据通路部件

对 ExtU 而言，有零扩展、符号扩展两种功能，如图 5.6(b) 所示，s_op 为功能选择信号，通常 s_op＝0 时为零扩展、s_op＝1 时为符号扩展。由于本例只要求实现符号扩展，因此，ExtU 的 s_op＝1。

对 ALU 而言，由于本例只要求实现加、减运算，只使用 ZF 标志，因此，ALU 的操作控制信号只需一位，产生的标志只有 ZF，如图 5.6(c) 所示。

对 MEM 而言，现在都采用同步存储器（如 SDRAM），地址输入、数据 I/O 都由时钟信号 Clk 控制，其数据引脚通常采用输入、输出分离结构，如图 5.6(d) 所示。由于存储器完成操作所需的时间不固定（如刷新时需要等待），因此，需要设置状态信号 mfc（memory function completed）表示操作完成状态，存储器开始操作时 mfc 自动变为 0，完成操作时 mfc 自动变为 1。

由以上的分析可知，影响数据通路部件设置的因素有：一是指令的执行过程，如取指令阶段的操作；二是指令系统的功能，如执行指令阶段的操作；三是 CPU 的总体架构，如 CPU 是单/多周期 CPU，存储器是/否采用哈佛结构等；四是数据通路结构，如总线方式互连与分散方式互连时，对部件功能的要求不同。

2．数据通路结构

指令执行过程由多个有序的操作组成，不同部件之间总是输出端与输入端连接。根据不同部件的输出端是否共享信号线，数据通路结构有总线结构、专用结构两种类型。

不同数据通路结构对部件功能、连接元件的要求不同，对 CPU 性能的影响也不同。

1）总线结构数据通路

总线结构指多个部件输出端通过同一个信号线连接到其他部件输入端的互连方式。根据数据通路中的公共信号线（总线）的数量，总线结构又分为单总线结构、双总线结构、三总线结构等类型。总线结构可以同时进行一个或几个数据的传送。

由于多个部件的输出端连接到同一个总线上，因此，同一时刻只能有一个部件可以发送数据，否则会发生信号冲突。解决方法是：所有的部件输出端都必须通过三态门连接到总线上，自带三态输出功能的部件除外。

由于组合逻辑部件的输出只依赖于其输入，因此，组合逻辑部件的输入端、输出端不能连接在同一个总线上，否则会发生信号冲突。解决方法一是增设寄存器（或锁存器），使所有输入端及输出端中只有一个直接连接在同一总线上；二是增加总线数量，使每个输入端及输出端连接到不同总线上。例如，图 5.6(c) 的 ALU 中，A、B 及 F 不能连接到同一个总线上，需要增设 2 个寄存器（或锁存器），或者采用三总线结构，或者采用双总线结构并增设一个寄存器。

因此，总线结构中，所有的部件输出端必须通过三态门连接到总线，组合逻辑部件只有一个输入端或输出端可以直接连接到总线上。图 5.7 是一个单总线结构的数据通路，采用了 Demo_IS 指令系统，其中，▷ 为增设的三态门，用于控制部件向总线输出数据；Y、Z 为增设的锁存器，用于解决 ALU 三个端口连接到总线的信号冲突。

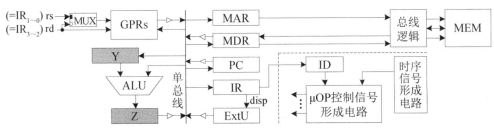

图 5.7　单总线结构的数据通路

由于 Y→ALU、disp(IR)→ExtU 与其他部件不存在数据传送冲突，因此，不需要通过三态门进行控制。对比图 5.6(a) 可见，图 5.7 中的 GPRs 只有一个读端口，这是由单总线结构的特性决定的，若 GPRs 设置两个读端口，读性能未提高，硬件成本增加。

2）专用结构数据通路

专用结构指部件每个输入端都通过不同信号线连接到其他部件输出端的互连方式，即部件之间根据需要直接互连，又称点点结构。指令执行过程中，由于部件每个输入端与相应的部件输出端之间都有专门的数据信号线，因此，专用结构可以同时进行所有数据的传送。

由于同一个输入端连接有多个部件输出端，为了同一时刻只接收一个部件输出端的数据，部件的每个输入端都必须通过多路选择器连接不同的部件输出端，部件输入端只与一个部件输出端连接时除外。

因此，专用结构中，部件的每个输入端必须通过多路选择器连接到不同的部件输出端。图 5.8 是一个专用结构的数据通路，同样采用了 Demo_IS 指令系统，MUX 为增设的多路选择器，用于接收数据的选择。

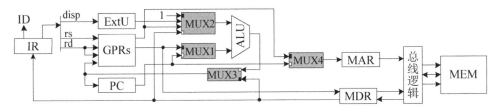

图 5.8　专用结构的数据通路

基于图 5.8 来分析各条指令的执行过程（5.1.4 节中的操作序列），可以发现，图 5.8 具有各条指令执行所需的全部数据路径，任意一个传输线路上都只有一个输出端，因而可以并行传送数据。由于没有输出冲突，GPRs 可以设置两个读端口，以提高数据传送性能。

现在，我们来分析一下总线结构、专用结构的特点。总线结构中，部件互连简单，多个数据传送需分时完成，指令周期由多个时钟周期组成。专用结构中，部件互连复杂，多个数据传送可以同时完成，指令周期可能由一个时钟周期组成。需要注意的是，无论采用哪种互连结构，连接线路都必须满足所有指令执行的数据传送要求。

3．数据通路的微操作及其控制

原子操作指不能再细化的操作，通常，将 CPU 内部的原子操作称为微操作（μOP），将实现 μOP 的部件控制信号称为微操作控制信号，又称为微操作命令（μOPCmd），将完成一个 μOP 的时间（或启动两个相邻 μOP 的间隔时间）称为一个节拍，多个 μOP 可以通过不同的节拍信号进行时序控制，来形成 μOP 序列。

由于每个 μOP 都是一个独立的操作，不依赖于其他 μOP，因此，μOP 的结果都必须保存到状态部件（时序逻辑部件）中，因而，操作的源数据也必须来自状态部件。

由 5.1.4 节可知，CPU 中的基本操作有 4 种，基于数据通路来分析它们的功能，可以发现其操作功能已经不可再细分，因此，这 4 种基本操作都是微操作。

CPU 中的 μOP 主要有寄存器间传送、存储器读、存储器写、算逻运算 4 种，功能分别为 RD←(RS)、MDR←M[(MAR)]、M[(MAR)]←(MDR)、RD←(RS1) op (RS2)，其中 op 为具体的运算符。CPU 中还有一些特定功能的 μOP，如计数器的计数功能用 PC←(PC)＋1 表示，某些控制信号的置位及复位等。

下面，我们来看一下实现 4 种主要 μOP 的微操作控制信号。为了便于表述，寄存器 Rx 的读出、写入控制信号记为 Rx_{out}、Rx_{in}。注意，下面的 μOPCmd 中只列出了有效的微操作控制信号，无效的微操作控制信号未列出。

1）寄存器间传送 μOP

寄存器的基本组成如图 2.12 所示，寄存器内容的读出是使能的（无需操作控制），对寄存器的操作有写入、清零两种，清零功能通常只在硬件初始化时使用。

数据通路中，总线结构的寄存器间连接方式如图 5.9(a) 所示，Rx_{out} 为三态门控制信号，功能是实现寄存器的读出控制，Rx_{in} 连接到寄存器的时钟脉冲端 CK，数据在 Rx_{in} 上升沿时写入；专用结构的寄存器间连接方式如图 5.9(b) 所示，Ry_{sel} 为 MUX 的通道选择信号。

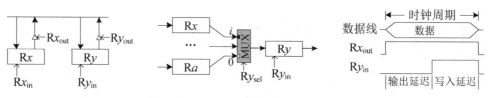

（a）总线结构的寄存器连接　　（b）专用结构的寄存器连接　　（c）数据传送的电位-脉冲制

图 5.9　寄存器之间的连接及数据传送

为了正确地进行数据传送，Ry 应在发送端的数据稳定后再写入，图 5.9(c) 是基于图 5.9(a) 的数据传送（Ry←Rx）的控制信号时序，可见，Rx_{out} 为电位信号，Ry_{in} 为脉冲信号，这种据传送机制又称为电位-脉冲制。

因此，总线结构通路中，寄存器间传送（Ry←Rx）的 μOPCmd 为：Rx_{out}、Ry_{in}；专用结构通路中，寄存器间传送的 μOPCmd 为：R$y_{sel}=i$、Ry_{in}。

2）存储器读及存储器写 μOP

存储器读、存储器写 μOP 功能分别是 MDR←M[(MAR)]、M[(MAR)]←(MDR)，μOP 的完成时间通常是不固定的（如 Cache 是否命中），μOP 的实现有同步控制、异步控制两种控制方式。

异步控制方式下，存储器接口如图 5.6(d) 所示，CPU 发出读/写控制信号后，需要等待存储器完成操作，即等待操作状态信号 mfc 从 0→1，然后，CPU 才可以进行下一个 μOP。CPU 进入/退出等待状态，需要使用一个 μOP 控制信号来实现，这个 μOP 控制信号常用 WMFC（Wait MFC）来表示，WMFC=1 时 CPU 处于等待状态，存储器完成操作后，进行下一个 μOP 时使 WMFC=0，CPU 即可退出等待状态。由于 mfc 从 0→1 表示存储器完成操作，因此，mfc 可以用作存储器→MDR 的写入控制信号。

MAR 及 MDR 与存储器的连接及操作控制如图 5.10 所示，其中，Read、Write 为存储器的读、写控制信号，Read=Write=0 表示没有访存操作；MDR$_{in}$ 为将 ALU 等部件的数据写入 MDR 的控制信号。

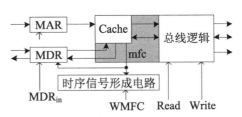

图5.10　存储器的连接及读/写控制

因此，异步控制方式下，存储器读的 μOPCmd 为：Read、WMFC，存储器读操作完成时，所读数据已写入 MDR。存储器写的 μOPCmd 为：Write、WMFC。

同步控制方式下，存储器总是在固定时间内完成操作，存储器接口中不设置 mfc 信号，CPU 在发出读/写控制信号后，即可进行后续的 μOP，存储器在约定时间内完成操作；若操作为存储器读，CPU 还需要发出控制信号（常用 MDR$_{inB}$ 表示）将从存储器读出的内容写入 MDR；若操作为存储器写，CPU 无须进行其他操作。同步控制方式同样适用于其他时延较长的 μOP。

因此，同步控制方式下，存储器读的操作控制需要有两个步骤，μOPCmd 分别为：①Read 及②MDR$_{inB}$，两个 μOPCmd 的间隔拍数等于约定的存储器存取时间。存储器写的操作控制只需要一个步骤，μOPCmd 为：Write。

注意，为了正确地进行访存操作，应先将访问地址送入 MAR，才进行存储器读 μOP；应先将访问地址送入 MAR、将所写数据送入 MDR，才进行存储器写 μOP。

3）算逻运算 μOP

算术运算及逻辑运算都由 ALU 实现。数据通路中，单总线结构、专用结构的 ALU 连接方式及操作控制信号如图 5.11 所示，与图 5.7 及图 5.8 相比，只是增加了部件控制信号。需要注意的是，Y 的输出是使能的（不需要控制信号），ALU 的功能决定了 op 的信号线个数。

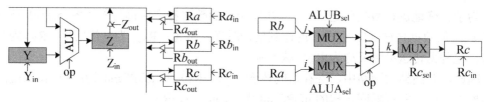

（a）单总线结构的 ALU 连接　　　　（b）专用结构的 ALU 连接

图 5.11　ALU 的连接及操作控制信号

ALU 是组合逻辑部件，与 ALU 相关的操作为同一个 μOP。单总线结构通路中，算逻运算的 μOPCmd 为：Rx_{out}、op=op_n、Z_{in}。操作 Rc←（Ra）op_n（Rb）需要分三步实现，其 μOPCmd 序列为：① Ra_{out}、Y_{in}，② Rb_{out}、op=op_n、Z_{in}，③ Z_{out}、Rc_{in}。专用结构通路中，算逻运算的 μOPCmd 为：$ALUA_{sel}$=i、$ALUB_{sel}$=j、op=op_n、Rc_{sel}=k、Rc_{in}。

4．指令执行过程的组织

基于具体的数据通路，指令执行过程可以用相应的 μOP 序列或 μOPCmd 序列来表示，序列的步数等于该指令执行所需的节拍个数，根据每个节拍所需的时钟周期数，可计算出指令执行所需的时钟周期数 CPI。

组织 μOP 序列时，为了正确实现指令的功能，应该严格按照图 5.3 的指令执行过程来安排各个 μOP 的顺序；为了缩短指令执行时间，可以并行执行的 μOP 应该安排在同一个步骤中。

下面，通过具体的例子，来说明指令执行过程的 μOP 序列是如何组织的。

例 5.1　某采用 Demo_IS 指令系统的 CPU 中，数据通路采用图 5.7 的单总线结构，GPRs 的读、写控制信号分别为 GR_{out}、GR_{in}，读地址选择信号为 Rsel（0 选择 rd、1 选择 rs），其余寄存器/部件 X 的读、写控制信号分别为 X_{out}、X_{in}，存储器访问的控制信号为 Read、Write、WMFC。ALU 具有加、减、+1、−1 功能，对应的控制信号 op＝00、01、10、11，PC 具有计数功能（计数控制信号为 PC_{+1}）。

（1）写出取指令阶段的 μOP 序列及 μOPCmd 序列。

（2）写出 LD 指令 RD←M［（RS）］执行

（3）写出 ST 指令 M［（RS）］←（RD）执行

（4）写出 SUB 指令 RD←（RD）−（RS）执行

（5）写出单字长 JNZ 指令 JNZ disp 执行

（6）写出 MOV 指令 RD←Imme 执行

解：（1）取指令阶段的任务是 IR←M［（PC）］、PC←（PC）+1。由于 PC 具有计数功能，因而 PC←（PC）+1 是原子操作，取指令阶段的 μOP 序列及 μOPCmd 序列如下：

　　　　t1：MAR←（PC）　　　　　　　　　t1：PC_{out}、MAR_{in}

　　　　t2：MDR←M［（MAR）］，PC←（PC）+1　　t2：Read、WMFC，PC_{+1}

　　　　t3：IR←（MDR）　　　　　　　　　t3：MDR_{out}、IR_{in}

其中，tx 表示序列的第 x 步，μOPCmd 序列中只列出了有效的 μOP 控制信号。

注意，存在数据相关的 μOP 必须安排在不同步骤中，如访存前需要先将地址送入 MAR，故 MDR←M［（MAR）］放在 t2 步。PC←（PC）+1 放在 t2 步或 t3 步均可。指令译码不需要操作控制，可以放在 t3 步或新增的 t4 步实现，取决于指令译码的时延大小。

（2）指令 RD←M[(RS)] 的源操作数为寄存器间接寻址，执行阶段的 μOP 序列及 μOPCmd 序列如下：

t4：MAR←(RS)   t4：GR_{out}、Rsel、MAR_{in}

t5：MDR←M[(MAR)]   t5：Read、WMFC

t6：RD←(MDR)，End←1   t6：MDR_{out}、GR_{in}、End

由于读 GPRs 的地址可能来自 rs 或 rd，故读操作需要进行地址选择，写操作则不需要选择。由于不同指令的 μOP 序列步数不同，图 5.2 的中断请求检测应该放在指令周期结束时进行，因此，需要增设一个 μOP 控制信号 End，来实现指令周期的最后一个步骤指示，便于中断机构进行中断请求检测，在下一个步骤进行中断响应。

（3）指令 M[(RS)]←(RD) 执行阶段的 μOP 序列及 μOPCmd 序列如下：

t4：MAR←(RS)   t4：GR_{out}、Rsel、MAR_{in}

t5：MDR←(RD)   t5：GR_{out}、MDR_{in}

t6：M[(MAR)]←(MDR)，End←1   t6：Write、WMFC、End

（4）指令 RD←(RD)−(RS) 执行阶段的 μOP 序列及 μOPCmd 序列如下：

t4：Y←(RD)   t4：GR_{out}、Y_{in}

t5：Z←(Y)−(RS)   t5：GR_{out}、Rsel、op=01、Z_{in}

t6：RD←(Z)，End←1   t6：Z_{out}、GR_{in}、End

注意，ALU 的加/减功能为 A+B 或 A−B，A 用作被加数或被减数，指令的两个源操作数不能送错；Y 的输出是使能的，不需要操作控制信号。

（5）单字长 JNZ 指令采用相对寻址方式，ExtU 自动将偏移量（IR 的低 4 位）扩展为机器字长，对偏移量的操作通过对 ExtU 操作来实现。

ZF=0 时，执行阶段的 μOP 序列及 μOPCmd 序列为：

t4：Y←(PC)   t4：PC_{out}、Y_{in}

t5：Z←(Y)+(ExtU)   t5：$ExtU_{out}$、op=00、Z_{in}

t6：PC←(Z)，End←1   t6：Z_{out}、PC_{in}、End

ZF=1 时，执行阶段的 μOP 序列及 μOPCmd 序列为：

t4：End←1   t4：End

（6）MOV 指令为双字长指令，取指令阶段只取出了第一个字，其中包含操作码、寻址方式等信息，由于第二个字的内容为地址参数，通常安排在执行指令阶段来取出。执行阶段的 μOP 序列及 μOPCmd 序列为：

t4：MAR←(PC)   t4：PC_{out}、MAR_{in}

t5：MDR←M[(MAR)]，PC←(PC)+1   t5：Read、WMFC、PC_{+1}

t6：RD←(MDR)，End←1   t6：MDR_{out}、GR_{in}、End

注意，任何时候取指令字中内容时，每取出一个字，就必须进行一次 PC 增量操作（PC←(PC)+"1"），以确保 PC 指向下条指令或指令字中的下一个字。

可以发现，μOP 序列的组织就是将指令执行过程的所有 μOP 安排到各个步骤中。取指令阶段的 μOP 序列是通用的，执行阶段有取操作数、数据操作、保存结果三个环节，

每种寻址方式的 μOP 都有所不同，不同指令的数据操作也有所不同，应注意区分。

例 5.2 某基于 Demo_IS 指令系统的 CPU 中，数据通路采用图 5.8 的专用结构，GPRs、ALU、ExtU、其他寄存器、存储器、PC 的功能及写操作控制信号同例 5.1，MUX1~MUX4 的选择信号分别为 $ALUA_{sel}$、$ALUB_{sel}$、GR_{sel}、MAR_{sel}，□表示 0#输入端。

（1）写出取指令阶段的 μOP 序列及 μOPCmd 序列。

（2）写出 ST 指令 M[(RS)]←(RD) 执行阶段的 μOP 序列及 μOPCmd 序列。

（3）写出 SUB 指令 RD←(RD)−(RS) 执行阶段的 μOP 序列及 μOPCmd 序列。

解：（1）取指令阶段的的 μOP 序列及 μOPCmd 序列如下：

t1：MAR←(PC)	t1：$MAR_{sel}=0$、MAR_{in}
t2：MDR←M[(MAR)]，PC←(PC)+1	t2：Read、WMFC，PC_{+1}
t3：IR←(MDR)	t3：IR_{in}

由于几个 μOP 都存在数据相关，故需要串行完成。

（2）指令 M[(RS)]←(RD) 执行阶段的 μOP 序列及 μOPCmd 序列如下：

t4：MAR←(RS)，MDR←(RD)	t4：$MAR_{sel}=1$、MAR_{in}，MDR_{in}
t5：M[(MAR)]←(MDR)，End←1	t5：Write、WMFC，End

由于 GPRs 有两个读端口，故 t4 步的两个数据传送可以并行完成。

（3）指令 RD←(RD)−(RS) 执行阶段的 μOP 序列及 μOPCmd 序列如下：

t4：RD←(RD)−(RS)，End←1	t4：$ALUA_{sel}=1$、$ALUB_{sel}=1$、op=01、$GR_{sel}=0$、GR_{in}，End

由于与 ALU 相关的操作都属于同一个 μOP，因此，ALU_A←(RD)、ALU_B←(RS)、op←01、RD←ALU_F 都必须放在同一步完成。

可见，专用结构与总线结构的数据通路中，同一条指令执行过程的 μOP 序列通常是不同的，专用结构的性能更优。

5.2.2 数据通路的设计方法

1. 指令周期与数据通路结构

由图 5.3 可以发现，指令执行过程的操作包括组合逻辑操作、时序逻辑操作两种，时序逻辑操作有寄存器写入、存储器读、存储器写三种，其余都是组合逻辑操作。指令执行过程中，组合逻辑操作可能连续出现，也可能与时序逻辑操作交替出现。

指令执行过程中的操作，可以安排在一个时钟周期或多个时钟周期内完成。不同的指令周期类型（单周期/多周期），对数据通路的组织有不同的要求。

单周期 CPU 中，指令周期由一个时钟周期组成，数据通路只能采用专用结构，以减少 μOP 序列的步数；并且所有部件都不能复用，使用次数超过一次的部件都要重复配置，如存储器必须采用哈佛结构。

多周期 CPU 中，指令周期由多个时钟周期组成，数据通路可以采用总线结构或者专用结构，对部件的使用也没有限制。相对于单周期 CPU，多周期 CPU 有如下两个主要优点：部件在指令周期中可以复用，不同指令周期的时钟周期数可以不同。

单周期 CPU 中，时钟周期为最复杂指令所需的时间，即 $T_C=\max\{T_{指令i}\}$、CPI=1，并且指令周期中部件不能复用，因此，单周期 CPU 的性能最差、成本最高，最大优点是结构简单、控制简单。

多周期 CPU 中，时钟周期通常为基本 μOP 所需时间，即 $T_C=\max\{T_{\mu OPi}\}$、CPI$=n$，并且不同指令的 n 不同，因此，多周期 CPU 的性能较好。数据通路采用总线结构时，控制简单、性能较差，采用专用结构时，控制复杂、性能较好。

因此，单周期 CPU、总线结构的多周期 CPU 只会在教学中出现，实际应用中，都是专用结构的多周期 CPU。

2．数据通路的设计方法

由前面的讨论可知，数据通路的组织除与指令系统有关外，还与 CPU 的一些结构参数有关，如指令周期类型（单周期/多周期）、存储器结构类型（冯·诺依曼结构/哈佛结构）、数据通路结构类型（总线结构/专用结构）。这些结构参数决定了数据通路实现每条指令功能的方法。因此，数据通路设计之前，必须确定上述三个结构参数。

数据通路由功能部件、互连结构两个部分组成，数据通路的设计通常分为三个步骤：指令系统分析、功能部件设计、部件互连设计。

1）指令系统分析

指令系统分析主要是分析每条指令的操作类型、操作数寻址方式、指令寻址方式，以及各种数据类型的表示方法。汇总各条指令的信息后，可以得到如下结果：所支持的操作类型，所支持寻址方式的地址计算方法、源数据及结果的位数，所支持的数据类型，寄存器的位数及个数，存储器的编址单位、地址空间等。

指令系统的分析结果是后续设计的基础。例如，所支持的数据类型决定了功能部件的种类（如 ALU 及 FPU），所支持操作类型决定了 ALU 的功能，寻址方式的地址计算方法扩展了 ALU 的功能、或新增部件的功能，整数类型参数决定了数据通路宽度等。

2）功能部件设计

功能部件设计的内容是部件的功能组织与配置。数据通路中，功能部件主要包括数据操作单元、指令地址计算单元（简称地址计算单元）、寄存器组、存储器及特殊功能寄存器，多周期数据通路还包括一些附加寄存器。数据操作单元负责实现数据操作、操作数寻址的功能，地址计算单元负责实现指令寻址的功能，特殊功能寄存器用作指令控制、外部访问的接口（如 PC、IR、MAR、MDR 等）。

数据操作单元中，部件的种类、功能取决于指令的操作类型、操作数寻址方式，不兼容的操作或操作数类型需要用不同的部件来实现。例如，基址寻址方式需要加法器 Adder（或 ALU）及 ExtU 的支持，其端口位数由所支持的数据类型决定。

地址计算单元中，部件的种类、功能取决于指令寻址方式，以及指令周期类型。例如，(PC)＋"1"、相对寻址需要使用加法运算，单周期 CPU 中会增设加法器 Adder，多周期 CPU 中会由 ALU 来完成。

寄存器组中，寄存器个数取决于寄存器寻址方式的地址码位数，寄存器宽度取决于整数及浮点数的位数。寄存器组的读/写端口个数取决于指令功能要求、数据通路结构，专用结构可以有多个读端口，单总线结构只能有一个读端口。

存储器中，其编址单位、地址空间由计算机结构确定。为了一次能够访问一个整数

（＝机器字长），存储器通常组织成并行访问方式的多体交叉存储器，如图 3.39 所示。

数据通路中，部件配置的个数与指令周期类型、部件复用方案密切相关。例如，相对寻址的操作为 PC←(PC)＋"1"＋disp，单周期 CPU 需要配置两个 Adder、一个 ExtU，多周期 CPU 则全部由 ALU 及 ExtU 来完成。

3）部件互连设计

部件互连设计的任务是为各条指令建立数据通路。部件的互连方法受数据通路结构、指令功能、部件复用方案的影响。

总线结构数据通路中，所有部件的输出端通过三态门连接到总线上，每个组合逻辑部件只有一个端口可直接连接总线，其余端口需通过寄存器/锁存器与总线相连。

专用结构数据通路中，每条指令的数据路径可以基于该指令功能、部件复用方案得到，部件互连需求需要汇总每条指令的数据路径才能得到，每个部件的输入端通过多路选择器与所需连接的部件输出端直接连接。

数据通路的设计方法比较抽象、不容易理解，下面，我们通过两个例子，来说明单周期数据通路、多周期数据通路的设计过程。

5.2.3 单周期数据通路的设计

本节以 MIPS 指令系统的 7 条指令为例，来设计单周期数据通路。这 7 条指令为 add、sub、ori、lw、sw、beq 及 j，它们涉及 MIPS 的三种指令格式，具有一定的代表性。

单周期 CPU 中，数据通路只能采用专用结构，存储器只能采用哈佛结构。

下面，我们从指令系统分析、功能部件设计、部件互连设计这三个方面分别讨论。

1．指令系统分析

MIPS 指令系统中，所需设计的 7 条指令功能如表 5.1 所示。

表 5.1 MIPS 中 7 条指令的功能

指令名	指令功能	功能说明
有符号加 add	rd←(rs)＋(rt)	操作数为有符号整数
有符号减 sub	rd←(rs)－(rt)	
按位或 ori	rt←(rs)｜ZExt(imme)	ZExt 表示零扩展，操作数为逻辑数
取数 lw	rt←M[(rs)＋SExt(disp)]	SExt 表示符号扩展
存数 sw	M[(rs)＋SExt(disp)]←(rt)	
相等转移 beq	if ((rs)＝(rt)) PC←(PC)＋4＋SExt(disp)<<2	无符号减法
跳转 j	PC←(PC)$_{高4位}$‖addr<<2	‖表示拼接，<<2 等价于最低 2 位为 00

对表 5.1 进行分析，可以得到如下结果：

（1）数据类型有 32 位的整数、逻辑数两种，分别采用定点格式（补码/无符号编码）、位向量格式表示。

（2）数据操作有 32 位的有符号加、有符号减、按位或、无符号减四种，无符号减法需要产生 ZF 标志，有符号加/减运算需要产生 OF 标志。

（3）数据寻址有寄存器寻址、立即寻址、基址寻址三种方式，计算方法有 32 位的无符号加法、位扩展（零扩展及符号扩展）。

（4）指令寻址有隐含寻址、PC 相对寻址、伪直接寻址三种方式，计算方法有 32 位的无符号加法、位扩展（符号扩展）、左移 2 位、拼接。

（5）寄存器有 32 个，寄存器长度为 32 位，每条指令最多有两次读、一次写操作。

（6）存储器按字节编址，地址空间为 32 位。

2．功能部件设计

数据通路的功能部件主要包括数据操作单元、地址计算单元、寄存器组、存储器、特殊功能寄存器。单周期 CPU 要求，数据操作单元、地址计算单元不能复用，其内部的功能部件也不能复用。

1）数据操作单元

数据操作单元负责实现数据操作、数据寻址的功能。根据指令系统分析结果，数据操作单元应包含 ALU、ExtU 两个部件。ALU 可以实现 32 位的有符号加、有符号减、无符号加、无符号减、按位或运算，并产生 ZF 标志，只有有符号加/减运算才产生 OF 标志。ExtU 可以实现零扩展、符号扩展操作，其输入、输出分别为 16 位、32 位。

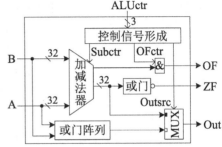

图5.12 支持7条指令的ALU组成

ALU 的组成如图 5.12 所示，ALUctr 控制操作类型（000~100 分别表示有符号加/有符号减/无符号加/无符号减/按位或），Subctr 控制运算类型（0/1 表示加/减），OFctr 控制是否产生 OF。

注意，本教材的多路选择器 MUX 中，用□、■表示控制信号为 0、1（或最大值）时所选择的输入端。

因此，控制信号形成电路逻辑为：$Subctr = ALUctr[0]$；OFctr 在 ALUctr 为 000、001 时有效，即 $OFctr = \overline{ALUctr[2] \cdot ALUctr[1]}$；Outsrc 在 ALUctr 为 000~011 时有效，即 $Outsrc = \overline{ALUctr[2]}$。

ExtU 的组成很简单：若输入、输出分别为 $d_{15} \cdots d_0$、$q_{31} \cdots q_0$，控制信号 s_op=1 时表示符号扩展，则 $q_{15} \cdots q_0 = d_{15} \cdots d_0$，$q_{31} \sim q_{16} = d_{15} \cdot s\_op$。

2）地址计算单元

地址计算单元（记为 ACU）负责实现指令寻址的功能。假设 beq、j 指令的操作码译码信号分别为 Branch、Jump，由表 5.1 可知，下条指令地址 NPC 有三种形成方式：

$$\begin{cases} Jump=1 \text{ 时，} NPC = (PC)_{高4位} \| addr << 2 \\ Branch \cdot ZF = 1 \text{ 时，} NPC = (PC) + 4 + SExt(disp) << 2 \\ \text{否则，} NPC = (PC) + 4 \end{cases}$$

因此，地址计算单元应包含 Adder、SExtU、SL2、Splice 四个部件，Adder 实现 32 位加法运算，SExtU 实现符号扩展操作，SL2 实现左移 2 位操作，Splice 实现 32 位拼接操作。

地址计算单元的组成如图 5.13 所示。由于部件不能复用，共需要两个 Adder；由于左移位数固定，SL2 可以用 disp 与 00 拼接来实现，如图中虚线圆圈所示，‖表示信号线拼接；SExtU 与 ExtU 的组成原理相同，仅输入位数不同；Splice 的组成如图中阴影框所示。

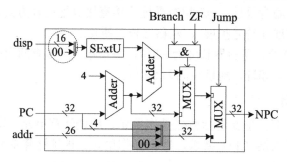

图 5.13　地址计算单元 ACU 的组成

3）寄存器组

寄存器组 GPRs 负责实现操作数的暂存，操作有读、写两种。根据指令系统分析结果及专用结构数据通路的要求，GPRs 有 32 个寄存器，应设置两个读端口、一个写端口。

GPRs 的外部接口如图 5.14 所示。由于寄存器的读操作是组合逻辑操作，写操作是

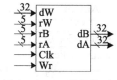

图5.14 GPRs外部接口

时序逻辑操作，因此，GPRs 的组成很简单：读出电路由两个 32 选 1 多路选择器组成，rA、rB 连接其数据选择信号来选择寄存器；写入电路由一个 5-32 译码器组成，rW 连接其输入信号来选择寄存器，Wr 连接其控制信号来实现写入控制。注意，0 号寄存器恒为 0，其清零端应一直有效或数据端一直为零。

4）存储器

存储器必须采用哈佛结构，指令存储器 IMEM、数据存储器 DMEM 都按字节编址，地址空间都为 32 位。

为了一次可以访问 32 位信息，IMEM 及 DMEM 应组织成并行访问方式的多体交叉存储器，如图 3.39 所示。由于本例中访问字长都为 32 位，故无须设置字节数据掩码信号 $DM_3 \sim DM_0$。

为了简化数据通路的设计，假设 IMEM 的读操作为组合逻辑操作。基于图 5.6(d) 的存储器接口，单周期数据通路的 IMEM 及 DMEM 外部接口如图 5.15 所示，其中，DMEM 为同步存储器，读、写操作都是时序逻辑操作。

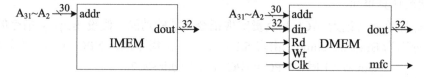

图 5.15　存储器的外部接口

5）特殊功能寄存器

特殊功能寄存器用作指令控制、外部访问的接口。由于指令周期只包含一个时钟周期，单周期数据通路中，应尽量减少时序操作，例如减少寄存器的写操作。

指令控制的接口中，PC 必须配置，因为需要保存下条指令地址；IR 可以缺省，因为 IR 的作用是使指令内容在执行阶段保持不变，单周期数据通路中，由于 IMEM 的读

操作为组合逻辑操作，PC 不变时指令内容就不会改变，而写 IR 又是时序操作，因此，IR 不必设置。

外部访问的接口中，MAR 及 MDR 都可以缺省，否则访存操作中就包含两次时序操作，因此，ALU、GPRs 等部件可以直接与 IMEM 及 DMEM 连接。

3. 部件互连设计

部件互连设计是为每条指令的数据路径建立部件连接。专用结构数据通路的设计思路是先得到每条指令的数据路径，再汇总所有的数据路径，使用多路选择器实现部件互连。

由功能部件设计的结果可知，功能部件有 ALU、ExtU、ACU、GPRs、IMEM、DMEM、PC。下面，就逐条建立各指令的数据通路，同时给出控制信号名称。由于指令寻址由 ACU 实现，ACU 可与其他部件并行工作，故暂不讨论指令寻址问题。

1）add/sub 指令的数据通路

add/sub 指令属于 R-型指令，功能是从 GPRs 中取出 rs、rt 寄存器的内容，送 ALU 进行加/减运算，将结果保存到 rd 寄存器中，并产生 OF 标志。

add/sub 指令的数据通路如图 5.16 所示，源寄存器 rs、rt 的数据分别从 GPRs 的 dA、dB 读出，运算结果从 GPRs 的 dW 写到目的寄存器 rd 中，ALUctr 控制 ALU 的操作类型，RegWr 控制是/否进行 GPRs 的写操作。

注意，ALU 中 A 端的数据应该来自(rs)，因为 ALU 的功能是 A±B；结果保存应安排在时钟周期结束时（下个时钟信号上升沿）进行，以尽量缩短指令周期的时长，因此，GPRs 的 Clk 应直接连接时钟信号。

2）ori 指令的数据通路

ori 指令属于 I-型指令，功能是将 imme 用 ExtU 进行零扩展后，与从 GPRs 中取出的 rs 寄存器内容进行按位或操作，再将结果保存到 rt 寄存器中。

可见，I-型运算类指令与 R-型指令的功能基本相同，仅一个源操作数的寻址方式不同。图 5.17 是在图 5.16 基础上，增加了 ori 指令功能的数据通路，它支持 3 条指令的执行。

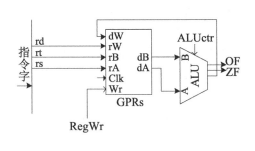

图 5.16　支持 add/sub 指令功能的数据通路

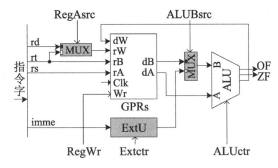

图 5.17　支持 ori 指令功能的数据通路

与图 5.16 相比，图 5.17 增加了一个 ExtU 及两个 MUX，用于处理 R-型指令与 I-型指令的格式差异。ExtU 用于对 imme 进行零扩展（Extctr＝0），以满足 ALU 的两个源操作数位数相同的要求；设置在 ALU 的 B 端的 MUX 用于选择源操作数［(rt)或 imme］；设置在 GPRs 的 rW 端的 MUX 用于选择目的寄存器（rd 或 rt）。

3）lw/sw 指令的数据通路

lw/sw 指令属于 I-型指令，功能是先计算访存地址，再进行存储器的读/写。基址寻址的地址计算过程都是一样的，先将偏移量 disp（指令格式中表示为 imme）用 ExtU 进行符号扩展后，再与从 GPRs 中取出的 rs 寄存器内容相加得到有效地址。

可见，lw/sw 指令的地址计算过程与 ori 指令的数据操作过程基本相同。图 5.18 是在图 5.17 基础上，增加了 lw/sw 指令功能的数据通路，它支持 5 条指令的执行。

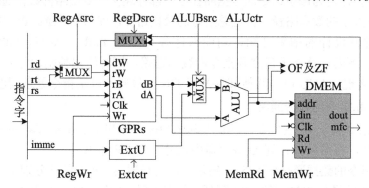

图 5.18　支持 lw/sw 指令功能的数据通路

与图 5.17 相比，图 5.18 增加了 DMEM 及一个 MUX，主要增加存储器读/写功能。新增的 MUX 用于选择目的操作数（ALU 结果或 DMEM 中数据），设置在 GPRs 的 dW端。对于存储器写操作，直接连接好 DMEM 的地址线、数据线即可。

注意，与 add/sub 相同，lw 指令应在时钟周期结束时写 GPRs；DMEM 为同步存储器，读/写 DMEM 就必须安排在时钟周期的中间进行，DMEM 的 Clk 应与时钟信号反相。

4）beq 指令的数据通路

beq 指令属于 I-型指令，功能是先从 GPRs 中取出 rs、rt 寄存器的内容，送 ALU 进行减法运算，仅产生标志 ZF（不产生 OF），再根据 ZF 的值决定指令寻址方法（隐含寻址或相对寻址），并进行指令地址计算，最后将结果写入 PC。

可见，beq 指令的数据比较过程与 add/sub 指令的数据操作过程相同，图 5.18 的数据通路可以满足 beq 指令的数据操作需求。所有指令的指令地址计算都由 ACU 实现，如图 5.13 所示，beq 指令的指令译码结果为：Branch＝1、Jump＝0。

5）j 指令的数据通路

j 指令属于 J-型指令，没有任何数据操作，只需进行指令地址计算，指令寻址为伪直接寻址方式。

可见，图 5.18 的数据通路可以满足 j 指令的功能需求。j 指令的指令地址计算也由 ACU 来实现，j 指令的指令译码结果为：Branch＝0、Jump＝1。

图 5.19 是支持 7 条 MIPS 指令功能的完整的数据通路，与图 5.18 相比，仅仅增加了取指令及地址计算的部件及其通路。其中，rs、rt、rd、imme、addr 直接取自指令字，OF、ZF 由 ALU 产生。外部信号包括指令译码器 ID 产生的 Branch、Jump，控制单元 CU 产生的所有控制信号，以及一个时钟信号（需要使用两个边沿）。

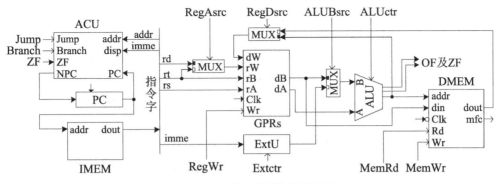

图 5.19　完整的单周期数据通路

注意，由于已经假设 IMEM 读操作为组合逻辑操作，指令字会随 PC 写入而改变，因此，PC 写入必须安排在时钟周期结束时进行，且无须控制信号，因为每个时钟周期都需要写入。

图 5.19 是本例的数据通路设计结果，各部件功能及组成参见本例的功能部件设计部分。

4．指令执行过程的组织

指令执行过程包括取指令、分析指令、执行指令三个阶段，单周期 CPU 在一个时钟周期内完成。基于图 5.19 的数据通路，指令执行过程如下：在时钟周期开始时，用 (PC)为地址从 IMEM 中取出当前指令；ID 自动进行指令译码，CU 根据 ID 的输出自动产生当前指令的所有 µOP 控制信号；数据通路部件根据 µOP 控制信号实现指令约定的功能，并形成下条指令地址，在时钟周期结束时写入到 PC 中。PC 在时钟周期结束时写入，触发了下个指令周期的开始。实现各条指令功能的具体操作，已在部件互连设计中解释过，不再赘述。

单周期 CPU 中，每条指令执行过程中的 µOP 控制信号只有一种状态（有效或无效），不同 µOP 控制信号没有先后次序要求。根据指令的约定功能，各条指令执行过程中的 µOP 控制信号如表 5.2 所示。其中，Branch、Jump 是由 ID 产生的操作类型信号，其余是由 CU 产生的 µOP 控制信号。

表 5.2　指令执行过程的 µOP 控制信号组织

指令	Branch	Jump	Extctr	ALUBsrc	ALUctr	RegAsrc	RegDsrc	RegWr	MemRd	MemWr
add	0	0	×	1	000	1	1	1	0	0
sub	0	0	×	1	001	1	1	1	0	0
ori	0	0	0	0	100	0	1	1	0	0
lw	0	0	1	0	010	0	0	1	1	0
sw	0	0	1	0	010	×	×	0	0	1
beq	1	0	×	1	011	×	×	0	0	0
j	0	1	×	×	×	×	×	0	0	0

注意，与指令执行数据路径无关的部件中，组合逻辑部件的控制信号可以为任意值

（×），时序逻辑部件的控制信号必须为无效值，如 RegWr＝0、MemWr＝MemRd＝0。单周期 CPU 中，无须设置 End 信号，因为它在每个时钟周期都有效。

基于表 5.2 的 μOP 控制信号，就可以设计控制器了，5.3 节将讨论控制器的设计。结合图 5.19 的数据通路，就可以得到一个单周期的 CPU。

5.2.4 多周期数据通路的设计

多周期 CPU 设计的基本思想是，将每条指令的执行过程分成多个时间上大致相等的阶段，每个阶段在一个时钟周期内完成，其他阶段需要使用的结果都必须保存在状态部件中，时钟周期的宽度为最复杂阶段所用的时间。

为了便于 μOP 的控制，时钟周期应该以最复杂 μOP 所需的时间为基准。由 CPU 的 4 种主要 μOP 可知，时钟周期应为一次 GPRs 访问、一个 ALU 操作或一次访存操作的最大延迟。为了提高 CPU 的性能，时钟周期的选择通常只考虑基本 μOP，不考虑时延较大的 μOP（如访存、乘法），即一个节拍通常占用一个时钟周期。

多周期 CPU 中，数据通路可以采用总线结构或专用结构，存储器可以采用冯·诺依曼结构或哈佛结构。

5.2.1 节以 Demo_IS 指令系统为例，讨论了总线结构的多周期数据通路的组成（如图 5.7 所示），并且讨论了基于该数据通路的指令执行过程的组织。总线结构的数据通路设计很简单，不再详细讨论。

本节以 MIPS 指令系统的 7 条指令为例，来进行专用结构的多周期数据通路的设计。为了便于对比分析，这 7 条指令就选用 5.2.3 节中单周期数据通路的 7 条指令，存储器同样采用哈佛结构。因此，可以通过改进单周期数据通路，来得到本节的多周期数据通路。

下面，主要讨论功能部件设计及部件互连设计，指令系统分析就不再赘述了。

1. 功能部件设计

多周期数据通路中的功能部件可以复用，功能部件设计时，需要先确定部件复用方案，再进行部件设计。注意，有多个因素会影响部件复用方案，确定时需要进行权衡，如复用部件不应增大时钟周期宽度。

分析图 5.19 的单周期数据通路可以发现，所有部件中，只有 ACU 的功能与 ALU、ExtU 有重复，因此，可以用 ALU、ExtU 来实现 ACU 的大部分功能，例如，(PC)＋4 及 (PC)＋SExt(disp) << 2 中的加法由 ALU 完成，符号扩展由 ExtU 完成。

假设本例采取用 ALU、ExtU 实现 ACU 中加法及符号扩展功能的部件复用方案，则多周期数据通路中，功能部件主要由 ALU、ExtU、SL2（左移 2 位）、Splice（拼接）、GPRs、IMEM、DMEM 组成。

ALU、ExtU、GPRs、IMEM、DMEM 的功能与单周期数据通路中相应部件完全相同。SL2 与图 5.13 略有不同，输入及输出都是 32 位；Splice 与图 5.13 完全相同。为了面向实际应用，本例假设 IMEM 为同步存储器，其读操作为时序逻辑操作，与图 5.15 有所不同。为了简化设计，假设 IMEM 及 DMEM 的操作延迟与 ALU 相当。

在多周期数据通路中，其他节拍需要使用的结果都必须保存在寄存器中，这些寄存器常称为附加寄存器。设置附加寄存器的方法是，①确定时钟周期长度，即在一个时钟周期内可以完成哪些部件操作；②组织各个 μOP 的功能，即每个 μOP（时延为时钟周期的倍数）可以完成哪些部件操作；③在每个 μOP 结束的那个时钟周期设置寄存器。

为了缩短时钟周期长度，参考图 5.19，决定每个时钟周期只完成下列操作之一：GPRs 读/写、ALU 操作、IMEM 读、DMEM 读/写。为了简化 μOP 功能，决定每个 μOP 只实现一个上述部件操作，以及 ExtU、Splice 等简单操作。因此，在 GPRs、ALU、IMEM、DMEM 之后都应该设置附加寄存器，否则相应 μOP 的时延为多个时钟周期。假设本例设置除 DMDR（DMEM 的 MDR）外的所有附加寄存器。

2．部件互连设计

在图 5.19 的单周期数据通路基础上进行改进时，每条指令的数据路径已经存在，部件互连设计的主要任务是增加部件复用方案所需的数据路径。

基于上述部件复用方案、附加寄存器设置方案，多周期数据通路如图 5.20 所示。其中，SL2、Splice 实现左移 2 位、拼接功能；IR、A、B、ALUOut、OF 为增设的附加寄存器；A 和 B 每个时钟周期都需写入，不需要控制信号。

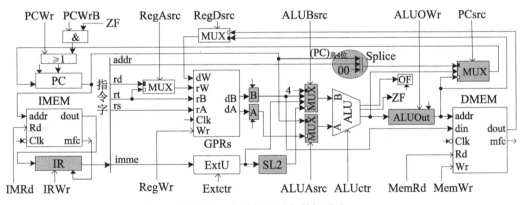

图 5.20　完整的多周期数据通路

由于 IMEM、DMEM 的内容需要写到 IR、GPRs 中，因此，IMEM、DMEM 的操作应安排在节拍的中间，写 IR、GPRs、PC 等安排在节拍结束时。

由于 PC←(PC)＋4 在取指令时实现，beq 指令在执行指令时可能重写 PC（由 ZF 值决定），本例增设控制信号 PCWr、PCWrB 分别进行控制。

图中，rs、rt、rd、imme、addr 直接取自 IR，OF、ZF 由 ALU 产生。外部信号包括 CU 产生的所有控制信号、IMEM 及 DMEM 输出的 2 个操作状态信号 mfc、2 个脉冲信号（时钟信号的 2 个边沿）。mfc 还用于节拍信号的定时控制。

3．指令执行过程的组织

指令执行过程包括取指令、分析指令、执行指令三个阶段，取指令、分析指令的操作对所有指令通用，分析指令的主要任务是对操作码（oper 及 func 字段）进行译码。

指令执行过程组织时需注意，每个 μOP 的功能应尽量简单，源数据、结果都放在状态部件中；对于时延固定且较长（＞1 个时钟周期）的 μOP，可以采用同步控制方式来实现（参见存储器读/写 μOP），即在 μOP 开始时、μOP 结束时各用 1 个 μOPCmd 来控制；MEM 读/写操作的所有信号应保持到 μOP 结束时。

取指令的任务是 IR←M[(PC)]、PC←(PC)＋4，基于图 5.20 的多周期数据通路，其 μOPCmd 如下：

t1：IMRd、IWMFC、IRWr，

ALUAsrc＝1、ALUBsrc＝3、ALUctr＝2、PCsrc＝1、PCWr

基于图 5.20 的多周期数据通路，7 条指令执行阶段的 μOPCmd 序列如下：

（1）add/sub 指令。指令功能为 rd←(rs)±(rt)，执行阶段的 μOPCmd 序列为

t2：无 ；μOP 为 A←(rs)、B←(rt)

t3：ALUAsrc＝0、ALUBsrc＝2、ALUctr＝0/1、ALUOWr

t4：RegAsrc＝1、RegDsrc＝1、RegWr，End

（2）ori 指令。指令功能为 rt←(rs)｜ZExt(imme)，执行阶段的 μOPCmd 序列为

t2：无 ；μOP 为 A←(rs)

t3：ALUAsrc＝0、ALUBsrc＝1、ALUctr＝4、ALUOWr

t4：RegAsrc＝0、RegDsrc＝1、RegWr，End

（3）lw 指令。指令功能为 rt←M[(rs)＋SExt(disp)]，执行阶段的 μOPCmd 序列为

t2：无 ；μOP 为 A←(rs)

t3：Extctr、ALUAsrc＝0、ALUBsrc＝1、ALUctr＝2、ALUOWr

t4：MemRd、WMFC

t5：MemRd、RegAsrc＝0、RegDsrc＝0、RegWr，End ；读操作需保持

（4）sw 指令。指令功能为 M[(rs)＋SExt(disp)]←(rt)，执行阶段的 μOPCmd 序列为

t2：无 ；μOP 为 A←(rs)、B←(rt)

t3：Extctr、ALUAsrc＝0、ALUBsrc＝1、ALUctr＝2、ALUOWr

t4：MemWr、WMFC，End

（5）beq 指令。指令功能为 if ((rs)＝(rt)) PC←(PC)＋SExt(disp)<<2，执行阶段的 μOPCmd 序列为

t2：Extctr、ALUAsrc＝1、ALUBsrc＝0、ALUctr＝2、ALUOWr

；μOP 还包括 A←(rs)、B←(rt)

t3：ALUAsrc＝0、ALUBsrc＝2、ALUctr＝3、PCsrc＝0、PCWrB，End

（6）j 指令。指令功能为 PC←(PC)$_{高4位}$‖addr <<2，执行阶段的 μOPCmd 序列为

t2：无 ；等待指令译码结果

t3：PCsrc＝2、PCWr，End

注意，μOPCmd 序列中没有列出与数据路径无关的控制信号，无关控制信号中的 RegWr＝MemWr＝MemRd＝0。

由于 t2 步操作的结果只保存到附件寄存器中，因此，每条指令的 t2 步操作可以相同，为各条指令的操作的集合，当前指令不使用时忽略即可。又由于 t2 步的操作都是组合逻辑操作，因此，t2 步的操作可以与指令译码合并在一个步骤中，即 t2 步的功能有：

指令译码、A ← (rs)、B ← (rt)、ALUOut ← (PC) ＋ SExt (disp) << 2。

可见，本例中各条指令的执行过程需要 3~5 个节拍，前 2 个节拍（取指令、指令译码）的操作是相同的，第 3 个节拍起（执行指令）的操作因指令类型而不同。

若将指令执行过程中每一个操作不同的步骤看作一个状态，则所有的指令执行过程构成了一个状态转换图，如图 5.21 所示，其中 (a) 表示控制信号的取值为 a。

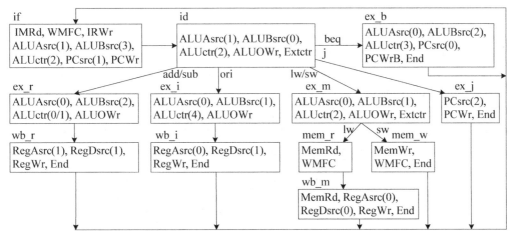

图 5.21　多周期指令执行过程的状态转换图

基于图 5.21 的状态转换图，就可以设计控制器了，5.3 节将讨论控制器的组成。

5.3　控制器的组成

本节主要讨论控制器的基本组成，以及 μOP 控制信号的时序控制及产生原理。

5.3.1　控制器的基本结构

1）基本组成

CPU 的 6 大功能中，除数据加工、外部访问外的所有功能都由控制器来实现，包括指令控制、操作控制、时间控制、异常及中断处理，控制器的基本组成如图 5.22 所示，由指令部件、控制单元 CU、中断机构组成。

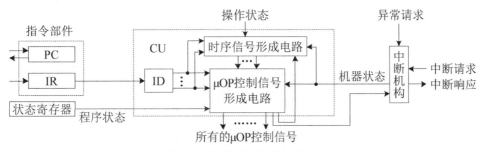

图 5.22　控制器的基本组成

指令部件负责实现指令控制功能，主要任务是控制指令执行顺序，PC 用作循环变量。

控制单元 CU 负责实现操作控制及时间控制功能，主要任务是分析指令、有序地产生 CPU 工作流程所需要的 μOP 控制信号。中断机构负责实现异常及中断处理功能，主要任务是检测并响应异常及中断请求，异常及中断的处理则由异常处理程序及中断服务程序来完成。

可见，CU 是控制器的核心，指令译码器 ID 产生当前指令的指令类型及寻址方式信号，时序信号形成电路产生用于 μOP 时间控制的时序信号，μOP 控制信号形成电路用于产生 μOP 所需的控制信号。

2）工作原理

CPU 的工作流程由循环的指令周期、中断周期组成，工作流程中的所有操作都通过 μOP 序列来表示。因此，控制器的主要功能是循环地、有序地产生 CPU 工作流程所对应 μOP 序列的 μOP 控制信号。

例如，基于图 5.20 的多周期数据通路及图 5.21 的指令执行状态转换图，连续执行两条指令（sub 及 beq）所需的 μOP 控制信号如图 5.23 所示，无效状态的 μOP 控制信号未画出，其中，t1~t4 表示不同的 μOP 步骤，CLK 为主时钟信号。

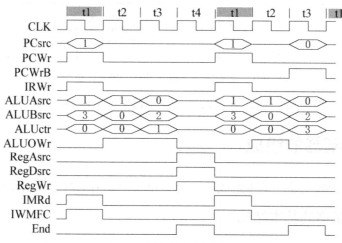

图 5.23　sub 及 beq 指令执行所需的 μOP 控制信号

由图 5.23 可见，时序信号形成电路应按序产生节拍信号 T_0~T_3（与 t1~t4 相对应），μOP 控制信号形成电路根据节拍信号产生当前节拍所需的 μOP 控制信号，来控制数据通路完成当前指令的执行过程，如 T_1 时 ALUOWr＝1、ALUAsrc＝1、其余都为 0。

3）控制器类型

控制器的核心是 CU，根据 CU 中 μOP 控制信号的产生方法不同，控制器有硬布线控制器（hardwired controller）、微程序控制器（microprogrammed controller）两种类型。

硬布线控制器中，采用有限状态机方法来描述 CPU 工作流程所需要的 μOP 控制信号，如图 5.21 所示；采用组合逻辑电路来产生当前状态的 μOP 控制信号，不同状态用不同的时序信号来表示。因而，时序信号形成电路中，时序信号的循环周期为每个 μOP 序列的步数，μOP 控制信号的形成与时序信号有关。

微程序控制器中，采用微程序方法来描述 CPU 工作流程所需要的 μOP 控制信号，每一条微指令描述一个状态的 μOP 控制信号；微程序存放在专门的存储器中，通过执行微指令来产生当前状态的 μOP 控制信号，不同状态通过微指令的串行执行来表示。因而，时序信号形成电路中，时序信号的循环周期为一个微指令周期，相当于一个 μOP 时延，μOP 控制信号的形成与时序信号无关。

硬布线控制器的特点是速度快，但结构不规整，设计及调试较困难，无法扩充新指令；而微程序控制器的特点刚好相反。通常，RISC 采用硬布线控制器，而 CISC 则采用微程序控制器。

5.3.2　时序信号的形成

时序信号形成电路负责周期性地产生 CPU 工作流程所需要的时序信号，不同时序信号之间没有重叠、没有空隙，每个时序信号的宽度都能满足相应 μOP 时延的要求。

所有的时序信号序列构成了时序系统，硬布线控制器、微程序控制器对时序系统的要求不同。下面，以硬布线控制器为例，来分析时序信号形成电路的基本组成。

1．时序系统的组织

时序系统中的时序信号，类似于我们的作息时间，如 6:00~6:30 起床，6:30~8:00 早饭，8:00~8:45 第一节课……各个时间段（开始时间及时长）就是我们生活及工作的时序信号，每天所有时间段的事务就是我们生活及工作的 μOP 序列。

1）时序信号的类型

由图 5.2 及图 5.3 可见，CPU 的工作流程可划分成若干个机器周期（又称 CPU 周期），每个机器周期完成一个基本功能，如取指令、取操作数、数据操作、存操作数、中断响应等。由于基本功能大都涉及访存操作，机器周期的宽度通常以总线周期为基础。

一个机器周期可能需按序完成多个 μOP，因而，每个机器周期可以划分成若干个节拍，每个 μOP 在一个节拍内完成，如单总线数据通路的取指令机器周期包含 3 个节拍。

为了实现 μOP 的功能，每个节拍内可能需要同步脉冲来配合工作，如图 5.9（c）中的写入脉冲，不同 μOP 的同步脉冲边沿在节拍中的位置可能不同，因而，每个节拍可能包含若干个工作脉冲。工作脉冲的个数与节拍的宽度无关，仅与各 μOP 的特性有关。

因此，CPU 中的时序信号有机器周期、节拍、工作脉冲三种类型，不同指令周期所含的机器周期数、每个机器周期所含的节拍数都可能不同。

2）早期计算机的时序系统组织

早期计算机中，指令系统多为 CISC 风格，存储器性能又较差，大多数指令的执行过程中都需要多次访存，机器周期有时需要几十个节拍，为了简化控制、减少时序信号个数，时序系统通常由机器周期、节拍、工作脉冲三级时序组成。

时序系统中，每一级时序信号的个数都必须按最复杂情况进行设置，以确保 μOP 序列的每一步都有唯一的时序信号与之对应。其中，机器周期信号个数为最复杂指令的机器周期数＋1（即中断周期），节拍信号个数为最复杂机器周期的 μOP 个数，工作脉冲信号个数应可以满足各个 μOP 同步脉冲的需要。

时序系统中，时序信号的循环周期有定长、变长两种类型。假设一个指令周期＝x

个机器周期，一个机器周期＝m 个节拍，一个节拍＝k 个工作脉冲，x、m 为常数时，时序信号、指令周期都为定长周期，CPU 性能很差（等同单周期 CPU）。实际应用中，时序信号通常为变长周期，不同指令周期的 x（或者 x 及 m）可以不同，以提高 CPU 性能。所有时序系统中，k 都为常数，因为 k 与节拍无关，仅与各 µOP 的特性有关。

图 5.24 是一个三级时序系统示例，共有 10 个时序信号，每个指令周期最多包含 4 个机器周期，每个机器周期包含 3 个节拍（T_0~T_2），每个节拍包含 3 个工作脉冲。

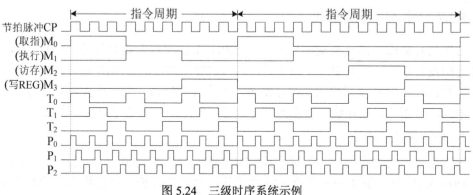

图 5.24　三级时序系统示例

需要注意，时序信号可以用来表示操作时间（如 µOP 序列的 t1→t5），也可以用来表示操作类型（如图 5.24 中的 M_0→M_1→M_3），前者便于理解，后者便于简化电路，如图 5.24 中的写 REG 操作只需与 M_3 绑定，否则需要根据指令操作码与 M_2 或 M_3 绑定。无论时序信号表示什么内容，不同时序信号之间都没有重叠、没有空隙。

3）现代计算机的时序系统组织

现代计算机中，指令系统多采用 RISC 风格，层次结构存储系统的访问性能较好，每个指令周期只需要几个节拍，每个节拍中的工作脉冲通常只需 1~2 个，因此，时序系统都由节拍、工作脉冲两级时序组成。

同样地，时序系统中的节拍信号个数应按最复杂情况进行设置，时序信号周期通常采用变长周期。图 5.25 是一个两级时序系统示例，可以满足图 5.20 的 MIPS 多周期数据通路的时序要求（≤5 个节拍），其中，CP 为节拍脉冲信号，用于节拍、工作脉冲的信号定时，CP 常以主时钟脉冲信号 CLK 为基准。

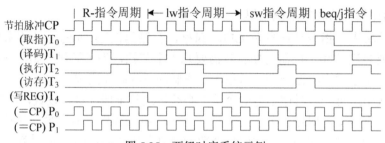

图 5.25　两级时序系统示例

可见，时序系统通过周期性地提供时序信号序列、每个时序信号具有一定宽度，来实现 µOP 控制信号的时序控制，时序信号个数应可以满足最复杂指令的需求。

2．时序信号形成电路的组成

以两级时序系统为例，时序信号形成电路的组成如图 5.26 所示，由环形信号发生器、定时逻辑组成。其中，CLK 为频率固定的主时钟脉冲信号，ClrN 为总清信号，$T_0 \sim T_{m-1}$ 为所有的节拍信号，P_0、P_1 为所有的工作脉冲信号（有时只需 P_0 或 P_1）。

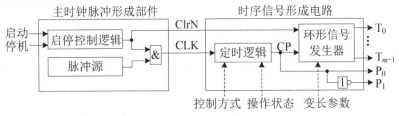

图 5.26　时序信号形成电路的基本组成

图中，环形信号发生器用于周期性地产生节拍信号序列，变长参数用于控制节拍信号序列的组成（定长/变长周期），有操作码、寻址方式、中断请求等类型信号；定时逻辑用于确定节拍信号的宽度（节拍周期），有同步、异步等定时方式。

环形信号发生器通常有移位寄存器、计数器＋译码器两种组成方式。

图 5.27(a) 的环形信号发生器示例由移位寄存器组成，复位时（ClrN＝0）$T_0 \sim T_2$ 都为 0，工作时（ClrN＝1）循环输出 $T_0 \sim T_2$（定长周期），T_0 的 $D = T_2 + \overline{T_0} \cdot \overline{T_1}$，由循环逻辑及复位逻辑组成。由于 $T_2 = 1$ 时 $\overline{T_0} \cdot \overline{T_1} = 1$，因此有 T_0 的 $D = \overline{T_0} \cdot \overline{T_1}$。

图 5.27(b) 的环形信号发生器示例中，A 为变长参数，当 $A = 1$ 时循环输出 $T_0 \sim T_2$，当 $A = 0$ 时循环输出 $T_0 \sim T_1$。可见，输出的节拍信号序列可以为变长周期。

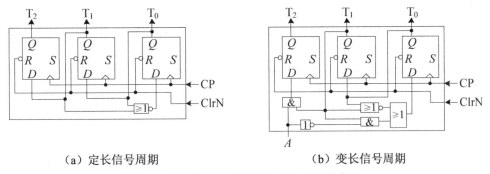

（a）定长信号周期　　　　　　　（b）变长信号周期

图 5.27　用移位寄存器构成的环形信号发生器

3．μOP 的定时方式

CPU 工作流程中的所有操作都可以通过 μOP 序列来表示，不同 μOP 的时延可能不同。μOP 的定时方式指 μOP 序列中各个 μOP 的时长控制方法，又称为控制器的控制方式。常见的控制方式有同步控制、异步控制、联合控制三种。

1）同步控制方式

同步控制方式中，每个 μOP 的时序都完全受统一的基准时钟信号所控制，即每个 μOP 都在一个时钟周期内完成。基准时钟信号指频率固定的时钟脉冲信号，称为主时钟脉冲信号。主时钟脉冲信号的宽度称为时钟周期，其频率称为 CPU 主频。

同步控制方式中，时钟周期为所有 μOP 时延的最大值，每个节拍周期等于一个时钟周期。

同步控制方式控制简单，原因是仅使用一个时钟信号线，但存在较大时间浪费，适用于 CPU 内部 μOP 的定时，这些 μOP 的时延都相差不大。

2）异步控制方式

异步控制方式不存在基准时钟信号，每个 μOP 的时序只受专门的联络信号控制，即 CU 发出 μOP 控制信号后，等待对应部件完成操作，收到其发回的应答信号（如操作完成）后，CU 才可以发出下个 μOP 控制信号。因此，异步控制方式又称为应答方式或握手方式。

异步控制方式中，每个节拍周期的值都不固定，完全取决于应答信号何时到达。

异步控制方式没有时间浪费，但控制比较复杂，原因是每个部件都有一根应答信号线，适用于 CPU 外部访问 μOP 的定时，这些 μOP 的时延相差较大。

3）联合控制方式

联合控制方式是同步控制与异步控制的结合，又称半同步控制方式，每个 μOP 的时序受基准时钟信号及应答信号的共同控制，即 μOP 的定时以同步控制方式为基础，可以支持异步控制方式。

联合控制方式中，同步控制方式时的一个节拍周期等于一个时钟周期，异步控制方式时的一个节拍周期等于多个时钟周期，所需时钟周期数取决于应答信号的时延。同步控制与异步控制的方式转换通常采用延长节拍的方法实现。

联合控制方式有效地解决了各种 μOP 时延不同的问题，目前，几乎所有的 CPU 都采用联合控制方式来实现 μOP 的定时。

由于 μOP 的时序控制通常采用 μOP 控制信号与时序信号绑定的方法来实现，因此，μOP 的时序控制实际上是相应时序信号的时长及次序控制。图 5.26 中，环形信号发生器可以实现时序信号的次序控制，定时逻辑可以实现时序信号的时长控制。

下面，以存储器读/写 μOP 为例，来分析联合控制方式的实现方法，即图 5.26 中的定时逻辑的组成。假设存储器的操作状态信号（应答信号）为 mfc，操作完成或空闲时 mfc＝1，操作过程中 mfc＝0。

联合控制方式的定时逻辑组成如图 5.28（a）所示。由于同步、异步方式的实现机制不同，因此，定时逻辑需要用输入信号（如 WMFC）来指明当前的控制方式。同步方式时（WMFC＝0），CP 需与 CLK 同步，定时逻辑为 CP＝CLK；异步方式时（WMFC＝1），需要延长 CP 直到当前 μOP 完成，定时逻辑为 CP＝WMFC · CLK · mfc。

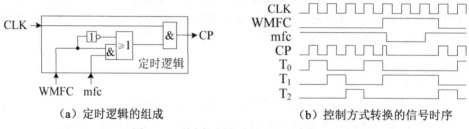

（a）定时逻辑的组成　　　　（b）控制方式转换的信号时序

图 5.28　联合控制方式的 μOP 定时机制

联合控制方式的使用方法如图 5.28(b) 所示，时延较小的 μOP 采用同步控制方式，即在产生 μOP 控制信号的同时，清除 WMFC（WMFC←0）；时延较大的 μOP 采用异步控制方式，即在产生 μOP 控制信号的同时，产生 WMFC（WMFC←1），CP 在 mfc 从 1→0 时被封锁，所有节拍信号随之被封锁，直到 mfc 从 0→1 时 CP 被解锁，在下个时钟周期即可以转入同步控制方式（使 WMFC←0）。

注意，数据通路中，同步控制方式的寄存器写入 μOP 由 CP 触发，而异步控制方式的寄存器写入 μOP 应该由 mfc 触发，因为图 5.28(b) 中 mfc＝1 之后的 CP 已经没有信号边沿了，图 5.20 的 IR 写入就是一例。

实际应用中，需要采用联合控制方式的部件可能有多个，可以先将各个部件的操作状态信号线进行逻辑或操作，再连接到图 5.26 中的操作状态信号。

5.3.3　μOP 控制信号的形成

CU 的任务是有序地产生 CPU 工作流程所对应 μOP 序列的 μOP 控制信号，具体实现时，时序信号形成电路产生可以满足各个 μOP 序列需求的时序信号，μOP 控制信号形成电路根据当前指令类型、当前时序信号等信息，按序产生相应 μOP 序列中每一步的 μOP 控制信号。

CPU 工作流程由循环的指令周期及中断周期组成，指令周期的 μOP 序列组成受指令操作码及寻址方式、程序状态（PSW 中内容）的影响，中断周期的 μOP 序列组成受机器状态（如所响应的中断/异常请求类型）的影响。因此，μOP 控制信号形成电路的输入有指令操作码及寻址方式、程序状态、机器状态，及所有的时序信号，如图 5.22 所示，其输出为所有 μOP 序列中的所有 μOP 控制信号。

对于 μOP 控制信号形成电路的内部逻辑而言，输出的 μOP 控制信号序列必须满足当前 μOP 序列的要求，硬布线控制器、微程序控制器的实现方法有所不同。硬布线控制器中，μOP 控制信号采用组合逻辑来产生，μOP 控制信号形成电路就是一个编码器，每一个输出信号都是输入信号的函数。微程序控制器中，μOP 控制信号采用存储逻辑来产生，μOP 控制信号形成电路本质上是一个微型主机，由执行微指令的 μCPU 及控制存储器 CS 组成。后续的控制器设计中，将讨论 μOP 控制信号形成电路的具体组成。

5.4　硬布线控制器的设计

控制器的核心是控制单元 CU，CU 由指令译码器 ID、μOP 控制信号形成电路、时序信号形成电路组成。硬布线控制单元 CU 中，μOP 控制信号形成电路由组合逻辑电路组成，时序信号形成电路由环形信号发生器及定时逻辑组成。

硬布线控制器中，每个 μOP 序列所需的时序信号个数可能不同，不同时序信号对应的 μOP 控制信号不同，因此，硬布线控制单元 CU 通常基于有限状态机模型来实现。

有限状态机（Finite State Machine, FSM）由一组状态组成，每个状态有一组动作（输出），不同状态之间由事件（输入）触发转换。可见，状态有当前状态、下一状态两种，下一状态、输出信号都是当前状态及输入信号的函数，状态转换后下一状态就变成了当前状态，其模型如图 5.29 所示。时序逻辑电路就是有限状态机的典型应用。

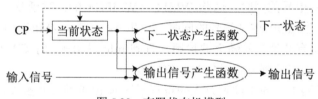

图 5.29　有限状态机模型

CU 实现时，当前状态表示、下一状态产生函数由时序信号形成电路实现，输出信号产生函数由 μOP 控制信号形成电路实现。输入信号可以为指令操作码及寻址方式、程序状态、机器状态、部件操作状态等。

5.4.1　控制单元的设计步骤

除 ID 外，控制单元的设计大体分为四个步骤，各个步骤的任务及实现方法如下：

1）形成指令执行过程的状态转换图

基于所设计的数据通路，按照指令执行过程的要求、各条指令约定的功能，可以列出各条指令执行的 μOPCmd 序列，汇总后即可形成指令执行过程的状态转换图，状态之间的转换条件可以为指令操作码及寻址方式、程序状态，图 5.21 就是一个示例。若支持异常及中断处理功能，还需要列出中断响应的 μOPCmd 序列，并入到指令执行过程的状态转换图中。状态转换图是所有后续设计的基础。

需要注意的是，在形成 μOPCmd 序列时，可同时执行的 μOP 应放在同一步骤中。

2）组织时序系统

这一步骤的任务包括确定时序信号的个数、获得各种时序信号序列、确定时序信号的定时方式。现代计算机的时序系统都采用两级时序，时序信号为节拍、工作脉冲。

节拍信号的个数可以由状态转换图得到，其个数受时序信号表示内容的影响。时序信号可以用来表示操作时间、操作类型、状态类型，以图 5.21 为例，所需的时序信号个数分别为 5 个、5 个、12 个，前两种的区别在于同一时序信号在不同时序信号序列中的次序是否相同，如图 5.25 所示。节拍信号通常用来表示操作类型，便于简化硬件电路。工作脉冲信号的个数由各个 μOP 的特性得到，通常为 1~2 个。

时序信号序列的种类受时序信号的循环周期类型的影响，时序信号采用定长周期时，时序信号序列只有一种。节拍信号的循环周期通常为变长周期，以实现变长指令周期，工作脉冲信号的循环周期都是定长周期，图 5.25 就是一个变长周期时序系统示例。每条指令的时序信号序列可以由状态转换图得到，汇总后即可得到各种时序信号序列及其适用条件，适用条件为指令操作码及寻址方式等，可以用作图 5.29 中的输入信号。

时序信号的定时方式可以采用联合控制、同步控制方式，同步控制方式性能较差。同步控制方式时，用于定时的主时钟脉冲信号的宽度为最复杂 μOP 的时延。

3）设计时序信号形成电路

这一步骤的任务包括获得下一状态产生函数、设计时序信号形成电路。

每个时序信号的下一状态产生函数都可能不同，针对所有的时序信号序列，分析每个时序信号作为下一状态的转换条件，即可得到每个时序信号的下一状态产生函数。

时序信号形成电路的设计内容包括时序信号表示、下一状态产生函数、定时逻辑，前 2 项的实现电路就是图 5.26 的环形信号发生器。环形信号发生器中，每个时序信号通常用一个触发器来表示；每个时序信号的下一状态产生函数都用独立的组合逻辑电路实现，电路输出连接到相应触发器的输入端。定时逻辑很简单，联合控制方式如图 5.28（a）所示，包含了同步控制方式（WMFC＝0）。

4）设计 μOP 控制信号形成电路

这一步骤的任务包括列出 μOPCmd 的使用时间表、获得 μOPCmd 的逻辑表达式、设计 μOP 控制信号形成电路。

μOPCmd 的使用时间表是一张二维表，每个时序信号占一行（或一列），每个 μOPCmd 占一列（或一行），每个单元格的内容为使用条件。填表有两个步骤：第一步给状态转换图的每个状态打上时间戳，需对每个 μOP 序列分别进行处理，找到该 μOP 序列适用的时序信号序列，给该 μOP 序列的每个状态的转换条件绑定时序信号；第二步将状态转换图的每个转换条件填入表中，需对每个状态分别进行处理，在二维表中找到该状态中每个时间戳对应的行，将转换条件分别填入该状态所含 μOPCmd 对应的列中，即可获得每个 μOPCmd 的使用时间及使用条件。

根据 μOPCmd 的使用时间表，按列进行汇总、逻辑化简，即可获得每个 μOPCmd 的逻辑表达式。所有 μOPCmd 的逻辑表达式就构成了图 5.29 中的输出信号产生函数。

将所有 μOPCmd 的逻辑表达式分别用组合逻辑电路实现，即可完成 μOP 控制信号形成电路的设计。

至此，已完成 CU 的时序信号形成电路、μOP 控制信号形成电路设计。上面的设计步骤比较抽象，下面，我们通过具体的例子来说明控制单元的设计过程。

5.4.2　单周期控制单元的设计

本节基于 5.2.3 节所设计的单周期数据通路，来说明单周期 CU 的设计过程。该单周期数据通路如图 5.19 所示，数据通路的外部信号包括 8 个 μOP 控制信号（见图中标注）、2 个操作类型信号（Branch 及 Jump）、一个时钟信号（需使用两个边沿）。

按照控制单元的设计步骤，单周期 CU 的设计过程如下：

1）形成指令执行过程的状态转换图

由于是单周期数据通路，每条指令执行的 μOPCmd 序列只有一个步骤，指令执行过程的状态转换图如图 5.30 所示，取指令及译码过程没有 μOP 控制信号，因此，每条指令只有一个状态，状态内的 μOPCmd 如表 5.2 所示。

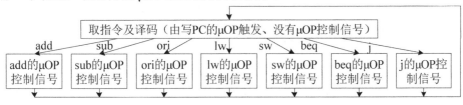

图 5.30　单周期数据通路中指令执行过程的状态转换图

2）进行时序系统的组织

由于是单周期数据通路，且需使用时钟信号的两个边沿，因此，时序系统理论上只需包含一个节拍信号、两个工作脉冲（记为 P_0 及 P_1）。由于只有一个节拍信号的时序信号序列是一条直线，因此，无须设置节拍信号，只需设置工作脉冲 P_0 及 P_1 即可。

注意，若数据通路中的 IMEM 读操作不假设为组合逻辑操作，则图 5.19 中的写 PC、读 IMEM 就不能使用同一个时钟信号，为此，需要将 ACU 的 NPC 直接连接到 IMEM 的 addr 引脚，以便 PC、IMEM 可以使用同一个时钟信号。

由于数据通路中 GPRs 的写入由时钟信号触发，时序系统的定时只能采用同步控制方式，时钟周期为 lw 指令（最复杂指令）所需的时间。

3）设计时序信号形成电路

由于时序系统中没有节拍信号、采用同步控制方式定时，因此，图 5.26 所示的时序信号形成电路中，没有环形信号发生器，定时逻辑为 CP＝CLK，电路输出仅为 P_0 及 P_1。

4）设计 µOP 控制信号形成电路

本例中，µOP 控制信号形成电路的输入为 7 个指令操作码信号，输出为数据通路所用的 8 个 µOPCmd。

µOPCmd 的使用时间表只有一行，将指令操作码信号按行展开后，µOPCmd 的使用条件如表 5.2 所示。

若指令译码器 ID 输出的指令操作码信号为 add、sub、ori、lw、sw、beq、j，则其输出信号 Branch＝beq、Jump＝j，各个 µOPCmd 的逻辑表达式分别为：

$$Extctr＝lw＋sw，ALUBsrc＝add＋sub＋beq，ALUctr[1]＝lw＋sw＋beq，$$
$$ALUctr[0]＝sub＋beq，RegAsrc＝add＋sub，RegDsrc＝add＋sub＋ori，$$
$$RegWr＝add＋sub＋ori＋lw，MemRd＝lw，MemWr＝sw。$$

分别用组合逻辑电路实现每个 µOPCmd 的逻辑表达式，即可得到 µOP 控制信号形成电路。所设计的单周期控制单元 CU 如图 5.31 所示。

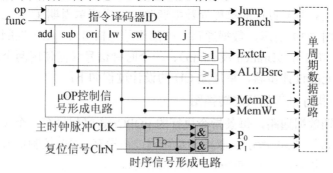

图 5.31　单周期控制单元 CU 的组成

5.4.3　多周期控制单元的设计

本节基于 5.2.4 节所设计的多周期数据通路，来说明多周期 CU 的设计过程。该多周期数据通路如图 5.20 所示，数据通路的外部信号包括 15 个 µOP 控制信号（见图中标注）、2 个操作状态信号（记为 I_mfc 及 D_mfc）、2 个脉冲信号。

按照控制单元的设计步骤，多周期 CU 的设计过程如下：

1）形成指令执行过程的状态转换图

多周期数据通路中，指令执行过程的状态转换图如图 5.30 所示，共有 12 个状态，包含 17 个 μOPCmd，其中，WMFC、End 分别用于时序信号形成电路及中断机构。

2）进行时序系统的组织

为了便于硬件实现，时序信号用来表示操作类型，由状态转换图可知，需要 5 个节拍信号。由于数据通路使用时钟信号的两个边沿，需要两个工作脉冲（P_0 及 P_1）。

为了实现变长指令周期，时序信号的循环周期采用变长周期，由状态转换图可知，7 条指令周期的时序信号序列有 4 种，如图 5.25 所示。每种时序信号序列的适用条件也已在图中标明，其中，R-型指令周期的时序信号序列适用于 add、sub、ori 指令。

由于数据通路中包含异步控制方式的 μOP，如 IMEM 读、DMEM 读/写，因此，时序系统的定时只能采用联合控制方式，时钟周期为最复杂的同步控制方式 μOP 的时延，如 GPRs 读/写、ALU 运算。

3）设计时序信号形成电路

由图 5.25 可见，时序信号序列的组成受指令操作码信号的影响，5 个节拍信号的下一状态产生函数如下：

$$T_1 = T_0,\quad T_2 = T_1,\quad T_3 = (lw + sw) \cdot T_2,\quad T_4 = (add + sub + ori) \cdot T_2 + lw \cdot T_3,$$
$$T_0 = (add + sub + ori + lw) \cdot T_4 + sw \cdot T_3 + (beq + j) \cdot T_2 + \overline{T_0} \cdot \overline{T_1} \cdot \overline{T_2} \cdot \overline{T_3}.$$

其中，T_0 的前三项为循环逻辑，最后一项为复位逻辑。

时序信号形成电路中，环形信号发生器内每个节拍信号用一个触发器表示，下一状态产生函数用组合逻辑电路实现；联合控制方式的定时逻辑与图 5.28(a) 相同。所设计的多周期 CU 的时序信号形成电路如图 5.32 所示，变长参数为指令操作码信号，WMFC 为同步/异步方式转换的 μOPCmd，mfc 为操作状态信号。

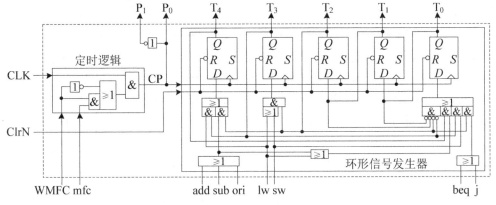

图 5.32　多周期 CU 的时序信号形成电路

由图 5.20 可知，IMEM、DMEM 有独立的操作状态信号（I_mfc 及 D_mfc），且不会同时发生访存操作，因此，图 5.32 中 mfc 的逻辑表达式为：mfc＝I_mfc＋D_mfc。

4）设计 μOP 控制信号形成电路

本例中，μOP 控制信号形成电路的输入为 7 个指令操作码信号、5 个节拍信号，输出为 17 个 μOPCmd，WMFC 用于时序信号形成电路，End 用于中断机构，其余用于数据通路。

图 5.21 的状态转换图中，各个状态的时间戳为：if 为 T_0，id 为 T_1，ex_r、ex_i、ex_m、ex_b、ex_j 为 T_2，mem_r、mem_w 为 T_3，wb_r、wb_i、wb_m 为 T_4。μOPCmd 的使用时间表有 5 列（或 5 行），在每个状态时间戳对应的列中，将该状态的转换条件分别填入其所含 μOPCmd 对应的行（单元格）中，填入结果如表 5.3 所示。

表 5.3　所有 μOPCmd 使用时间表

时间 \ 命令	T_0	T_1	T_2	T_3	T_4
PCsrc	All(1)		beq(0)＋j(2)		
PCWr	All		j		
PCWrB			beq		
IMRd	All				
IRWr	All				
RegAsrc					add|sub(1)＋ori|lw(0)
RegDsrc					add|sub|ori(1)＋lw(0)
RegWr					add|sub|ori|lw
Extctr		All	lw|sw		
ALUAsrc	All(1)	All(1)	add|sub|ori|lw|sw|beq(0)		
ALUBsrc	All(3)	All(0)	add|sub|beq(2)＋ori|lw|sw(1)		
ALUctr	All(2)	All(2)	add(0)＋sub(1)＋lw|sw(2)＋ori(4)＋beq(3)		
ALUOWr		All	add|sub|ori|lw|sw		
MemRd				lw	lw
MemWr				sw	
WMFC	All			lw|sw	
End			beq|j	sw	add|sub|ori|lw

其中，All 表示对所有指令通用，(x) 表示 μOPCmd 的值为 x，| 及＋都表示"或者"，| 还表示相关 μOPCmd 的取值相同，各个节拍中没有使用的信号都为无效值。

将表 5.3 按行汇总、逻辑化简，单根信号线的 μOPCmd 只需取有效或值为(1)时的逻辑，μOPCmd 包含多根信号线时需要分别求逻辑表达式。可以得到各个 μOPCmd 的逻辑表达式，如：

$$PCsrc[1]=T_2 \cdot j, \quad PCsrc[0]=T_0, \quad PCWr=T_0+T_2 \cdot j,$$
$$RegWr=T_4 \cdot (add+sub+ori+lw), \quad ALUAsrc=T_0+T_1,$$
$$MemRd=(T_3+T_4) \cdot lw, \quad WMFC=T_0+T_3 \cdot (lw+sw), \cdots,$$
$$End=T_2 \cdot (beq+j)+T_3 \cdot sw+T_4 \cdot (add+sub+ori+lw)$$

分别用组合逻辑电路实现每个 μOPCmd 的逻辑表达式，即可得到 μOP 控制信号形成电路。所设计的多周期控制单元 CU 如图 5.33 所示，其中，μOP 控制信号用可编程逻辑阵列 PLA 形成，左边为与阵列，右边为或阵列；时序电路的组成如图 5.32 所示；ID

输出端的字母为指令名称的缩写。

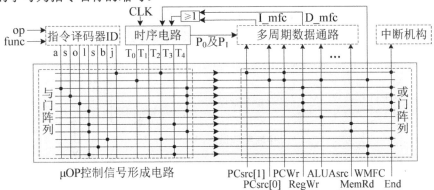

图 5.33　多周期控制单元 CU 的组成

5.5　微程序控制器的设计

5.5.1　微程序控制思想

1）微程序控制思想的提出

当指令系统中指令条数较多时，硬布线控制器的 CU 就会十分庞杂。英国剑桥大学教授 M.V.Wilkes 在 1951 年提出了微程序控制思想，他大胆地采用与存储程序相似的方法，来解决 μOP 控制信号的形成问题。

Wilkes 提出，每条指令的执行过程可以用微程序来表示，每个微程序由若干微指令组成，每条微指令对应一组 μOPCmd，所有的微程序都存放在一个只读存储器中，CU 自动、逐条取出微指令并执行，来有序地产生 CPU 工作流程所需的 μOP 控制信号。

2）相关术语

微命令指向部件发出的控制信号，与 μOPCmd 一一对应。微指令指按一定格式编排、用二进制编码表示、可同时执行的一组微命令。微程序指可以实现特定功能的微指令序列。

控制存储器（Control Storage, CS）简称控存，是专用于存放微程序的存储器，其地址称为微地址。为了提高速度，微指令采用定长指令格式，每条微指令存放在一个存储单元中。

与指令格式类似，微指令格式由操作控制字段、顺序控制字段组成，前者等价于操作码及操作数地址码，后者等价于用于指令寻址的地址码。

可见，微程序相当于一个 μOPCmd 序列，微指令相当于 μOPCmd 序列一个步骤中的所有 μOPCmd，微命令相当于一个 μOPCmd。

3）CPU 工作流程的微程序结构

为了减少微程序所占存储空间，不同微程序中共用的微指令串通常只存储一份拷贝，如取指令、中断响应等微程序。因此，CPU 工作流程的一轮循环会执行多个微程序。

微程序控制器通过逐条执行微指令，来按序产生 CPU 工作流程所需的 μOP 控制信号，所需的微指令执行顺序如图 5.34 所示，其中，每个微程序内部都是顺序型微指令，最后一条为转移型微指令，微程序之间的跳转由指令操作码及寻址方式、程序状态、机器状态（如中断请求）等决定，跳转路径见图中虚线部分。

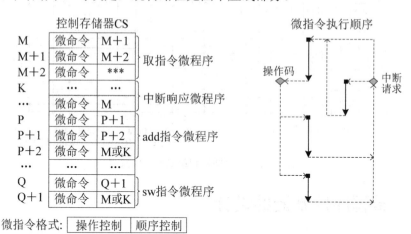

图 5.34　CPU 工作流程的微程序结构

微指令周期指从 CS 中取出一条微指令并执行的全部时间。微指令执行过程同样由取微指令和执行微指令两个阶段组成，执行阶段中，根据操作控制字段的内容产生相应的 μOPCmd，同时根据顺序控制字段的内容产生下条微指令地址。

5.5.2　微程序控制器的组成与工作原理

1. 基本组成

微程序控制器与硬布线控制器的主要区别是 CU 的实现方法不同，微程序控制器通过循环地执行微指令来有序地产生 μOP 控制信号，而不是通过有限状态机方式来产生。

CU 由指令译码器 ID、时序信号形成电路、μOP 控制信号形成电路组成。微程序控制器中，CU 的组成如图 5.35 所示，μOP 控制信号形成电路由微指令部件、控制存储器 CS 组成，时序信号形成电路的组成类似于硬布线控制器。

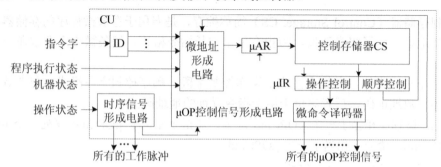

图 5.35　微程序控制单元的基本组成

CS 的功能是存放微程序，由 ROM 组成，其单元长度等于微指令字长，其地址空间不小于所有微程序所含微指令的条数。

微指令部件的功能是循环地取出并执行微指令，由微地址寄存器 μAR、微指令寄存器 μIR、微指令译码器、微地址形成电路组成，部件功能分别类似于 CPU 中的 PC、IR、指令译码器 ID、指令寻址部件（如地址计算单元）。微指令周期只为一个时钟周期时，μIR 可以缺省。

时序信号形成电路的功能是提供微指令执行所需的时序信号，时序信号周期为一个微指令周期，与一个节拍周期相当。因此，时序系统只由工作脉冲一级时序组成，时序信号的个数与数据通路所需 μOP 同步脉冲的个数有关，还需保证包含取微指令的工作脉冲；时序信号的循环周期通常采用定长周期，以简化实现复杂度；时序信号的定时方式可以采用联合控制方式或同步控制方式。

与硬布线控制器相比，微程序控制器中，CU 的外部接口信号完全相同；μOP 控制信号形成电路的输入信号中不包含时序信号，μOP 控制信号由当前微指令产生，输入信号的作用从影响 μOP 控制信号的形成，变成了影响下条微指令地址的形成；时序信号形成电路的输出只有工作脉冲，且有少量工作脉冲不用于数据通路。

2．工作原理

微程序控制器通过循环地执行微指令来按序产生 μOP 控制信号，微程序控制器的工作流程由循环的微指令周期组成，微指令的执行过程由取微指令、执行微指令两个步骤组成，工作流程中的具体操作如图 5.36 所示。

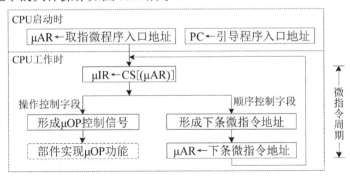

图 5.36　微程序控制单元的工作流程

与指令周期类似，微指令周期中，取微指令时，操作是从 CS 中读出（μAR）单元的内容，并写入到 μIR 中。执行微指令时，根据 μIR 中操作控制字段的内容形成相应的 μOP 控制信号，用来控制数据通路部件实现 μOP；同时根据 μIR 中顺序控制字段的内容形成下条微指令地址，并写入到 μAR 中。

注意，微指令周期中，执行微指令阶段的时长除包括操作控制字段、顺序控制字段的处理时延外，还应包含数据通路 μOP 的时延。

另外，μAR 及 PC 的初值（常数）由硬件在初始化时产生，初始化是由图 5.26 中的总清信号 ClrN 控制的。PC 初值对应的引导程序是操作系统启动时首先执行的程序。

不同指令系统的微程序控制器中，总体结构相同，微指令格式、微程序可能不同。因此，微程序控制单元的设计工作，主要包括微指令格式设计、微程序设计、微指令译码器及微地址形成电路实现 3 个环节。

5.5.3 微指令格式

与机器指令格式类似，微指令格式由操作控制字段、顺序控制字段组成，操作控制字段用编码指明当前微指令可以同时执行的 μOP，顺序控制字段指明下条微指令地址的形成方法。微指令格式都采用定长格式，以简化微指令译码的复杂度。

1. 微指令编码方式

微指令编码方式指微指令所包含微命令的编码方法，即操作控制字段的编码方式，该方法决定了图 5.35 中微指令译码器的组成方法。微指令支持的微命令应可表示所有 μOP 序列中任意一步的所有 μOPCmd。

微指令编码方式主要有直接编码、字段直接编码和字段间接编码 3 种方式。

1）直接编码方式

直接编码方式指操作控制字段由多个位组成，每一位可以定义一个微命令。操作控

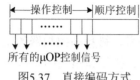

图5.37　直接编码方式

制字段可以同时表示 n 个微命令，$n=$ 所有微命令个数，其组成如图 5.37 所示。

直接编码方式的 μOP 控制信号，由对应位的编码直接形成，故该方式又称为直接控制方式。操作控制字段的长度等于所有微命令的个数。

2）字段直接编码方式

字段直接编码方式指操作控制字段由多个子字段组成，每个子字段可以定义一组微命令。操作控制字段可以同时表示 n 个微命令，$n=$ 子字段个数，其组成如图 5.38 所示。

字段直接编码方式的 μOP 控制信号，可以通过对子字段译码直接形成，因此，每个子字段所定义的微命令中，同时有效的微命令最多只有一个。操作控制字段的长度等于各子字段长度之和，每个子字段的长度为 $\lceil \log_2(定义的微命令数+1) \rceil$，其中 1 对应的编码表示该子字段定义的微命令全部无效。

注意，不互斥的微命令必须放在不同的子字段中，最坏情况是直接编码方式；每个子字段的编码中，必须预留一个编码用来表示所有微命令都无效的情况。

3）字段间接编码方式

字段间接编码方式指操作控制字段由多个子字段组成，部分子字段的某些编码不能独立地定义微命令，需要与其他子字段的编码联合起来定义一个微命令。该方式的操作控制字段可以同时指明 m' 个微命令（$m' \leqslant$ 子字段个数 m），其组成如图 5.39 所示。

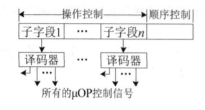

图 5.38　字段直接编码方式

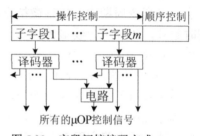

图 5.39　字段间接编码方式

字段间接编码方式的 μOP 控制信号，大部分可以通过对子字段译码直接形成，有些还需要再使用组合逻辑电路才能形成。操作控制字段的长度等于各子字段长度之和，比字段直接编码方式更短，但译码电路相对复杂。

3 种编码方式中，直接编码方式的操作控制字段最长、μOP 控制信号形成最简单，字段间接编码方式的操作控制字段最短、μOP 控制信号形成最复杂，字段直接编码方式是两者的折中。

例 5.3　例 5.1 的 μOPCmd 序列基于 Demo_IS 指令系统形成，采用了图 5.7 的单总线结构数据通路。若采用微程序控制器实现，且微指令采用字段直接编码方式进行编码，请设计微指令操作控制字段的编码格式。

解：例 5.1 的 μOPCmd 中，寄存器输出 μOPCmd 有 PC_{out}、MDR_{out}、GR_{out}、$ExtU_{out}$、Z_{out}，寄存器写入 μOPCmd 有 PC_{in}、IR_{in}、MAR_{in}、MDR_{in}、GR_{in}、Y_{in}、Z_{in}，其余 μOPCmd（暂不考虑 Rsel）有 PC_{+1}、op、Read、Write、WMFC、End，其中，op 为 ALU 的操作控制信号（2 位）。

由于所采用的是单总线结构数据通路，所有的寄存器输出 μOPCmd 是互斥（同时只有一个有效）的。分析 5 个 μOPCmd 序列可以发现，所有的寄存器写入 μOPCmd 也是互斥的，其余 μOPCmd 中，op 本身就是编码、不需要与其他 μOPCmd 组合，Read 与 Write 互斥，PC_{+1} 与 End 互斥，WMFC 与其余 μOPCmd 都不互斥。

由于每个字段需要预留一个编码，因此，所有的寄存器输出 μOPCmd、所有的寄存器写入 μOPCmd、op 可以放在 3 个子字段中定义，剩余的 μOPCmd 采用直接编码方式定义。各个子字段定义的微命令分别为 5 个、7 个、4 个、1 个×5，子字段长度分别为 $\lceil\log_2(5+1)\rceil=3$ 位、$\lceil\log_2(7+1)\rceil=3$ 位、2 位、1 位×5。

因此，满足例 5.1 中 μOPCmd 序列需求的操作控制字段的编码格式如图 5.40 所示，位 4~位 8 的值为 0 表示无效、为 1 表示有效。当然，子字段 1 中也可以再定义 2 个互斥的 μOPCmd（如 Read 与 Write），以节省 2 位编码。

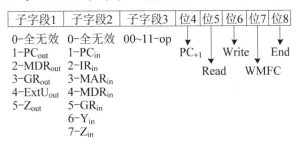

图 5.40　操作控制字段的编码格式示例

2．微地址形成方式

微地址形成方式指当前微指令形成下条微指令地址的方法，该方法决定了图 5.35 中微地址形成电路的组成方法。

由图 5.34 可知，微程序中的最后一条微指令都为转移型微指令，转移方式有跳转（无条件转移）、双路分支（条件转移）、多路分支；微程序中的其他微指令都是顺序型微指令。

相应地,微地址形成方式有多种,不同方式适用于不同类型的微指令。

1)计数器法

计数器法指下条微指令地址由 μAR 的计数功能隐含产生,即 μAR＝(μAR)＋1。

计数器法只适用于顺序型微指令。

2)下址法

下址法指下条微指令地址由顺序控制字段直接给出,即 μAR＝(下址子字段)。

下址法类似于直接寻址方式,适用于顺序型、跳转型微指令。

3)测试网络法

测试网络法指下条微指令地址的全部或一部分由测试网络产生,如图 5.41 所示。测试网络的输出由测试源、测试参数决定,测试源可为指令操作码、程序状态或机器状态等,k 位测试源可产生 2^k 个分支地址。地址参数可以部分或全部缺省,以适应不同长度地址码的需要,H 缺省时值与当前微指令相同。

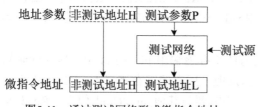

图5.41　通过测试网络形成微指令地址

测试网络法适用于多路分支型及双路分支型微指令。

4)硬件产生法

硬件产生法指下条微指令地址由专门的硬件电路产生,产生的地址都是固定的,如取指令微程序、中断响应微程序等入口地址。硬件产生法适用于硬件初始化,或下条微指令地址固定的微指令。

微程序中存在多种类型的微指令,微指令格式中,顺序控制字段用于表示当前微指令的微地址形成方式,由方式位及地址参数组成。顺序控制字段的组织有增量法、断定法两类方法。增量法由计数器法、测试网络法组合而成,地址参数的长度变化较大;断定法由下址法、测试网络法组合而成,地址参数的长度相同。

例 5.4　例 5.1 的 μOPCmd 序列基于 Demo_IS 指令系统形成,采用了图 5.7 的单总线结构数据通路。若采用微程序控制器实现,且采用断定法来组织微指令的顺序控制字段,请设计微指令顺序控制字段的编码格式。

解:根据例 5.1 中指令执行的 μOPCmd 序列,以及指令执行过程的要求,CPU 工作流程所需的微程序结构如图 5.42 所示,微指令共有 19 条。由图可见,微指令的类型有顺序型、跳转型、多路分支型 3 种。

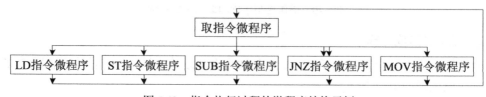

图5.42　指令执行过程的微程序结构示例

顺序控制字段由方式位及地址参数组成。由于下址法适用于顺序型及跳转型微指令,因此,方式位只需要 1 位,0 表示下址法、1 表示测试网络法。19 条微指令的微地址为⌈$\log_2 19$⌉＝5 位，故下址子字段长度为 5 位。由于多路分支的测试源为指令操作码及 ZF 标志，没有测试参数，因此，顺序控制字段由方式位（1 位）、地址参数（5 位）组成，方式位＝0 时地址参数为下址（5 位），方式位＝1 时地址参数为空闲位。

3．微指令格式

微指令都采用定长指令字格式，根据微指令执行的 μOP 功能强弱，微指令有水平型、垂直型两种格式。

1）水平型微指令格式

水平型微指令同时可以执行多个微命令。由于重视并行控制功能，操作控制字段通常采用定长的直接编码、字段直接编码或字段间接编码方式，微指令字长较长。

由于操作控制字段为定长编码，顺序控制字段也是定长的，因而，微指令适宜于采用断定法来形成下条微指令地址。水平型微指令格式如图 5.43 所示，测试源类型常用方式位来表示。

操作控制编码	方式0	下地址	
操作控制编码	方式x	地址高位	测试参数

图5.43　水平型微指令格式

2）垂直型微指令格式

垂直型微指令同时只能执行一个或几个微命令。由于不强调并行控制功能，垂直型微指令字长都较短，微指令格式类似于机器指令格式，由微操作码及地址码组成，微操作码用于指明 μOP 类型（如寄存器间传送）或微指令转移类型，地址码用于指明 μOP 参数（如寄存器号）或转移目标地址。

可见，由于表示信息的类型及长度都不同，操作控制字段应采用变长编码，顺序控制字段也应是变长的，因而，微指令宜于采用增量法来形成下条微指令地址。垂直型微指令格式如图 5.44 所示。

顺序型：
μOP类型	源地址	目的地址	子功能f

转移型：
转移类型a	转移条件	地址参数	
转移类型b	目标地址码		

图5.44　垂直型微指令格式

相对于垂直型微指令，水平型微指令有如下特点：执行 μOP 的能力强、效率高，机器指令的执行速度快，微程序的代码效率低。由于微程序中的微指令数量有限，为了提高 CPU 性能，微程序控制器大都采用水平型微指令格式。

5.5.4　微程序控制单元的设计

1．设计步骤

微程序控制单元的基本结构如图 5.35 所示，μOP 控制信号形成电路的设计主要包括微指令格式设计、微程序设计、微指令格式相关电路实现，时序信号形成电路的设计与硬布线控制器类似，需要预先进行时序系统组织，时序系统只包含工作脉冲。下面只讨论 μOP 控制信号形成电路的设计。

μOP 控制信号形成电路的设计大体有 4 个步骤，各步骤的任务及实现方法如下：

1）列出所有的 μOPCmd 序列

基于数据通路，按照指令执行过程的要求、各条指令约定的功能，可以列出各条指

令执行的 μOPCmd 序列。该步骤与硬布线控制器设计完全相同，是后续设计的基础。

2）设计微指令格式

根据 CPU 的性能目标，确定微指令格式的类型，通常会采用水平型指令格式。

统计所有 μOPCmd 序列中各个 μOPCmd 的使用规律，兼顾编码长度及译码复杂度，设计操作控制字段的编码格式。

统计各个 μOPCmd 序列中所有步骤的执行顺序，确定所支持的微地址形成方法及参数，并设计顺序控制字段的编码格式。例如，下址法中的下址子字段位数由所有 μOPCmd 序列的步数之和决定，序列中应剔除取指部分的 μOPCmd。

3）编制微程序

首先确定各个微程序存放在 CS 中的位置，然后按照微指令格式，将所有 μOPCmd 序列编写成相应的微程序，最后将设计好的微程序存入到 CS 中。

4）设计相关电路

所设计电路包括微指令译码器、微地址形成电路。微指令译码器的设计很简单，如图 5.37~图 5.39 所示。微地址形成电路的设计中，不同形成方式通过多路选择器 MUX 来进行控制，测试网络通常由组合逻辑电路组成，其他形成方式比较简单。

2. 设计举例

为了便于理解，我们基于例 5.1 所采用的数据通路，来说明微程序控制器中 μOP 控制信号形成电路的设计过程。例 5.1 采用的数据通路如图 5.7 所示，数据通路的外部信号包括 16 个 μOP 控制信号（见例 5.1 中说明）。

按照微程序控制器的 μOP 控制信号形成电路的设计步骤，设计过程如下：

1）列出所有的 μOPCmd 序列

例 5.1 中已经列出了所有的 μOPCmd 序列。

2）设计微指令格式

假定本例采用水平型微指令格式。为了尽量缩短微指令字长，操作控制字段采用字段直接编码方式，例 5.3 已经说明了设计过程，设计结果如图 5.40 所示。

水平型微指令中，顺序控制字段宜采用断定方法来组织，由方式位、地址参数两部分组成，例 5.4 已经说明了设计过程，设计结果为：方式位为 1 位，地址参数为 5 位，方式位＝0 时地址参数为下址（5 位），方式位＝1 时地址参数为空闲位。

因此，微指令格式由操作控制字段（13 位）、顺序控制字段（6 位）组成，顺序控制字段又由方式位（1 位）、地址参数（5 位）组成。

3）编制微程序

假设所有微程序按照例 5.1 中 μOPCmd 序列的顺序，连续存放在控制存储器 CS 中，则取指令、LD、ST、SUB、MOV、JNZ 微程序的入口地址分别为 00000、00011、00110、01001、10000、01100 及 01111，注意，JNZ 指令微程序有两个入口地址，用 ZF 进行选择。

按所设计的微指令格式，及安排的微程序入口地址，编写每个微程序中的每条微指令，所设计的各个微程序及在 CS 中的存放位置如图 5.45 所示。

功能	微地址	CS存储空间
取指令	00000	0010110000000 000001
	00001	0000000011010 000010
	00010	0100100000000 100000
LD	00011	0110110000000 000100
	00100	0000000001010 000101
	00101	0101010000001 000000
ST	00110	0110110000000 000111
	00111	0111000000000 001000
	01000	0000000000111 000000

功能	微地址	CS存储空间
SUB	01001	0111100000000 001010
	01010	0111110100000 001011
	01011	1011010000001 000000
JNZ($\overline{ZF}$)	01100	0011100000000 001101
	01101	1001110000001 001110
	01110	1010010000001 000000
JNZ(ZF)	01111	0000000000001 000000
MOV	10000	0010110000000 010001
	10001	0000000011010 010010
	10010	0111010000001 000000

图 5.45　微程序设计的结果

其中，00010 处微指令的方式位为 1，下条微指令地址由指令操作码、ZF 标志形成；其余微指令的方式位都为 0，下条微指令地址由地址参数（下址）指定：（μAR）＋1 或 00000。

4）设计相关电路

需设计的电路包括微指令译码器、微地址形成电路。根据图 5.40 的编码格式，微指令译码器由两个 3-8 译码器组成，其余信号直接输出。

微地址形成方式有下址法、测试网络法两种，测试网络的输入为指令操作码对应信号（用 LD/ST/SUB/JNZ/MOV 表示）及 ZF 标志，输出为微地址（记为 $A_4A_3A_2A_1A_0$），微地址形成电路的组成如图 5.46 所示，图中还画出了微指令译码器的组成。

测试网络有组合逻辑电路和地址 ROM 两种实现方式，下面仅讨论组合逻辑实现方法。首先需列出 LD/ST/SUB/JNZ/MOV 及 ZF 与图 5.45 中微程序入口地址 $A_4A_3A_2A_1A_0$ 的真值表，化简后可以得到 A_4、A_3、A_2、A_1、A_0 的逻辑表达式，其结果为：

$$A_4=MOV, \quad A_3=SUB+JNZ, \quad A_2=ST+JNZ,$$
$$A_1=LD+ST+JNZ \cdot ZF, \quad A_0=LD+SUB+JNZ \cdot ZF$$

用组合逻辑电路实现的测试网络如图 5.47 所示。

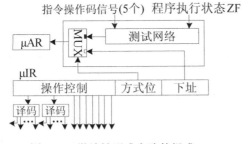

图 5.46　微地址形成电路的组成

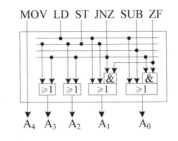

图 5.47　测试网络的组成

对比图 5.35 及图 5.46 可以发现，在图 5.46 中增加控制存储器 CS 就构成了 μOP 控制信号形成电路，再增加时序信号形成电路就构成了微程序控制单元。

回顾微程序控制单元的设计过程可知，设计 CU 实际上就是设计一套微指令系统、一个微 CPU，并进行微程序设计，以实现指令系统功能。

相对于硬布线控制器，微程序控制器的结构规整、灵活性强、可维护性好。因而，

CISC 计算机全部采用了微程序控制器。但其缺点是执行每一条微指令都需要访问 CS，指令执行速度比硬布线控制器慢。

5.6 异常及中断的处理

5.6.1 异常及中断的基本概念

CPU 执行程序过程中，可能会遇到一些特殊情况，必须进行相应处理后，才能继续执行当前程序。这些改变程序正常执行顺序的特殊情况常称为事件（Event），根据事件发生的位置，这些事件可分为异常（Exception）、中断（Interrupt）两大类。异常和中断事件的处理都是通过执行相应的处理程序来实现的。

1．异常

异常指由 CPU 内部执行指令所引起的意外事件，又称内部异常或程序性异常，如除零、溢出、断点、缺页、保护错、单步执行、非法操作码等。

异常由执行指令引起，异常一旦发生，程序就无法继续执行，必须立即进行处理。

按照异常的报告及返回方式，异常可分为故障（Fault）、陷阱（Trap）和终止（Abort）3 类。

1）故障

故障是一种可能被修复的异常，如缺页、溢出、除零、非法操作码、保护错等。故障发生在指令执行过程中，由不同的硬件产生，如除零由 ALU 产生，缺页由 MMU 产生。一旦检测到故障，应立即终止当前指令的执行，开始进行异常处理。

对于可以修复的故障，处理结束后可以返回当前指令重新执行，或返回下条指令继续执行，如缺页异常处理后，所需的页或段已调入主存，返回当前指令重新执行即可。对于不可修复的故障，处理结束后只能终止当前进程的执行，如保护错、非法操作码等。

2）陷阱

陷阱是一种预先安排的异常，又称自陷或陷入。陷阱有两种产生方法。

一是先使 CPU 处于某个特定状态，指令执行过程中，满足相应条件就产生异常。如 IA32 状态寄存器中有一个跟踪标志 TF，TF＝1 时处于单步执行状态，每条指令执行结束时都产生异常，TF＝0 时处于连续执行状态，不产生异常。

二是通过执行特殊指令产生异常。如 IA32 的陷阱指令有 INTO、INT n、INT 3 等，运算溢出通常会被忽略，INTO 指令的功能是在 OF＝1 时产生溢出异常，溢出在需要时才作为异常的需求可以通过运算指令后增加 INTO 指令来实现；系统调用是通过 INT n 指令实现的；程序调试时所用的设置断点功能就是在指定位置插入 INT 3 指令实现的。

陷阱通常在指令执行结束时检测，一旦检测到陷阱，立即进行异常处理。陷阱的主要用途是触发执行一段程序，陷阱处理结束后，返回进入陷阱的那条指令的下一条指令继续执行。

3）终止

终止是一种不可修复的异常，如无效系统表项、硬件故障等。一旦检测到就立即开始进行处理。对于可以确定由哪个程序产生的异常事件，处理方法是终止当前程序的执行；而对于无法确定由哪个程序产生的异常事件，处理方法通常是重新启动系统。

2. 中断

中断指由 CPU 外部的设备产生的请求事件，又称外部中断，如键盘缓冲区满、打印机缺纸、定时器时间到、电源故障、线路故障、存储器校验错等。外设在完成操作或处于某些状态时，会向 CPU 发出中断请求，这就产生了中断事件。

根据中断事件的紧急程度，中断有可屏蔽中断、不可屏蔽中断两种。可屏蔽中断指可以暂不处理（或稍后处理）的中断，如键盘中断、打印机中断等设备请求；不可屏蔽中断指必须立即处理的中断，如电源故障、线路故障、存储器校验错等硬件错误。

中断的产生与指令执行无关，因此，中断又称为异步事件，异常称为同步事件。为了便于实现，异步事件（中断）都安排在当前指令执行结束时进行处理，即在两个指令周期之间进行处理，如图 5.2 所示。因此，不可屏蔽中断在当前指令周期时处理，可屏蔽中断可以在若干个指令周期后才处理，而异常则需在当前指令周期中立即处理。

顾名思义，可屏蔽中断是 CPU 可以屏蔽的外部中断，屏蔽时暂不处理，不屏蔽时在当前指令执行结束时处理。那么，CPU 如何表示当前是屏蔽/允许中断请求呢？通常的做法是，CPU 的状态寄存器中设置一个"中断允许"标志（常记为 IF），用 IF＝0、IF＝1 分别表示当前处于屏蔽中断、允许中断状态。

可屏蔽中断处理结束时，返回当前程序的下条指令（没有发生中断时当前指令之后执行的那条指令）继续执行；不可屏蔽中断返回当前程序的下条指令继续执行，或终止当前程序的执行，取决于中断事件的具体类型。

不同体系结构中，异常和中断的内涵不同，应注意理解与区分。如 Power PC 将异常和中断事件称为异常，将事件处理导致的程序控制流改变称为中断；Intel 8086/8088 将异常和中断事件称为内中断和外中断，将控制流的改变也称为中断；Intel 80286 起将内中断称为异常、外中断称为中断，控制流的改变还称为中断。本教材采用类似于 Intel 80286 的方法，将 CPU 内部的事件称为异常，将 CPU 外部的事件称为中断，将事件处理引起的控制流改变也称为中断，相应的事件处理硬件称为中断机构。

5.6.2　异常及中断的处理过程

由于异常及中断事件的发生时间是不确定的，事件处理都需要通过执行程序来实现，因此，异常或中断事件发生时，事件处理过程都由响应、处理、返回 3 个环节组成，如图 5.48 所示。响应指 CPU 从当前程序转到处理程序的过程，处理指 CPU 执行处理程序处理事件的过程，返回指 CPU 从处理程序返回当前程序的过程，异常中的故障、终止可能不返回当前程序，直接终止当前程序的执行或重新启动计算机。

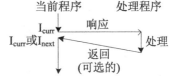

图5.48　异常和中断的处理过程

对应于异常及中断事件，响应称为异常响应、中断响应，处理称为异常处理、中断服务，返回称为异常返回、中断返回，处理程序称为异常处理程序（exception handler）、中断服务程序（interrupt handler）。

异常与中断的响应及返回有一些差别，而处理则完全相同，都是执行相应的处理程序，处理程序的内容因事件类型而异。下面，主要讨论响应及返回需要完成哪些工作。

1. 异常及中断的响应

异常及中断的响应指 CPU 从当前程序转到处理程序的过程，是通过硬件来实现的（如执行 CU 产生的 µOPCmd 序列），整个过程不会被打断。响应需要完成保存断点及程序状态、关中断、识别事件类型并转入处理程序这三个任务。

1）保存断点及程序状态

这项工作的目标是保证异常及中断返回后，被中断的程序能够正确地继续执行。

由 5.6.1 节可知，不同事件的返回地址（又称断点）是不同的，异常的断点有当前指令地址、下条指令地址两种，不可屏蔽中断、可屏蔽中断都为下条指令地址。因此，断点可以根据事件的性质及类型来形成，异常的类型在异常产生时即可获得。

为了能够返回到被中断程序继续执行，断点、程序状态（如 PSW）必须保存到特定寄存器中，返回时再恢复到 PC、状态寄存器 PSR 中；其余用户可见寄存器（如 GPRs）则由事件处理程序负责保存与恢复。同时，异常类型号也必须保存到专用寄存器中。

2）关中断

这项工作的目标是保证事件的处理过程不会被新的事件所打断，防止信息尚未保存就被破坏掉，如事件处理程序保存及恢复通用寄存器内容的过程。

新的事件仅为中断事件，使 CPU 处于屏蔽中断状态（IF＝0）、不可屏蔽中断只有一种事件类型即可实现目标。由于返回时会恢复 PSW，IF 亦会恢复为程序的原来状态。

3）识别事件类型并转入处理程序

这项工作的目标是将准备处理的事件处理程序入口地址写入 PC。由于 CPU 同时只能处理一个事件，因此，需要先识别事件类型（找出最紧急的事件），再获得相应处理程序入口地址，最后写入 PC。

异常和中断的事件类型号保存位置不同，由于同时可能有一个异常或多个中断事件，故异常类型放在 CPU 的专用寄存器中，而中断类型放在各个外设的硬件中，因此，识别事件类型的方法也有所不同，识别中断事件需要进行 CPU 外部的操作。

识别事件类型、获得处理程序入口地址的方法有非向量方式、向量方式两种，不同体系结构采用的方法可以不同。

非向量方式指所有事件共用一个处理程序，该处理程序入口地址是固定的，响应时将该处理程序入口地址写入 PC，识别事件类型、获得处理程序入口地址安排在事件处理时（处理程序中）进行，故又称软件识别方式。该共用的处理程序中，按序查询各个事件对应的状态寄存器，一旦查到某个事件发生，立即跳转到相应的处理子程序进行具体处理。处理程序的查询次序决定了不同事件的优先级（紧急程度）。

向量方式指每个事件有一个处理程序，所有处理程序的入口地址存放在一个管理表（常称为中断向量表）中，响应时先找出最紧急的事件，再用该事件类型号查中断向量表，来获得相应的处理程序入口地址，故又称硬件识别方式。中断向量表存放在主存中，由操作系统进行管理，表在主存中的基地址存放在 CPU 的专用寄存器中，查表时先用表基址与事件类型号相加获得表项地址，再用该地址访问主存。

2．异常及中断的返回

异常及中断的返回指 CPU 从处理程序返回当前程序的过程，需要完成恢复断点及程序状态任务，也就是将响应时保存的内容分别写入 PC、状态寄存器 PSR。

由于硬件无法知道处理程序何时结束，返回的实现方法是，在处理程序中用中断返回指令（常记为 IRET）来指明何时结束。因此，中断返回指令 IRET 的功能是恢复断点及 PSW。注意，IRET 与过程返回指令 RET 的功能差别主要在于是否恢复 PSW。

3．中断机构的组成

异常和中断的检测及响应都由 CPU 的中断机构实现，返回由机器指令实现，中断机构的基本结构如图 5.49 所示。中断机构通常采用一旦检测到事件就立即响应的实现方法，因此，异常及中断的检测时机是不同的。为此，中断机构通常设置独立的请求信号线，以便于进行分类检测及响应；并且只设置一根信号线，以便于简化实现及扩展请求个数，不可屏蔽中断、可屏蔽中断的请求信号线常记为 NMI 和 INTR。

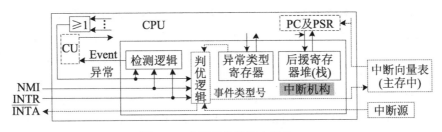

图 5.49　中断机构的基本结构

检测逻辑用于实现各种事件的检测，中断检测逻辑放在第 7 章中讨论，一旦检测到有事件发生，立即产生 Event 信号，触发 CU 从下个节拍开始，按产生响应环节所有操作的 μOP 控制信号。由于异常及中断事件的响应操作不同，故 Event 信号有三种类型（异常/NMI/INTR）。

为了使每个事件只处理一次，响应过程中，响应 μOP 应控制或触发所选择事件的产生部件撤销请求信号，相应地，Event 信号也会被撤销，以便进入处理环节。

异常及中断响应时，保存断点及程序状态通常用后援寄存器堆（栈）实现。识别事件类型及获得处理程序入口地址的方法有两种。采用非向量方式时，公共处理程序的入口地址是固定的，故无须设置判优逻辑相关电路。采用向量方式时，需要增设判优逻辑相关电路，来形成最紧急事件的类型号，再用该事件类型号查询中断向量表，获得处理程序入口地址，如图 5.49 中虚线部分所示。

判优逻辑电路中，异常及 NMI 的优先级较高。通常，异常及 INTR 都有多个类型号，NMI 只有一个类型号（值固定），NMI 用软件查询方式处理各种硬件错误。异常和 INTR 的事件类型号获得方法不同，后者需要通过 CPU 外部的中断响应操作来获得，因此，需要增设中断响应信号线（常记为 $\overline{\text{INTA}}$）来控制该操作的实现，如图 5.49 所示。可见，向量方式的 INTR 响应时间比异常及 NMI 长，非向量方式时三者的响应时间是相同的。

5.6.3 支持异常处理的 CPU 设计

本节继续基于 5.2.4 节所设计的多周期数据通路(图 5.20),及 5.4.3 节所设计的控制单元(图 5.33),来说明支持异常处理的 CPU 设计过程。为了简单起见,本例的 CPU 只支持溢出异常、非法操作码异常的处理。

由前面的讨论可知,异常及中断的检测及响应由硬件实现,而处理由软件实现,响应包括保存断点及程序状态、关中断、识别事件类型及转入处理程序三大功能。MIPS 约定,异常及中断的响应采用非向量方式,但中断类型的获得由硬件完成,公共的处理程序入口地址为 8000 0180H,处理程序中直接识别事件类型并处理事件。

异常检测的实现很简单,将 ALU 产生的 OF 及 ID 中的未使用信号连接到或门,再连接到中断机构的检测逻辑即可,如图 5.49 中"异常"信号线的相关逻辑所示。

为了保存异常的类型(产生原因),中断机构中需要设置一个寄存器 Cause,MIPS 约定,Cause=12 表示溢出异常、Cause=10 表示非法操作码异常。

为了保存断点及程序状态,中断机构中需要设置一个保存断点信息的寄存器 EPC,EPC 的值可能是下条指令地址(陷阱时)或者当前指令地址(故障时)。断点产生时,下条指令地址的值为(PC),当前指令地址的值可以通过(PC)−4 得到。MIPS 的程序状态放在寄存器 Status 中,包括关中断对应的控制位,响应时需保存。由于寄存器 Status 中信息较多,为了便于理解异常响应的实现,暂不讨论寄存器 Status 的相关操作。

异常的响应包含多个 μOP,不同类型异常的 μOP 不同。对于溢出异常,响应所需的 μOP 为:EPC←(PC)−4、Cause←12、PC←8000 0180H,对于非法操作码异常,响应所需的 μOP 为:EPC←(PC)−4、Cause←10、PC←8000 0180H。

支持两种异常处理的多周期数据通路如图 5.50 所示,图 5.50 是在图 5.20 基础上增加部件得到的,所增加部件已在图中用底纹标注出来,部件控制信号也已在图中标出。

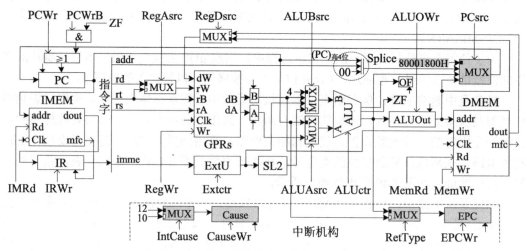

图 5.50 支持两种异常处理的多周期数据通路

数据通路实现时,对于图 5.20 的数据通路,需要增加寄存器 EPC 及 Cause,用来保存断点和异常类型;同时还需要增加两个多路选择器 MUX,一个用于选择写入 EPC 的

内容是 (PC) 还是 (PC) −4，另一个用于选择写入 Cause 的值是 12 还是 10。(PC) −4 的路径已经存在，而 PC←8000 0180H 的路径不存在，只需要在 PCsrc 所控制的 MUX 中，增加一个输入端即可实现。

由图 5.50 可见，两种异常的响应 μOP 都可以在一个节拍内实现，响应的 μOPCmd 可以表示为 2 个状态。支持两种异常处理的指令执行过程状态转换图如图 5.51 所示，图 5.51 是在图 5.21 基础上进行修改的，增加的状态已用底纹标注出来。由图可见，异常是在指令执行过程中立即响应的，而中断则在指令执行结束时（End=1）才会响应。

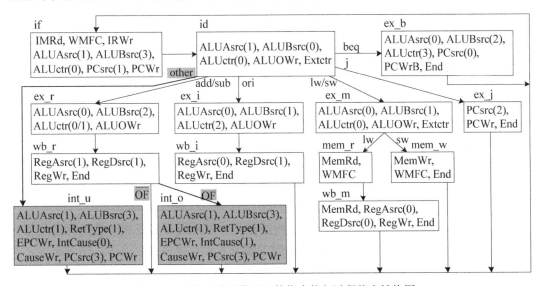

图 5.51　支持两种异常处理的指令执行过程状态转换图

根据图 5.51 的状态转换图，不难实现相应的时序信号形成电路及 μOP 控制信号形成电路。图 5.32 的时序信号形成电路中，需要增加一个时序信号，该信号由图 5.49 中的 Event 信号触发产生，用于图 5.51 中 int_o 及 int_u 状态内 μOPCmd 的时序控制，或者用于图 5.2 中指令周期及中断周期的区分，来实现三级时序，以满足响应环节包含多个节拍的需求。

事件类型的识别方式中，非向量方式的实现简单，但处理程序入口地址（固定值）需要由电路产生，常用于发生频率较高的、数量极少的异常，如缺页异常。向量方式的响应需要访问主存中的中断向量表，实现稍复杂，适用于数量较多的异常或中断。

5.7　指令流水线技术

冯·诺依曼计算机的存储程序工作方式中，下条指令地址由当前指令产生，导致不同指令只能串行执行，程序的执行效率很低。现代计算机中，都注重开发指令之间的并行性，来提高 CPU 的性能。

并行性指两个或两个以上的事件在同一时刻或同一时段内发生的特性，因此，并行性有同时性和并发性两种含义。并行性可以体现在不同的处理等级上，如指令执行的操作级并行、任务执行的指令级并行、程序执行的线程级并行等。并行处理技术指能够同时处理并行性事件的技术，如流水线（Pipelining）技术、超标量（Superscalar）技术、多线程（Multithreading）技术等。

本节主要介绍指令流水线的基本概念、冲突及其处理方法，以及流水线数据通路及其控制器的实现。

5.7.1 指令流水线概述

1. 指令流水线的概念

指令流水线类似于工厂的生产流水线，其基本思想是，将指令执行过程划分成若干个阶段，每个阶段由专门的功能部件来实现，使得每条指令可以依次通过各个阶段（部件），各个阶段可以同时处理不同指令的操作。通常，将流水线中的操作阶段称为段（Stage）或级，将一个段所需的时长称为拍。

假设某个 CISC 指令流水线由取指（IF）、译码（ID）、取操作数（OF）、执行（EX）和写结果（WB）五个段组成，则指令流水线的组成如图 5.52 所示。

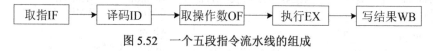

图 5.52　一个五段指令流水线的组成

指令流水线的工作原理是每条指令按序通过各个流水段，多条指令的执行过程相互重叠，其工作过程可以用如图 5.53 所示的时空图来表示。根据指令流入、指令流出之间的关系，流水线的工作有填入、流水、排空三个状态。

可以看出，采用流水方式执行指令时，虽然每条指令的执行时间并未减少，但由于多条指令的执行是重叠的，如图 5.54 所示，程序执行时间会大大减少。

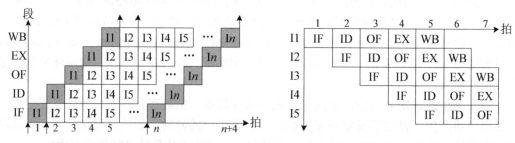

图 5.53　指令流水线的工作过程　　　　图 5.54　流水方式的指令执行过程

指令流水线中，通常每一拍为一个时钟周期，相应地，每个段可完成一个 μOP。由图 5.53 可见，每一拍都可以流入/流出一条指令，相当于每条指令的 CPI＝1。假设流水线的拍长（段长）为 Δt，则串行执行 n 条指令的时间为 $T_{串行} = n \times 5\Delta t$，流水执行 n 条指令的时间为 $T_{流水} = 5\Delta t + (n-1)\Delta t$。

注意，不同指令系统的指令流水线通常不同，其组成与指令执行过程中各个操作的时延有关。例如，对应于图 5.20 的数据通路，MIPS 指令流水线由取指（IF）、译码/读寄存器（ID）、执行（EX）、访存（MEM）和写结果（WB）五个段组成。

为了便于理解、保持延续性，下面都以 MIPS 指令流水线为例进行讨论。

2．流水线组成的基本要求

流水线由各个段的部件串行连接而成，图 5.53 所示的时空图是一个理想效果，要使流水线能够正常流水，必须满足下列三个基本条件。

第一，流水线各个段的操作必须相互独立。即各个段的源数据需来自时序部件，结果需保存到时序部件，否则，不同段之间无法重叠。实现方法是增设段间寄存器，后一个段用它作为源数据部件，前一个段用它作为结果存放部件，这样就可以实现不同段的重叠，例如 IR 就是一个段间寄存器。每两个段之间的段间寄存器都是一组寄存器，寄存器的个数取决于后续各个段需要使用本段的哪些数据或结果。

第二，流水线各个段的操作必须同步。即各个段需使用统一的时钟信号实现同步，否则，无法保证结果正确。实现方法是同时控制段间寄存器的写入。MIPS 五段指令流水线的基本结构如图 5.55 所示，段间寄存器的名称已在图中标出，拍时钟控制的就是段间寄存器。

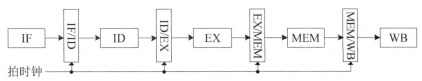

图 5.55　MIPS 五段指令流水线的基本结构

用于同步的时钟脉冲宽度＝max{各个段的操作时延}＝拍长。因此，流水线各个段的操作时延应尽量接近，多个较短的操作可以合并到同一个段中，如 MIPS 多周期数据通路的译码与读寄存器操作可以合并。

第三，流水线各个段的操作必须无冲突。无冲突指不存在冲突或冲突可以解决。冲突（Conflict）指流水线在某些情况下无法正确执行后续指令的现象，又称为冒险（Hazard），冒险包括硬件方面的结构冒险，以及指令间的数据冒险和控制冒险。5.7.2 节将讨论流水线的冒险及其处理方法。

3．流水线的性能

流水线的性能通常用吞吐率、加速比和效率 3 个指标来衡量。

1）吞吐率（Throughput）

吞吐率指单位时间内流水线所完成任务或输出结果的数量。

若指令流水线有 m 个段，拍长为 Δt，连续执行 n 条指令的时空图如图 5.53 所示，则流水线的吞吐率为

$$T_P = \frac{n}{T_{流水}} = \frac{n}{m\Delta t + (n-1)\Delta t} = \frac{1}{[1+(m-1)/n]\Delta t}$$

可见，当 $n \gg m$ 时，最大吞吐率为 $T_{P\max}=1/\Delta t$，即最大吞吐率等于拍长的倒数。

2）加速比（Speedup）

加速比指程序采用流水方式执行与采用串行方式执行的速度之比。

若指令流水线有 m 个段，拍长为 Δt，连续执行 n 条指令的时空图如图 5.53 所示，则流水线的加速比为

$$S=\frac{T_{串行}}{T_{流水}}=\frac{m\Delta t\times n}{m\Delta t+(n-1)\Delta t}=\frac{mn}{n+m-1}=\frac{m}{1+(m-1)/n}$$

可见，当 $n\gg m$ 时，最大加速比为 $S_{\max}=m$，即最大加速比等于流水线的段数。

3）效率（Efficiency）

效率即部件利用率，指流水线中部件的使用时间与整个运行时间的比值。效率是各个部件利用率的平均值。

若指令流水线有 m 个段，拍长为 Δt，连续执行 n 条指令的时空图如图 5.53 所示，则流水线的效率为

$$E=\left(\sum_{i=1}^{m}T_{段i}\Big/T_{流水}\right)\Big/m=\frac{(n\Delta t\times m)/m}{m\Delta t+(n-1)\Delta t}=\frac{n}{n+m-1}=\frac{1}{1+(m-1)/n}$$

可见，当 $n\gg m$ 时，最高效率为 $E_{\max}=1$，即连续执行的指令越多，流水线效率越高。

4．流水线的分类

流水线可以从不同角度进行分类，这些分类方法可以看成是流水线的属性。流水线主要有如下几种分类方法。

1）单功能流水线和多功能流水线

这是按流水线的功能来分类的。单功能流水线只能完成一种功能，如浮点加法流水线。多功能流水线的各个段可以有不同的连接方法，从而能够实现不同的功能。多功能流水线的部件利用率高，但控制比较复杂。

流水线要实现多个功能，可以采用多条单功能流水线的组合，也可以采用多功能流水线，取决于效率及成本。指令流水线是多功能流水线，操作流水线通常是单功能流水线。

2）静态流水线和动态流水线

这是按流水线的工作方式来分类的。静态流水线的各个段同时只能连接成一种功能进行工作，即功能切换在排空后进行。动态流水线的各个段同时可以连接成不同功能进行工作，即功能切换可以在流水时进行。

显然，动态流水线必定是多功能流水线，单功能流水线必定是静态流水线。由于动态流水线的控制很复杂，目前，大多数的流水线都是静态流水线。

3）线性流水线和非线性流水线

这是按流水线的结构来分类的。线性流水线的各个段是串行连接的，新任务在每一拍都可以流入。非线性流水线的各个段除串行连接外，还存在反馈回路（部分段需要操作多次），新任务只能在没有冲突时才能流入。

非线性流水线常用于递归操作，如定点乘法用加法及移位实现，或多功能流水线中某个功能内部的重复操作。非线性流水线可以节约成本，但控制相对复杂。

4）顺序流水线和乱序流水线

这是按流水线的流入/流出次序来分类的。顺序流水线的任务流出次序与流入次序完全相同。乱序流水线的任务流出次序与流入次序可以不同，又称为异步流水线。

乱序流水线的最大作用是可以有效地处理数据冒险。

5）标量流水线和向量流水线

这是按流水线的处理数据类型来分类的。标量流水线处理的是标量数据，如定点数、浮点数，每一拍可以流入一个任务。向量流水线处理的是向量数据，如数组，流水线内部以流水方式进行向量各个元素的操作，若干拍才可流入一个任务。

向量流水线的性能很好，但实际应用中向量数据的使用频率并不是很高。

可见，图 5.33 的指令流水线是一个多功能、动态、线性、顺序的标量流水线。

5.7.2 指令流水线的冒险处理

图 5.53 的时空图是流水线的理想效果，事实上，流水线在某些情况下会无法正确执行后续指令，这种现象称为冒险（Hazard）。根据引起冒险的原因不同，流水线冒险有结构冒险、数据冒险和控制冒险 3 种。下面，分别讨论其原因及处理方法。

1. 结构冒险

结构冒险（Structural Hazard）指由于争用硬件资源，而引起流水线停顿的现象。

例如，图 5.55 的指令流水线中，存储器若采用冯·诺依曼结构，则同一拍中，不同指令的 IF 段、MEM 段会争用存储器。又如，多周期数据通路中，ALU 常被用于实现（PC）+"1"、算逻运算，同一拍中，不同指令的 IF 段、EX 段会争用 ALU。

结构冒险的处理策略有两种，一是重复设置争用部件，构成线性流水线，使结构冲突不存在；二是分时使用争用部件，构成非线性流水线，通过阻塞后续指令来解决结构冲突。通常，前者用于处理频繁出现的冲突，后者用于处理偶尔出现的冲突，以提高性价比。下面，仅讨论重复设置部件的处理方法。

为了不存在争用部件，指令流水线中的每个部件只能使用一次。例如，存储器采用哈佛结构，使 IF 段、MEM 段使用不同的存储器；GPRs 的读/写端口分离，使寄存器可以同时读或写；重复设置 ALU、ExtU，使 IF 段、EX 段使用不同的部件。

为了不存在部件争用，指令流水线中的每个部件只在同一个段使用。例如，lw、add 指令先后进入流水线，若按照图 5.25 的时序安排，则 lw 的第 5 拍与 add 的第 4 拍为同一拍，发生写 GPRs 冲突；若写 GPRs 都安排在第 5 拍，则不会发生冲突。ALU、DMEM 操作的时间安排也是如此，因此，图 5.55 的流水线每个段的功能固定、使用时间固定。可见，采用流水方式执行指令时，每条指令的指令周期取决于其最后一个操作在流水线中的位置。

2. 数据冒险

数据冒险（Data Hazard）指由于指令所需数据不可用，而引起流水线停顿的现象。数据不可用指某条指令的结果尚未写入，后续指令就需要读取。

图 5.56 所示的是一个存在数据冒险的指令序列示例，指令 I1 在第 5 拍才写$4，寄存器的写操作通常都安排在后半拍进行，指令 I2~I4 分别在第 3~5 拍需要读$4，显然所读结果（旧值）是不可用的。这种因数据尚未写入就要读出引起的数据冒险，称为写后读（Read After Write, RAW）冒险。

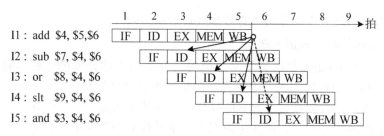

图 5.56 存在数据冒险的指令序列

由图可见，I1-I2、I1-I3、I1-I4 都存在 RAW 冒险，I1-I5 则不存在冒险。通常，将产生 RAW 冒险的指令（如 I2~I4）称为冲突指令。

RAW 冒险有寄存器 RAW 冒险、存储器 RAW 冒险两类，下面，仅讨论寄存器 RAW 冒险。寄存器 RAW 冒险的处理，有如下几种方法。

1）阻塞法（Stalling）

阻塞法的思想是使冲突指令及其后续指令停顿，而其他指令继续通过流水线，直到 RAW 冒险消除（数据可用），故又称后推法。

阻塞法通常采用插入气泡（Bubble）方法来实现，气泡用 nop 指令的操作命令来表示，nop（空操作）指令不会改变寄存器、存储器、程序状态寄存器的任何信息。阻塞法的处理效果如图 5.57 所示，第 3~5 拍中，指令 I2 含后续指令暂停执行，指令 I1 继续通过流水线，ID 段在暂停期间每拍产生一个气泡（用箭头表示），后续段执行的操作是气泡。

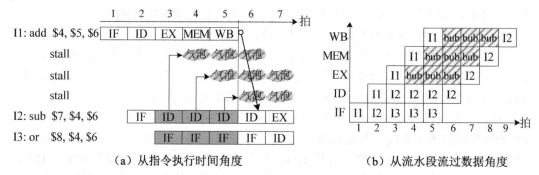

（a）从指令执行时间角度   （b）从流水段流过数据角度

图 5.57 用阻塞法处理 RAW 冒险

阻塞法实现时，控制器在 ID 段只要检测到 RAW 冒险，就暂停 IF 段，立即使 ID 段产生一个气泡，直到检测不到 RAW 冒险。停顿 IF 段可以通过使 IF 段的部件及段间寄存器 IF/ID 无法进行写操作（没有拍时钟）来实现，导致 IF/ID 中仍是冲突指令的内容，ID 段也就暂停了；而 ID 段不停地将气泡保存到段间寄存器 ID/EX 中，气泡插入就实现了。RAW 冒险消除后，IF 段及 ID 段正常操作，流水线恢复正常。

可见，采用阻塞法处理 RAW 冒险时，冲突指令的停顿拍数取决于冲突数据读与可读（写操作完成）的间隔拍数。

例 5.5 某 MIPS 指令流水线如图 5.55 所示，流水线的数据通路中，GPRs 的写操作安排在 WB 段，在下一拍才能够读出所写的数据。现有如下 MIPS 指令序列：

I1: add $4, $5, $6　　; $4←$5+$6

I2: sub $7, $4, $5　　; $7←$4−$5

I3: or $8, $4, $6　　; $8←$4|$6

I4: sw $6, 20($4)　　; M[$4+20]←$6

I5: lw $9, 20($8)　　; $9←M[$8+20]

流水线中，各种指令的指令周期分别是多少？上述指令序列中，哪些指令之间存在 RAW 冒险？若采用阻塞法处理 RAW 冒险，指令序列的执行时间为多少拍？

解：流水线中，指令周期的长度取决于指令最后一个操作在流水线中的位置，依题意，add、sub、or、lw 的指令周期为 5 拍，sw 的指令周期为 4 拍。

MIPS 指令的 RAW 冒险只存在于相邻的 4 条指令之间，上述指令序列中，I1-I2、I1-I3、I1-I4、I3-I5 都存在 RAW 冒险。

采用阻塞法处理 RAW 冒险时，I2 因 I1-I2 冒险需停顿 3 拍，导致 I1-I3、I1-I4 冒险自动消除；I5 因 I3-I5 冒险需停顿 2 拍。指令序列的执行时间为：流水执行时间+冒险停顿时间=[5Δt+(5−1)Δt]+(3Δt+2Δt)=14Δt。

2）转发法（Forwarding）

转发法的思想是产生数据的段可以将结果送到下一个段和较早的段，冲突指令可以直接从产生数据的段获取数据，又称重定向法、旁路法（Bypassing）。

采用转发法处理 RAW 冒险的效果如图 5.58 所示，由于指令 I1 的 EX 段结果、MEM 段结果都等于 WB 段所写数据，因此，I2 在其 EX 段（第 4 拍）可以直接获取 I1 的 EX 段结果（第 3 拍产生），I3 在其 EX 段（第 5 拍）可以直接获取 I1 的 MEM 段结果（第 4 拍产生）。而 I4 只能在 ID 段获取转发数据，获取方法稍后讨论。

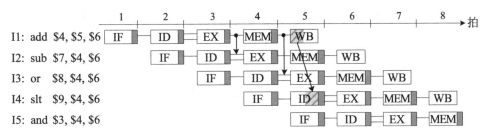

图 5.58　用转发法处理 RAW 冒险

转发法通常采用增加转发线路的方法来实现。图 5.59 的流水线结构中增加了图 5.58 所需的转发线路，控制器在 ID 段检测到存在 RAW 冒险时，使控制信号 ALUAsrc 为相应的值，来选择 EX 段的输入端，以实现数据转发。图中，控制信号 IFstall 用于实现阻塞法中的暂停 IF 段功能。

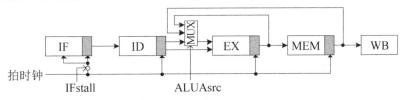

图 5.59　增加转发线路的流水线结构

对于图 5.58 中 I1-I4 的 RAW 冒险,I4 有两种方法能够在 ID 段获取转发数据。一种方法是旁路法,类似于图 5.59,在图 5.20 中的附加寄存器 A 之前增设 MUX,用于接收 MEM 段的结果。另一种方法是寄存器提前写,即寄存器写操作安排在前半拍,后半拍就能读出正确的结果,如图 5.58 中 WB 段、ID 段的阴影部分所示,具体方法可以是在时钟周期的中间(时钟脉冲下降沿)进行寄存器的写操作。很显然,第二种方法较理想,即同一拍的 RAW 冒险通过寄存器写操作安排在前半拍来解决。

可见,采用转发法处理 RAW 冒险时,冲突指令不需要停顿。对于转发线路不能满足其转发需求的 RAW 冒险,只能采用阻塞法处理。

例 5.6 续例 5.5,若将 GPRs 的写操作安排在 WB 段的前半拍进行,即可从 GPRs 读出同一拍所写的数据,且在数据通路中设置了 EX 段→EX 段的转发线路,则例 5.5 中的指令序列执行时间为多少拍?

解: EX 段→EX 段的转发线路只能处理相邻指令间的 RAW 冒险,I1-I2、I1-I3、I1-I4、I3-I5 这 4 个 RAW 冒险中,只有 I1-I2 冒险可采用转发法处理,而 I1-I3、I3-I5 冒险只能采用阻塞法处理。由于写寄存器安排在前半拍完成,I3 因 I1-I3 冒险只需停顿 1 拍,导致 I1-I4 冒险自动消除,I5 因 I3-I5 冒险只需停顿 1 拍。指令序列的执行时间为 $9\Delta t + (1\Delta t + 1\Delta t) = 11\Delta t$。

MIPS 流水线中,转发法可以解决大部分 RAW 冒险,但不能解决称为 load-use 的 RAW 冒险。load-use 冒险由 lw 指令引起,图 5.60 是一个示例,I1 在第 4 拍从 DMEM 中读出数据(第 5 拍才可以使用),I1-I3 的 RAW 冒险可以采用转发法处理,I1-I4 的 RAW 冒险可以通过写寄存器安排在前半拍完成来解决,但 I1-I2 的 RAW 冒险无法处理,这种情况通常称为 load-use 冒险。

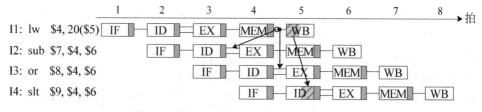

图 5.60 存在 load-use 数据冒险的指令序列

对于 load-use 冒险,必须采用阻塞法进行处理。还有一种软件处理方法,编译器根据需要在 lw 指令之后插入 nop 指令,来避免 load-use 冒险。

3)乱序执行法(out-of-order execution)

乱序执行法的思想是只停顿冲突指令,后续无 RAW 冒险的指令可以先执行,直到 RAW 冒险消除。可见,乱序执行法是阻塞法的变种,但不停顿后续指令。采用乱序执行法处理 RAW 冒险时,流水线不需要停顿。

乱序执行法通常通过增设指令窗口、动态调度指令来实现,故又称动态调度法。流水线中用一个指令缓冲区(指令窗口)来保存多条指令信息,不断地对所有指令进行调度,操作数就绪的指令立即可以执行,其余指令只能在缓冲区中等待。

乱序执行法改变了指令执行顺序,也改变了程序预设的寄存器访问次序。由于改变同一寄存器的读→写、写→写次序，会导致操作结果错误，因此，乱序流水线中，还存在读后写（Write After Read, WAR）冒险和写后写（Write After Write, WAW）冒险。WAR 冒险和 WAW 冒险的处理方法较为复杂，此处不再展开讨论。

3. 控制冒险

控制冒险（Control Hazard）指由于指令执行顺序发生改变，而引起流水线停顿的现象，又称为分支冒险（Branch Hazard）。流水线中指令按序流入，转移型指令（如分支指令）会改变指令执行顺序，之后流入的指令可能是错误的。

图 5.61 所示的是一个存在控制冒险的指令序列示例，假设 bne 指令的指令周期为 4 拍，在 MEM 段才判断是否转移、写 PC。因此，指令 I2 的结果产生时，指令 I3~I5 已经进入流水线，而 I2 的下一条指令可能不是 I3，会导致程序执行错误。

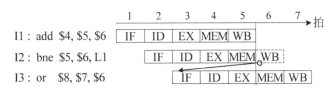

图 5.61　存在控制冒险的指令序列

控制冒险通常有如下 3 种处理方法。

1）阻塞法（Stalling）

阻塞法的思想是阻塞分支指令之后的指令，直到控制冒险消除。这与数据冒险中的处理方法类似，区别是仅暂停分支指令之后的指令，而不暂停分支指令。

阻塞法通常采用插入气泡方法来实现，气泡用 nop 指令的操作命令来表示。实现时，由于仅阻塞分支指令之后的指令，控制器在 ID 段检测到控制冒险时，立即暂停 IF 段，下一拍起使 ID 段每一拍都插入一个气泡，直到控制冒险消除。这与数据冒险中的实现方法类似，区别是下一拍起才产生气泡，而不是立即产生气泡。

阻塞法的流水线停顿时间较长，取决于分支指令从译码到 PC 可用的间隔拍数。由图 5.61 可见，采用阻塞法处理控制冒险时，流水线需停顿 5－2＝3 拍。为了减少性能损失，数据通路中可以采取以下措施：尽早判断分支是否成功，尽早计算分支目标地址。

例 5.7 某 MIPS 指令流水线如图 5.55 所示，数据通路中设置有 EX 段→EX 段的转发线路，bne 指令在 MEM 段写 PC。现有如下 MIPS 指令序列：

```
       addi  $4, $5, 100    ; I1: $4←$5＋100
L1:    add   $8, $6, $7     ; I2: $8←$6＋$7
       sw    $8, 20($6)     ; I3: M[$6＋20]←$8
       addi  $5, $5, 1      ; I4: $5←$5＋1
       bne   $5, $4, L1     ; I5: $5≠$4 时 PC←L1
       addi  $9, $9, 10     ; I6: $9←$9＋10
```

上述指令序列中，哪些指令之间存在 RAW 冒险？若采用阻塞法处理控制冒险，指令序列的执行时间为多少拍？

解：上述指令序列中，I2-I3、I4-I5 存在 RAW 冒险。

由于存在 EX 段→EX 段的转发线路，I2-I3、I4-I5 冒险都可采用转发法处理，I3 及 I5 都不需要停顿。采用阻塞法处理控制冒险时，I5 每次导致流水线停顿 3 拍。因此，指令序列的执行时间为：$5\Delta t+[(1+4\times100+1)-1]\Delta t+100\times3\Delta t=706\Delta t$。

2）分支预测法（Branch Prediction）

分支预测法的思想是预测分支指令的转移方向，并执行该方向的指令，预测正确时继续执行指令，预测错误时回头执行另一方向上的指令。

分支预测中，预测正确时流水线通常无须停顿，预测错误时的停顿时间通常比阻塞法多 1 拍，这一拍用于实现回头所需操作。对于图 5.61，阻塞法的停顿时间为 3 拍，若分支预测正确率为 60%，则平均停顿时间为 $60\%\times0+(1-60\%)\times(3+1)=1.6$ 拍。

分支预测全部由硬件实现，并且需要调整分支指令执行阶段的操作。预测通常在 IF 段或 ID 段进行，任务是 PC←预测的下条指令地址，下一拍起 IF 段可正常执行。预测的正确性在指令写 PC 前可以得知，预测正确时不写 PC；预测错误时执行回头操作，如 PC←正确的下条指令地址、清空后续指令所占的流水段，清空可通过插入气泡来实现。

预测在 IF 段进行时，预测正确时流水线无须停顿，但指令尚未译码，保证预测正确率有一定难度。预测在 ID 段进行时，预测只针对分支指令，预测正确时流水线也需要停顿一拍。实际应用中，通常采用在 IF 段预测的方法。

根据预测是否参考分支指令的转移历史，分支预测有静态预测、动态预测两种。

静态预测总是预测不转移（或转移），正确率约为 50%。可以增加一些规则来提高预测正确率，如对于相对寻址的分支指令，偏移量为负时（常用于循环）预测转移发生。

动态预测根据分支指令的转移历史进行预测，预测算法利用指令重复执行时呈现的规律进行预测，如分支指令已连续两次发生转移，本次预测转移发生。动态预测的正确率较高（可达 90%），但实现较复杂，需要分支目标缓冲器（Branch Target Buffer, BTB）、预测逻辑等部件的支持，BTB 用于保存转移历史，其组成类似于 TLB，预测逻辑用于实现预测算法、控制预测流程。

实际应用中，几乎所有的 CPU 都采用动态预测方法，而静态预测方法则作为分支指令首次执行时的辅助预测方法。

例 5.8 续例 5.7，控制冒险采用分支预测法处理，预测错误时的停顿拍数比阻塞法多 1 拍。假设：在 IF 段进行预测时，预测正确率为 75%；在 ID 段进行预测时，bne 指令的预测正确率为 90%。分别计算采用两种不同的预测时机时，例 5.7 的指令序列执行时间各为多少拍？

解： 同例 5.7，指令序列中的 RAW 冒险处理不会导致流水线停顿，控制冒险采用阻塞法处理时流水线需停顿 3 拍。

在 IF 段预测时，控制冒险的平均停顿时间为 $75\%\times0\Delta t+(1-75\%)\times(3\Delta t+1\Delta t)=1\Delta t$，指令序列的执行时间为：$5\Delta t+[(1+4\times100+1)-1]\Delta t+100\times1\Delta t=506\Delta t$。

在 ID 段预测时，控制冒险的平均停顿时间为 $90\%\times1\Delta t+(1-90\%)\times(3\Delta t+1\Delta t)=1.3\Delta t$，指令序列的执行时间为：$5\Delta t+[(1+4\times100+1)-1]\Delta t+100\times1.3\Delta t=536\Delta t$。

3）延迟分支法（Delayed Branch）

指令序列中，分支指令执行结束前，跟随分支指令流入流水线的指令位置称为延迟槽。

延迟分支法的思想是在逻辑上延长分支指令的执行时间，即延迟槽中的指令总是被执行。当延迟槽中全部是 nop 指令时，延迟分支法等价于阻塞法；当延迟槽中包含有用指令时，相当于减少了流水线停顿时间。

延迟分支法是通过软件实现的，流水线对分支指令不做任何处理。编译程序在生成目标代码时，对指令进行重排序，将分支指令之前、与分支指令无关的指令放到延迟槽中，或者在延迟槽中插入 nop 指令。需要注意的是，延迟槽中不允许出现分支指令。例如，例 5.7 的指令序列中，I3 可以放在 I5 之后。

与阻塞法一样，为了缩小延迟槽，分支指令中应尽早判断分支是否成功、尽早计算分支目标地址。实际应用中，延迟分支法的延迟槽容量都为一条指令，当延迟槽容量大于一条指令时，通常采用分支预测法。

5.7.3　指令流水线的设计

类似于多周期 CPU 设计，流水线 CPU 的设计包括数据通路设计、控制器设计两个部分。控制器的设计与数据通路密切相关，数据通路组织的基础是流水线结构。

为了便于对比分析，本节以 5.2.4 节设计的多周期数据通路为基础，介绍支持 7 条指令的 MIPS 指令流水线的设计过程。

1．流水线结构的确定

流水线结构的确定主要包括功能段划分、每个段的功能组织及冒险处理方法确定。MIPS 流水线的功能段划分基本相同（5 个段），每个段的功能组织变化较大，取决于指令的执行过程组织，冒险处理方法也有多种选择。

由图 5.20 的多周期数据通路可见，流水线可划分成 5 个功能段，分别是取指（IF）、译码/读寄存器（ID）、执行（EX）、访存（MEM）、写回（WB）。

1）流水段的功能组织

流水线要求，指令执行过程中每个部件只能使用一次，且必须在同一个段使用，因此，流水线中指令的执行过程组织与多周期 CPU 中有一定差别。

首先，重新组织每条指令的执行过程，组织可以有多种方案，不同方案的性能与成本有所不同。本例中，为了使每个段的时延相近，图 5.21 中 EX 段的一部分功能安排在 ID 段实现；为了减少功能部件的数量或成本，图 5.21 中 ID 段的 ALU 操作安排在 EX 段实现。

IF 段、ID 段的功能对所有指令是通用的，本例中，IF 段的功能组织为：读 IMEM、PC←(PC)＋4。ID 段的功能组织为：指令译码、读 GPRs、拼接、位扩展。

各条指令 EX 段、MEM 段及 WB 段的功能组织如下：

add/sub 指令：EX 段进行 ALU 运算，MEM 段无操作，WB 段写 GPRs。

　　ori 指令：EX 段进行 ALU 运算，MEM 段无操作，WB 段写 GPRs。

　　lw 指令：EX 段进行 ALU 运算，MEM 段读 DMEM，WB 段写 GPRs。

　　sw 指令：EX 段进行 ALU 运算，MEM 段写 DMEM。

　　beq 指令：EX 段进行左移 2 位、ALU 运算、相等比较、写 PC。

　　　j 指令：EX 段写 PC。

可见，add/sub/ori/lw 的指令周期为 5 拍，sw 的指令周期为 4 拍，beq/j 的指令周期为 3 拍。流水线中，不同指令周期的指令执行过程，可以理解为指令还在流水线中流动，只是后续段都为空操作而已。

其次，确定每个流水段的功能，通过汇总各条指令执行过程的操作即可得到。IF 段的功能为：读 IMEM、PC←(PC)+4；ID 段的功能为：指令译码、读 GPRs、拼接、位扩展；EX 段的功能为：左移 2 位、ALU 运算、相等比较、写 PC；MEM 段的功能为：读 DMEM、写 DMEM；WB 段的功能为写 GPRs。

2）冒险的处理方法确定

冒险有结构冒险、数据冒险、控制冒险 3 种。结构冒险在各个段的数据通路组织时必须解决。数据冒险有阻塞法、转发法、乱序执行法 3 种，本例采用转发法。

控制冒险有阻塞法、分支预测法、延迟分支法 3 种。MIPS CPU 常采用延迟分支法，延迟槽为 1 条指令，延迟槽中指令始终被执行，流水线无须处理控制冒险。但这要求分支指令的指令周期为 2 拍，ID 段的数据通路组织很复杂（需增设不少部件）。本例中，为了简化数据通路的组织，采用阻塞法处理控制冒险，流水线需要停顿 2 拍，注意，这种方法的性能并不是很好，但便于理解流水线的组成。

2. 数据通路的组织

数据通路的组织主要包括各个流水段的数据通路组织、各个段间寄存器的组织，以及冒险处理所需的数据通路调整。下面，先设计基本的数据通路，再讨论冒险处理的通路调整。

由于后续段所需的信息都必须保存到段间寄存器中，因此，每个段的任务为处理数据和传递数据。为便于理解，不同段间寄存器中，存放同一数据的寄存器的名称相同，用 IF/ID.NPC、ID/EX.NPC 方式描述，应注意区分。

根据图 5.20 的多周期数据通路，以及已确定的每个流水段功能，可以得到 MIPS 流水线的基本数据通路，如图 5.62 所示。图中，带底纹的是段间寄存器，隔开的是各个段的内部数据通路，所有部件控制信号也已在图中标出。

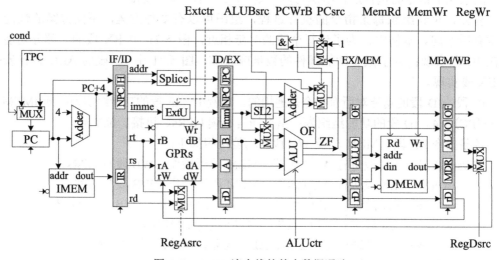

图 5.62 MIPS 流水线的基本数据通路

由图可见，大多数部件只使用一次（在本段使用），例外的只有 PC、GPRs，稍后会解释部件跨段使用的实现方法。

图 5.62 是一个总图，下面，将分析每个段的数据通路组织方法。由于与多周期数据通路有许多相同之处，为了节省篇幅，只重点介绍发生变化的部分。

1）IF 段组织

流水线中，IF 段必须实现 PC←(PC)＋4，而分支指令在 EX 段可能重写 PC，两个操作是重叠的。分支指令重写 PC 时，随后流入的指令应该无效，PC 的值应该为分支指令的结果 TPC，而不是(PC)＋4 的结果，即 IF 段、EX 段都需要写 PC 时，EX 段享有优先权。因此，写入 PC 的值可以用 MUX 进行选择，由 EX 段给出的信号 cond 来控制，这是常见的部件跨段使用的实现方法。

IF 段的功能是读 IMEM、PC←(PC)＋4。IF 段的功能对应操作为 IR←M[(PC)]、PC←(cond=1) ? (TPC) : (PC)＋4，辅助操作为 NPC←(PC)＋4、H←(PC)$_{高4位}$。其中，IR、NPC、H 为段间寄存器，cond、TPC 为 EX 段给出的信息。

IF 段的数据通路如图 5.62 所示，需要增设一个加法器。由于每一拍都需要读 IMEM、写 PC，因此，无须设置控制信号。由于 TPC 是 EX 段经过多个运算得到的，因此，写 PC 应安排在节拍结束时，进而，读 IMEM 应安排在节拍的中间，以包容寄存器的写延迟。

注意，各个段的段间寄存器的写入都必须安排在节拍结束时。

2）ID 段组织

ID 段的功能是指令译码、读 GPRs、拼接、位扩展。ID 段实现拼接、位扩展操作的好处是，可以缩短 EX 段的时延、减少段间寄存器的个数。ID 段的功能对应操作为 A←GPRs[rs]、B←GPRs[rt]、JPC←Splice(H, addr, 00)、Imm←SExt(imme) 或 ZExt(imme)，辅助操作为 rD←rd 或 rt、传递 NPC。其中，A、B、JPC、Imm、rD、NPC 为段间寄存器，Splice 表示拼接操作。

ID 段的数据通路如图 5.62 所示，指令译码操作没有控制信号。

3）EX 段组织

EX 段的功能是左移 2 位、ALU 运算、相等比较、写 PC。EX 段的功能对应操作为 ALUO←(A) op (B)或(Imm)、cond←ZF、TPC←(NPC)＋(Imm)<<2 或 TPC←(JPC)，辅助操作为形成 OF、传递 B 及 rD。其中，ALUO、OF、B、rD 为段间寄存器。

EX 段的数据通路如图 5.62 所示，需要增设一个加法器。新增的加法器用于分支目标地址计算，相等比较功能用 ALU 实现（产生 cond 信号），写 PC 功能由 IF 段实现。

4）MEM 段组织

MEM 段的功能是读/写 DMEM。MEM 段的功能对应操作为 MDR←M[(ALUO)]或 M[(ALUO)]←(B)，辅助操作为传递 ALUO、OF、rD。其中，MDR、ALUO、OF、rD 为段间寄存器。

MEM 段的数据通路如图 5.62 所示，DMEM 的读/写都安排在节拍的中间。对于没有 DMEM 操作的指令，使控制信号 MemRd 及 MemWr 都无效即可。

5）WB 段组织

WB 段的功能是写 GPRs。WB 段的功能对应操作为 GPRs[rD]←(ALUO)或(MDR)。

流水线中，ID 段、WB 段都需要对 GPRs 操作，当 rD≠rs、rD≠rt 时，操作的是不同寄存器，读、写操作不会发生冲突；当 rD＝rs 或 rt 时，由于寄存器的写操作由边沿触发、读操作为组合逻辑操作，读、写操作也不会发生冲突。

WB 段的数据通路如图 5.62 所示。由数据冒险的处理方法可知，为了减少流水线的停顿时间，寄存器读操作应能够读出同一拍所写的最新数据，因此，写 GPRs 应安排在前半拍，即写操作安排在节拍的中间（时钟脉冲下降沿）进行。

可以发现，相对于图 5.20 的多周期数据通路，图 5.62 的流水线数据通路中，除增设 4 组段间寄存器外，还增设了两个加法器。

现在，来讨论进行数据冒险、控制冒险处理时，数据通路应该进行哪些调整。本例中，数据冒险采用转发法＋阻塞法处理，控制冒险采用阻塞法处理。

数据冒险及控制冒险的阻塞法都通过插入气泡方法来实现，差别在于插入气泡的时机是立即插入还是下一拍插入。实现时，暂停 IF 段、插入气泡都由控制器完成，对数据通路没有任何影响。

转发法需要在数据通路中增加转发线路，由指令功能及图 5.62 可见，转发线路需要有 EX 段→EX 段、MEM 段→EX 段两类。由于转发的数据需供 ALU 及 EX/MEM.B（转发到 sw 指令）使用，因此，EX/MEM.ALUO、MEM/WB.ALUO 及 MEM/WB.MDR 都应连接到 ALU 及 EX/MEM.B。

带转发线路的 MIPS 流水线数据通路如图 5.63 所示。与图 5.62 相比，图 5.63 在 ALU 及 EX/MEM.B 各增加了一个 MUX，并增加了相应的转发线路。

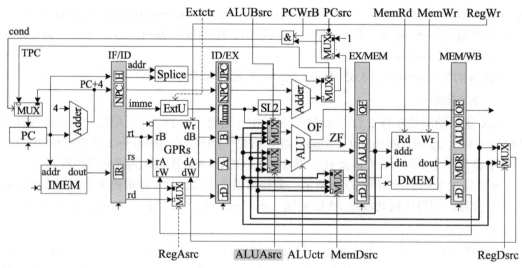

图 5.63　带转发线路的 MIPS 流水线数据通路

3. 控制器的设计

控制器的设计主要包括组织时序信号、产生 μOP 控制信号、检测及处理冒险三个部分。流水线的时序信号很简单，只需一个时钟信号（含两个工作脉冲信号）即可。

1）控制信号的产生

流水线有 5 个段，控制信号也可分成 5 组。由图 5.63 可见，IF 段没有控制信号，ID 段的控制信号有 Extctr、RegAsrc，EX 段的控制信号有 ALUAsrc、ALUBsrc、ALUctr、MemDsrc、PCsrc、PCWrB，MEM 段的控制信号有 MemRd、MemWr，WB 段的控制信号有 RegDsrc、RegWr，共 12 个控制信号。

由于指令是重叠执行的，同一拍中，每个段执行的是不同指令的不同段的操作，因此，控制器每一拍都需要产生各条指令相应段的控制信号。由于每条指令的所有控制信号都可以在 ID 段产生，通过传递方式送到后续段，因此，控制器最简单的实现方法是扩展或增设段间寄存器，使之包含各个段所需要的控制信号，如图 5.64 所示。

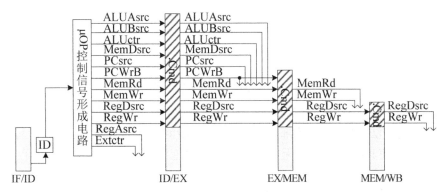

图 5.64　流水线中控制信号的产生及传递

由图可见，μOP 控制信号形成电路每一拍都在 ID 段产生当前指令的所有控制信号，并通过段间寄存器逐级向后传递，每个流水段只需要使用当前段的控制信号（如图 5.64 中的拐弯箭头）来进行操作，即可实现指令流水线的操作要求。

μOP 控制信号形成电路的实现很简单，方法与 5.4.2 节的单周期控制单元相同。

2）冒险的检测与处理

冒险只有数据冒险、控制冒险两种，冒险的检测都在 ID 段进行，其中，数据冒险有 load-use 冒险、其他 RAW 冒险两类。

数据冒险的检测方法是：检查 ID 段的源操作数地址与 EX 段及 MEM 段的目的操作数地址之间的关系，由于写寄存器安排在前半拍，存在数据冒险的条件如下：

存在 RAW 冒险的条件是　　$((IR.rs=ID/EX.rD)+(IR.rs=EX/MEM.rD))+$
$$((IR.rt=ID/EX.rD)+(IR.rt=EX/MEM.rD)) \cdot$$
$$(IR.op'=add/sub/sw/beq),$$

存在 load-use 冒险的条件是 $(ID/EX.MemRd=1) \cdot ((IR.rs=ID/EX.rD)+$
$$(IR.rt=ID/EX.rD) \cdot (IR.op'=add/sub/sw/beq)).$$

控制冒险的检测方法是：检查 ID 段的指令类型是否为转移型指令，存在控制冒险的条件是　$(IR.op'=beq)+(IR.op'=j)$。

本例中，load-use 冒险只能采用阻塞法处理（需停顿 1 拍），其余 RAW 冒险采用转发法处理（无须停顿），控制冒险也采用阻塞法处理（需停顿 2 拍），支持冒险检测及处理的 MIPS 流水线控制器如图 5.65 所示。

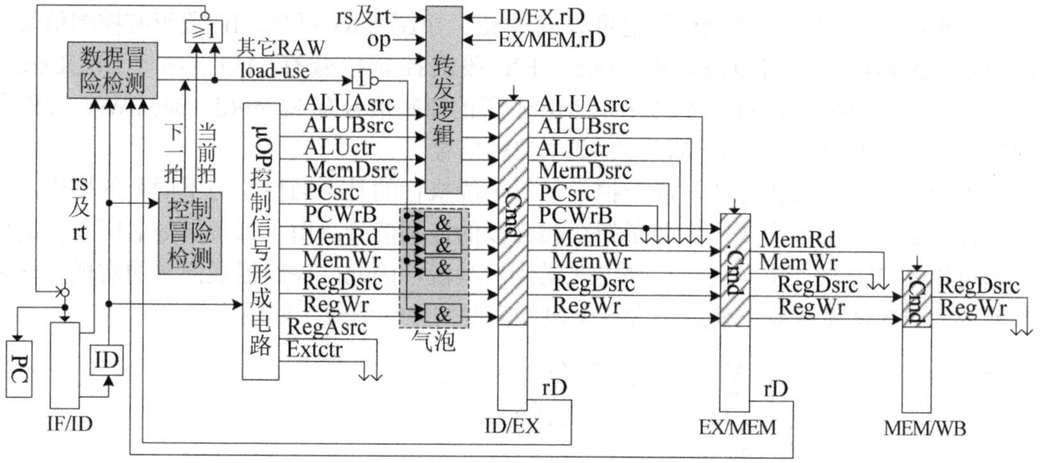

图 5.65　支持冒险检测及处理的 MIPS 流水线控制器

本例中，阻塞法用插入气泡方法来实现，包括暂停 IF 段、产生气泡两个环节。暂停 IF 段的实现方法是使 IF 段的部件（如 PC）及段间寄存器 IF/ID 无法进行写操作，如图 5.65 所示，使其拍时钟信号无效即可。产生气泡的实现方法是使段间寄存器 ID/EX 保存的是 nop 指令的操作命令，即 PCWrB＝MemRd＝MemWr＝RegWr＝0，如图 5.65 所示，气泡可以通过与门或者 MUX 产生。

本例中，转发法用设置 ALUAsrc 及 ALUBsrc 来实现，基于图 5.63，转发逻辑如下：

① IR.rs≠ID/EX.rD 且 IR.rs≠EX/MEM.rD 时，ID/EX.ALUAsrc＝ALUAsrc；

　IR.rs＝ID/EX.rD 时，ID/EX.ALUAsrc＝0；

　IR.rs＝EX/MEM.rD 时，ID/EX.ALUAsrc＝(EX/MEM.MemRd＝0) ? 2 : 3。

② IR.rt≠ID/EX.rD 且 IR.rt≠EX/MEM.rD 时，ID/EX.ALUBsrc＝ALUBsrc；

　IR.rt＝ID/EX.rD 时，ID/EX.ALUBsrc＝0；

　IR.rt＝EX/MEM.rD 时，ID/EX.ALUBsrc＝(EX/MEM.MemRd＝0) ? 2 : 3。

对数据冒险而言，检测电路一旦检测到冒险，相应的输出信号立即有效，用来进行暂停 IF 段、产生气泡、转发逻辑的控制。对控制冒险而言，检测电路一旦检测到冒险，暂停 IF 段的输出信号立即有效并保持一拍（使 ID/EX.PCWrB＝1），产生气泡的输出信号在下一拍有效（使 ID/EX.PCWrB＝1）并保持一拍（使 EX/MEM.PCWrB＝1）。

5.7.4　指令流水线的并行技术

指令级并行（Instruction-Level Parallelism, ILP）是指指令之间存在的一种并行性。开发 ILP 主要有时间重叠、资源重复两种策略，指令流水线就是时间重复策略的典型代表。为了进一步提高指令流水线的性能，常用的并行技术有以下两种。

1）超级流水线（super-pipelining）技术

超级流水线技术通过增加流水线的级数（段数），使更多指令在流水线中重叠执行，从而提高指令流出速度。超级流水线的 CPI 还是 1，但其时钟周期（拍长）比普通流水线要小许多，相应地，CPU 主频增加许多。例如，PIII CPU 的流水线为 12 级、主频可达 1.4GHz，而 P4 CPU 的流水线多达 31 级、主频高达 3.8GHz。

随着流水线级数的增加，段内操作的时间会减少，但段间寄存器的开销不变，冒险导致的停顿拍数相应增加，流水线性能并不能成比例地提高，而且 CPU 功耗大幅增加。因此，Intel CPU 从 Core 开始，流水线级数又回到十几级，侧重从资源重复角度开发 ILP。

2）多发射流水线（multiple issue pipelining）技术

多发射流水线技术指通过增加流水线的内部元件，使多条指令在流水线中可以同时执行，从而同时流出多条指令。多发射流水线的 CPI 小于 1，指令级并行性常用 IPC（Instructions Per Cycle）来表示，故 IPC＝1/CPI，如 3 路多发射流水线的 IPC≤3。

多发射指一个时钟周期内可将多条指令同时送到发射槽中，以便执行部件同时执行。与普通流水线相比，多发射流水线新增的任务主要是指令打包、冒险处理。指令打包主要是选择可以同时执行的指令，通常采用推测（Speculation）技术来提高指令并行性，推测就是控制冒险中的分支预测。冒险处理比普通流水线要复杂得多，包括先后执行指令间、同时执行指令间的数据冒险、控制冒险及结构冒险。

根据指令打包的时机，多发射的实现方法有动态多发射、静态多发射两种，前者在程序执行时（硬件）打包指令，后者在程序编译时（软件）打包指令。

根据发射的指令数是否可变，多发射流水线有两种风格：超标量（Superscalar）、超长指令字（Very Long Instruction Word, VLIW）。超标量同时发射的指令数可以不等，可以采用静态多发射或动态多发射技术。VLIW 每个时钟周期发射一条 VLIW 指令，VLIW 指令中包含多个操作字段，相当于多条标量指令，只能采用静态多发射技术。

超标量流水线内置多条流水线，每个时钟周期可以流入/流出多条标量指令，指令打包、冒险处理都由硬件完成。冒险处理通常采用动态调度、分支预测方法。指令发射有按序发射、乱序发射两种，区别在于数据冒险在发射后处理还是发射前处理。

例如，PIII CPU 采用了 3 路超标量流水线，数据冒险、控制冒险分别采用动态调度（乱序执行）、分支预测方法处理，采用推测执行方法提高动态多发射的并行性。流水线主要由取指/译码单元、派遣单元、执行单元、完成单元组成。取指/译码单元同时可实现多条指令（按序）的取指、译码；派遣单元通过指令窗口暂存指令，选择多条指令（乱序）发射到相应的执行单元，所发射指令不存在数据冒险（操作数已就绪）、不存在结构冒险（不争用功能部件）；完成单元同时实现多条指令（按序）的结果写回（寄存器或存储单元），写回前对所有指令按序进行确认，以消除分支指令预测错误的影响，确认次序由派遣单元的指令窗口来提供。

VLIW 流水线内置多个执行单元，每个时钟周期流入/流出一条 VLIW 指令，相当于同时流入/流出多条标量指令，指令打包、冒险处理都由软件完成。冒险处理通常采用静态调度（指令重排序＋阻塞）、延迟分支等方法。

例如，安腾（Itanium）CPU 采用了静态多发射、动态多发射相结合的技术，Intel 称其为 EPIC（Explicitly Parallel Instruction Computer, 显式并行指令计算机）技术。程序编译时，用"指令组"显式指明没有数据冒险的指令序列，指令组的长度任意，用"停止标记"标明不同指令组的边界。程序执行时，动态地将可以并行执行的指令组织成

"指令包"一起发射，指令包中的指令还采用谓词化技术，通过谓词指明指令执行的条件，来消除分支指令。

相对于超标量技术，VLIW 技术可以节省大量硬件，但指令调度的灵活性差不少。

习题 5

1. 解释以下概念或术语。

（1）ALU、FPU、CU、BIU、MMU　　（2）PC、IR、MAR、MDR、GPRs，PSW

（3）总线结构、专用结构　　（4）冯·诺依曼结构 MEM、哈佛结构 MEM

（5）硬布线控制器、微程序控制器　　（6）指令周期、机器周期、节拍、工作脉冲

（7）同步控制、异步控制、联合控制　　（8）微命令、微指令、微程序

（9）异常、中断，故障、陷阱　　（10）中断响应、中断处理、中断返回

（11）填入、流水、排空　　（12）吞吐率、加速比、效率

（13）多功能流水线、动态流水线、线性流水线、顺序流水线、标量流水线

（14）结构冒险、数据冒险、控制冒险，RAW 冒险、load-use 冒险

（15）阻塞、转发、乱序执行，气泡　　（16）分支预测、延迟分支、延迟槽

（17）超级流水线、超标量流水线、VLIW 流水线

2. CPU 有哪些基本功能？根据实现这些功能所需的部件，画出 CPU 的基本结构图。

3. 指令执行过程包含哪些步骤？CPU 中有哪些基本操作？

4. 什么是微操作？微操作的源数据部件、结果存放部件的类型各是什么？

5. 续例 5.1，写出下列指令执行阶段的 μOP 序列及 μOPCmd 序列。

（1）ADD（寄存器间接寻址）　　（2）JNZ（双字长格式）

6. 续例 5.2，写出下列指令执行阶段的 μOP 序列及 μOPCmd 序列。

（1）LD　　（2）ADD（寄存器间接寻址）

（3）INC　　（4）JNZ（单字长格式）

7. 某双总线结构的数据通路如图 5.66 所示，两个总线之间的数据传送需经过 ALU。GPRs、ExtU 分别为寄存器组、位扩展部件；ALU 的功能为 $F=A$、$F=B$、$F=A+B$、$F=A-B$、$F=A+1$、$F=A-1$，控制信号分别为 Aop$=000$、001、010、011、100、101；寄存器的写控制信号分别为 X_{in}，寄存器、ALU、ExtU 的输出控制信号为 X_{out}。存储器按字编址，SP 为指向存储器堆栈的栈顶指针，每次压栈、出栈的数据都是一个字，压栈前、出栈后都要移动 SP。请回答下列问题：

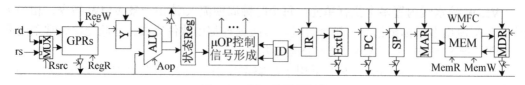

图 5.66　题 7 的数据通路

（1）写出取指令阶段的 μOPCmd 序列。

（2）分别写出 Demo_IS 指令系统的 ST、ADD（寄存器间接寻址）、JNZ（相对寻

址）及 MOV 指令执行阶段的 μOPCmd 序列。

（3）若调用指令 CALL 为单字长指令，子程序入口地址存放在 rs 对应的寄存器中，返回地址保存在存储器堆栈中，写出 CALL 指令执行阶段的 μOPCmd 序列。

8. 单周期 CPU 中，CPI 为多少？时钟周期如何确定？对数据通路有哪些要求？

9. 多周期 CPU 中，时钟周期如何确定？相对于单周期 CPU，多周期 CPU 有哪些优点？

10. 基于图 5.12 的 ALU，画出支持 slt/sltu 指令功能的 ALU 电路，可以在 ALUctr 中增加一根信号线，用新的编码表示 slt/sltu 指令的操作类型。

11. 图 5.20 的数据通路中，若 DMEM 的 dout 引脚外部设置有 MDR 寄存器，请写出 MIPS 的 lw 指令执行阶段的 μOPCmd 序列。

12. 若改进图 5.20 的数据通路，使之能支持 bne 指令，如何改进？

13. 某累加器型 CPU 中，指令功能及指令格式如图 5.67 所示，指令字都为单字长指令，存储器采用冯·诺依曼结构。请回答下列问题：

（1）设计单总线结构的数据通路。

（2）写出每条指令执行的 μOPCmd 序列。

（3）画出指令执行过程的状态转换图。

14. 控制器的工作原理是什么？

指令功能	指令格式	
CLA: AC←0	000	A
ADD: AC←(AC)＋M[A]	001	A
LDA: AC←M[A]	010	A
STA: M[A]←(AC)	011	A
JNZ: ZF=0时PC←A	100	A

图5.67　题13的指令功能及指令格式

15. 现代计算机都采用两级时序系统，是哪两级时序信号？时序信号的个数如何确定？主时钟信号与它们有什么关联？

16. 联合控制方式中，同步控制/异步控制方式转换的实现方法是什么？若接口信号如图 5.28（a）所示，写出定时逻辑电路输出信号 CP 的逻辑表达式。

17. 续例 5.1，组织支持这 5 条指令执行的时序系统，画出时序系统的各种时序信号序列（格式同图 5.25）。假设 μOP 采用同步控制方式，设计时序信号形成电路。

18. 续例 5.2，组织支持这 2 条指令执行的时序系统，画出时序系统的各种时序信号序列（格式同图 5.25）。假设 μOP 采用同步控制方式，设计时序信号形成电路。

19. 续例 5.1，基于题 17 所设计的时序系统，设计支持这 5 条指令执行的 μOP 控制信号形成电路。

20. 续例 5.2，基于题 18 所设计的时序系统，设计支持这 2 条指令执行的 μOP 控制信号形成电路。

21. 简述微程序控制的基本思想。说明微程序控制器的 μOP 控制信号形成电路由哪些部件组成。

22. 简述水平型微指令格式和垂直型微指令格式的特点。

23. 某微程序控制器中，CS 容量为 512×40 位，微指令采用水平型格式，顺序控制字段采用断定法（下址法＋测试网络法）形成下条微指令地址，所有指令执行过程的状态转换图中有 4 种分支点。请回答下列问题：

（1）请设计该微程序控制器的微指令格式。

（2）该微程序控制器中至少有多少个微命令？说明理由。

24. 某微程序控制器中，微指令采用水平型格式、字长为 26 位，操作控制字段采用字段直接编码方式，共有 5 组，每组分别有 5 个、8 个、15 个、27 个、3 个微命令，顺序控制字段采用断定法形成下条微指令地址。请回答下列问题：

（1）设计该微程序控制器的微指令格式。

（2）CS 的容量最大应为多少？说明理由。

25. 假设 MIPS CPU 的指令执行过程如图 5.21 所示，异常或中断事件有溢出、非法操作码、缺页、可屏蔽中断四种类型，请回答下列问题：

（1）每种事件分别在哪些指令执行过程的哪些状态能够被检测到？

（2）每种事件被检测到后，CPU 分别在什么时候响应事件？响应过程各需要完成哪些工作？

（3）哪一种事件的事件类型识别需要多个时钟周期才能完成？说明理由。

26. 为了能够正常流水，流水线的组成必须满足哪些基本要求？

27. 若指令执行过程分为取指、译码、取数、执行、写结果 5 个阶段，各个阶段的操作时延分别为 10ns、5ns、10ns、8ns、7ns。将数据通路组织成流水线时，段间寄存器的时延为 2ns。请回答下列问题：

（1）若采用串行方式执行 10000 条指令，共需要多少时间？

（2）流水线的拍长应为多少？

（3）若采用流水方式执行 10000 指令，流水线的吞吐率、加速比、效率各是多少？

28. 线性流水线中，为了解决结构冒险，对部件的使用有什么要求？影响指令周期长度的因素是什么？

29. 某 MIPS 五段指令流水线中，GPRs 写操作安排在前半拍进行，有如下指令序列：

   addu $3, $4, $5
   addu $6, $3, $3
   lw $7, 0($6)
   add $8, $7, $6

请回答下列问题：

（1）哪些指令之间存在数据冒险？

（2）若数据冒险仅采用阻塞法处理，指令序列执行时间为多少拍？

（3）若流水线存在 EX 段→EX 段的转发线路，指令序列执行时间又为多少拍？

30. 若在图 5.59 的 MIPS 指令流水线中执行下列程序段，要怎样调整指令序列，才能使其性能达到最好？

   lw $3, 100($4)
   addu $3, $3, $5
   lw $5, 200($6)
   addu $4, $7, $6
   sub $5, $7, $4
   lw $3, 300($8)
   beq $3, $8, loop

31. 某 MIPS 五段流水线中，GPRs 写操作安排在前半拍进行，存在 EX 段→EX 段的转发线路，bne 指令在 EX 段进行相等比较、写 PC。现有如下指令序列：

```
        addi    $1, $0, 1
        addi    $2, $0, 100
loop:   lw      $4, 200($3)
        add     $5, $4, $1
        sw      $5, 200($3)
        sub     $2, $2, $1
        bne     $2, $0, loop
        sub     $6, $6, $1
```

请回答下列问题：

（1）若控制冒险采用阻塞法处理，则该指令序列的执行时间为多少拍？

（2）若控制冒险采用分支预测法处理，在 IF 段进行预测，预测错误时回头需要一拍时间，分别求总是预测不转移、总是预测转移时的 bne 指令平均停顿时间。

（3）若控制冒险采用延迟分支法处理，且改进数据通路，使 bne 指令在 ID 段进行相等比较、写 PC，请说明如何调整上述指令序列，才能使执行结果保持正确，且性能较好。

32. 流水线的时序系统中，时序信号个数如何确定？

第6章 总 线

计算机中的部件必须互连才能协同工作，总线是计算机中部件的一种互连通道，总线技术对计算机性能有较大的影响。本章主要介绍总线的相关概念、传输过程、仲裁方法及传输控制方法，最后讨论总线的结构与互连。

6.1 总线概述

计算机中的部件互连方式有两种。一种是分散连接，不同部件间使用单独的信号线连接，其优点是不同部件间可以同时通信，缺点是可扩展性差。另一种是总线连接，各个部件通过一组公共的信号线连接，其优点是传输控制简单、可扩展性好，缺点是不同部件间只能分时通信，总线传输效率较低。

随着计算机应用的普及，外设的种类和数量越来越多，可扩展性成为计算机系统很重要的特性，因此，总线连接是最常见的部件互连方式。而总线互连的缺点可以通过相关技术来缓解。

总线是连接多个设备（或部件）进行信息传输的一组公共信号线，是各个设备共享的传输介质。由于总线的信号线是共用的，任何时刻只能有一个设备发送信号、其他设备接收信号，否则会产生信号冲突，因此，设备的输出信号线需要通过三态门连接到总线，输入信号线可以直接连接总线，如图 5.7 所示。

通常，将总线上一对设备之间的一次信息交换（传输）过程称为一个总线事务（Bus Transaction），将发出总线事务请求的设备称为主设备，如 CPU，将响应总线事务请求的设备称为从设备，如主存、键盘。总线事务总是由主设备发起、从设备响应，总线事务是通过一系列交互的操作来实现的，如 CPU 发送地址及命令，存储器按命令进行读/写操作，然后双方进行数据传送等。

6.1.1 总线的分类

总线的应用很广泛，从芯片内部的元件连接到计算机间的通信连线。从不同的角度看，总线有不同的分类方法，例如，按照数据信号线的数量，总线可分为串行总线和并行总线；按照信号的传送控制方式，总线可分为同步总线、异步总线、半同步总线。最常见的分类方法有如下两种。

1. 按信号线功能分类

按照信号线的功能，总线可以分为数据总线、地址总线、控制总线三种。

1）数据总线（Data Bus, DBus）

数据总线用来承载设备间传输的数据内容，是双向传输线，读/写事务的数据传输方向是相反的。数据总线的位数称为数据总线宽度，它决定了可以同时传输的二进制位数，是衡量总线性能的一个重要技术指标，又称为总线宽度。

2）地址总线（Address Bus, ABus）

地址总线用来指出传输的数据所在的主存单元地址或外设地址，即从设备中数据所在的地址。地址总线是单向传输线，只有主设备才会发出地址信息。地址总线的位数称为地址总线宽度，它决定了可寻址的地址空间大小，如地址线为 32 位时，总线可寻址的地址空间为 $2^{32} = 4 \text{ G}$。

3）控制总线（Control Bus, CBus）

控制总线用来控制传输过程中主/从设备如何使用地址总线和数据总线。由于信息传输是一个交互过程，一部分信号（如传输命令）由主设备发出，另一部分信号（如完成状态）由从设备发出，因此，控制总线的信号线有控制线、状态线两种类型，它们都是单向传输线。常见的控制总线信号线有时钟、存储器读、存储器写、设备就绪、操作完成、总线请求、总线允许等，时钟信号线用于总线操作的同步，总线请求、总线允许信号线用于总线使用权的请求及分配，其余为控制线或状态线。

2. 按连接部件分类

按照总线连接的部件，总线可以分为片内总线、系统总线、通信总线三种。

1）片内总线

指芯片内部的总线，用于连接芯片内部的元器件，如 CPU 数据通路中的总线结构。从信号线的功能来看，片内总线只有数据总线，没有地址总线及控制总线。

2）系统总线（System Bus）

指计算机内部连接 CPU、主存、外设等主要部件的总线。由于这些部件通常都安放在主板或插件板/卡上，故又称为板级总线，如 ISA 总线、PCI 总线等。系统总线大都由数据总线、地址总线及控制总线组成，如图 6.1 所示，图中控制总线用两根单向线分别表示控制线和状态线。

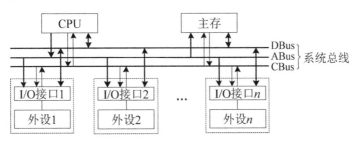

图 6.1　系统总线组成

目前，系统总线大都采用信号线复用方法，来减少信号线的数量。如采用地址/数据线复用时，系统总线由数据总线、控制总线组成，地址信息通过数据总线来传送。

3）通信总线

指连接主机与外设之间、计算机之间的总线，如可以进行远距离通信的 RS-485 总线、快速串行通信的 USB 总线等。这类总线涉及许多方面，如设备的类型、距离、速度等，因而总线种类较多。通信总线通常只有数据线和控制线，有时只有数据线，控制信息通过数据线来传送。

　　系统总线连接计算机内部的主要部件，由于不同部件的速度相差很大，为了提高部件间的传输性能，现代计算机通常采用多总线结构，将不同速度的部件连接到不同总线上。例如，总线可以分为 HOST 总线和 I/O 总线，HOST 总线又称为处理器-主存总线或主机总线，只连接 CPU、主存等快速部件，速度快、距离短，如 PCI 总线；I/O 总线连接各种中速或慢速设备，速度慢、距离可以较长，如 ISA 总线；I/O 总线通过总线桥与 HOST 总线相连，总线桥的功能类似于网络交换机。

6.1.2　总线的特性

　　总线是多个部件共享的传输介质，为了能够正确地进行连接及信息传输，必须约定一些基本特性。总线的特性包括如下几个方面：

　　1）物理特性

　　物理特性又称机械特性，指总线在部件连接时表现出来的特性。如连线类型、连线数量，接插件的形状、尺寸及引脚排列等。从连线类型看，总线有电缆式、主板式、底板式 3 类；从连线数量看，总线有串行总线、并行总线 2 种。

　　2）功能特性

　　功能特性是指每根信号线的功能。如地址总线用来表示传输的从设备地址，数据总线用来表示传输的数据内容，控制总线用来表示传输的操作命令、操作状态等，控制总线中不同信号线的功能不同。

　　3）电气特性

　　电气特性是指每根信号线上的信号传递方向及信号电平有效范围。通常，主设备发出的信号为输出信号（OUT），主设备接收的信号为输入信号（IN）。数据信号和地址信号定义高电平为逻辑 1、低电平为逻辑 0，控制信号有效的电平则没有固定的约定，可以定义为高电平有效（逻辑1），也可以定义为低电平有效。

　　信号电平的表示方式有单端、差分两种。单端方式用信号线相对于公共地线的电压来表示，如 TTL 电平的接收端用≥2.0V、≤0.8V 分别表示高、低电平。差分方式用两根信号线的电压差来表示，如 USB 总线的接收端用＞＋200mV、＜－200mV 分别表示高、低电平。通常，通信总线的信号电平用差分方式表示，其余总线用单端方式表示。

　　4）时间特性

　　时间特性又称逻辑特性，指总线传输过程中每一根信号线上的信号在什么时间内有效。所有信号线上的有效信号存在一种时序关系，这种时序关系约定，确保了总线传输的正确进行，又称为传输协议。

　　为了提高计算机的可扩展性及设备的通用性，系统总线、通信总线都采用标准化总线。标准化总线指其物理特性、电气特性、功能特性、时间特性的约定得到公认的总线。常见的标准化总线有 ISA 总线、PCI 总线、AGP 总线、USB 总线等。

6.1.3　总线的性能指标

　　总线的性能主要为总线带宽，涉及一些技术指标，主要有如下 3 个方面。

1）总线宽度

总线宽度指数据总线的位数，它反映了可同时传输的二进制位数，通常用位（bit）表示，如 8 位、16 位等。

2）总线带宽

总线带宽指总线的最大数据传输率，即总线在进行数据传输时，单位时间内最多可传输的数据位数，通常用 Mb/s（Mbps）或 MB/s（MBps）表示。

总线的数据传输率可表示为：数据传输率＝总线宽度×数据传输次数/秒，数据传输次数/秒又称为工作频率。注意，总线带宽的工作频率不考虑总线仲裁、地址传送等非数据传输操作的时间，而总线数据传输率的工作频率考虑总线所有操作的时间。

对于同步总线，总线带宽 $B＝w×f/m$，其中，w 为总线宽度，f 为总线时钟频率，m 为一次数据传输所需的时钟周期数，f/m 表示总线的工作频率。

例 6.1　某 32 位同步总线的时钟频率为 33.3MHz，每个时钟周期可传送一次数据，该总线的带宽是多少？若需将总线带宽提高到 266MB/s，可以采用哪些实现方法？

解：依题意，总线宽度为 32 位，该总线的带宽＝32bit×33.3MHz/1＝133 MB/s。

根据总线带宽公式，将总线带宽提高到 266MB/s 的方法有三种，可以将数据总线宽度增加到 64 位，或者将总线时钟频率提高到 66.6MHz，或者在一个时钟周期内传送 2 次数据（如 DDR SDRAM）。

3）总线负载能力

总线负载能力指总线信号的电平保持在有效范围内时，所能连接部件或设备的数量，常用"个"表示。这个指标反映了总线的驱动能力，但通常不太被关注，因为可以用相关电路来扩展驱动能力。

6.1.4　总线的操作过程

总线是共享的传输介质，连接多个主设备和从设备，每个设备通过地址进行标识，设备地址（又称设备 ID）具有唯一性。由于总线是分时共享的，为了避免产生冲突，必须对总线的使用进行管理。总线管理方法是，每次总线操作都先确定哪个主设备拥有总线使用权，再由该主设备使用总线完成总线传输操作，通过不断地分配总线使用权，来实现总线的分时共享。实现总线管理的电路常称为总线仲裁器，或总线控制器。

通常，将总线上完成一次数据传输的所有操作称为一次总线操作，包括分配总线使用权及总线传输（总线事务）环节的操作；将完成一次总线操作的时间称为一个总线周期，将一个总线事务的时间称为一个总线传输周期。从时间上看，总线可划分成若干个总线周期，不同总线周期的主设备、从设备可能不同，不同总线周期可能不连续。

总线的操作过程可分为 4 个阶段（步骤）。

1）申请及分配阶段

需要使用总线的主设备向总线仲裁器提出请求，总线仲裁器确定哪个申请者获得下一个总线传输周期的总线使用权，如图 6.2 所示。其中，BRi 为总线请求信号线，BGi 为总线允许信号线，每个主设备都有一对 BR 及 BG，分别连接到总线仲裁器。底纹部分的功能是分配总线使用权（总线仲裁）。

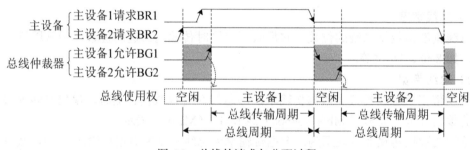

图 6.2　总线的请求与分配过程

总线仲裁器应该在有总线请求、总线空闲时进行仲裁。仲裁的结果为某个主设备的 **BG** 信号有效。为了实现总线分时共享，要求主设备在完成数据传输时，应撤销总线使用请求。

2）寻址阶段

总线传输周期中，获得总线使用权的主设备通过总线发出本次访问的从设备地址和操作命令，以选择及启动参与本次传输的从设备。

所有从设备都自动判别总线上的地址及命令，设备 ID 与总线上地址相同的从设备被选中，被选中的从设备开始响应总线上的命令，进行相关操作。

3）传送数据阶段

主设备和从设备进行数据交换，数据由源设备发出，经数据总线流入目标设备。读操作时，源设备为从设备、目标设备为主设备，写操作时刚好相反。数据传送需在源设备准备好后才可以开始，因此，读操作、写操作的数据传送时间是不同的。

4）结束阶段

数据交换完成后，主设备、从设备都需要从总线上撤销自己所发出的信号，来让出总线使用权，本次总线传输周期结束。

可见，总线周期由总线申请周期、总线传输周期组成，每个总线周期完成一个总线事务。总线传输周期的数据传输过程如图 6.3 所示，通常，将寻址阶段称为地址期，将传送数据阶段、结束阶段合称为数据期。

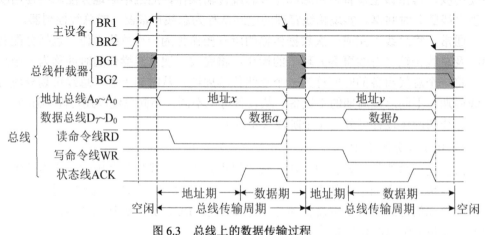

图 6.3　总线上的数据传输过程

图 6.3 中的申请及分配阶段安排在总线传输周期的结束阶段进行，这种总线仲裁方式称为隐藏式仲裁，否则称为显式仲裁。隐藏式仲裁可以提高总线传输效率，即总线周期与总线传输周期的长度相等，但它要求总线仲裁器的仲裁时延是固定的。

6.2 总线仲裁

连接到总线的所有设备中，只有主设备才会提出总线请求，而且同时可能有多个总线请求产生，总线仲裁的策略通常是公平策略或优先级策略。

按照总线仲裁器的位置不同，总线仲裁方式有集中式和分布式两种。

6.2.1 集中式仲裁

采用集中式仲裁时，每个主设备与总线仲裁器连接的信号线起码有两根：总线请求线 BR、总线允许线 BG。BR 线表示主设备有/无总线请求，BG 表示主设备是/否拥有总线使用权。常见的集中式仲裁方式有 3 种。

1. 链式查询方式

链式查询方式的仲裁信号线连接如图 6.4 所示，其中，CBus 中的总线忙线 BS 表示总线是/否忙（BS＝0 表示总线空闲），BR、BS 常采用"线或"方式接收信号，即 BR＝$\sum \mathrm{BR}i$、BS＝$\sum \mathrm{BS}i$。为了实现总线的分时共享，主设备 i 应在获得总线使用权时使 BSi＝1，在总线传输周期结束时才使 BS$i \leftarrow 0$，进而仲裁器在总线空闲时开始仲裁。

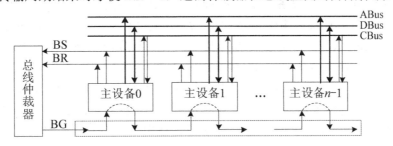

图 6.4 链式查询方式的仲裁信号线连接

链式查询方式因主设备采用链式连接而得名，如图 6.4 中虚线部分所示，仲裁时需要轮询各个主设备。

链式查询方式的基本思想是，仲裁通过自动轮询各个主设备来实现，有总线请求、被询问的主设备获得总线使用权。仲裁在有总线请求、总线空闲时开始，在总线忙时结束。

假设主设备 i 的输入、输出仲裁线分别为 BGi_{IN}、BGi_{OUT}，则链式查询仲裁的实现方法是：当 BR $\cdot$ $\overline{\mathrm{BS}}$ ＝1 时开始仲裁，操作为 BG←1；仲裁过程中，当 BR$i \cdot \mathrm{BG}i_{\mathrm{IN}}$＝1 时 BS$i \leftarrow 1$、BG$i_{\mathrm{OUT}} \leftarrow 0$，否则 BS$i \leftarrow 0$、BG$i_{\mathrm{OUT}} \leftarrow \mathrm{BG}i_{\mathrm{IN}}$；当 BS＝1 时结束仲裁，操作为 BG←0。可见，各个主设备在无总线请求时传递仲裁信号，即 BGi_{OUT}＝$\overline{\mathrm{BR}i} \cdot \mathrm{BG}i_{\mathrm{IN}}$，以实现自动轮询。

可见，这种仲裁方式实现的是固定优先级策略，优先级由主设备与总线仲裁器的距离决定。链式查询仲裁方式的特点是，仲裁信号线最少（2 根），但不能保证公平性（固定优先级策略所致），对电路故障很敏感，容易产生断链现象。

2. 计数器定时查询方式

计数器定时查询方式的仲裁信号线连接如图 6.5 所示，可见，与链式查询方式基本相同，不同的是用设备号总线（$\log_2 n$ 根）代替菊花链连接，以避免断链现象。

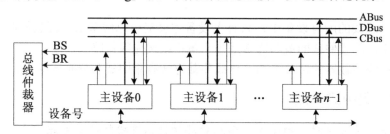

图 6.5　计数器定时查询方式的仲裁信号线连接

计数器定时查询方式也需要轮询主设备，且轮询需要通过多次询问来实现，由于主设备在有总线请求时才有反馈信号（$BSi=1$），因此，不同次的询问需要定时进行，故得此名。

计数器定时查询方式的基本思想与链式查询基本相同，不同的是轮询方法从自动轮询改为逐次、定时询问。

假设主设备 i 的设备号为 DevIDi，仲裁器发出的设备号为 DevNo，定时时间为 Δt，DevNo＝DevIDi 表示主设备 i 正在被询问，则计数器定时查询仲裁的实现方法是：当 $\overline{BR} \cdot \overline{BS} = 1$ 时开始仲裁，操作为 DevNo←i；仲裁过程中，当 $BRi \cdot (DevIDi=DevNo)$ 时 $BSi←1$，当（DevNo＝i 的信号保持时间≥Δt）·（BS＝0）时，操作改为 DevNo←$i+1$，不断循环，直到 BS＝1 为止；当 BS＝1 时结束仲裁，操作为 DevNo←非法值。

可见，这种仲裁方式实现的是固定优先级或者循环优先级策略，开始仲裁时，DevNo←0 或 DevNo←$k+1$，k 为上次获得总线使用权的设备号。计数器定时查询仲裁方式的特点是，对电路故障不敏感，可以保证公平性，但仲裁信号线较多。

3. 独立请求方式

独立请求方式的仲裁信号线连接如图 6.6 所示，可见，总线状态通过控制总线来表示，而不使用 BS 线。独立请求方式因每个主设备的请求线分别与总线仲裁器连接而得名。

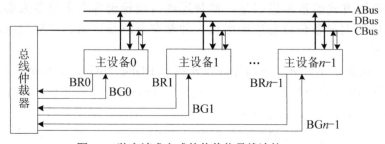

图 6.6　独立请求方式的仲裁信号线连接

独立请求方式的基本思想是，根据请求引脚的连接次序来进行仲裁，因而无须询问主设备，仲裁结果直接发送到相应的主设备。

独立请求方式的实现方法是：当 $\Sigma \text{BR}i = 1$、总线空闲时开始仲裁，内部电路根据仲裁算法使 $\text{BG}i \leftarrow 1$，仲裁结束。仲裁算法可以实现固定优先级、动态优先级等策略，并且可以支持多种算法，供使用时选择。

独立请求方式的仲裁过程不需要主设备参与，仲裁时延是固定的，因此，可以实现隐藏式仲裁，即在总线传输周期的结束阶段开始仲裁，如图 6.3 所示，故图 6.5 用 CBus 代替 BS 线。而其他两种仲裁方式由于仲裁时延不确定，无法实现隐藏式仲裁。

独立请求方式的特点是仲裁速度快，可以保证公平性，可以实现隐藏式仲裁，但仲裁信号线数量最多（$2n$ 根），仲裁电路较复杂。

三种仲裁方式中，由于独立请求方式可以实现隐藏式仲裁，提高总线使用效率，目前，系统总线的总线仲裁都采用独立请求方式。

6.2.2 分布式仲裁

分布式仲裁不需要集中式的总线仲裁器，总线仲裁逻辑分散在各个主设备中。每个主设备有自己的仲裁号（相当于 ID）和仲裁器，仲裁器通过仲裁总线来进行仲裁。

常用的分布式仲裁方式有自举式、竞争式、冲突检测式三种。下面只介绍前两种，冲突检测仲裁方法常用于计算机网络。

1．自举式仲裁

自举式仲裁的基本思想是，主设备用总线请求线表示优先级，各个仲裁器只连接更高优先级的总线请求线，没有接收到总线请求信号时可以获得总线使用权。

自举式仲裁的仲裁总线由 n 根请求线 BR1~BRn、一根总线忙线 BS 组成，每个主设备的总线请求信号连接到不同的请求线上。假设主设备 1 到主设备 n 的优先级递增，则自举式仲裁的请求信号线及仲裁器信号线的连接如图 6.7 所示，其中 $\text{BS} = \Sigma \text{BS}i$。

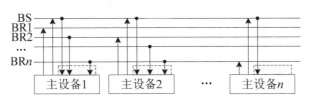

图 6.7 自举式仲裁的信号线连接

仲裁器 i 的仲裁逻辑是：有总线请求、总线空闲时开始仲裁，没有更高优先级的总线请求时，获得总线使用权；实现方法是：$\text{BR}i \cdot \overline{\text{BS}} = 1$ 时开始仲裁，$\Sigma \text{BR}k = 0$ 时 $\text{BS}i \leftarrow 1$，仲裁结束。其中 $\text{BR}k$ 为仲裁器 i 所连接的总线请求线。

自举式的仲裁器最简单，但仲裁信号线最多。实际应用中，常使用数据总线 DBus 作为总线请求线，如 SCSI 总线接口。

2．竞争式仲裁

竞争式仲裁的基本思想是，主设备用仲裁号表示优先级，各个仲裁器都连接仲裁总线，仲裁时从高位到低位逐位竞争，每位竞争时发送自身的该位仲裁号，并与仲裁总线上的该位仲裁号进行比较，两者不等时竞争失败、退出竞争（不再发送其余仲裁号）。

根据仲裁号的产生方式，竞争式仲裁有并行竞争、串行竞争两种。

并行竞争式仲裁的信号线连接如图 6.8 所示，其中，仲裁总线由仲裁线 $AB_7 \sim AB_0$、总线忙线 BS 组成，$cn_7 \sim cn_0$ 为主设备的仲裁号，$bn_7 \sim bn_0$ 为仲裁线上的仲裁号（各个仲裁器所发仲裁号的"线或"）；C_i 为第 i 位的仲裁结果，$C_i = 1$ 表示从最高位到当前位的竞争结果都是获胜，CR 为仲裁结果（$CR = C_0$），$CR = 1$ 时表示获得总线使用权。

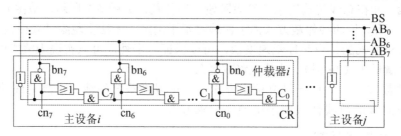

图 6.8 并行竞争式仲裁的信号线连接

仲裁器的仲裁逻辑是：$\overline{BS} = 1$ 时开始仲裁，从高位到低位逐位竞争，第 i 位竞争时发送 cn_i，再与接收的 bn_i 比较，两者值不等时 $C_i = 0$、$cn_{i-1} \sim cn_0$ 的发送值全为 0（等价于不发送），CR 为仲裁结果。

仲裁器实现时，"线或"通过 cn_i 取反来实现，即只要有一个主设备的 $cn_i = 1$，就有 $bn_i = 0$，因此，发送与接收的值相等可以用 $(cn_i | bn_i) = 1$ 表示，如图中的或门所示。从高位到低位逐位竞争的逻辑是上一位获胜时当前位才可能获胜，即 $C_i = C_{i+1} \cdot (cn_i | bn_i)$，如图中的与门所示。$C_i = 0$ 时 $cn_{i-1} \sim cn_0$ 的发送值全为 0 的逻辑是上一位获胜时当前位发送的才是 cn_i、否则为 0，即 $bn_i = \overline{C_{i+1} \cdot cn_i}$，如图中的与非门所示。

串行竞争式仲裁的仲裁总线只有一根线，仲裁逻辑与并行竞争式基本相同，只是仲裁号通过串行方式发送。

竞争式仲裁的仲裁器比较复杂，但可以挂接大量的主设备（2^n 个）。Futurebus+总线标准采用的是并行竞争方法，IA32 的 APIC（高级可编程中断控制器）中，APIC 总线采用的是串行竞争方式。

6.3 总线传输与定时

总线传输过程由多个操作步骤组成，为了提高传输效率，总线通常支持多种总线事务类型，不同总线事务的传输功能、操作步骤有所不同。由于传输过程涉及主/从设备间的交互，必须进行各个步骤的时长控制。本节主要讨论这两个方面的内容。

6.3.1 总线事务类型

总线上连接有多个主设备、从设备，总线传输过程包括寻址、传送数据、结束 3 个步骤。总线传输的应用需求较为繁杂。从参与设备个数来看，有一对一、一对多两种交互类型，广播操作属于后者。从数据传送功能来看，有读、写、读改写三种操作类型，读改写常用于实现进程的同步与互斥。从总线寻址范围来看，有单地址、双地址两种寻址类型，后者通过连续发送两个地址（高位和低位），可使寻址范围扩大一倍。从传输数据个数来看，有常规、突发两种传输模式，突发传输可以连续传送多个数据。另外，总线传输的从设备唯一时，还可采用隐含寻址方式（地址期的地址无效）。

一个总线事务可以进行主/从设备间的一次信息传输，不同类型的总线事务，其参与设备个数、数据传送功能、总线寻址范围、传输数据个数的组合都是唯一的。总线所支持的总线事务类型，指明了总线所支持的传输功能，也决定了总线的传输性能。

例如，PCI 总线定义了三个地址空间（存储器空间、I/O 空间、配置空间），支持的总线事务类型如下。

·存储器读、存储器写：从存储器空间映像读、向存储器空间映像写一个或多个数据，地址为存储单元地址。存储器空间映像指由主存空间及外设空间组成的一个地址空间，CPU 读/写的是外设空间，PCI 主设备（外设）读/写的是主存空间。

·I/O 读、I/O 写：从 I/O 空间读、向 I/O 空间写一个数据，地址为 I/O 端口地址。

·配置读、配置写：从当前外设的配置空间读、向当前外设的配置空间写一个数据，地址为配置空间地址。当前外设的寻址使用专用信号线来实现。

·存储器行读：从存储器空间映像读一个 Cache 行大小的数据。

·存储器多行读：从存储器空间映像读多个 Cache 行大小的数据，用于批量传输。

·存储器写并无效：向主存空间写一个 Cache 行大小的数据，并通知 CPU 作废相应 Cache 行中数据，用于 DMA 方式写主存并实现 Cache 一致性。

·中断响应：从总线上唯一的中断控制器读出中断类型号，设备寻址为隐含寻址（地址无效），常用于向量方式中断响应的总线事务。

·双地址周期：对支持 64 位寻址的 32 位设备进行操作，地址期需要 2 个时钟周期，控制线分别用来指明事务类型为双地址周期、具体操作。

·特殊周期：向所有外设通报 CPU 的工作状态，如所采用的工作方式，每个外设判断数据中所含信息是否适用于自身，这是一种广播事务（地址无效）。

注意，不同总线事务中，传输过程所含的操作步骤是不同的。如读总线事务的操作步骤为：发送目标地址及命令、等待从设备响应（完成操作）、传送数据、结束，常规传送模式下，只传送一个数据，突发传送模式下，可传送多个数据。

6.3.2　总线定时方式

总线传输过程由多个步骤的操作组成，其操作步骤的约定称为传输协议或通信协议，不同总线事务的传输协议组成有所不同。与 CPU 的 μOP 定时方式类似，总线传输步骤的定时也有同步、异步、半同步三种方式。

1. 同步定时方式

同步定时方式中，总线事务的定时由统一的时钟信号来实现，每个步骤的时长固定、以时钟周期为基准。同步总线中需配置时钟信号线，其时钟频率称为总线时钟频率。

采用同步定时方式的传输协议称为同步传输协议。图 6.9 是采用同步定时方式的总线传输过程示例，读操作的传输过程由传送地址及命令、等待从设备响应（完成操作）、传送数据、结束 4 个步骤组成，写操作传输过程的中间两个步骤需要对调。

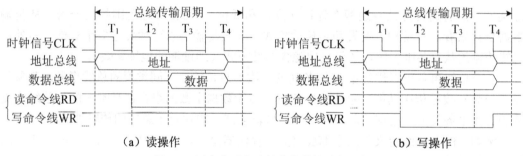

图 6.9　同步定时方式的总线传输过程示例

同步定时方式的特点是主从设备的协调简单,具有较高的传输频率。由于是强制性同步,时钟频率必须以速度最慢的设备为基准;而且由于信号漂移问题,总线长度不能太长。因此,同步定时方式适用于总线长度较短、设备速度相近的应用场合。

例 6.2　某 32 位同步总线上连接有 CPU 及主存,总线传输协议如图 6.9 所示,主存的存取周期为 100ns,则总线时钟频率应为多少?CPU 访问一次需要多少时间?此时,总线的数据传输率是多少?

解:　由图 6.9 的总线传输协议可见,读操作时 T_2 为主存操作时间,由于是同步定时方式,总线时钟频率应为 1/100ns＝10MHz。CPU 访存一次的时间为 100ns×4＝400ns。此时,总线的数据传输率为 32bit / 400ns＝10MB/s。

2. 异步定时方式

异步定时方式不存在统一的时钟信号,总线事务的定时由联络信号的"握手"来实现,即每一个动作都在收到请求信号后开始,功能完成时发送应答信号通知对方,每一个动作的时长是不确定的。异步定时方式又称应答方式或握手方式。异步总线中需配置应答信号线。

采用异步定时方式的传输协议称为异步传输协议,又称应答协议或握手协议。异步传输协议的每个步骤都包括请求、响应、撤销请求、撤销响应 4 个阶段,每个阶段都应在收到对方的信号后才动作,如图 6.10 中虚线所示。

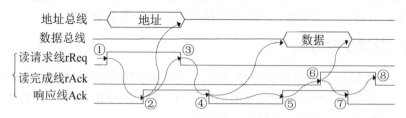

图 6.10　异步定时方式的总线传输过程示例

图 6.10 是一个采用异步定时方式的总线传输过程示例,传输包括地址传送、数据传送 2 个步骤,分别与图中①~④、⑤~⑧相对应。总线传输的具体过程为:①主设备在总线空闲时,发出读命令 rReq 及设备地址;②所有从设备自动判断地址总线上的地址,被选中的从设备锁存地址及命令后,发出响应信号 Ack,并开始进行读操作;③主设备收到 Ack 后,撤销 rReq 及设备地址;④从设备收到 rReq 撤销后,也撤销 Ack;⑤当从

设备完成读操作时，发出数据及 Ack（数据传送请求）；⑥主设备收到 Ack 后读取数据，发出读完成信号 rAck；⑦从设备收到 rAck 后，撤销数据及 Ack；⑧主设备收到 Ack 后，撤销 rAck。

例 6.3　某 32 位异步总线的总线传输协议如图 6.10 所示，每次握手信号传送需要 40ns，存储器的存取周期为 100ns，通过总线访存一次需要多少时间？此时的总线数据传输率是多少？

解：由图 6.10 的总线传输协议可见，第②~④步的信号握手与存储器操作是可以重叠的，因此，一次访存的时间为 40ns＋100ns＋40ns×3＝260 ns，此时，总线数据传输率为 32bit / 260ns≈15.38 MB/s。

异步定时方式的特点是对传输设备的速度无要求，传输距离可以很长。但由于传输协议的每一个步骤需要多次握手，传输周期较长。

根据每一个步骤的握手次数，异步定时的应答方式又可分为全互锁、半互锁、不互锁三种类型，如图 6.11 所示。

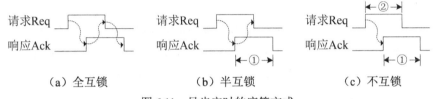

（a）全互锁　　　　（b）半互锁　　　　（c）不互锁

图 6.11　异步定时的应答方式

全互锁方式指主/从设备发出信号后，都必须等待对方撤销信号后，才能撤销己方信号，如图 6.11(a) 所示，每次应答有两次互锁。半互锁方式指主设备发出信号后，必须等待从设备发出信号后，才能撤销己方信号，而从设备则不必等待主设备撤销信号，在约定时间后自行撤销信号，如图 6.11(b) 所示，每次应答有一次互锁。不互锁方式指主/从设备发出信号后，都不必等待对方撤销信号，各自在约定时间后自行撤销己方信号，如图 6.10(c) 所示，每次应答无须互锁。

由于用约定时间代替了互锁关系，因此，半互锁、不互锁方式的通信速度得到了提升，但通信可靠性有所下降。

计算机中 COM 口采用的起止式异步串行通信协议，就是一个面向字符传送、采用不互锁应答方式、无请求/应答信号的异步串行通信协议。串行通信指数据线只有一根，基本传输单位称为帧。面向字符传送指一帧中的数据信息只包含一个字符，采用不互锁应答方式指每一位的传送速度是一个约定值（如 1200 波特）。无请求/应答信号指不使用专门的信号线指明帧的传送时间，该协议采用帧头及帧尾为特定信息的方式来代替应答信号，帧的长度通过帧内信息格式固定的方式表明。

3. 半同步定时方式

半同步定时方式中，总线事务的定时由时钟信号、应答信号共同完成，每一个步骤的时长可变、以时钟周期为基准。半同步总线中需配置时钟信号线、应答信号线。

半同步定时方式使用的传输协议称为半同步传输协议。图 6.12 是一个采用半同步定时方式的总线传输过程示例，其中，Ready 为从设备的应答信号线。

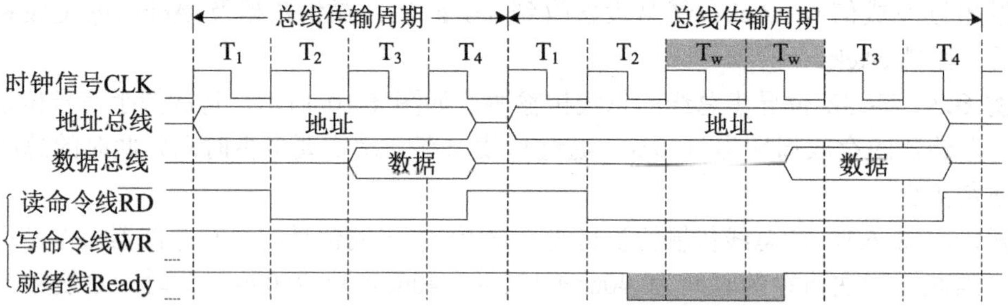

图 6.12　半同步定时方式的总线传输过程示例

由图可见，第一个传输周期中 Ready 全部有效，操作过程与图 6.9(a) 完全相同；第二个传输周期中，Ready 在 T_2 开始无效，表示从设备来不及完成响应，主设备应该等到 Ready 有效时才能接收数据，这就实现了异步定时方式的操作控制，而 Ready 的采样采用同步定时方式。也可以说，半同步定时方式中，传输定时采用同步方式，传输控制支持异步方式。

由于主设备也可能因某些原因而来不及进行数据传输，因此，半同步总线中常设置主就绪（IRDY）和从就绪（TRDY）两根应答信号线，来增加传输控制的健壮性。

下面，介绍几种总线标准，以进一步了解总线的组成、传输过程及定时方式。

6.3.3　总线标准

总线标准指部件或设备通过总线进行连接和传输信息时，应遵守的一些协议与规范。这些协议和规范包括总线的物理特性、功能特性、电气特性、时间特性。

总线标准可以使设备具有更好的兼容性和互换性，使整个计算机系统的可维护性和可扩展性得到充分保证。总线标准的类型很多，例如 ISA、PCI、AGP、QPI、USB（Universal Serial Bus）、IEEE 1394 等，本节仅介绍 ISA 总线及 PCI 总线，使读者对总线标准的参数及特征有一定的了解。

1. ISA 总线

ISA（Industrial Standard Architecture，工业标准体系结构）总线是 IBM 公司为其生产的 PC/AT 建立的总线标准，又称 AT 总线。该总线在 286、386 及 486 微机中得到了广泛应用。

ISA 总线为 16 位半同步总线，信号线有 96 根，包括 16 根数据线（SD0~SD15）、24 根地址线（SA0~SA19 及 LA20~LA23）。ISA 总线的信号电平为 5V（TTL 电平）。ISA 总线的主要功能特性及时间特性如下。

ISA 总线支持 8/16 位的数据传输，用控制信号 SHBE 进行选择；定义了两个地址空间，存储器地址空间为 16M，I/O 地址空间为 64K。

ISA 总线支持多个主设备，这些主设备只能采用 DMA 方式传输，总线仲裁由 CPU 采用串行判优方式实现。除 CPU 外，ISA 总线可支持 8 个主设备，并且各个主设备的总线请求信号 DQR_x、总线允许信号 $\overline{DACK_x}$ 包含在控制总线中，以便于部件连接。DMA 的传输周期用总线忙信号 $\overline{MASTER}$ 来表示。

ISA 总线支持半同步定时方式，总线时钟频率为 8MHz，故总线带宽为 16MB/s，零等待信号 $\overline{\text{OWS}}$ 有效时表示无须插入等待周期；支持 7 种总线事务，分别为存储器读、存储器写、I/O 读、I/O 写、中断响应、DMA 传送、存储器刷新，前 4 个事务的控制信号分别为 $\overline{\text{MEMR}}$ 、 $\overline{\text{MEMW}}$ 、 $\overline{\text{IOR}}$ 、 $\overline{\text{IOW}}$ ；总线传输过程由 4 个时钟周期组成，信号时序与图 6.9 基本相同，仅信号线名称有所不同。

2. PCI 总线

PCI（Peripheral Component Interconnect，外围部件互联）总线是 Intel、IBM 等公司联合制定的一种局部总线。PCI 总线先后推出了 PCI 2.0、PCI 2.1 等多个版本，是现代计算机最常用的总线之一。

PCI 总线是一种 32 位半同步总线，信号线有 100 根，包括 49 根必备信号线、51 根可选信号线，其中，数据线和地址线是复用信号线（AD[31:0]），可选信号线中的 39 根是用于 64 位总线扩展的。PCI 总线的信号电平支持 5V 及 3.3V 两种电压，以降低功耗。PCI 总线的控制线用#表示低电平有效（如 FRAME#），具有如下的主要功能特性及时间特性。

PCI 总线支持 8/16/32 位的数据传输，用控制信号（数据期的 C/BE#[3:0]）进行选择；定义了三个地址空间，存储器空间、I/O 空间都为 4GB，每个配置空间为 64B。

PCI 总线支持多个主设备，总线仲裁由集中式的总线仲裁器采用独立请求方式实现；主设备的传输周期用帧周期信号 FRAME#来表示，可以包含多个数据期（突发传输方式）；支持隐藏式总线仲裁，在最后一个数据期进行总线仲裁。

PCI 总线支持半同步定时方式，总线时钟频率有 33.3MHz、66.6MHz 两种；支持 12 种总线事务（见 6.3.2 节），其中 5 种为突发传输方式；读操作的总线传输过程如图 6.13 所示，用 FRAME#有效表示传输周期开始（地址期）、无效表示最后一个数据期，用 DEVSEL#有效（时延可有几种）表示数据期开始，用 IRDY#、TRDY#分别表示主设备、从设备请求等待，不同设备对同一根信号线的控制转换需要一个时钟进行过渡（称为过渡期），如图中时钟 2 的 AD 线，而写操作没有过渡期。

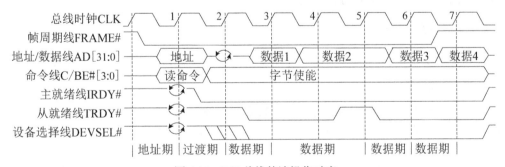

图 6.13　PCI 总线的读操作时序

PCI 总线还有两个显著特点。一是 PCI 总线独立于 CPU、支持多总线共存，PCI 总线只能通过 PCI 桥芯片与不符合 PCI 规范的设备（如 CPU）及总线互连，提高了总线的通用性、灵活性。二是 PCI 总线支持即插即用工作方式，设备出厂时自带资源需求信息，设备连接到总线后，相关软件会自动检测资源需求、配置设备所需的资源

（如设备地址、中断请求号等），设备马上即可使用，这种傻瓜型设备扩展方法，很受用户欢迎。

　　并行总线可以同时传输多位数据，但其传输速率受限于信号同步、信号干扰问题，信号的正确性受时钟频率、信号线长度、同步传送的影响也较大，而串行总线则不存在这些问题，传输速率可以很高。另外，串行总线支持的事务类型可以通过帧内信息来表示，灵活性较大；而且多个串行信号线同时传送信息时，既可以增加带宽，又不需要信号同步。因此，现代计算机中，I/O 总线大都采用串行总线。

　　并行总线大都采用共享互连方式，其传输速率止步于分时通信这个先天缺陷，而利用交换机结构实现点点互连，既可以实现并行通信，又可以实现快速通信（速率仅受限于双方设备）。因此，现代计算机中，I/O 总线大都采用点点互连方式的串行总线。常见的串行总线有 QPI、PCI Express、InfiniBand 等。下面仅以 QPI 总线为例，说明串行总线的基本特性。

　　QPI（Quick Path Interconnect）总线是一种点对点的全双工同步串行总线，总线上的两个设备都可以同时接收和发送信息（即全双工方式），每个方向可以同时传输 20 位信息（16 位数据＋4 位传输控制及校验位），不同信号线的信号之间无须同步，同一信号线的信号采用同步定时方式，信号线的信号电平采用差分方式表示。

　　QPI 总线中，每个 QPI 帧包含 80 位信息，分两个时钟周期传送，每个时钟周期传送两次（上升沿及下降沿）。由于是全双工通信，总线时钟频率为 3.2 GHz 时，QPI 总线带宽＝2 B×（3.2 GHz×2）×2＝25.6 GB/s，远超于同期的并行总线（≤12.8 GB/s），而且一个 CPU 有多个 QPI 总线接口。

6.4　总线结构与互连

　　计算机中设备的速度不尽相同、接口千变万化，而总线的带宽、特性都是固定不变的，不同速度的设备连接到不同速度的总线上，才能使设备间的传输速度最快。不同的总线如何组织，是本节主要讨论的问题。

6.4.1　总线结构

　　总线结构指计算机内部各部件互连所采用的总线架构，有单总线、多总线两种。

1．单总线结构

　　早期计算机都采用单总线结构，用一条系统总线连接 CPU、主存及外设，如图 6.14 所示。单总线结构中，CPU 通常具有总线仲裁器的功能，如 ISA 总线。

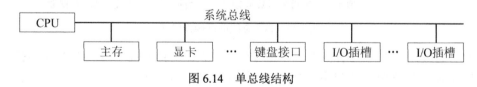

图 6.14　单总线结构

　　计算机中，除 CPU 外的所有模块（部件或设备）都必须编址，以便于 CPU 使用地址和命令对某个模块进行操作。

单总线结构的特点是控制简单、可扩展性强，但由于所有模块都连接在同一总线上，同时只能进行一个传输操作，总线时钟频率只能按最慢模块设置，系统传输性能较差。

2．多总线结构

由于总线只能分时使用，要提高系统的传输性能，通常有增加传输并行性、提高总线带宽两种方法。增加传输并行性方法要求计算机采用多总线结构，不同总线可以同时传输数据，如 CPU 访问 Cache 的同时，硬盘与主存可以交换数据。提高总线带宽方法要求模块速度与总线带宽接近，如多总线结构中，不同总线的速度不同，不同速度的设备连接在不同总线上。

现代计算机都采用多总线结构，多总线结构有双总线、三总线等多种类型。

1）双总线结构

双总线结构有两种组织形式，一种是以 CPU 为中心的双总线结构，目的是提高 CPU 的传输性能，如图 6.15 (a) 所示；另一种是以存储器为中心的双总线结构，将低速的外设分离到 I/O 总线上，如图 6.15 (b) 所示。

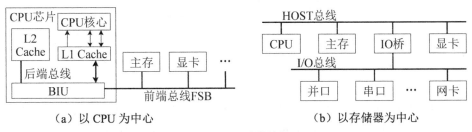

（a）以 CPU 为中心　　　　　　（b）以存储器为中心

图 6.15　双总线结构

以 CPU 为中心的双总线结构的示例不多，如 Intel PII/III CPU，CPU-L2$的总线称为后端总线，CPU-主存的总线称为前端总线（Front Side Bus, FSB）。这种双总线结构的好处是 CPU 可以用不同的速度，同时访问 Cache 及主存，Cache 命中时中止对主存的访问，可以提高传输性能，减少 Cache 缺失开销；缺点是 CPU 需要设置两组总线接口信号，只能应用于芯片内部。

以存储器为中心的双总线结构应用较广泛，总线分成 HOST 总线和 I/O 总线，两个总线通过总线桥互连。HOST 总线（主机总线）连接 CPU、主存等快速模块，I/O 总线连接键盘、打印机等慢速设备。CPU 可以快速访问 HOST 总线上的设备，从而提高了传输性能。

总线桥（Bus Bridge）是一种特殊设备，在与之相连的总线中，通往 CPU 的总线称为其所连接总线，其余的总线称为其所管辖总线。总线桥主要有两大功能，一是可以作为所管辖总线的总线控制器，实现总线仲裁、操作转发等功能；二是可以作为所连接总线上的主设备或从设备，可以响应总线操作或发起总线操作。

注意，多总线结构中，HOST 总线的叫法很多，有 CPU-主存总线、主机总线、处理器总线等，等价于系统总线（但一般不这么叫）；同一个总线从不同角度有不同的叫法，如 HOST 总线与前端总线是一回事，I/O 总线有时会用总线标准（如 ISA 总线）来作为名称。

2）多总线结构

随着大量高速设备、多 CPU 的出现，为了提高系统传输性能，出现了三总线、南北桥等多种总线结构。

图 6.16(a) 所示的是一种细分设备速度的三总线结构，设备速度分成高、中、低三档，不同速度的设备连接到不同总线上。AGP 总线是一种专用于图形及视频数据传送的高速总线，总线带宽从 533MB/s 发展到 2.1GB/s，可以满足视频设备与主存之间的交换数据要求。

图 6.16(b) 所示的是一种连接多个 CPU 的三总线结构，CPU 总线用于连接多个 CPU 或多核 CPU 的不同核心，多核 CPU 中常设置共享 Cache，以提高 CPU 间的通信性能。

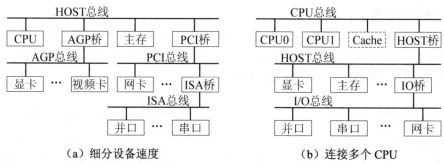

（a）细分设备速度   （b）连接多个 CPU

图 6.16　三总线结构

为了减小总线长度、抵抗信号干扰，现代计算机都采用集成电路技术，将多个部件集成到同一个芯片中。Intel 从 Pentium Pro 起就采用南北桥结构，如图 6.17(a) 所示，将主存控制器、AGP 总线控制器、CPU 接口（HOST 桥）等集成在北桥芯片中，将 USB 控制器、音频接口、LAN 接口、IDE 接口等集成在南桥芯片中，因此，北桥又称为 MCH（Memory Controller Hub），南桥又称为 ICH（I/O Controller Hub）。注意，存储器总线通常指主存的不同 DRAM 芯片间互连的总线。

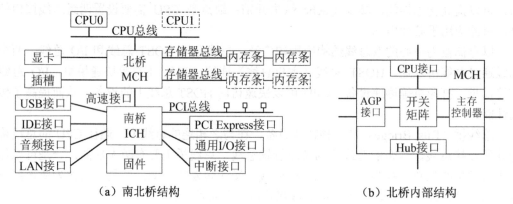

（a）南北桥结构   （b）北桥内部结构

图 6.17　现代微机的总线结构

为了满足多 CPU 或多核 CPU 等应用的传输速率需求，现代计算机都采用互联网络技术，使多个总线可以同时传输信息。早期的北桥芯片内部通过一个总线互连，Intel 从

Pentium III CPU 起就采用交换机结构,如图 6.17(b) 所示,以提供多个传输链路,同时主存也设置多个通道,来成倍提高主存带宽,满足以存储器为中心的结构需求。

更进一步地,Intel 从 Core i7 CPU 起将主存控制器等功能集成在 CPU 芯片中,构成了处理器+平台控制中心 PCH(Platform Controller Hub)的互连结构,PCH 汇集了南桥的所有功能。

6.4.2　总线互连

计算机中不同部件的速度相差很大、外部信号特征各异,而总线特性是固定的,因此,CPU、主存、外设都需要通过转换电路(常称为总线接口电路)连接到总线上,来遵守总线规范,如图 6.18 所示。受习惯影响,总线接口电路的名称五花八门,如 CPU 的 BIU、主存控制器(又称 DRAM 控制器)、显示适配器(又称显卡)、并行接口等,还有连接不同总线的总线桥(如 PCI/ISA 桥)。

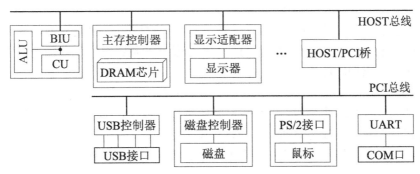

图 6.18　部件或设备与总线的连接

可见,总线接口电路是设备与总线或总线与总线之间的桥梁。总的来说,总线接口电路具有如下功能:

(1)总线侧操作控制。按照总线传输协议,侦测总线状态(如空闲/地址期等);根据总线状态,决定是否发起或响应总线操作,并按照总线传输协议完成总线操作。

(2)信息缓冲。利用内部的寄存器,暂存来自总线的命令和数据,暂存来自设备的数据和状态,以解决设备与总线的速度差异问题。

(3)设备侧操作控制。根据设备状态,向设备发送命令或数据,或者接收来自设备的数据,操作过程按照设备传输协议进行。

(4)记录设备状态。不停地监视设备的工作状态,并暂存到相关寄存器中,以便快速响应总线操作(如查询设备状态)。总线桥还需要处理所管辖总线的总线请求,仲裁并发出总线允许信号。

(5)信息格式转换。按照信息的传输方向,进行暂存信息与总线或设备的信号格式转换,转换包括串并转换、电平转换、时序转换等,暂存信息通常与总线的信号格式是相同的。

由此可见,总线接口电路实际上是一个信号及时序转换器。

习题 6

1. 解释以下概念或术语。

（1）总线，总线事务   （2）主设备、从设备

（3）系统总线、通信总线   （4）信号线复用

（5）同步总线，并行总线   （6）总线宽度、总线带宽，总线工作频率

（7）总线周期、总线传输周期   （8）地址期、数据期

（9）总线仲裁，总线仲裁器   （10）隐藏式仲裁

（11）集中式仲裁、分布式仲裁   （12）链式查询方式、计数器定时查询方式

（13）全互锁、半互锁、不互锁   （14）突发传输，读改写传输

（15）ISA、PCI，USB、QPI   （16）总线桥，南北桥

2. 总线互连方式有什么特点？

3. 某同步总线的时钟频率为 33.3MHz，每个时钟周期可以传送一次数据，若总线带宽为 532.8Mbps，寻址空间为 4G，该总线的地址总线和数据总线宽度各为多少？

4. 一个总线周期的操作包含哪些阶段？每个阶段的任务是什么？哪些阶段只有主设备参与？

5. 为什么要进行总线仲裁？什么时候开始总线仲裁？什么时候结束总线仲裁？

6. 链式查询方式仲裁的原理是什么？有什么特点？

7. 计数器定时查询仲裁方式中，查询为什么要定时进行？如何才能实现循环优先级仲裁？

8. 隐藏式仲裁有什么好处？需要具备哪些条件？

9. 某 16 位地址/数据复用的同步总线中，总线时钟频率为 8MHz，每个总线事务只传输 1 个数据、需要 4 个时钟周期。该总线的可寻址空间、数据传输率各为多少？

10. 某 32 位同步总线中，总线时钟信号 CLK 的频率为 50MHz，总线事务支持突发传输方式，每个时钟周期可以传送一个地址或数据。存储器读总线事务的时序为地址期（1 CLK）、等待期（3 CLK）、8 个数据期（8 CLK），存储器写总线事务的时序为地址期（1 CLK）、等待期（2 CLK）、8 个数据期（8 CLK）、恢复期（2 CLK）。通过总线读存储器、写存储器的数据传输率分别是多少？

11. 某 64 位同步总线支持突发传输模式，每个时钟周期可以传送一个地址或数据，总线周期由 1 个时钟周期的地址期、若干个数据期组成。若存储器每存取一个数据需要 2 个时钟周期，突发长度≤4。请计算在下列两种情况下，总线和存储器能提供的数据传输率各是多少？

（1）每个总线事务只传输 32 位数据。

（2）每个总线事务包含 4 个数据期。

12. 异步传输协议中，每一个步骤包括哪几个阶段？简述各阶段的动作。

13. 若图 6.10 中，从设备在撤销响应信号 Ack 时（即④），才开始进行读操作，则例 6.3 的答案是多少？

14. 为什么说半同步定时方式同时具备了同步定时和异步定时的优点？

15. 某 32 位半同步总线中，总线时钟信号 CLK 的频率为 50MHz，总线事务支持突发传输模式，每个时钟周期可以传送一个地址或数据，总线传输协议的时序为地址期（1 CLK）、等待期（k CLK）、数据期（n CLK）、恢复期（m CLK），读事务的 $m=0$，写事务的 $k=1$，读事务的 k、写事务的 m 都取决于从设备延迟，n 由主设备确定。连接到该总线上的存储器为 4 体交叉存储器（采用交叉访问工作方式），每个存储体的存取周期为 80ns。请回答下列问题：

（1）通过总线从存储器读 4B 数据、向存储器写 4B 数据各需要多少时间？

（2）通过总线从存储器读 16B 数据、向存储器写 16B 数据各需要多少时间？

16. 简述 ISA 总线与 PCI 总线的不同点。

17. 简述总线结构中，提高传输性能有哪些方法。

18. 简述总线接口电路的主要功能。

第 7 章　输入/输出系统

计算机由主机、外设组成，外设最具多样性，其种类、速度、接口等各不相同，输入/输出系统（以下简称 I/O 系统）的任务是实现主机与外设的信息交换，涉及主机与外设的连接、信息交换的传送控制两个方面。本章首先介绍 I/O 系统及外部设备的组成，然后重点讨论信息交换的传送控制方法及相应软硬件的组织。

7.1　I/O 系统概述

7.1.1　I/O 系统的组成

I/O 系统的任务是实现主机（CPU 及主存）与外设的信息交换（又称 I/O），具体内容涉及主机与外设的连接、I/O 的传送控制。主机与外设的连接指外设如何连接到主机，I/O 的传送控制指何时可以传送信息、如何传送。

主机与外设的连接由硬件来实现，I/O 的传送控制需要软件及硬件相互作用，因此，I/O 系统由硬件和软件组成，I/O 硬件负责实现信息传送，I/O 软件负责实现 I/O 的传送控制。

I/O 系统的性能通常用响应时间、吞吐率来衡量，响应时间指 I/O 请求从发出到 I/O 操作完成的时间，吞吐率指单位时间内完成 I/O 操作的个数。I/O 通常采用排队模型，因此，响应时间与吞吐率是有矛盾的。I/O 系统的另一个性能指标是 I/O 操作所占 CPU 时间，它反映 I/O 系统对整个计算机性能的影响。

1. I/O 硬件

I/O 硬件的组成与外设与主机的连接方式有关。连接方式有分散连接、总线连接两种，总线连接方式需要为每个外设增设 I/O 接口，以实现 I/O 操作的标准化。主机与外设间的所有信息都通过 I/O 接口传送，包括操作命令、数据、设备状态等。

为了使 I/O 所占用的 CPU 时间尽量少，I/O 的传送控制可以采用中断等方式，这就需要增设相应的传送控制部件来支持。

因此，I/O 硬件通常由外设、I/O 接口、总线、传送控制部件组成。

2. I/O 软件

I/O 软件的任务是实现信息交换的传送控制。传送控制包括传送组织、主机与外设的工作协调两个部分，都需要通过 I/O 指令或通道指令、I/O 程序来完成。

操作码	设备码	命令码

图7.1　I/O指令的一般格式

I/O 指令是指令系统中的指令，指令格式如图 7.1 所示，设备码及命令码属于地址码字段。其中，操作码表示信息传送的方向（输入或输出），设备码表示信息传送的目标设备地址，命令码表示信息传送的类型及内容，信息类型有操作命令、数据、设备状态三种，信息内容常用 CPU 中寄存器编号或常数表示。

有一种 I/O 传送控制方式称为通道方式，通道（Channel）是通道方式的传送控制部件，通道指令是通道所执行的专用指令，与 CPU 所用的指令系统无关。

I/O 程序就是常说的设备驱动程序，由初始化程序段、主控程序段、传送方式处理程序段、退出程序段等组成，传送方式处理程序段与 I/O 传送控制方式密切相关，7.4~7.6 节会具体讨论。

7.1.2　外设与主机的联系

外设与主机的联系涉及外设的连接方式、编址方式、识别方法、联络方式等方面。

1．外设的连接方式

外设与主机的连接方式有分散连接和总线连接两种，目前全部采用总线连接方式，其优点是传输控制简单（I/O 操作可标准化）、可扩展性好。

采用总线方式互连时，外设必须通过 I/O 接口与总线连接，如图 6.1 所示，每个 I/O 接口连接一个外设。I/O 接口一方面按照总线标准连接到总线，以满足总线操作要求；另一方面按照设备接口约定连接到外设，以满足具体设备的传输与控制要求。

采用总线方式互连时，主设备（如 CPU）按地址访问（输入或输出）I/O 接口，I/O 接口使用寄存器暂存相关信息，等到设备就绪时再转发主设备的操作。因此，地址总线上的地址有主存地址、外设地址两种类型，总线标准、I/O 指令应能够加以区分。

前面讲过，外设与主机间传送的信息类型有数据、工作状态、控制命令三种，而且信息的长度与总线宽度相同，因此，I/O 指令中的信息类型有两种表示方法。一是每个 I/O 接口只有一个地址，I/O 指令有多种操作码；二是每个 I/O 接口有多个地址，每种信息使用不同的地址，I/O 指令只有两种操作码。由于外设的数据种类不固定，显然第二种方法更好，即一个 I/O 接口包含多个 I/O 端口（暂存待传送信息的寄存器），图 7.1 中的设备码为 I/O 端口地址、命令码为信息内容。

为了实现信息交互，I/O 指令应能够指明目标地址类型（主存单元或 I/O 端口），表示方法与外设编址方式有关；而外设应主动识别（通过 I/O 接口实现）自身是否被选中，被选中时响应总线事务，访问 I/O 端口来完成 I/O 操作。

2．外设的编址方式

主存、外设都连接在总线上，主存地址为主存单元的地址，外设地址为 I/O 端口的地址，必须使用一定的方法来区分两类地址。外设的编址方式通常有统一编址、独立编址两种。

1）统一编址方式

统一编址指 I/O 端口与主存单元统一编址，共用一个地址空间，地址范围必须不重叠，如图 7.2 所示，又称存储器映像方式。

统一编址方式下，指令系统无须设置 I/O 指令，CPU 访问外设（I/O 操作）可以借

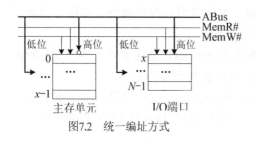

图7.2 统一编址方式

用访存指令来实现。因而，总线的控制信号线只需要有存储器读（MemR#）、存储器写（MemW#）即可，I/O 总线事务必须通过 MemR# ⊕ MemW#、地址总线高位来识别。

统一编址方式的特点是不增加机器指令数，但主存空间变小、不易扩展，地址译码也因全部地址线都参与而变得复杂。

2）独立编址方式

独立编址指 I/O 端口与主存单元都从零开始编址，使用不同的地址空间，如图 7.3 所示。

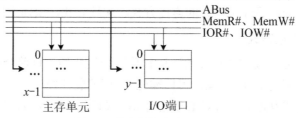

图 7.3 独立编址方式

独立编址方式下，指令系统需要增设 I/O 指令，CPU 访问外设通过 I/O 指令来实现，访问主存通过访存指令来实现。因而，总线的控制信号线需要有 MemR#、MemW#、IOR#、IOW#四种，I/O 总线事务通过 IOR# ⊕ IOW#来识别。

独立编址方式的特点是主存和 I/O 空间互不影响、易扩展，地址译码简单，但需要增加两条机器指令。因此，目前使用较多的是独立编址方式。

3．外设的识别方法

总线事务由地址期、数据期组成，总线标准要求从设备（如外设）在地址期主动识别自身是否为总线事务的目标从设备，被选中时响应总线事务。

连接在总线上的每个外设都有一个唯一的设备号（设备 ID），其所连接的 I/O 接口使用硬件（如寄存器）保存了这个设备号。CPU 进行 I/O 操作时，通过 I/O 指令（或访存指令）的地址码字段指明目标设备地址，通过 BIU 发起相应的 I/O 总线事务。

外设（I/O 接口）识别自身是否被选中的方法是，一直监视总线状态，当有 I/O 总线事务时，将总线上地址与自身设备 ID 进行比较，来判断自身是否为 I/O 总线事务的目标从设备，设备选择电路（又称识别电路）的组成如图 7.4 所示。

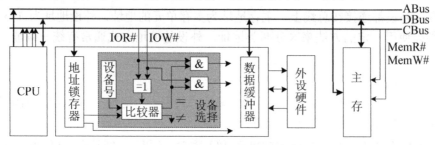

图 7.4 外设（I/O 接口）识别电路的组成

图 7.4 中，I/O 接口、主存连接不同的控制信号线，因此，外设采用的是独立编址方式。IOR# ⊕ IOW#＝1 时表示有 I/O 总线事务，总线地址信号的高位用于设备识别，总线地址信号的低位用于选择 I/O 接口中的 I/O 端口。

4．外设的联络方式

计算机中的外设种类繁多，如键盘、鼠标、打印机、硬盘、拨码开关、LED 等，这些外设的复杂程度、传输特性、传输速度不尽相同。

1）数据传送方式

外设的数据传送方式有无条件传送、条件传送两种类型。

无条件传送方式也称同步传送方式，主机可以直接与外设进行数据传送，常用于简单设备。例如，读取拨码开关的状态、向 LED 发送灯控信号等。外设每次传送的是一个字符，外设属于字符传输设备（以下简称字符设备）。

条件传送方式又称异步传送方式，传送前需要先启动外设，等到设备就绪时，才能进行数据传送，常用于复杂设备。如发送打印信息时，需要先判断打印机的缓冲区是否已满，不满时才能传送一个字符；又如访问磁盘时，需要先寻道及定位扇区，然后才能进行整个扇区数据的传送。可见，采用条件传送方式的外设可分为字符传输设备、块传输设备（以下简称块设备）两种，区别在于每次启动设备可以传送一个字符还是一个数据块。

2）外设与 I/O 接口的联络方式

外设与 I/O 接口的联络方式指信息传送时信号的定时方式，取决于外设的数据传送方式，不同的联络方式所需的联络信号线不同。

对于无条件传送方式而言，外设随时可以接收或发送数据、无须预先联络，常称为立即响应方式，外设与 I/O 接口的连接线只有数据信号线。

对于条件传送方式而言，并行传输设备通常采用异步联络方式，设备与 I/O 接口的连接线有数据线（n 位）、请求/应答线等；串行传输设备可采用异步联络方式或同步联络方式，与 I/O 接口的连接线有数据线（1 位）、请求/应答线同步时钟线等。实际应用中，通常采用特殊方法省略联络信号线，如异步串行传输设备常采用不互锁应答方式来省略应答线，通过帧头、帧尾信息的不同来省略请求线；又如同步串行传输设备常通过帧头信息中的同步信息产生连续的跳变信号，来代替时钟线的同步信号。

7.1.3　I/O 的传送控制方式

外设通常都是与主存交换数据的，不同外设的传输速度不同，每次传送的批量也不同。传送控制方式指主机对数据交换的管理方式，又称 I/O 方式。传送控制的目标是尽量提高 I/O 的数据传输率、减少 I/O 所占 CPU 时间。

为了便于理解，我们先看一个例子，假设幼儿园的小孩每人要吃 4 颗糖，幼儿园老师可以采用 5 种方法来管理。一是老师先给一个孩子一颗糖，然后看着他吃，等到他吃完时再给他下一颗糖，直至他吃完 4 颗糖时，换另一个小孩吃糖；二是老师先给一个孩子一颗糖，要求他吃完后喊报告，然后去批改作业，收到他吃完的报告时再给他下一颗糖，直至他吃完 4 颗糖时，换另一个小孩吃糖；三是老师先告诉某个孩子吃糖自己拿、吃完一颗后再拿下一颗糖、吃完 4 颗糖后喊报告，然后去批改作业，收到他全部吃完的报告时，再换另一个孩子吃糖；四是老师先告诉班长吃糖规则，要求他负责管理、吃糖结束时喊报告，然后去批改作业，收到班长的吃糖结束报告时，检查有无问题；五是老师告诉班长吃糖规则及问题处理方法，要求他全权负责，然后去批改作业，收到班长的吃糖结束报告时，表扬一下。不同的吃糖管理方式，占用老师的时间不同。

计算机中，主机与外设的传送控制也有类似的几种方法，它们分别是程序直接控制方式、程序中断方式、直接存储器存取（DMA）方式、通道方式及 I/O 处理机（IOP）方式，所有方式都可以用于条件传送方式的传送控制，程序直接控制方式还包含了无条件传送方式的传送控制。下面，简单介绍一下各种 I/O 方式的传送控制原理。

1. 程序直接控制 I/O 方式

程序直接控制 I/O 方式指 I/O 完全依靠程序来实现，又称程序控制 I/O 方式，有程序查询、直接传送两种类型，分别适用于条件传送方式、无条件传送方式。

程序查询方式又称轮询（Polling）方式，指 CPU 启动设备后，不断查询设备是否已做好传送准备，只有在设备就绪时，才进行数据传送。由于 CPU 的启动、查询、传送操作都是通过执行 I/O 指令来实现的，所以称为程序直接控制方式。

由于设备启动需要一定的时间，查询期间 CPU 不能做其他工作，CPU 只能与外设串行工作，因而，程序查询方式中，每次 I/O 所占 CPU 时间都较多（若干个指令周期），CPU 工作效率较低。

直接传送方式指 CPU 无须启动设备及查询设备状态，就可以直接进行数据传送，可以看作程序查询方式的特例。直接传送方式中，每次 I/O 所占 CPU 时间较少（1 个指令周期），CPU 工作效率较高。

2. 程序中断 I/O 方式

程序中断 I/O 方式又称中断驱动 I/O（interrupt driven I/O）方式，指 CPU 启动设备后，继续执行现行程序，外设准备就绪后主动向 CPU 提出中断请求，CPU 响应中断请求，转去执行中断服务程序进行数据传送，需要时可以再次启动设备，然后返回现行程序继续执行。

由于设备准备数据期间，CPU 可以与外设并行工作，因而，CPU 工作效率有较大提高。但响应中断请求、返回现行程序还是有少量开销的，大约几个指令周期。可见，每次中断只实现一个数据的 I/O，每次 I/O 所占 CPU 时间较少（如 30 个指令周期）。

3. 直接存储器存取方式

程序直接控制方式、程序中断方式都只能实现 CPU 与外设间的 I/O，批量传输的数据都需要缓冲在主存中，每个数据还需要再用一条指令传送到主存中，因此，I/O 性能不够理想。由于高速外设（如磁盘）通常是块传输设备，每个数据的传输间隔较短，采用程序中断方式 I/O 时，CPU 基本上全部忙于 I/O，CPU 工作效率低下。

直接存储器存取（Direct Memory Access, DMA）方式指外设与主存间可以直接进行数据传送，传送由专用硬件（DMA 接口）控制总线来实现，而不需要 CPU 干预。

为了满足高速设备的传输需求，减少 I/O 所占 CPU 时间，DMA 方式每次由 DMA

接口实现一批数据（如 4KB）的传送，期间 CPU 可以与外设并行工作，只有传送准备、结束处理工作还是由 CPU 负责，因此，CPU 工作效率极高。可见，每次 DMA 传送可以实现多个数据的 I/O，每个数据的传送不占 CPU 时间，只有传送的准备及结束处理占用极少的 CPU 时间（如 40 个指令周期）。

4．通道方式和 I/O 处理机方式

大型计算机中，外设种类繁杂、数量较多，设备管理的工作量很大，为了进一步减小 I/O 所占 CPU 时间，通常将多个外设连接到一个专用处理器（通道）上，由通道来实现设备管理、传送控制、外设状态及传送异常检测等功能。

通道方式是 DMA 方式的进一步发展，通道硬件能够实现 DMA 方式中由 CPU 负责的外设管理、外设状态检测、传送异常检测等工作，CPU 只需执行 I/O 指令启动某个通道即可，进一步减少了 I/O 所占 CPU 时间。

通道是一个特殊的处理器，在 CPU 的指挥下工作，通过执行存放在主存中的通道程序来进行外设管理、传送控制，这些通道程序是操作系统预先编写好的。

I/O 处理机方式是通道方式的进一步发展，I/O 处理机能够完成通道方式中由 CPU 负责的码制变换、格式处理、数据校验等工作，更进一步减少了 I/O 所占 CPU 时间。

I/O 处理机更接近于一般处理机，甚至就是完整的计算机，大型计算机系统中，I/O 处理机（可以有多台）分别承担 I/O 控制、通信、维护、诊断等任务。

7.2　外部设备

外部设备是计算机系统不可缺少的组成部分，主要完成输入、输出、存储等功能。随着应用的不断扩展，外设正向多样化、智能化方向不断发展。

外设有多种分类方法。按设备功能分，有人-机交互设备、机-机通信设备、存储设备三种，如键盘、鼠标等属于人-机交互设备，调制解调器、网络交换机等属于机-机通信设备。按 I/O 方向分，有输入设备、输出设备、输入/输出设备三种，如键盘、鼠标属于输入设备，磁盘属于输入/输出设备。按传输批量分，有字符设备、块设备两种。

外设通常由部件、驱动器、控制器构成，如图 7.5 所示，设备部件由设备功能所需的机、电、光、磁等部件组成，设备驱动器通过控制电路协调相关部件工作，设备控制器（又称设备控制电路）提供外部接口（如 USB 接口），并实现传送控制。由于控制器、驱动器常集成在一起，两者的界限不太清晰。为了实现 I/O 操作的标准化，外设需通过 I/O 接口（I/O 控制器）与主机连接。

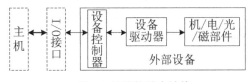

图7.5 外设的基本结构

本节主要介绍几种常见外设的基本组成，要求读者能够理解这些外设的工作原理。

7.2.1　输入设备

输入设备主要完成信息输入功能，可以采用击键、声音、图像等输入方法，常见的输入设备有键盘、鼠标、扫描仪等。本小节仅介绍键盘、鼠标两种输入设备。

1．键盘

键盘是一种最普通的输入设备，通过击键方法来实现信息输入。

键盘的设备部件由若干个按键开关按照一定的排列方式组成，设备驱动器负责检测是否有键被按下、形成按键编码信息。根据设备驱动器的功能是由软件实现还是由硬件实现，键盘分为非编码键盘、编码键盘两种。

1）非编码键盘

非编码键盘的组成很简单，如图 7.6 所示，无键按下时列线为高电平，若使行线为低电平，则有键按下时列线为低电平，键盘驱动器的功能由 CPU 执行键盘扫描程序来实现。键盘接口信号有行线、列线、Vcc。

键盘扫描程序的控制流程是：循环检测是否有键被按下，行线全为 0 时的列线输出全为 1 表示无键按下；有键被按下时，逐行检测按键所在的行号，某个行线为 0 时的列线输出不全为 1 时，由行号、列号可形成按键编码，否则检测下一行（使下一行线为 0）。

2）编码键盘

编码键盘的组成如图 7.7 所示，计数器用于实现循环的逐行、逐列按键扫描，其输出值表示行号及列号，译码器用于产生按键的检测信号，有键按下时单稳电路输出有效（一定延时后自动变成无效），ROM 用于存放按键编码。

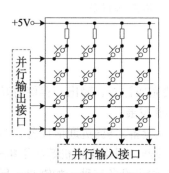

图 7.6　非编码键盘的组成

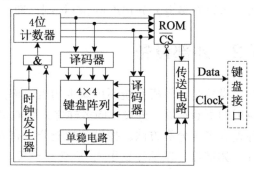

图 7.7　编码键盘的组成

键盘控制电路的工作原理是，有键按下时单稳电路输出有效，该信号使计数器暂停，便于用计数值访问 ROM 读出按键编码，同时启动传送电路串行输出按键编码，单稳电路输出无效后，扫描重新开始。

键盘的外部接口通常为 PS/2 或 USB 接口。PS/2 接口信号包括 Vcc、Gnd、Clock、Data，采用同步串行通信方式传送数据，帧格式与起止式异步串行通信协议类似。

2．鼠标

鼠标是一种手持式输入设备，通过移动、按键实现信息输入。

鼠标的设备部件由位置变化检测部件、按键组成，控制电路检测移动方向及距离、所按按键。根据位置变化的检测方法，鼠标分为机械式鼠标和光电式鼠标两种。

1）机械式鼠标

机械式鼠标的组成如图 7.8 所示，LED、光栅盘、光电传感器（PHO）用于滚球移动检测，计数器记录移动的方向及距离。

鼠标移动距离检测的原理是，鼠标移动时滚球带动 X、Y 两个转轴转动，从而带动转轴顶端的光栅盘转动，光电传感器利用穿过光栅盘的光线变化次数计数移动的距离及方向。按键检测方法与编码键盘相同。

2）光电式鼠标

光电式鼠标有两代产品。第一代产品的组成与图 7.8 类似，没有滚球、光栅盘，用鼠标外部的带网格反射板代替，利用反射板中网格反射光线的变化检测鼠标的移动距离，避免了机械式鼠标的打滑现象，但距离精度依赖于反射板的网格密度，且无法检测斜向移动，因而很快退出市场。

第二代产品的组成如图 7.9 所示，利用微型光学镜头不断拍摄鼠标下方图像，用数字信号处理器（DSP）对相邻帧图像进行分析，计算出移动的方向及距离。按键检测方法与编码键盘相同。

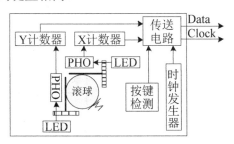 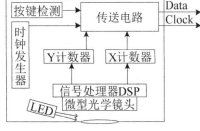

图 7.8　机械式鼠标的组成　　　　图 7.9　光电式鼠标的组成

鼠标的外部接口与键盘接口基本相同，唯一不同的是传送的数据格式不同。

7.2.2　输出设备

输出设备主要完成信息输出功能，输出方法主要有字符、图形、图像、声音等，常见输出设备有显示器、打印机、音箱等。本小节仅介绍显示器、打印机两种输出设备。

1. 显示器

显示器是最普遍的图像输出设备，将编码信息以字符、图形、图像的方式显示出来。

显示器的种类繁多，可以按多种方式进行分类。按显示器件分类，有阴极射线管（Cathode Ray Tube，CRT）显示器、液晶显示器（Liquid Crystal Display，LCD）、等离子显示器等类型；按显示颜色分类，有彩色显示器和黑白显示器两种；按显示内容分类，有字符显示器、图形显示器和图像显示器三种。

显示器的主要技术指标为分辨率和灰度级。分辨率指显示器能够显示的像素个数，例如 1280×1024 像素，分辨率越高，可以同时显示的信息越多，图像越清晰。灰度级在黑白显示器中指所显示像素点的亮暗差别，在彩色显示器中还表现为颜色的不同，例如每个像素点用 8 个二进制位可以表示 256 级灰度，真彩 32 位灰度级指每个像素点的颜色、亮度等用 32 个二进制位表示，灰度级越多，图像层次越清晰、逼真。

下面，仅介绍目前最常用的 LCD 基本组成。薄膜晶体管（Thin Film Transistor, TFT）LCD 是目前的主流产品，TFT-LCD 的分辨率高、色彩丰富。

1）液晶显示原理

液晶是一种介于固体与液体之间、分子有规则排列的有机化合物。用作 LCD 的液晶通常为棒状的长形分子结构，液晶分子总是沿长轴方向相互平行排列，这类液晶具有两大特性：一是旋光性，入射光沿垂直于液晶分子长轴方向穿过液晶时，光线能够随液晶分子排列的扭转而旋转；二是透光性，液晶分子受电场影响时，其排列方向会向平行于电场的方向倾向，倾向角度受电压值的影响，利用偏振光及分子倾向角度可以形成不同的灰度级。

TFT 液晶单元的基本结构如图 7.10 所示，用两片玻璃夹住液晶，用胶框分隔液晶，用两个带沟槽的配向膜（两个沟槽垂直）使液晶分子长轴沿沟槽方向排列（配向膜两侧共螺旋形扭转 90°），在玻璃两侧设置两个偏振光轴垂直的偏振片，用于透光控制。

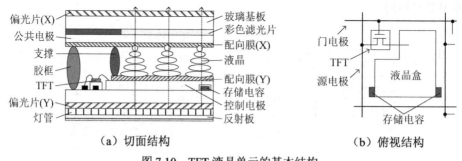

图 7.10　TFT 液晶单元的基本结构

当控制电极不加电压时，入射偏振光在液晶中旋转 90° 后，与出端偏振片光轴平行而透光；当控制电极加电压时，电场作用使液晶分子旋转 90°（平行于电场方向）后平行排列，入射偏振光直接穿过液晶后，与出端偏振片垂直而不透光，改变电压值可使液晶分子旋转角度不同，而形成不同的灰度级。

那么，如何显示彩色呢？我们知道，任何颜色都可以由红色（R）、绿色（G）和蓝色（B）三个原色混合而成，因此，可以用三个液晶单元组成一个彩色像素点，每个液晶单元允许不同的颜色通过，这可以通过图 7.10(a) 中的彩色滤光片来实现。

由图 7.10(b) 可见，TFT 实际上是一个晶体管开关，通过门电极来控制液晶单元是否加电，通过源电极来控制液晶单元的灰度级。一旦门电极电压撤销，一定时间后液晶盒的灰度级会不稳定，因此，必须定时进行刷新。

2）LCD 的组成

LCD 的设备部件由像素点矩阵组成，每个像素点又由三个液晶单元组成，像素点的显示可以通过行扫描方式来实现，每次显示一行中所有列，因此，同一行所有液晶单元共用一个门电极，每一列液晶单元共用一个源电极，如图 7.10(b) 所示。

LCD 的设备驱动器由驱动电路（扫描电路）、控制电路等组成。驱动电路采用行扫描方式实现信息显示，每次使某一行的门电极有效，通过不同的源电极同时控制当前行所有列液晶盒的灰度级，然后扫描下一行。为了增大液晶单元的刷新周期，TFT 液晶单元还增加了一个存储电容，用所充电荷进行显示控制，因而，TFT-LCD 分辨率可以很高。控制电路主要用于与显示器接口联络，具有接收显示信息、进行驱动控制等功能。

显示器的基本接口为 VGA 接口，有些 LCD 还支持 DVI、HDMI 接口。

2．打印机

打印机是最常见的纸质输出设备，将信息以字符、图形方式打印出来。

打印机的种类较多、性能各异。按印字方法分类，有击打式打印机和非击打式打印机，如针式打印机、激光打印机、喷墨打印机等。还有其他一些分类方法，如宽行/窄行、黑白/彩色打印机等。

下面，我们简要介绍针式打印机、激光打印机的基本组成。

1）针式打印机

针式打印机的设备部件主要由打印头、横移机构、输纸机构、色带机构组成。

打印头是针式打印机的关键部件，通常由一列共 m 个可独立运动的打印针及 m 个驱动打印针的电磁铁线圈等组成，如图 7.11 所示。

打印头打印信息的原理是，根据需要控制各个打印针所对应电磁铁线圈的电流，来驱动铁芯运动，撞击打印针的衔铁，使打印针撞击带油墨的色带印出一列 m 个点，然后打印头横向移动一列宽度再打印，反复 n 次可印出 $n \times m$ 点阵的字符或图形，如图 7.12 所示，图中打印的是字母 E。也有一些打印头为两列排列，以提高打印速度。

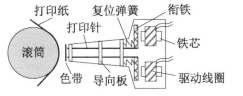

图 7.11　针式打印头结构

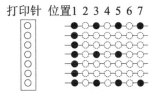

图 7.12　字符的针式打印方法

横移机构只能控制打印头在一行内移动，因此，需要用输纸机构控制滚筒转动实现多行打印；为了防止色带破损，使打印效果均匀，色带长度通常远远超过纸张宽度，由色带机构在打印过程中不断移动色带来实现。三种机构均通过步进电机来驱动。

针式打印机的设备控制电路主要由设备接口电路、打印（行）缓冲器、字符发生器、驱动电路、时序控制逻辑等组成，如图 7.13 所示，功能主要是接收打印数据、实现打印控制。注意，图中的打印机控制器是打印机连接主机时的 I/O 接口。

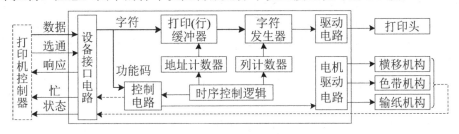

图 7.13　针式打印机的设备控制电路结构

在接收打印数据方面，设备接口电路通过"选通""响应"信号采用异步方式接收打印数据。处理数据时，首先判断是字符还是功能码（如回车、换行等），若是字符，则送至打印缓冲器，"忙"信号保持无效，表示还可以继续接收数据，直到缓冲器满；

若是功能码，则使"忙"信号有效，表示已不能再接收数据。也就是说，"忙"信号在缓冲器满或收到功能码时有效，在没有功能码待处理且缓冲区不满时无效，因此，缓冲器中保存的仅是连续打印的字符或图形数据。

在打印控制的实现方面，时序控制逻辑每次从打印缓冲器中取出一个字符（取后地址计数器加 1），打印该字符时，从字符发生器中逐列取出字形点阵的列信息（取后列计数器加 1），再用此信息驱动打印头实现打印，然后控制横移机构、色带机构进行相应的配合动作。完成缓冲器中字符打印及功能码控制后，使"忙"信号无效、发出"响应"信号（脉冲），表示打印已经完成，可以继续接收打印任务。而"状态"信号则及时反映是否缺纸、脱纸、出错等信息。

2）激光打印机

激光打印机属非击打式打印机，采用了激光技术及照相技术，主要由激光扫描系统、电子照相系统和控制系统组成，如图 7.14 所示，前两者为设备部件，后者为设备驱动器。

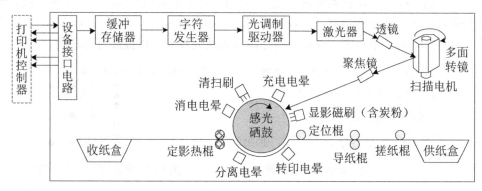

图 7.14　激光打印机的基本结构

激光扫描系统由光调制驱动器、激光器、光学部件、扫描部件组成，功能是：对字符点阵信息或图像信息进行调制，利用激光器将电信号转变成光信息，通过光学部件使发散光变成直光束，利用扫描部件实现光信息在感光硒鼓上不同位置的定位而不需要移动激光器。

电子照相系统由充电、曝光、显影、转印、分离、定影、消电及清洁等装置组成，功能是：对感光硒鼓充电，使鼓面均匀带有电荷；让已经按照字符信息调制的激光照射鼓面，使鼓面不显示字符部分的电荷消失，实现了曝光；硒鼓上有电荷的地方吸附显影磁刷上带反相电荷的墨粉，实现了显影；转印电晕在打印纸背面放电，使纸面带有与墨粉极性相反的静电荷，将硒鼓上的墨粉吸附在纸上，实现了转印；分离电晕不断地向纸释放正、负电荷，消除纸与鼓面因正负电荷产生的相互吸引力，使纸离开鼓面；用定影热辊将纸面墨粉中的树脂熔化，并将墨粉压紧在纸上形成固定图像；完成转印后，用消电电晕来中和鼓面的残留电荷，再用清扫刷刷去鼓面残余墨粉，使感光硒鼓恢复到初始状态。

控制系统主要功能是接收打印数据、控制打印过程。接收打印数据的方法与针式打印机类似，由于激光打印机速度较快，故缓冲存储器容量较大，且同时存储字符和功能码。控制打印过程的实现很复杂，但容易理解，控制电路定时、按序发出控制信号，控制相关部件协调工作以实现打印过程。

打印机的外部接口通常为 Centronics 接口、USB 接口，图 7.13 所示的就是 Centronics 接口信号，采用异步方式传送数据。

7.2.3　存储设备

现代计算机中，存储器都是由主存、辅存等多种存储器构成的层次结构存储系统，辅存是为扩大存储容量而设置的，存放不常用的信息，需要时才调入主存，因而，辅存属于外部设备，应该具有非易失性。

目前，辅存主要有磁表面和光介质两类存储器。磁表面存储器利用载磁材料是否带磁性来表示信息，通过电磁感应来读/写信息。光介质存储器利用存储介质的不同形态或物态来表示信息，通过反射光的强弱来读信息，通过激光束改变形态或物态来写信息。

辅存不采用电子方式存储信息，必须通过专用部件（如磁头或光头）读/写信息。所访问信息的寻址方法中，最理想的是存储器匀速转动、读/写头不动，因此，辅存通常是盘状或带状存储器，使用道（如磁道）连续存储多个信息，一个存储器可以包含多个道。进而，信息存取只能采用直接存取方式（DAM），否则访问性能无法忍受。

辅存的性能指标主要为存储密度、存储容量、寻址时间、数据传输率及误码率。

1）存储密度

存储密度指单位面积所能存储的二进制信息量，涉及道密度和位密度两个方面。道密度和位密度分别指相邻两个道、相邻两个二进制位的距离的倒数，因此，存储密度＝道密度×位密度，通常用位/平方英寸或位/平方毫米表示。

2）存储容量

存储容量指辅存所能存储的二进制信息总量，即存储容量＝磁道数×磁道长度×记录密度，通常用字节表示，其中，记录密度指单位长度所能存储的二进制信息位数。

存储容量有非格式化容量、格式化容量两种。非格式化容量指最大容量，其记录密度＝位密度。格式化容量指用户实际可以使用的容量，其记录密度＜位密度，这是由于为了实现细粒度的信息存取，信息地址表示需要占用一部分存储空间。通常，格式化容量只有非格式化容量的 70%左右。

3）寻址时间

寻址时间指读/写头从起始位置移动到读/写位置的全部时间，等于寻道时间及等待时间之和。寻道时间指读/写头到达目标磁道的时间，等待时间指读/写头到达目标磁道后，等待盘片转动到目标位置的时间。

由于寻址时间随访问位置不同而有所改变，通常用平均寻址时间来表示，若平均寻道时间为 t_s、平均等待时间为 t_w，则平均寻址时间 $T_a=t_s+t_w$。由于所访问信息在当前磁道中的目标位置是随机的，因此，t_w 为盘片旋转一周所需时间的一半。

4）数据传输率

数据传输率指单位时间内辅存能够传送数据的位数，由磁道容量 S_t（位数/道）及盘片转速 V（转数/秒）决定，即数据传输率 $D_r=S_t×V$。

5）误码率

误码率指从辅存读出信息时出错的概率，等于读出时出错位数与所读总位数之比。为了减小误码率，辅存通常采用循环冗余校验码（CRC）来发现并纠正错误。

例 7.1 假设某磁盘盘片只有一个盘面可存储信息，存储区域的内径为 20cm、外径为 30cm，道密度为 1000 道/cm，最内圈位密度为 30000 位/cm，盘片转速为 5400rpm（转/分钟）。请回答下列问题：（1）该磁盘盘片有多少个磁道？（2）该磁盘盘片的存储容量是多少？（3）该磁盘的数据传输率是多少？

解：（1）磁盘盘片的磁道数＝（30－20）÷2×1000＝5000 个。

（2）由于磁盘盘片采用匀速转动方式工作，因此，每个磁道的存储容量是相同的，最内圈磁道存储容量＝20×3.14×30000＝1884000 bit＝235500 B＝235.5 KB≈230 KiB，磁盘盘片的存储容量＝5000×235500B＝117750000 B＝117.75 MB≈112.3 MiB。

（3）磁盘的数据传输率 D_r＝235500B×（5400÷60）＝21.195 MB/s。

注意，在磁盘容量的单位中，$1KB＝10^3B$，$1KiB＝2^{10}B$，与主存容量的单位有所不同。

1. 磁表面存储原理

磁介质存储器以三氧化铁等磁性材料作为记录介质，利用磁性材料的磁化方向来表示二进制信息 0 和 1。

若在金属合金或塑料等基体（又称载体）上将磁性材料做成盘状，则构成了磁盘；若将磁性材料做成带状，则构成了磁带。磁盘和磁带均属于磁表面存储器。

1）磁记录原理

磁表面存储器通过磁头与记录介质的相对运动完成读/写操作。

磁头主要由铁芯、读线圈及写线圈组成，记录介质通常是由用树脂黏合的氧化铁粉末组成的磁层（通常厚度为 1～5μm、宽度为 135μm）构成，读/写操作的核心思想是利用磁头实现磁→电、电→磁的转换。

信息写入过程如图 7.15 所示。写入时，对写线圈输入一定方向及大小的电流 I_W，铁芯内产生一定方向的磁通，在铁芯空隙处产生较强的磁场。由于磁头与磁层表面距离很近，于是，磁头下方一小片磁性材料（磁性颗粒）被磁化成与线圈电流方向相对应的极性，这样就写入了一位二进制信息，这一小片磁性材料常被称为磁化元。随着磁盘/磁带转动，不断地改变写入电流的方向和大小，可实现对连续磁化元的信息写入。

信息读出过程如图 7.16 所示。读出时，磁化元经过磁头位置时，磁化元的磁力线很容易通过磁头形成闭合磁通回路，从而使磁头读线圈的两端产生感应电势，感应电势的

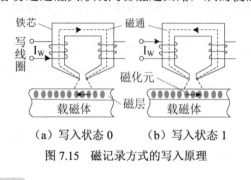

（a）写入状态 0　（b）写入状态 1

图 7.15　磁记录方式的写入原理

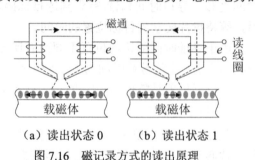

（a）读出状态 0　（b）读出状态 1

图 7.16　磁记录方式的读出原理

方向由磁化元的磁化方向决定，这样便可读出所存储的一位二进制信息。

2）磁记录方式

磁记录方式又称为编码方式，指按某种规则将二进制信息转换成磁层中相应的磁化状态，这种转换由读/写控制电路实现。磁记录方式对信息记录的密度和可靠性有很大影响，常用的记录方式有 6 种，如图 7.17 所示。

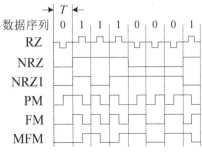

（1）归零制（RZ）。该方式记录信息时，给磁头线圈送入的一连串脉冲电流中，记录 1 时用正向脉冲电流，记录 0 时用负向脉冲电流。由于两位信息之间驱动电流归零，故称为归零制。由于驱动电流需要归零，该方式有两个缺点，一是写入操作很难覆盖所有磁化区域，写入前必须先抹去原存信息；二是两位信息间存在空白，记录密度不高。因此，该方式已基本不用。

图7.17　常见磁记录方式的写电流波形

（2）不归零制（NRZ）。该方式在记录信息时，磁头线圈中始终有正向或反向的驱动电流，不存在无电流的状态，故称为不归零制。当连续记录 1 或 0 时，写电流方向不变；仅当相邻的两位信息不同时，写电流才改变方向，故又称为"见变就翻"不归零制。由于磁层不是被正向磁化就是被反向磁化，两位信息间不存在空白，因此，记录密度较高。

（3）"见 1 就翻"不归零制（NRZ1）。该方式也是一种不归零制，即记录信息时磁头线圈中始终有驱动电流。当记录 1 时写电流改变方向，记录 0 时写电流方向不变。

（4）调相制（PM）。该方式的记录规则是：记录 1 时写电流由正变负，记录 0 时写电流由负变正，且电流变化在位周期（记录一位信息的时间 T）的中间时刻。由于电流在位周期开始后 180° 相位变化，故称为调相制。当相邻两位信息相同时，写电流在位周期起始处也需改变一次方向。

（5）调频制（FM）。该方式的记录规则是：写电流在位周期开始处都改变一次方向，记录 1 时写电流在位周期中间时刻还需改变一次方向，记录 0 时写电流在位周期内保持不变。由于记录 1 时磁层状态翻转频率是记录 0 时的一倍，故称为调频制。

（6）改进型调频制（MFM）。该方式与调频制基本相同，记录规则是：记录 1 时写电流在位周期中间时刻改变一次方向，记录 0 时写电流保持不变，仅在连续记录两个 0 时，写电流才在位周期开始处改变一次方向。可见 MFM 比 FM 磁层状态翻转次数少，从而可使记录密度提高一倍，故又称为倍密度记录方式。

不同记录方式的特点不同，通常用编码效率及自同步能力来评价记录方式的优劣。

编码效率指位密度与最大磁化翻转密度之比，即每次磁层状态翻转所能记录信息的位数。如 FM、PM 方式记录一位信息时最多翻转两次，即编码效率为 50%，而 MFM、NRZ、NRZ1 记录一位信息时最多翻转一次，即编码效率为 100%。

自同步能力指从所读出脉冲序列中自动提取出同步信号的难易程度。具有自同步能力的编码方式称为内同步编码方式，否则，称为外同步编码方式。自同步能力可用最小磁化翻转间隔与最大磁化翻转间隔之比 R 表示。例如，PM、FM、MFM 方式具有自同步能力，以 FM 方式为例，它的最大、最小磁化翻转间隔分别是位周期 T 及 $0.5T$，即 $R_{FM}=0.5$；而 NRZ、NRZ1 都不具备自同步能力。

上述几种编码方式中，MFM 方式编码效率最高、具有自同步能力（$R_{MFM}=0.67$），因此，MFM 方式被广泛应用于磁盘中。

2. 磁盘存储器

磁盘有多种分类方法。按盘片能否离开驱动器，有软磁盘、硬磁盘两种类型；按磁盘能否离开主机，有移动盘、固定盘两种类型；按磁头能否移动，有固定磁头、移动磁头两种类型；按盘片记录信息面数，有单面、双面两种类型；按磁记录方式，有单密度、双密度两种类型。例如温切斯特磁盘是一种可移动磁头、固定盘片的双面硬盘。

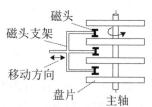

图7.18 移动磁头磁盘的组成

图 7.18 所示的是移动磁头、多盘片、双面磁盘的组成示意图，由图可见，多个盘片同时固定在主轴上，最外侧两个盘面有时用作保护面（不存储数据），其余盘面为记录面，磁头的个数与记录面的个数相对应，这些磁头连成一体，同时只能读/写某一侧盘面。

磁盘工作过程中，主轴带动所有的盘片匀速转动；访问信息时，首先将磁头移动到目标磁道，然后等待磁头移动到目标位置，再读/写目标盘面中当前磁道、当前位置中的信息，目标盘面的选择是通过磁头选择来实现的。

1）磁盘的信息记录格式

我们知道，磁盘的盘片由若干个磁道组成，每个磁道可以存储若干个字节的数据。由于访问磁盘的信息定位时间很长，为了分摊每位数据的访问开销，磁盘访问的基本单位都是记录块（包含多个数据），即每个磁道可以存放若干个记录块。

根据磁道内记录块长度是否可以变化，信息记录格式有定长格式和不定长格式两种类型。

（1）定长记录格式。定长记录格式将盘面的所有磁道划分成若干大小相同的扇区，

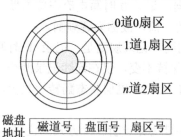

图7.19 磁盘的定长记录格式

如图 7.19 所示，大小相同指每个扇区的扇角相同、可存储的信息量相同。扇区是磁盘读/写的基本单位，因此，磁盘地址由磁道号及扇区号组成。当磁盘由多个盘片构成时，各个盘片的同一磁道形成了一个柱面，磁盘地址由磁道号（柱面号）、磁头号（盘面号）及扇区号组成。

由于盘片是匀速转动的，扇区内部需要采用一定格式来标志扇区的地址信息及所存储信息。PC 机所用软盘中的信息采用 FM 编码方式，采用定长记录格式存储信息，其扇区格式如图 7.20 所示，其中头空、尾空、间隙都为全 1，同步字为全 0，以便于盘片转动时的扇区定位。磁盘的格式信息是磁盘格式化时所写的。为了便于直接定位扇区，扇区地址为完整的磁盘地址，包括磁道号、磁头号及扇区号。

图 7.20　PC 机软盘的扇区格式

（2）不定长记录格式。实际应用中，所存储信息的长度是不固定的，采用定长记录格式，会造成一定的存储空间浪费。不定长记录格式可以根据需要来确定记录块的长度，IBM 2311 磁盘采用的就是不定长记录格式，其扇区格式如图 7.21 所示。

图 7.21　IBM 2311 磁盘的扇区格式

其中，起始标志指示磁道的起点，间隙 1（36B）、间隙 2（18B）均为空白区，用于磁盘控制器与磁盘驱动器之间的同步。数据块由计数区、关键字区、数据区组成，关键字区及数据区的长度由计数区的 KL 及 DL 指明，均采用 CRC 检验。

不同类型的磁盘，信息记录格式基本相同，但硬件参数不同。如早期 3.5″软盘是双面盘，有 80 个磁道、每个磁道有 18 个扇区，容量为 80×18×512B×2＝1.44MB。而硬盘的磁盘、驱动器等集成在一起，硬件参数没有固定的规格。

下面，以硬盘存储器为例，来了解磁盘存储器的组成及其工作原理。

2）硬盘存储器组成

与主存类似，硬盘存储器由磁盘盘片、磁盘驱动器及磁盘控制器组成，磁盘控制器的主要功能的 I/O 接口。

（1）磁盘盘片。主要功能是存储数据。硬盘通常有多个盘片，都固定在主轴上，如图 7.18 所示，工作时都采用匀速转动方式，因而，内圈磁道的记录密度比外圈磁道的记录密度要高。

（2）磁盘驱动器。磁盘驱动器又称为磁盘机，主要功能是利用电信号驱动磁盘盘片完成磁操作，由主轴驱动、定位驱动及数据控制三个部分组成，如图 7.22 所示。

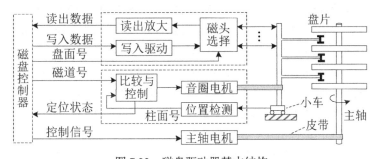

图 7.22　磁盘驱动器基本结构

　　主轴驱动实现盘片高速转动的控制，通常在磁盘操作完成后几分钟才撤销驱动，以减小下次启动延迟。定位驱动是一个带位置与速度反馈的闭环自动控制系统，定位完成后向磁盘控制器反馈状态，便于控制器进行下一步动作。

　　数据控制主要完成磁头选择、数据读/写功能，数据读/写都基于信息编码方式进行，写入驱动将数据序列转化为驱动电流，读出放大将感应电势转化为数据序列。

　　（3）磁盘控制器。主要功能是接收主机的磁盘操作、实现驱动器控制、实现读/写控制，硬件主要由设备接口控制电路、数据缓冲器、数据控制电路、数据分离电路等组成，如图 7.23 所示。其中，DMA 控制电路的功能是发出 DMA 请求和接收 DMA 响应，用于 DMA 方式的 I/O。为了提供标准化接口，磁盘控制器与驱动器的界限并不明确，有时将磁盘控制器、磁盘驱动器统称为磁盘驱动器。

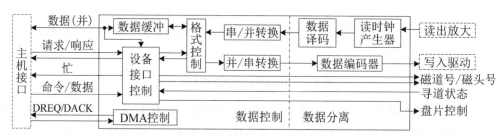

图 7.23　磁盘控制器的基本结构

　　磁盘控制器通过设备接口控制电路接收操作命令及地址（磁道号/磁头号/扇区号）后，完成磁盘操作时的步骤如下：控制驱动器进行盘片匀速转动、寻找磁道及选择磁头工作；进行扇区定位工作，即不停地分析所读信息，按照扇区格式等待目标扇区到达；进行数据读/写操作，扇区格式中的"间隙"大于等于数据操作的准备延迟。

　　可见，磁盘访问时间由寻道时间、等待时间（寻扇区时间）及读/写时间组成。平均寻道时间一般为几毫秒；平均等待时间为磁盘转半圈的时间，若盘片转速为 7200 rpm（转/分钟），则平均等待时间为 $[1 \div (7200 \div 60)] \div 2 \approx 4.165$ ms；而一个扇区的读/写时间为 $[1 \div (7200 \div 60)] \div s$，$s$ 为一个磁道的扇区数，读/写时间通常才几微秒。

　　例 7.2　假设磁盘有 6 个双面盘片（最外侧 2 个盘面为保护面），每个盘面有 204 个磁道、每个磁道有 12 个扇区、每个扇区可记录 512B 数据，磁盘机转速为 7200rpm，平均寻道时间为 8ms。回答下列问题：（1）求该磁盘的存储容量。（2）说明磁盘地址的组成字段及其长度。（3）求磁盘的平均访问时间。（4）求磁盘的数据传输率。

　　解：（1）磁盘的存储容量＝$(6 \times 2 - 2) \times 204 \times 12 \times 512B \approx 12.5$ MB。

　　（2）磁盘地址由磁道号、盘面号及扇区号组成，其中，磁道号为 $\log_2 204 = 8$ 位、盘面号为 $\log_2 10 = 4$ 位，扇区号为 $\log_2 12 = 4$ 位，磁盘地址共有 16 位。

　　（3）磁盘转一圈的时间＝$[1 \div (7200 \div 60)] \approx 8.33$ ms，平均访问时间＝平均寻道时间＋平均等待时间＋读/写时间＝$8 + 8.33/2 + 8.33/12 = 12.859$ ms。

　　（4）磁盘的数据传输率 $D_r = (12 \times 512B) \times (7200 \div 60) = 737280$ B/s。

　　硬盘的外部接口主要有 IDE、SCSI 两大类。IDE 接口也称 ATA 接口，采用 16 位并行传送方式，于 2002 年左右被 SATA（Serial ATA）接口所取代。SATA 接口采用高速串行方式传输数据，接口引脚数目较少，而移动硬盘通常采用 USB 接口。

3. 磁盘阵列 RAID

磁盘的容量较大、成本较低、速度较慢，很容易成为 I/O 瓶颈。1988 年美国加州大学伯克利分校的 D. A. Patterson 教授提出了廉价磁盘冗余阵列（Redundant Array of Inexpensive Disks, RAID）技术，大大改善了磁盘访问性能。

RAID 技术的基本思想是，将多个独立操作的磁盘按某种方式组织成阵列，采用数据分块技术，将数据交错存放在不同磁盘上，使它们并行工作来提高访问速度，并通过存储冗余的校验信息来提高存储可靠性。

RAID 可以理解为由多个物理磁盘映射得到的一个逻辑磁盘，映射的数据单位称为条带，映射通过硬件或软件实现，访问 RAID 时可同时访问多个条带，如图 7.24 所示。

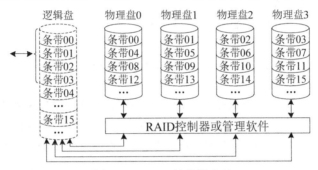

图 7.24　RAID 的数据映射

条带的大小可以是物理块、扇区、字节。条带较小时，一个 I/O 请求通常占多个条带，磁盘并行工作可以提高单个 I/O 请求的数据传输率。条带较大时，一个 I/O 请求大多只占一个条带，磁盘并行工作可以同时处理多个 I/O 请求，减少了排队时间，提高了 I/O 请求的响应速度。

为了提高存储可靠性，RAID 使用一部分条带来存放校验信息，访问时进行数据校验。为了便于应用，工业界制定了 RAID 标准，常见的有 8 级（RAID0~RAID7），不同级的存储容量、传输能力及可靠性不同。

（1）RAID0

RAID0 称为无冗余磁盘阵列，它不属于 RAID，习惯上把它列为 RAID 第 0 级。由于无数据冗余，因此，RAID0 的有效容量最大、访问性能最好，但可靠性最差。

（2）RAID1

RAID1 称为镜像磁盘阵列，RAID1 为每个数据提供一个备份。RAID1 的可靠性最好，但有效容量最小、访问性能最差（RAID0 的一半）。

（3）RAID2 及 RAID3

RAID2 称为位交叉海明校验磁盘阵列，能够实现检测两位错、纠正一位错的功能。位交叉指访问时按位或字节交叉存取，每次 RAID 访问都需要所有盘参与。因而，校验信息可由每个数据盘中相同条带的同一位形成，条带本身无须设置校验位。RAID2 中，校验盘个数 k 与数据盘个数 n 满足关系 $2^k \geqslant n+k+1$。RAID2 的条带较小（有时为字节），数据传输率较高，但冗余开销大、I/O 响应速度慢，已很少使用。

RAID3 称为位交叉奇偶校验磁盘阵列，与 RAID2 基本相同，不同的是将海明校验码改为奇偶校验码，某个盘失效时，可以通过其他盘恢复数据。相对于 RAID2，RAID3 的校验盘只有一个，但必须知道是哪个盘失效，才能恢复数据。

（4）RAID4 及 RAID5

RAID4 称为块交叉奇偶校验磁盘阵列，与 RAID3 基本相同，不同的是条带改为大小较大的块（如≥1 个扇区），因而，小数据量的访问只涉及一个数据盘、一个校验盘，可以同时响应多个 I/O 请求，提高了小数据量 I/O 请求的响应速度。

为了减少校验盘的争用程度，RAID4 的读操作只访问数据盘、不访问校验盘，这是基于条带本身自带校验码的假设，如每个扇区都包含 CRC 码；RAID4 的写操作只访问一个数据盘及校验盘。可见，读、写操作不存在校验盘使用冲突，但有多个写操作时，校验盘还是存在使用冲突的。

RAID5 称为块交叉分布奇偶校验磁盘阵列，与 RAID4 基本相同，不同的是将校验信息分布存放在各个磁盘中，如物理盘中条带 i 的校验信息存放在盘 $i\%n$ 中。RAID5 的校验块错位存放方法，极大地减小了校验盘成为 I/O 瓶颈的概率，因而被广泛使用。

（5）RAID6 及 RAID7

RAID6 称为块交叉分布双重奇偶校验磁盘阵列，它在 RAID5 的基础上增加了一个校验信息块，两个校验信息块都错位存放在不同盘中。这样，RAID6 就可以在两个磁盘出错时，仍能够继续工作和恢复数据。由于引入了两个奇偶校验位，控制器设计较为复杂，读写速度相对较慢。

RAID7 是带 Cache 的磁盘阵列，它在 RAID6 的基础上采用 Cache 技术，来提高数据传输率和响应速度。Cache 的块大小等于条带大小，写操作时先将数据写入 Cache，然后再写入磁盘阵列，读操作时直接从 Cache 中读数据，Cache 缺失时才从磁盘阵列读取数据。并且，数据从 Cache 写入磁盘阵列时，同一磁道的数据在一次磁盘操作中完成，避免了多次寻址，充分利用了磁盘带宽。相对于 RAID6，RAID7 弥补了磁盘阵列 I/O 响应速度慢的不足，满足了当前技术发展的需要，尤其是多媒体系统的需要。

此外，还存在 RAID10、RAID30、RAID50 等 RAID 标准，它们分别是 RAID0 与 RAID1、RAID3、RAID5 的组合体。

4．光盘存储器

光盘存储器是一种新型的辅存，它采用光学方式进行信息的读写。

1）光记录原理

光盘存储器利用存储介质的不同形态或物态来表示信息，通过反射光的强弱来读信息，通过激光束改变形态或物态来写信息。其记录原理有形变、相变和磁光三种方式。

（1）形变记录方式。用光敏材料表面是/否有凹坑来表示信息 1 和 0。信息写入时，根据写入的信息，可以增大激光束功率，在光敏材料表面熔出小洞（凹坑）。信息读出时，在弱激光束照射下，无凹坑处反射光较强，有凹坑处反射率低，根据反射光强弱即可检测出信息。

（2）相变记录方式。用相变材料的晶态和非晶态来表示信息 1 和 0。信息写入时，根据写入的信息，可以改变激光束功率，使相变材料记录点加热后的冷却速度不同，分别呈现为非晶态和晶态。信息读出时，在弱激光束照射下，晶态反射率高，非晶态反射率低，根据反射光强弱可检测出信息。

（3）磁光记录方式。用磁性材料的磁化方向来表示信息 1 和 0。信息写入时，在磁性材料表面外加一个磁场，磁场方向由写入信息决定，使用大功率激光束对记录点加热到达一定温度时，记录点会发生磁翻转。信息读出时，在弱激光束照射下，不同磁化方向会引起反射光的偏振面左旋或右旋，从而可以检测出所存储信息。

三种记录方式中，形变方式具有不可逆性，只适用于只读光盘和写一次型光盘，而相变、磁光方式具有可逆性，适用于读/写光盘。前两种方式属于第一代光存储技术，磁光方式属于第二代光存储技术，记录点密度很高，目前的读/写光盘都是磁光型光盘。

2）光盘的信息记录格式

与磁盘类似，光盘采用光道、扇区方式来存储信息，每个扇区采用定长记录格式。

由于光盘的位密度比磁盘大得多，因此，光盘采用恒定线速度（Constant Linear Velocity, CLV）方式旋转，而不是磁盘所采用的恒定角速度（CAV）方式旋转，且约定 1 CLV＝1.2 m/s。由于不同光道的扇区数不同，为了便于及时调整光盘转速，扇区地址由分（MN）、秒（SC）、分数秒（FR）组成，FR 的取值为 0~74，即每秒可以读 75 个扇区。

光盘从诞生之初就面向多媒体应用，而非信息存储，因此，光盘有许多类型。按照激光类型来分，光盘有紧致盘（Compact Disk, CD）、数字通用盘（Digital Versatile Disk, DVD）、蓝光盘（Blu-ray Disk, BD）三个系列，每个系列又有多种光盘，如 CD-DA、CD-ROM、V-CD，DVD-VIDEO、DVD-ROM、DVD-RAM 等，不同类型光盘的信息记录格式不同。

以 CD-ROM 为例，其扇区格式如图 7.25 所示，SYNC 为同步头，ID 为扇区地址及数据模式，LECC 为校验码。CD-ROM 支持两种数据模式，MOD 为模式 1 时，LECC 为校验域，可存储 2048B 数据；MOD 为模式 2 时，LECC 为数据域，可存储 2048B＋288B＝2336B 数据。模式 2 常用于对误码率要求不高的应用，如视音频数据。

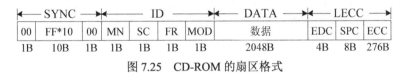

图 7.25　CD-ROM 的扇区格式

3）光盘存储器组成

与磁盘存储器类似，光盘存储器也由光盘盘片、光盘驱动器及光盘控制器组成。

光盘盘片有 CD、DVD、BD 三个系列，不同系列的位密度、道密度大不相同，因而存储容量也相差很大。例如，CD 盘的激光波长为 780nm、光道间距为 1.6μm、位宽度为 0.6μm、位长度为 0.83μm，存储容量约为 650MB；而 DVD 盘的激光波长为 650nm、光道间距为 0.74μm、位宽度为 0.4μm、位长度为 0.4μm，单层单面 DVD 盘的存储容量约为 4.7GB。

光盘驱动器同样由主轴驱动、定位驱动、光读/写头、数据控制电路等组成，除此之外，还有激光器、调制器、聚焦等光学机构。为了提高数据传输率，光驱主轴的转速可以＞1 CLV，转速达到 2 CLV、4 CLV 的光驱称为双倍速（2X）、4 倍速（4X）光驱。为了获得更高的数据传输率，12 倍速以上的光驱又开始采用 CAV 或 PCAV（Partial CAV）方式旋转，使外圈光道的数据传输率大大提高，且缩短了平均寻道时间。

光盘控制器与图 7.23 的磁盘控制器类似，与主机的接口类型也相同。

7.3　I/O 接口

7.3.1　I/O 接口的功能

由 7.2 节可知，外设的种类繁多，不同外设的工作特性、信息格式等有很大差异，外设必须通过 I/O 接口与主机连接，以实现 I/O 操作的标准化。设备控制器的主要功能之一就是实现 I/O 接口。

I/O 接口是外设与主机之间的连接电路。I/O 接口一侧连接主机，另一侧连接外设，主要作用是实现各种信息的中转。具体地说，I/O 接口应具有如下功能：

（1）数据缓冲功能。使用寄存器暂存来自主机或外设的数据，以实现 I/O 接口两侧设备的工作速度匹配。

（2）操作中转功能。使用寄存器暂存来自主机的操作命令，并根据外设的工作状态，在适当时机转发操作命令。

（3）状态检测功能。监视外设的工作状态，并暂存到寄存器中，供 CPU 查询或主动向 CPU 报告，以支持相应的 I/O 方式（如查询、中断方式等）。

（4）通信控制功能。根据主机侧、外设测的通信协议，与主机、外设进行通信；与主机通信时，需识别自身是否为目标设备接口，若是，才响应主机的操作。

（5）信号转换功能。实现主机与外设间的信号转换，包括串-并格式、电平及时序等方面的转换，以满足具体外设的信号需求。

注意，I/O 接口（I/O Interface）与 I/O 端口（I/O Port）是两个不同的概念。I/O 端口指 I/O 接口中的那些可以直接与主机侧（如总线）交换信息的寄存器。用于存放数据、操作命令及外设状态的寄存器分别称为数据端口、控制端口及状态端口，简称数据口、控制口及状态口。主机对 I/O 接口的操作实际上是对这些 I/O 端口的操作，I/O 指令中的设备号实际上是 I/O 端口地址。

7.3.2　I/O 接口的组成

主机与外设间传送的信息有操作命令、数据、设备状态三种，传送的方向有输入、输出两种，所有信息的传送都由 I/O 接口来实现。外设的类型、I/O 的方式决定了 I/O 接口的具体功能。

1. I/O 接口组成

不同 I/O 接口的功能、外部信号有所不同，在此，仅讨论 I/O 接口的基本结构。由 I/O 接口的功能可知，I/O 接口主要由总线缓冲器、寄存器、设备选择及端口地址译码电路、控制逻辑电路、信号转换逻辑电路等组成，如图 7.26 所示，其中，主机侧接口以总线接口为例。

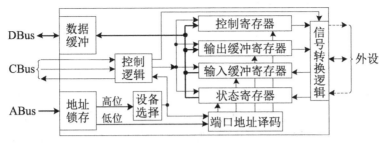

图 7.26　I/O 接口的基本结构

由图可见，操作命令、数据、设备状态的暂存通过 4 种寄存器（3 种 I/O 端口）实现，主机每次只能对一个 I/O 端口进行操作（读/写），设备选择电路负责实现设备识别功能（图 7.4），端口地址译码电路负责实现 I/O 端口的选择功能。

控制逻辑电路是 I/O 接口的核心，主要负责实现通信控制、操作中转功能。

通信控制功能指主机-I/O 端口间的信息传送，以及 I/O 端口-外设间的信息传送，传送实现时需要遵循相应的通信协议，主机侧传送的信息类型由地址总线 ABus 指定，外设侧的信息传送通常由联络信号触发。例如，I/O 接口为总线事务的目标从设备时，才响应总线操作；又如，外设采用异步联络方式传送信息时，I/O 接口需根据联络信号的状态进行接收或发送。

操作中转功能指转发来自主机的操作命令，转发需要在外设处于空闲或就绪状态时进行，即 I/O 接口根据状态端口的内容，决定是否发出启动外设的控制信号，或者传送数据端口的内容，动作类型由控制端口的内容决定。注意，状态端口（外设工作状态）的信号写入通常采用边沿触发方式，不需要其他信号控制。

可见，I/O 接口的功能是利用 I/O 端口，将主机对外设的操作过程分成了主机-I/O 端口、I/O 端口-外设两个阶段，每个阶段可以采用不同的传输协议、传送速度、物理信号进行通信，从而实现了各种信息的中转。

2．I/O 接口分类

I/O 接口有多种分类方法，或者说有多种属性。

（1）按数据的传送方式分类，有并行接口和串行接口两种。并行接口同时传送一个字或字节的所有位，而串行接口则只能逐位传送信息。注意，主机侧的传送都是并行传输方式，外设侧的传送才有并行或串行传输方式。串行接口内部需要实现串-并转换，串行接口可用于长距离传送、抗干扰能力较强。

（2）按功能的选择方式分类，有可编程接口和不可编程接口两种。可编程接口的功能和工作方式能够通过程序（如 I/O 指令）来改变或选择；不可编程接口只能通过硬连线逻辑来选择不同的功能。

（3）按传送的控制方式分类，有程序查询方式接口（查询接口）、程序中断方式接口（中断接口）、DMA 方式接口（DMA 接口）等。查询接口和中断接口常用于速度较慢的字符设备的数据传送，而 DMA 接口则用于速度较快的块设备（如磁盘）的数据传送。

7.3.3　对 I/O 接口的访问

由图 7.26 可知，每个 I/O 接口都包含一个或几个 I/O 端口，主机对 I/O 接口的访问，实际上是对所含 I/O 端口的访问。CPU 是按地址访问 I/O 端口的，所有 I/O 端口地址构成了 I/O 地址空间，因此，对外设的编址实际上就是对 I/O 端口的编址，有统一编址、独立编址两种方式。

统一编址方式下，主存单元与 I/O 端口共用同一个地址空间，两者的地址范围没有重叠，CPU 只需使用访存指令即可访问 I/O 端口。例如，MIPS 的访存指令汇编格式为 lw rt, disp(rs) 及 sw rt, disp(rs)，寄存器 rs 用于存放主存单元或 I/O 端口的地址，寄存器 rt 用于存放访存或 I/O 的数据。CPU 执行访存指令时，BIU 将产生一个存储器读或存储器写总线事务，I/O 接口的设备选择电路识别自身是否为目标设备，其端口地址译码电路选择指定的 I/O 端口，并进行指定的操作（输入或输出）。

独立编址方式下，主存单元与 I/O 端口各占一个地址空间，CPU 只能使用 I/O 指令访问 I/O 端口。例如，x86 的 I/O 指令汇编格式为 IN AL, DX 及 OUT DX, AL，寄存器 DX 用于存放 I/O 端口的地址，寄存器 AL 用于存放 I/O 的数据。CPU 执行 I/O 指令时，BIU 将产生一个 I/O 读或 I/O 写总线事务，I/O 接口的设备选择电路识别自身是否为目标设备，其端口地址译码电路选择指定的 I/O 端口，并进行指定的操作（输入或输出）。

至于何时访问哪个 I/O 端口，是由软件根据需要来决定的。例如，直接传送方式只需要读/写数据端口，程序查询方式中，查询设备状态时需要读的是状态端口，传送数据时需要读/写的是数据端口。

7.4　程序直接控制 I/O 方式

程序直接控制 I/O 方式又称程序控制 I/O 方式，指 I/O 完全依靠 CPU 执行程序来实现，有程序查询、直接传送两种类型，分别用于条件传送方式、无条件传送方式。

7.4.1　程序查询方式的 I/O 控制流程

复杂设备的数据传送通常采用条件传送方式，需要先启动设备，设备就绪（已做好传送准备）时才能进行数据传送，每启动一次设备，字符设备、块设备分别可以传送一个、一批数据。程序查询方式常用于字符设备的 I/O 控制。

程序查询方式又称轮询方式，是基本的 I/O 方式之一，其核心思想是：CPU 启动设备后，不断地查询设备的工作状态，只有在设备就绪时才进行数据传送。该方式的 I/O 控制流程如图 7.27 所示，其中的 I/O 操作都是通过执行 I/O 指令来实现的。

由图 7.27 可见，查询过程至少需要执行 2 条指令：读状态口、判断状态，当状态口中存放有多个

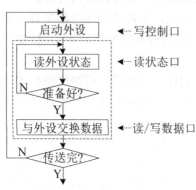

图7.27　程序查询方式I/O的控制流程

状态时，还需要一条指令来检出所需的状态。而数据传送则通过读/写数据口来实现，因此，程序查询方式的 I/O 接口需要配置控制口、状态口和数据口，不同 I/O 端口的地址通常是不同的。

由于不断地查询是一个"原地踏步"过程，CPU 在此期间不能做其他工作，外设与 CPU 是串行工作的，因而，程序查询 I/O 方式中，CPU 工作效率较低。

根据查询的开始时间不同，程序查询方式有独占查询、定时查询两种，可以根据外设的特点来进行选用。独占查询方式指启动设备后，立即开始查询设备状态，直到设备就绪为止，常用于启动时间较短的外设 I/O。定时查询方式指启动设备后，间隔一段时间才开始查询设备状态，直到设备就绪为止，常用于启动时间较长的外设 I/O。可见，定时查询方式可以减少查询的循环次数，但 I/O 的响应时间有所增加。为了进一步减少查询次数，一些外设或 I/O 接口通常设有数据缓冲器，可以连续传送多个数据，来减少 I/O 所占 CPU 时间。

需要注意的是，一些外设无须每次传送数据都启动设备，如键盘、鼠标、打印机等，设备初始化后可以多次传送数据。对于这类外设，每次 I/O 时只需查询设备状态、设备就绪时交换数据即可，即图 7.27 中外循环的转移目标与内循环相同。

例 7.3 PC/XT 计算机的存储器按字节编址，I/O 端口采用独立编址方式，I/O 端口按字节编址、地址空间为 16 位。假设打印机接口的数据口及状态口地址分别为 0070H 和 0071H，状态口的位 0 表示打印机的工作状态（1—就绪、0—忙），打印机只有在就绪时才可以接收打印数据。请编写采用程序查询方式打印字符串 Buff（结束符为'\0'）的 C 语言程序段，提示：C 语言中，I/O 库函数分别为 BYTE inp(unsigned short usPort);及 BYTE outp(unsigned short usPort, BYTE btData);。

解： 打印机具有一次启动可以多次传送的特点，无须每次传送都重新启动打印机。根据图 7.27 的 I/O 控制流程，输出一个字符的程序段应该为循环地读状态、检出状态、判断状态，然后再输出字符。程序段代码如下：

```
BYTE  Buff[100], *pCur=&Buff[0], btStat;
for (int i=0; i<100 && *pCur!=0; i++, pCur++)
{
    do {
        btStat=inp(0071H);   // （从状态口）读出打印机状态
        btStat=btStat&01H;   // 仅检出工作状态，&为按位与运算
    } while (btStat==0);     // 未就绪时，继续查询打印机状态
    outp(0070H,*pCur);       // （从数据口）写入当前字符→打印机
    // 处理其他事务的代码
}
```

当有多个外设采用程序查询方式 I/O 时，可以采用轮流查询各个外设状态的方法，使不同外设的查询时间重叠，来减少 I/O 所占 CPU 时间，即 CPU 可以在每一轮查询中，查询各个外设的工作状态，准备就绪的设备即可进行数据传送。

例 7.4 某计算机中，CPU 主频为 100MHz，外设只有鼠标及硬盘，外设通过 I/O

接口连接到系统总线上，系统总线宽度为 32 位，I/O 采用程序查询方式。假设一次 I/O 所需的所有操作（包括状态查询及数据传送）平均为 400 个时钟周期，鼠标每秒至少需要取 50 次信息，硬盘的数据传输率为 1MB/s，硬盘仅有一半时间会进行 I/O。分别求出 CPU 用于鼠标 I/O、硬盘 I/O 的时间占整个 CPU 时间的百分比。

解：程序查询方式中，CPU 用于 I/O 的时间由每次 I/O 所需时间乘以 I/O 次数得到。

CPU 用于鼠标 I/O 的时间为 $(400 \times T_C) \times 50 = 400/(100 \times 10^6) \times 50 = 2 \times 10^{-4}$ s，CPU 用于鼠标 I/O 的时间占整个 CPU 时间的百分比为 $2 \times 10^{-4}/1 \times 100\% = 0.02\%$。可见，鼠标 I/O 采用程序查询方式对 CPU 性能的影响不大。

由于系统总线宽度为 32 位，硬盘每秒 I/O 次数最多为 $1MB/4B = 2.5 \times 10^5$ 次，CPU 用于硬盘 I/O 的时间为 $(400 \times T_C) \times (2.5 \times 10^5/2) = 400/(100 \times 10^6) \times 1.25 \times 10^5 = 0.5$ s，CPU 用于硬盘 I/O 的时间占整个 CPU 时间的百分比为 $0.5/1 \times 100\% = 50\%$。显然，硬盘 I/O 采用程序查询方式是不可取的。

7.4.2　程序查询方式的 I/O 接口组织

外设采用条件传送方式时，其接口信号线通常有数据线、控制线及应答线，或者为复用信号线（在设备内部分离出相应的信号）。外设初始化后的工作状态通常有就绪（或空闲）、忙（正在操作）两种，只有当设备处于就绪状态时，才可对其进行操作。对设备进行操作时，先通过控制线发送命令（启动/读/写等），写操作需要同时通过数据线发送数据；设备根据命令执行相应的操作；设备随时通过应答线报告操作状态（是/否完成），读操作需要在操作完成时通过数据线接收数据。

程序查询方式的 I/O 接口与图 7.26 基本相同，接口内部必须设置状态口，状态口中需要包含就绪位 RD（或忙位 BS），其基本组成如图 7.28 所示。

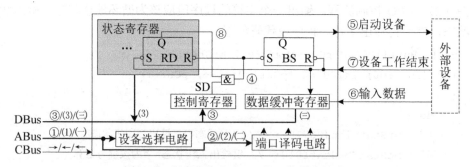

图 7.28　程序查询方式 I/O 接口的基本组成

由于外设速度较慢，I/O 接口常用触发器 BS 暂存操作命令，操作完成后应使 BS 无效，用 RD 表示设备状态（就绪时有效），因此，RD 与 BS 的状态是相反的。若控制寄存器中的操作命令位为 SD，则 BS 在 SD 有效且 RD 有效时被置位，BS 及 SD 都在外设完成操作时被复位。

那么，I/O 接口如何工作才能满足程序查询方式的功能需求呢？CPU 对外设的操作有启动设备（发送操作命令）、查询状态及传送数据三种，不同操作通过总线事务（源自 I/O 指令）中不同的 I/O 端口地址及操作类型来区分。图 7.28 列出了输入接口的工作过程，完成三种操作的过程如图中序号①~⑧、(1)~(3)、㈠~㈢所示。其中，查询状态操作、传送数据操作的完成较为简单，仅需完成总线事务即可，具体过程为：根据 ABus 上地址信号识别自身是否为目标从设备，若是，则选择相应的 I/O 端口，然后根据 CBus 上命令信号读或写所选寄存器。

启动设备操作的完成过程较为复杂，包括完成总线事务、与外设通信两个阶段。完成总线事务时（①~③），操作命令 SD 已经写入控制寄存器，与外设通信的具体过程如下：④在外设就绪时转发操作命令 SD，即触发 BS 置位、RD 复位，图中的与门用来控制操作命令的转发时机；⑤BS 启动外设开始工作，外设的控制电路指挥与协调设备部件完成指定的操作；⑥外设在完成数据读取后，将所读数据送至 I/O 接口的数据线上；⑦外设发出工作结束信号，I/O 接口用该信号触发数据缓冲寄存器保存数据，同时将 RD 置位、BS 复位、SD 复位；⑧I/O 接口准备就绪，数据缓冲寄存器中的数据有效，可以进行数据传送。

7.4.3　直接传送方式的 I/O 组织

简单设备（如拨码开关、LED）通常采用无条件传送方式，数据传送前无须启动设备，设备永远处于就绪状态，随时可以进行传送，每次传送一个数据。

直接传送方式也是基本的 I/O 方式之一，CPU 随时可以与外设进行数据传送，而无须启动外设及查询外设状态。直接传送方式可以看作程序查询方式的特例。

直接传送方式的 I/O 接口组成比图 7.26 简单，只包含数据口，没有控制口及状态口。I/O 接口只能是并行接口，外设侧为 TTL 电平信号，因此，内部控制逻辑极为简单。

例 7.5　PC/XT 计算机的主存按字节编址，I/O 地址空间为 16 位，I/O 端口采用独立编址方式、按字节编址。假设某并行输出接口的数据口地址为 0060H，数据口的 8 个数据位与 8 根输出引脚一一对应，该并行接口与 8 个信号灯相连接，如图 7.29 所示，请编写采用直接传送方式轮流点亮一个信号灯的 C 语言程序段，要求按下任意键时程序停止执行。

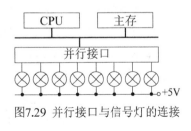

图7.29　并行接口与信号灯的连接

解： 由图可见，并行接口输出为 0 时信号灯被点亮，8 位输出中只有一位为 0 时只点亮一个信号灯。程序段代码如下：

```
while (!kbhit())
{
    BYTE Lamp[8]={0FEH,0FDH,0FBH,0F7H,0EFH,0DFH,0BFH,7FH};
    for (int i=0; i<8; i++)
    {
        outp(0060H,Lamp[i]);
        Sleep(500);
    }
}
```

7.5　程序中断 I/O 方式

程序查询方式中，采用独占查询方式时，CPU 与外设完全串行工作，CPU 工作效率极低；采用定时查询方式时，CPU 与外设可以并行工作，CPU 工作效率有所好转，但 I/O 响应时间较差（与 CPU 工作效率成反比）。而对于数据的随机输入，程序查询方式更是无法协调 I/O 响应时间与 CPU 工作效率的矛盾。程序中断 I/O 方式可以有效解决这个问题。

7.5.1　中断的概念

中断的概念在 5.6 节已经有过介绍，中断有多种含义，中断可以指由 CPU 外部的设备产生的请求事件，也可以指处理事件引起的程序控制流改变。不同场合下，中断的含义不同，需要注意理解与区分，如异常及中断事件的处理过程通常都称为中断。

异常及中断的处理过程包括响应、处理、返回三个环节，其中，响应是由硬件（CPU 的中断机构）实现的，处理、返回是通过执行程序实现的。对于中断而言，响应、处理、返回常称为中断响应、中断服务、中断返回，由于中断返回是通过执行指令实现的，因此，中断服务及中断返回通常合称为中断处理。能够产生中断请求的外设（I/O 接口）称为中断源，不同中断请求的中断服务程序有所不同。

中断机制可以主动通知 CPU 进行突发事件处理，是一种有效提高 CPU 工作效率的功能，主要由 CPU 的中断机构实现。中断的应用很广泛，例如，中断可以用于 I/O 控制、硬件故障处理、实现定时处理、进行多任务切换、完成系统功能调用等。

1. 程序中断方式的 I/O 控制流程

程序中断方式 I/O 的基本思想是，CPU 在需要进行 I/O 时，执行启动外设指令（发送操作命令）后，继续执行程序处理其他事务，并不等待外设准备就绪；外设准备就绪（完成操作功能）后，向 CPU 提出中断请求；CPU 响应中断请求，暂停执行当前程序，转去执行中断服务程序，在中断服务程序中完成数据传送任务，需要时再次启动外设（发送下个操作命令），然后返回当前程序继续执行。

程序中断方式的 I/O 控制流程如图 7.30 所示，其中，启动设备、传送数据操作是通过执行 I/O 指令实现的，中断响应是由硬件实现的。

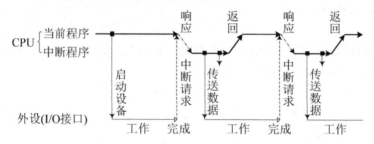

图 7.30　程序中断方式的 I/O 控制流程

可见，程序中断方式可以使 CPU 与外设并行工作，极大地提高了 CPU 的工作效率，而且 I/O 响应时间较好，但要求外设（I/O 接口）、CPU 的中断机构、中断服务程序几个方面相互协调。

由于中断的引入，可以使多个外设并行工作，CPU 可以根据预先安排的优先顺序，按照轻重缓急进行不同外设的 I/O，以及处理 CPU 内部产生的异常。

2．中断的类型

中断有多种分类方法，常见的有如下三种，后两种是基于事件处理过程而言的。

1）可屏蔽中断与不可屏蔽中断

5.6 节已经讲过，根据中断事件的紧急程度，中断有可屏蔽中断、不可屏蔽中断两种类型，不可屏蔽中断请求的优先级较高。

可屏蔽中断请求可以暂不处理（或稍后处理），如键盘、打印机等设备的 I/O 请求；不可屏蔽中断请求必须立即处理，如电源故障、线路故障、存储器校验错等硬件错误。可屏蔽中断请求中，用于数据传送的中断请求常称为 I/O 中断请求。

由于中断请求的产生与指令执行无关，为了便于实现，中断请求都安排在指令执行结束时进行响应，不可屏蔽中断请求在当前指令周期后处理，可屏蔽中断请求可以在若干个指令周期后才处理，而异常则需在当前指令周期中立即处理。

CPU 为了表示当前处于屏蔽/允许中断状态，在状态寄存器中设置有一个中断允许标志 IF，IF＝0 时 CPU 暂不响应可屏蔽中断请求，IF＝1 时 CPU 在当前指令执行结束时响应可屏蔽中断请求。不可屏蔽中断请求的响应时机不受 IF 的影响。

2）向量中断与非向量中断

由于 CPU 同时只能处理一个事件，不同事件的处理程序不同，因此，中断响应时需要识别最紧急的事件类型，并获得相应的处理程序入口地址。根据识别事件类型、获得处理程序入口地址的两种实现方法，中断有非向量中断、向量中断两种类型。

非向量中断通过软件在中断处理时识别事件类型、获得处理程序入口地址。非向量中断方式下，所有事件共用一个中断处理程序，不同事件的处理程序以函数形式存在。中断处理程序中按序查询各个中断源的中断请求标志（常放在状态口中），正在查询的中断请求为最紧急事件，有请求时直接调用相应函数进行事件处理，如图 7.31 所示。

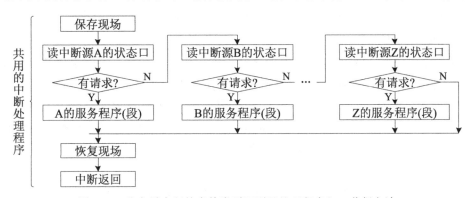

图 7.31　非向量中断的事件类型识别及处理程序入口获得方法

向量中断通过硬件在中断响应时识别事件类型、获得处理程序入口地址。向量中断方式下，每个事件对应有一个处理程序，处理程序的入口地址常称为中断向量 IV（Interrupt Vector），所有的中断向量都存放在一个中断向量表 IVT 中，IV 在 IVT 中的行号称为中断类型号。中断机构使用判优逻辑电路形成最紧急事件的中断类型号（事件类型号），如图 5.49 所示，并利用该中断类型号查 IVT，获得处理程序入口地址。

现代计算机系统中，通常采用向量中断方式，当某个中断源中有多种类型中断请求时，该中断源的事件类型识别会采用非向量中断方式。

3）单重中断与多重中断

中断处理过程中可能会产生更紧急的中断请求，根据中断处理过程能否重叠进行，中断有单重中断和多重中断两种类型。

单重中断在中断处理过程中不再响应新的中断请求，无论新中断请求是否更紧急，当前中断处理结束后才能处理其他中断请求，单重中断方式的处理过程如图 7.32 所示。

多重中断在中断处理过程中可以响应新的中断请求，当新中断请求更紧急（优先级更高）时，暂停正在执行的中断程序、转去执行新请求的中断程序，因此，多重中断又称中断嵌套，多重中断方式的处理过程如图 7.33 所示。

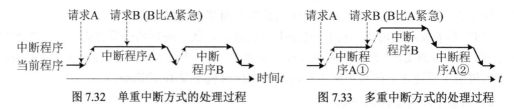

图 7.32　单重中断方式的处理过程　　　图 7.33　多重中断方式的处理过程

现代计算机系统中，通常支持单重中断和多重中断方式，中断响应时采用单重中断方式，以保证响应及处理过程不被打断，中断处理时可以根据需要改为多重中断方式。

由于不可屏蔽中断请求的优先级比可屏蔽中断请求高，且通常只有一种类型，因此，单重/多重中断方式的新中断请求都是针对可屏蔽中断请求。由于状态寄存器的中断允许标志 IF＝0 时，CPU 暂不响应可屏蔽中断，IF＝1 时可以处理可屏蔽中断，因此，同样可以用 IF 来表示当前是单重/多重中断方式。

为了支持单重/多重中断的选择，指令系统需要增设开中断（IF←1）和关中断（IF←0）指令，中断服务程序可以使用开中断、关中断指令来进行选择。

3．中断的过程

中断的过程包括中断响应、中断服务、中断返回三个环节，中断服务及中断返回合称为中断处理。其中，中断响应是由硬件实现的，中断处理是通过执行程序实现的。

由前面的讨论可知，CPU 响应可屏蔽中断请求的条件有 3 个：① CPU 处于允许中断状态，即 IF＝1；②至少有一个中断请求信号，即 INTR＝1；③当前指令结束时，即 End＝1。CPU 响应不可屏蔽中断请求的条件有 2 个：NMI＝1 及 End＝1。

1）中断响应

中断响应指 CPU 从当前程序转入中断服务程序的过程，需要完成保存断点及程序状态、关中断、识别事件类型并转入中断处理程序这三个任务。中断响应的操作有时也称为中断隐指令。

保存断点及程序状态的目标是使被中断程序能够正确地继续执行。仅支持单重中断时，保存只需使用寄存器堆实现；若支持多重中断，保存必须使用寄存器栈才行。

关中断的目标是使中断响应及处理过程不被新中断请求所干扰。关中断使得中断处理过程中，新中断请求不会被响应（IF＝0），从而实现了单重中断方式。

识别事件类型并转入中断处理程序的目标是，将欲处理事件的处理程序入口地址写入 PC，包括识别中断源、获得处理程序入口地址、将处理程序入口地址写入 PC 三个子任务。非向量中断方式下，写入 PC 的是公共处理程序入口地址，识别中断源、获得处理程序入口地址放在中断处理时通过软件实现，如图 7.31 所示。向量中断方式下，识别中断源需要访问外设（I/O 接口），操作由中断响应信号 $\overline{INTA}$ 启动，返回结果为最紧急请求的中断类型号，再用该中断类型号查询 IVT（IVT 放在主存中），获得相应的处理程序入口地址，然后写入 PC。

注意，识别中断源时，被选中（即将被处理）的中断源应撤销中断请求信号，以防止中断处理死循环的现象发生。识别中断源的实现方法与中断请求信号线的连接方法密切相关，在 7.5.3 节再进行讨论。

2）中断处理

中断服务指执行中断服务程序处理中断请求的过程，中断服务程序是预先编制好的一段程序，不同中断请求的中断服务程序有所不同（与处理方法相对应）。

为了使中断返回时当前程序能够正确地继续执行，有两类信息不能被中断服务程序破坏，一类是用户可见寄存器（如通用寄存器）的内容，又称为现场信息；另一类是用户不可见寄存器（如 PC 及状态寄存器 PSR）的内容，又称为断点及程序状态信息。由于不同中断服务程序所使用的寄存器不同，为了节约硬件成本，通常，现场信息由中断服务程序负责保存及恢复，断点及程序状态信息由中断响应硬件负责保存及恢复。

中断服务程序的典型结构如图 7.34 所示，其中，设备服务是程序的核心，主要包括数据传送、数据缓冲、重启设备等相关操作的指令。

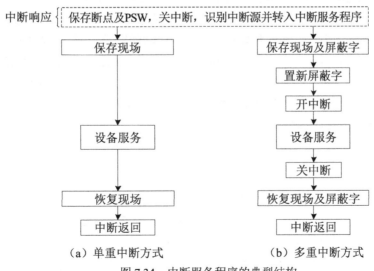

图 7.34　中断服务程序的典型结构

由于中断响应时已经进行了关中断操作（IF＝0），因此，图 7.34(a) 实现的是单重中断方式。若要实现多重中断方式，应该在设备服务前开中断、在设备服务后关中断，以便在设备服务期间可以响应新的中断请求，如图 7.34(b) 所示。

中断请求的优先级是由硬件（如中断请求连接顺序）决定的，多重中断中，中断请求的处理次序可以通过屏蔽字来改变，每个中断请求在屏蔽字中占一位，不同请求的中断服务程序中，置屏蔽字可以改变中断请求的处理次序，具体内容在 7.5.4 节会具体介绍。屏蔽字功能可以使多重中断的灵活性大大增加。

中断返回指 CPU 从中断服务程序返回当前程序的过程，需要完成恢复断点及程序状态工作。恢复断点及程序状态是中断响应时保存断点及程序状态的逆操作。

由于硬件无法知道中断服务程序何时结束，中断返回只能在程序中用中断返回指令 IRET 指明，如图 7.34 所示，即中断返回指令的功能是恢复断点及程序状态。而过程返回指令 RET 无须恢复程序状态，因此，它们是不同的指令。

例 7.6 某 CPU 的主频为 50MHz、CPI 为 5，中断响应需要 6 个主时钟周期。外设 D 的数据传输率为 20KB/s，每次可以传输 16 位数据，外设 D 的中断服务程序包含 10 条机器指令。请回答下列问题：

（1）该外设是否可用中断方式 I/O？若能，在该设备持续工作期间，CPU 用于该设备 I/O 的时间占整个 CPU 时间的百分比为多少？

（2）若将该外设的数据传输率提升为 1MB/s，是否可采用中断方式进行 I/O？

解：（1）D 采用中断方式 I/O 时，两次中断请求的间隔为 16bit / 20KBps＝100μs，CPU 用于每次中断的时间为 $(6+10 \times 5)/(50 \times 10^6)＝1.12$μs。由于 1.12μs＜100μs，因此，外设 D 可以采用中断方式 I/O，CPU 用于该设备 I/O 的时间占整个 CPU 时间的百分比为 1.12μs÷100μs＝1.12%。

（2）D 的数据传输率提升为 1MB/s 时，两次中断请求的间隔为 16bit/1MBps＝2μs，CPU 用于每次中断的时间为 1.12μs，CPU 用于该设备 I/O 的时间占整个 CPU 时间的百分比为 1.12μs÷2μs＝56%。显然，采用中断方式 I/O 是不可取的。

例 7.7 若中断系统采用向量中断方式，现要求采用程序中断 I/O 方式实现例 7.3 的字符串打印任务，请用 C 语言编写主程序的相应功能段及中断服务程序。

解：由图 7.30 可知，采用程序中断方式 I/O 时，主程序只负责启动打印机，即向打印机接口写入第一个字符，其余字符由中断服务程序负责输出到打印机接口。

C 语言的中断服务程序为用 interrupt 修饰的函数，函数名无限制。打印字符串的主程序段及中断服务程序代码如下：

```
BYTE  Buff[100], nCurIndex=0;  // Buff 存放字符串
void main()
{
    // 若打印机接口的中断类型号为 hh，则将指向 IntProc() 的指针写入 IVT 第 hh 行
    outp(0070H, Buff[nCurIndex++]);  // 写首字符，打印机接口→打印机
    // 继续执行其他任务，无须等待字符打印完成
    //  打印完成后，打印机接口会产生中断请求，中断响应时会转入 IntProc()
}
```

```
void interrupt IntProc()
{
    if ( nCurIndex<100 && Buff[nCurIndex]!=0 )
        outp(0070H, Buff[nCurIndex++]);   //每次中断只打印一个字符
}
```

7.5.2　中断接口的组织

由中断响应过程可知，中断方式的 I/O 接口必须具有产生及撤销中断请求的功能，其余功能与程序查询方式的 I/O 接口基本相同。若采用向量中断方式，可能还要求 I/O 接口具有提供中断类型号的功能。

中断方式 I/O 接口的基本组成如图 7.35 所示，与图 7.28 的程序查询方式 I/O 接口相比，增加了中断请求触发器 INT、中断允许控制位 EI 及中断响应电路（中断类型号寄存器等），图中已用底纹标注出来。

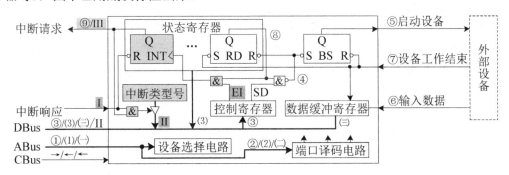

图 7.35　中断方式 I/O 接口的基本组成

设置 EI 的目的是使 I/O 接口可以支持中断方式和查询方式，EI＝1 时可以采用中断方式 I/O，EI＝0 时只能采用查询方式 I/O。EI 为控制寄存器中的一个控制位，可以在程序中通过 I/O 指令对其进行置位和复位。

对比图 7.28 可见，中断方式 I/O 接口完成 CPU 启动设备、查询状态及传送数据的操作过程，与程序查询方式 I/O 接口完全相同，如图中序号为①~⑧、(1)~(3)、(一)~(三)的操作所示。其中，④~⑧为 I/O 接口中转操作命令、启动外设完成一次操作的过程，操作完成后 RD＝1，数据放在数据缓冲寄存器中。

根据程序中断 I/O 方式的约定，I/O 接口在采用中断方式 I/O、且外设准备就绪时，提出中断请求，即 EI＝1、RD 从 0→1 时 INT＝1，如图 7.35 中⑨所示。

CPU 的中断机构在响应中断时，会发出中断响应信号 $\overline{\text{INTA}}$，进行中断响应操作，如图 5.49 所示。某 I/O 接口收到到中断响应信号时，意味着本 I/O 接口正在被询问，可以响应本 I/O 接口的中断请求。因此，被询问的 I/O 接口在 INT＝1 时，通过数据总线 DBus 送出中断类型号、撤销中断请求 INT，如图 7.35 中 I~III 所示。当 I/O 接口中没有中断响应电路时，INT 的撤销通常由访问状态口或数据口的操作来触发。

由图可见，CPU 并不采用按地址访问 I/O 接口来识别中断源，其原因是软件查找速度较慢，具体的识别方法与中断请求信号线的连接方法有关。

7.5.3 中断系统的结构

中断系统的核心是 CPU 的中断机构，实现异常及中断事件的检测及处理，处理过程包含响应、处理、返回三个环节，仅检测及响应由硬件实现，其余都由软件实现。

现代计算机的中断系统通常采用向量中断方式，本小节重点讨论中断请求检测及响应的组织，异常事件检测及响应的组织参见 5.6.2 节。异常及中断检测的主要差别在于检测时机不同；异常及中断响应的主要差别在于，异常通过 CPU 内部的电路来识别事件类型，而中断通过 CPU 外部的中断响应操作来识别事件类型。

1. 识别中断源的组织

识别中断源的任务是选出最紧急的中断请求，获得该请求的中断类型号，所选中断源应自动撤销其中断请求。中断请求可能同时产生，因此，识别中断源常称为中断排队或中断判优，由中断机构中判优逻辑电路产生的中断响应操作（$\overline{\text{INTA}}$ 有效）来启动。

识别中断源的方法与中断请求的连接方法有关。中断请求与 CPU 的连接有共用请求、独立请求两种方法，如图 7.36 所示，可见，图 5.49 采用的是共用请求方式。相应地，识别中断源的方法有软件判优、串行判优、并行判优三种。其中，软件判优方式用于非向量中断，其余两种用于向量中断。

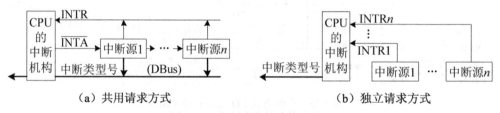

图 7.36　中断请求的连接方式

1）软件判优方式

软件判优适用于共用请求连接方式，如图 7.36（a）所示。中断服务程序中按序查询各个中断源的中断请求标志，某个中断源有中断请求时，直接跳转到相应的处理程序段执行。故连接时只需要 INTR 信号线。中断请求的优先级由中断服务程序的查询次序决定。

采用软件判优方式时，I/O 接口的组织与图 7.35 基本相同，但无须设置中断响应电路，中断请求的撤销只能通过对 I/O 端口（如状态口）的操作来触发。

2）串行判优方式

串行判优只适用于共用请求连接方式，如图 7.36（a）所示。由于只有一根中断请求信号线 INTR，中断机构只能通过发出中断响应信号 $\overline{\text{INTA}}$ 来询问各个中断源，询问方法及中断源的动作都与链式查询总线仲裁方式完全相同，中断类型号由中断源提供。中断请求的优先级由中断源的连接次序决定，实现的是静态优先级策略。

采用串行判优方式时，I/O 接口的组织与图 7.35 完全相同，需要设置中断响应电路，每个中断源的中断类型号可以预先通过硬件或软件设置好。

可见，串行判优方式的可扩展性好，但判优速度慢，存在断链现象，不能保证公平性。

3）并行判优方式

并行判优只适用于独立请求连接方式，如图 7.36（b）所示。由于每个中断请求都直接连接中断机构，中断机构可以按照中断请求的引脚次序来进行判优，无须询问各个中断源，这与独立请求总线仲裁方式完全相同，中断类型号由中断机构形成。中断请求的优先级由中断机构内部的判优算法决定，可实现动态优先级策略。

采用并行判优方式时，I/O 接口的组织与软件判优方式完全相同，无须设置中断响应电路。

并行判优方式的特点与串行判优刚好相反，判优速度快、可以保证公平性、不存在断链现象，但可扩展性不好。

实际应用中，中断请求较多、有可扩展性需求的应用（如微型机等）都会采用共用请求连接方式，否则会采用独立请求连接方式（如单片机）。

为了提高共用请求连接方式的判优性能，通常会在 CPU 外部设置中断控制器（Interrupt Controller, IC）来管理各个中断请求，所有中断请求采用独立请求方式连接到中断控制器，中断控制器采用共用请求方式连接到 CPU。

2．中断控制器的组成

中断控制器采用独立请求方式连接各个中断源，采用共用请求方式连接 CPU，这就要求中断控制器既是一个并行判优部件，又是一个中断源。中断控制器的基本功能有：

（1）自动检测并记录中断源的中断请求，并向 CPU 提出中断请求。

（2）处理中断响应操作，提供最高优先级请求的中断类型号，复位所选请求。

（3）管理中断处理过程中的请求，中断结束前自动阻塞低优先级的中断请求。

（4）用作 I/O 接口，接收并处理 CPU 的 I/O 操作，如修改优先级等。

因此，中断控制器由 I/O 接口逻辑、中断请求寄存器、排队器、比较器、中断类型号形成逻辑等组成，如图 7.37 所示。其中，I/O 接口逻辑用于实现按地址访问 I/O 端口功能；排队器用于实现并行判优功能，通常由优先编码器组成；比较器、正在服务请求号寄存器用于阻塞低优先级的中断请求，中断结束前须将正在服务请求号寄存器清零；中断类型号形成逻辑用于形成最高优先级请求的中断类型号。

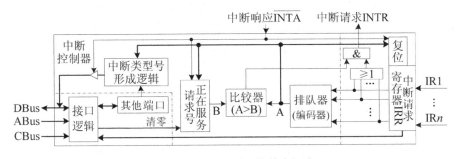

图 7.37　中断控制器的基本组成

由图 7.37 可见，没有中断请求时，正在服务请求号为 0；当有中断请求（IRR≠0）时，中断控制器立即向 CPU 提出中断请求（INTR 有效）。当 CPU 响应中断请求（$\overline{\text{INTA}}$ 有效）时，中断控制器通过数据总线 DBus 提供最高优先级请求的中断类型号；

通过设置正在服务请求号，阻塞低优先级的中断请求；通过复位 IRR 中相应位来撤销欲处理的中断请求。注意，中断结束时必须手工/自动清除正在服务请求号。

中断控制器通常都支持级联工作方式，主中断控制器的 IRi 连接从中断控制器的 INTR，以实现中断请求个数的扩展。

3．中断系统的结构示例

由前面的讨论可知，向量中断系统由 CPU 中的中断机构、中断源（I/O 接口）中的中断请求产生及响应电路、操作系统管理的中断向量表 IVT 及各个中断服务程序组成，通常还包括中断控制器，以提高中断响应的性能。非向量中断系统的组成与向量中断系统略有不同，中断机构中没有判优逻辑，不需要 IVT，只有一个共用的中断服务程序。

向量中断系统的结构示例如图 7.38 所示。其中，中断机构的组成与图 5.49 相同，中断请求有 NMI 及 INTR 两类，不可屏蔽中断请求采用共用请求方式连接到 NMI，可屏蔽中断请求采用独立请求方式连接到中断控制器，再连接到 INTR，因此，中断源（I/O 接口）中无须设置中断响应电路，中断控制器的组成与图 7.37 相同。

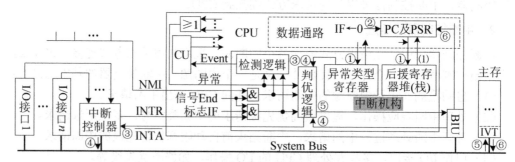

图 7.38　向量中断系统的基本结构

由于设置了 $\overline{\text{INTA}}$，INTR 可以有多个事件类型，而 NMI 只有一种事件类型（类型号固定），NMI 需要采用非向量方式处理不同中断源的请求。

异常及中断事件的响应时机是不同的，异常必须立即响应，中断都在一条指令结束时（End＝1）响应，而 INTR 还要求在允许中断时（IF＝1）才会被响应。图中，中断机构通过控制异常及中断的检测时机来实现不同的响应时机，一旦检测到事件，就立即产生 Event 信号，触发 CU 从下个节拍起，按序产生响应环节的所有 μOP 控制信号。

响应异常及中断事件时，首先保存断点及 PSW，异常事件还需保存异常类型，如图中①所示；其次关中断，如图中②所示；然后识别事件类型，如图中③④所示，异常的事件类型号直接从异常类型寄存器中获得，NMI 的事件类型号由判优逻辑产生（值固定），INTR 的事件类型号通过 $\overline{\text{INTA}}$ 触发，从中断控制器中获得；最后通过访存查 IVT 获得处理程序入口地址，并写入 PC，如图中⑤⑥所示。

异常及中断的返回由中断返回指令 IRET 触发，该指令的 μOP 为将后援寄存器堆（栈）中的内容分别写入 PC、状态寄存器 PSR，如图中(1)所示。

7.5.4　多重中断与中断屏蔽的组织

现代计算机中，中断系统通常采用多重中断方式，以缩短较高优先级中断请求的响应时间。实际应用中，并不是所有中断请求的处理过程都可以被打断，有些中断请求的处理过程只允许被特定的中断请求所打断，最简单的实现方法是暂时屏蔽相关中断请求，这就需要中断系统具有中断屏蔽功能。

1. 多重中断的组织

多重中断指中断处理过程中可以响应新的中断请求，新中断请求应该比正在处理的中断请求优先级更高。由前面的讨论可知，中断系统通常用中断允许标志 IF 来表示当前处于单重/多重中断方式，中断响应时自动转换为单重中断方式，程序中执行开中断、关中断指令，可以实现单重/多重中断方式的选择。

要实现多重中断方式，需解决两个问题：新请求的检测、断点信息的保存与恢复。

1）新中断请求检测的组织

多重中断中，中断请求有正在服务请求和尚未服务请求两种，正在服务请求有多个（单重中断中仅一个）。当尚未服务请求的优先级高于正在服务请求时，认为有新中断请求产生。

由于正在服务请求是同时产生的请求中的最高优先级请求，因此，新中断请求在正在服务请求之后产生；由于中断响应时，所选中的尚未服务中断请求会被复位，因此，正在服务请求和尚未服务请求通常是互斥的。由此可见，新中断请求检测的最简单方法是，先将两类请求分别排队，再对两个最高优先级请求进行判优即可。

下面，以图 7.37 的中断控制器为例，来说明新中断请求的检测如何实现。支持多重中断的中断控制器结构如图 7.39 所示，为了实现分别排队，需要用中断服务寄存器（ISR）代替正在服务请求号寄存器，并增设一个排队器，判优机制等与图 7.37 相同。

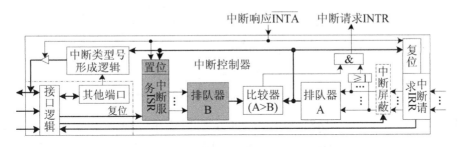

图 7.39 支持多重中断的中断控制器结构

可见，多重中断方式下，CPU 响应（$\overline{\text{INTA}}$ 有效）某个尚未服务请求时，中断控制器复位 IRR 的相应位、置位 ISR 的相应位，INTR 将自动撤销；中断结束前，必须复位 ISR 中相应位，否则低优先级的中断请求将一直得不到响应；若中断处理过程中，有更高优先级请求产生时，比较器的输出有效，新中断请求产生（INTR 有效）。

2）保存及恢复部件的组织

单重中断中，断点及程序状态信息只需保存一次，保存及恢复使用后援寄存器堆来实现。多重中断中，每次中断响应都需保存断点及程序状态信息，而且后保存的信息需要先恢复，因此，需要使用后援寄存器栈来实现。中断响应时实现入栈操作，中断返回时实现出栈操作。

2. 中断屏蔽的组织

中断屏蔽技术可以屏蔽某些中断请求，来达到改变中断处理次序（优先级）的目标。

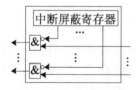

图7.40 中断屏蔽逻辑

中断屏蔽的实现方法很简单，只需设置一个中断屏蔽寄存器，每一位对应一个中断请求，将相应位与中断请求进行逻辑与操作即可，如图 7.40 所示。中断屏蔽逻辑在中断系统中的位置如图 7.39 中虚线框所示。

中断屏蔽寄存器的内容称为屏蔽字（记为 MASK），$MASK_i=1$ 时表示中断请求 i 被屏蔽。由图 7.39 可见，中断屏蔽寄存器是一个 I/O 端口，可以在程序中用 I/O 指令进行操作，来实现中断屏蔽。

例 7.8 假设图 7.39 共有 4 个中断源，IR1→IR4 的优先级递减，IR1～IR4 的中断服务程序结构如图 7.34(b) 所示，新屏蔽字（最低位对应 IR1）分别为 1111、1110、1100 及 1010。中断请求产生的时机为：IR1、IR3 及 IR4 同时产生，IR2 分别在 IR3 及 IR4 的中断服务程序执行过程中产生，中断请求在响应结束时撤销，写出采用多重中断方式时 CPU 执行程序的过程。

解： 初始时 MASK=0000，IR1、IR3 及 IR4 同时产生请求时，由于 IR1→IR4 的优先级递减，应先响应 IR1 请求，其 MASK=1111，表示中断处理过程中不响应任何请求，如图 7.41 中①所示。

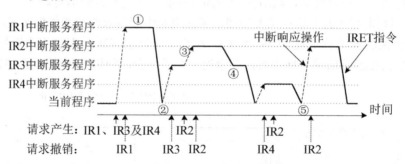

图 7.41　多重中断方式时 CPU 执行程序的过程

IR1 请求处理结束时 MASK 恢复为 0000，此时还存在 IR3、IR4 请求，应立即响应 IR3 请求，如图 7.41 中②所示，其 MASK=1100，表示中断处理过程中只可响应 IR1、IR2 请求。

由于 IR2 请求在 IR3 中断处理过程中产生，此时 MASK=1100，应先响应 IR2 请求，IR3 中断被嵌套，如图 7.41 中③所示。IR2 的 MASK=1110，表示中断处理过程中只可响应 IR1 请求。

IR2 请求处理结束时 MASK 恢复为 1100（IR3 的屏蔽字），此时 IR4 请求被屏蔽，CPU 应回到 IR3 中断服务程序继续执行，如图 7.41 中④所示。IR3 处理结束时 MASK 恢复为 0000，此时才响应 IR4 请求，其 MASK=1010，表示中断处理过程中只可响应 IR1、IR3 请求。

由于 IR2 请求在 IR4 中断处理过程中又产生，此时 MASK=1010，IR2 请求被屏蔽。IR4 处理结束时 MASK 恢复为 0000，才会响应并处理 IR2 请求，如图 7.41 中⑤所示。

可见，中断源的优先级是针对已产生请求的中断响应优先级，屏蔽字产生的优先级是中断处理优先级。屏蔽字 MASK＝0 时，中断响应优先级等于中断处理优先级。

中断屏蔽技术同样可以应用于单重中断方式。单重中断方式下，中断响应优先级等于中断处理优先级，屏蔽字可以改变中断响应优先级。

7.6 DMA 方式

中断方式的 I/O 性能比查询方式要好很多，两者实现的都是 CPU-外设间的数据传送，适用于传输速率较低的字符设备。对于快速字符设备及块设备而言，中断方式的 I/O 性能不够理想，适宜使用 DMA 方式。

DMA（Direct Memory Access, 存储器直接存取）方式指由 DMA 接口来控制外设-主存间传送数据的 I/O 方式，数据传送不通过 CPU。由于是外设（DMA 接口）与主存间的数据传送，DMA 方式可以每个总线周期传送一个数据，比每个指令周期传送一个数据要快得多；由于传送不通过 CPU，DMA 方式可以每次传送一批数据。为了方便应用，DMA 方式每次传送的批量由 CPU 来指定，因此，DMA 方式中，CPU 干预一次可以传送一批数据，数据传送所占 CPU 时间很少。

可见，DMA 方式的实现需要 CPU 在两个方面进行支持：一是负责传送的准备及结束处理工作，例如设置传送字数、设置主存缓冲区首址、启动设备，以及数据校验等；二是在数据传送时让出总线控制权，由 DMA 接口控制总线访问主存。

为了提高 DMA 方式下的 CPU 工作效率，存储系统应采用层次结构，通过增设 Cache，使 CPU 可以在让出（HOST）总线控制权时，照样可以访问 Cache 来执行程序，而此时 DMA 接口可以占用总线进行外设-主存间的数据传送，实现数据传送与数据加工的并行。

7.6.1 DMA 的传送方式

DMA 方式需要 CPU 在数据传送时让出总线控制权，为了便于进行总线管理，DMA 方式与中断方式一样，也采用请求-响应联络方式，只不过中断方式请求的是 CPU 时间，而 DMA 方式请求的是总线使用权（访问主存）。

DMA 方式每次可以传送一批数据，每个数据的传送间隔取决于外设速度，为了有效地分时使用总线来访问主存，DMA 接口的数据传送通常有如下三种方式。

1）CPU 停止访问方式

这种传送方式中，一批数据需要传送时，DMA 接口向 CPU 提出总线使用请求（HRQ），CPU 放弃总线控制权（用 HLDA 表示）后，DMA 接口控制总线进行数据传送，直到全部数据传送结束时，才释放总线控制权，如图 7.42(a) 所示。为了使外设请求尽快得到服务，CPU 在总线空闲或当前访存周期结束时，就会让出总线控制权。

这种方式的优点是控制简单，传送一批数据只有一次请求/应答；缺点是 DMA 接口在传送间隔期间占用总线又不传送数据，影响 CPU 的工作效率。这种方式适用于外设读写周期接近于主存周期的场合。

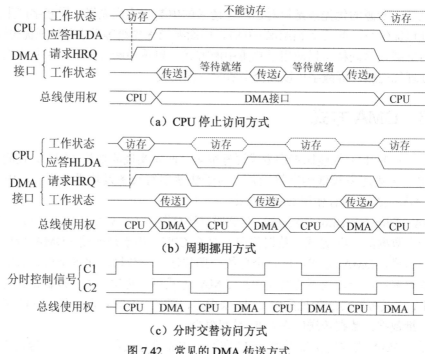

图 7.42 常见的 DMA 传送方式

2）周期挪用方式

这种传送方式中，每当外设准备就绪时，DMA 接口便向 CPU 提出总线使用请求，CPU 放弃总线控制权后，DMA 接口控制总线进行传送数据，每传送完一个数据就释放总线控制权，如图 7.42(b) 所示。由于每次请求/应答只传送一个数据，就好像 DMA 接口挪用或窃取了 CPU 的几个主存周期一样，故称为周期挪用方式或周期窃取方式。

DMA 接口有 HRQ 请求时（外设准备就绪），若不能立即访存，会导致工作紊乱或丢失数据，因而，CPU 应在空闲或当前访存周期结束时立即让出总线控制权，CPU 有访存请求时也要等待。可见，周期挪用方式中，DMA 接口请求的优先级高于 CPU 请求。

与 CPU 停止访问方式相比，周期挪用方式的外设传送速度没有下降，CPU 工作效率又得到了较好的发挥，是一种较常用的方式。由于每次请求/应答的实现都需要一定时间（≥1 个主存周期），因此，周期挪用方式适用于外设读写周期大于主存周期的场合。

3）分时交替访问方式

这种传送方式中，总线使用权以时间片为单位，定时、轮流分配给 CPU 和 DMA 接口使用，时间片长度为一个主存存取周期，DMA 接口在自己的时间片内可以直接使用总线，而不用申请和释放，如图 7.42(c) 所示。其中，分时控制信号 C1、C2 的周期是固定的。

这种方式适用于 CPU 的工作周期比主存周期长的场合，如 CPU 工作周期是主存周期的 2 倍，总在前半段访存。此时，DMA 接口不需要申请和释放总线使用权，传送效率较高；CPU 不需要暂停程序执行，工作效率很高。由于 DMA 传送在 CPU 工作过程中不知不觉完成，因此，这种方式又称为透明 DMA 方式。

三种 DMA 传送方式中，快速外设宜使用 CPU 停止访问方式，中速或慢速外设宜使用周期挪用方式，CPU 速度较慢时宜使用分时交替访问方式。

7.6.2　DMA 接口的功能与结构

DMA 方式每次传送一批数据，数据传送过程由 DMA 接口控制总线来完成，而传送数据的个数、方向及传送方式等都是由 CPU 通知的，因此，DMA 接口既是 DMA 传送控制部件，又是一个 I/O 接口。

作为 DMA 传送控制部件，DMA 接口应具有请求/释放总线使用权、总线传输控制、计数等功能。作为 I/O 接口，DMA 接口应具有数据缓冲、操作中转等 I/O 接口常规功能，同时应具有在 DMA 传送结束时产生中断请求等功能。

DMA 接口的基本结构如图 7.43 所示，由 DMA 传送控制及外设接口两个部分组成，虚线左边的为 DMA 传送控制相关逻辑，右边为外设接口相关逻辑。

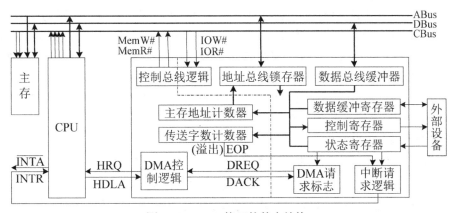

图 7.43　DMA 接口的基本结构

DMA 传送控制功能由以下几个逻辑部件实现：

（1）主存地址计数器（MAC）。用于存放交换数据在主存中的地址，初始值为主存缓冲区的首地址。DMA 传送前，CPU 将缓冲区首地址置入该计数器；DMA 传送过程中，每传送一个字，将 MAC 内容加 1 或减 1。

（2）传送字数计数器（WC）。用于存放尚未传送数据的字数（个数），初始值为需要传送的总字数。DMA 传送前，CPU 将本次需要传送的数据字数置入该计数器；DMA 传送过程中，每传送一个字，将 WC 内容减 1。WC＝0（溢出）时，表示所有数据已经传送完毕，DMA 接口应产生中断请求，通知 CPU 进行 DMA 传送结束后的处理工作。

（3）DMA 控制逻辑。用于控制 DMA 传送的过程，包括 DMA 请求/响应信号的管理，总线事务控制，MAC 及 WC 的修改等功能。主要由请求/撤销电路、控制电路、时序电路等组成，而传送方式、传送方向信息则存放在控制寄存器中。

外设接口功能的实现类似于图 7.35 的中断方式 I/O 接口。其中，向地址总线发送地址是 DMA 传送控制的功能，放在此处的原因是地址线只有一组；DMA 请求标志与中断请求标志的组成相同（即触发器），DREQ 请求在数据准备就绪时产生，在传送完成时由 DACK 撤销。

7.6.3　DMA 的传送过程

DMA 方式的传送过程可分为预处理、数据传送及后处理三个阶段（或步骤）。基于图 7.43 的 DMA 接口，3 个阶段的具体操作步骤如下。

1）预处理

DMA 数据传送过程是由 DMA 接口控制的，但传送参数由外部给定，因此，预处理的任务是由 CPU 设置本次 DMA 传送的参数，并启动外设。DMA 传送的参数包括主存缓冲区首址、传送字数、传送方式及传送方向，与外设特性无关。而启动外设的工作主要是发送操作命令及其参数，与设备特性有关。

下面，通过一个示例来说明预处理的过程，传送要求是将磁盘的 x 磁道、y 扇区（大小为 512B）中数据传送到主存缓冲区（首址为 b）中。假设主存按字节编址，DMA接口的外设接口逻辑中，控制寄存器记为 RegC，数据缓冲寄存器（记为 RegB）为 8位，存放磁道、扇区的 I/O 端口分别为 RegT、RegF，则预处理的操作为：MAC←b，WC←512，RegC←周期窃取方式、写主存；RegC←DMA 工作方式，RegT←x，RegF←y。前 3 个操作用于设置 DMA 传送参数、与外设类型无关，后 3 个操作用于启动外设、因外设类型而改变。

CPU 执行 I/O 指令完成上述工作后，可以继续执行其他程序，一批数据的传送工作就交由 DMA 接口完成，数据传送过程中都不需要 CPU 干预。

2）数据传送（DMA 传送）

数据传送的任务是传送指定的一批数据。数据传送过程中，DMA 接口每次传送一个字，并修改主存地址及传送字数，直到所有数据传送完毕。

上例采用的是周期窃取传送方式，传送方向为磁盘→主存，数据传送的具体过程如下：

① 外设准备就绪时，数据被送入数据缓冲寄存器 RegB、状态寄存器变为就绪状态，触发 DMA 请求标志产生 DMA 请求（DREQ 有效）。

② DMA 控制逻辑在 DREQ 有效时，向 CPU 发出总线使用请求（HRQ 有效）。

③ CPU 在没有外部操作或访存周期结束时，向 DMA 接口发出允许使用总线信号（HLDA 有效）。

④ DMA 接口控制总线，开始写主存总线事务，即 ABus←(MAC)、CBus←MemW#。

⑤ DMA 控制逻辑发送 DACK，开始一次数据传送，即 DBus←(RegB)，并触发DREQ 撤销（当前传送完成），进而触发 HRQ 撤销（释放总线控制权），CPU 随之撤销HLDA。

⑥ 将主存地址计数器 MAC 加 1、传送字数计数器 WC 减 1。

⑦ 若 WC≠0，外设接口逻辑重新启动外设，进行下一个字的传送准备，并转①；若 WC＝0，外设接口逻辑向 CPU 提出中断请求，通知 CPU 数据传送已经结束。

若采用的是 CPU 停止访问传送方式，则第⑤步中不撤销 HRQ，导致第②步及第③步中 HRQ 及 HLDA 都保持有效，HRQ 由 WC＝0（传送完成）触发撤销，HLDA 随之撤销。

3）后处理

后处理的任务是进行本次 DMA 传送的结束工作。当 CPU 响应 DMA 接口中外设接口逻辑的中断请求后，CPU 在中断服务程序中进行 DMA 传送的结束处理工作，如校验送入主存的数据是否正确等。当 I/O 需要多次 DMA 传送才能完成时，类似于中断方式的重新启动设备，可以将下次 DMA 传送的预处理操作放在中断服务程序中。

可见，DMA 方式的数据传送过程中，CPU 只负责预处理及后处理，DMA 接口负责数据传送。DMA 方式传送的编程也与中断方式一样，可以在主程序或中断服务程序中完成预处理工作，在中断服务程序中完成后处理工作。

例 7.9　某 CPU 的主频为 200MHz、CPI 为 5，中断响应需要 13 个时钟周期。设备 A 的数据传输率为 2MB/s，采用 DMA 方式传送时，每次传送 512B，预处理需要 8 条指令，中断服务程序共有 79 条指令。现要求设备 A 采用 DMA 方式传送 10KB 数据到主存中，假设主存的带宽大于设备 A，DMA 接口与 CPU 无总线使用冲突，则 CPU 用于本次 I/O 的时间为多少？该时间占整个 CPU 时间的百分比是多少？

解： 本次 I/O 需进行 DMA 传送的次数为 $10KB \div 512B = 20$ 次，每次都传送 512B。首次 DMA 传送的预处理在主程序中完成，其余次的预处理及所有次的后处理都在中断服务程序中完成。

每次中断所需 CPU 时间为 $(13 + 79 \times 5)/(200 \times 10^6) = 2.04 \times 10^{-6}$ s，因此，CPU 用于本次 I/O 的时间为 $8 \times 5/(200 \times 10^6) + 20 \times 2.04 \times 10^{-6} = 41 \times 10^{-6}$ s $= 41$ μs。

设备 A 传送 10KB 数据所需的时间为 $(10 \times 2^{10}B)/(2 \times 10^6 B) = 5.12$ ms，数据传送并不占用 CPU 时间，因此，本次 I/O 所需的总时间为 41 μs $+ 5.12$ ms $= 5161$ μs，CPU 用于本次 I/O 的时间占整个 CPU 时间的百分比为 $41/5161 \times 100\% = 0.79\%$。

为了加深对 DMA 方式的理解，下面，我们对中断方式及 DMA 方式进行比较。DMA 方式与中断方式都采用请求-响应方式与 CPU 联络，传送都需要软件及硬件相互协调完成。与中断方式相比，DMA 方式有如下特点：

（1）就数据的传送速度而言，中断方式用软件实现传送，传送一个数据至少需要一个指令周期；DMA 方式用硬件实现传送，传送一个数据只需要一个总线周期（或主存周期）。

（2）就 CPU 的工作效率而言，中断方式需要 CPU 暂停执行程序，每个数据的传送都需要 CPU 干预一次；DMA 方式只需要 CPU 暂停使用总线，一批数据的传送只需要 CPU 干预一次。

（3）就请求-响应的速度而言，中断方式在当前指令周期结束时响应请求，DMA 方式在当前主存周期结束时响应请求，并且 DMA 请求的优先级高于中断请求。

（4）就传送错误的处理能力而言，中断方式可以处理传送异常，而 DMA 方式无此能力。

7.6.4　DMA 接口的组织

DMA 接口的结构原理如图 7.43 所示，为了提高 DMA 接口的通用性及降低硬件成本，实际的 DMA 接口结构与图 7.43 有所不同。

1. 通用型 DMA 接口的组织

由图 7.43 可见，DMA 接口主要由 DMA 传送控制、外设接口两个部分组成，DMA 传送控制部分的逻辑与外设特性无关，外设接口部分的逻辑与外设特性有关。

为了提高 DMA 接口的通用性，实际应用中，通常将外设接口功能放在 I/O 接口中，DMA 接口只负责 DMA 传送控制功能，其结构如图 7.44 所示。其中，控制寄存器用于存放 DMA 传送方式、传送方向等信息，用来控制 HRQ、总线事务的产生。

由于 DMA 方式传送的功能分解到两个部件中实现，DMA 接口的功能与设备特性无关，这样 DMA 接口就具有了通用性，可以连接任意外设了。

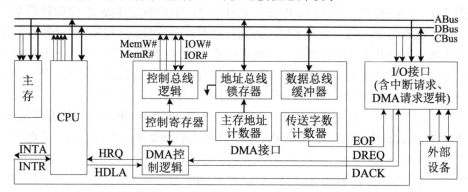

图 7.44 通用型 DMA 接口的结构

相应地，DMA 方式的传送过程略有变化。下面，还是以外设→主存的 DMA 传送为例，来说明操作过程有什么变化，未说明的步骤与 7.6.3 小节相同。预处理时，CPU 需要分别对 DMA 接口、I/O 接口进行操作。数据传送时，DMA 接口需要发出命令 CBus←IOR#及 MemW#，开始一次数据传送，I/O 接口的读操作由 IOR#、DACK 控制，DACK 用来代替目标 I/O 端口地址；当 EOP＝1 时触发 I/O 接口（不是 DMA 接口）提出中断请求。后处理时，CPU 响应的是 I/O 接口提出的中断请求。

2. DMA 请求判优的组织

计算机中，通常有多个外设采用 DMA 方式传送数据，这些 DMA 接口需要有效地组织起来，分时使用总线访问主存。DMA 请求判优的组织与中断请求判优很相似。

类似于中断源识别，DMA 请求的判优方法与其连接方法有关。DMA 请求与 CPU 的连接方法有共用请求、独立请求两种，如图 7.45 所示。注意，CPU 无须接收请求类型（如 DMA 类型号），直接发送响应信号即可（类似于总线仲裁）。

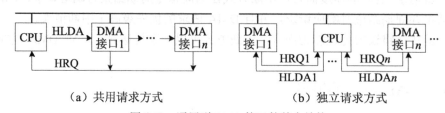

（a）共用请求方式　　　　　　　　（b）独立请求方式

图 7.45 通用型 DMA 接口的基本结构

相应地，DMA 请求判优的方法有串行判优、并行判优两种，具体算法也类似于中断请求判优或总线仲裁。串行判优的可扩展性好、判优速度慢、存在断链现象、不能保证公平性，并行判优方式的特点与串行判优刚好相反。

类似于中断请求判优的组织，为了提高可扩展性及判优速度，各个 DMA 接口通常采用独立请求方式连接到"DMA 控制器"，"DMA 控制器"再采用共用请求方式连接到 CPU。可见，"DMA 控制器"是一个并行判优部件及 DMA 请求部件，由于不存在处理嵌套，它比中断控制器要简单得多。

由图 7.44 可见，不同外设的 DMA 接口功能完全相同，为了节约成本，通常将多个 DMA 接口的功能、"DMA 控制器"的功能集成在同一个部件中，这个部件常称为增强型 DMA 接口或 DMA 控制器。"DMA 控制器"带双引号是因为它只是部件内部的一个功能模块，用双引号以区别于实际部件。由于 DMA 接口可以控制总线实现数据传送，有些教材将通用型 DMA 接口也称为 DMA 控制器。

3. 增强型 DMA 接口的组织

增强型 DMA 接口可以连接多个外设，管理这些外设的 DMA 请求，并实现这些外设的 DMA 传送控制。

1）增强型 DMA 接口的类型

不同外设的数据传输速度不同，为了提高所有外设 DMA 传送的整体性能，增强型 DMA 接口通常有选择型和多路型两种。

选择型 DMA 接口在一段时间内只为一个外设服务，即同时只有一个外设处于工作状态，不同外设的 DMA 传送过程只能串行。因此，选择型 DMA 接口适用于快速外设，DMA 传送方式通常为 CPU 停止访问方式，最大传输率等于所连最快外设的数据传输率。

多路型 DMA 接口在一段时间内可以为多个外设服务，即多个外设可以同时工作，不同外设的 DMA 传送过程可以重叠。因此，多路型 DMA 接口适用于中速或慢速外设，DMA 传送方式通常为周期挪用方式，最大传输率等于所连接外设数据传输率之和。

2）增强型 DMA 接口的结构

增强型 DMA 接口可以连接多个外设，功能为多个 DMA 接口，但同时最多有一个 DMA 接口处于数据传送状态。因此，相对于通用型 DMA 接口，增强型 DMA 接口需要配置 DAM 请求判优逻辑，多个主存地址寄存器、传送字数寄存器、控制寄存器及状态寄存器，但计数器、总线控制逻辑只需要一套，其结构如图 7.46 所示。

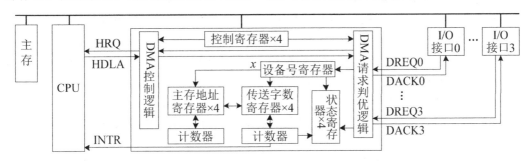

图 7.46　增强型 DMA 接口的基本结构

当有新的 DMA 请求产生时，请求状态被写入相应状态寄存器，DMA 请求判优逻辑在适当时机进行判优。判优后，假设最高优先级请求为 DREQx，设备号寄存器的当前值为 y，则 $x=y$ 时无任何操作，$x \neq y$ 时，将 x 写入设备号寄存器，将主存地址寄存器 MARx、传送字数寄存器 WCx 中内容分别送入两个计数器，并通知 DMA 控制逻辑有 DMA 请求产生。判优的时机受限于控制寄存器 y 中的 DMA 传送方式，周期挪用方式时立即判优，若为 CPU 停止访问方式，则在当前 DMA 传送结束（EOP=1）时才进行判优。

由于多个传送字数寄存器共用一个计数器，因此，DMA 传送结束时，通常由 DMA 接口产生中断请求，采用非向量方式识别中断类型；也可以在 DMA 接口内部增设译码器，输出多个 EOP，由 I/O 接口产生中断请求。

习题 7

1. 解释下列概念或术语。

（1）统一编址、独立编址　　　　（2）条件传送、无条件传送

（3）程序查询方式、程序中断方式　（4）DMA 方式、通道方式

（5）存储密度、数据传输率　　　　（6）NRZ、FM 磁记录方式

（7）磁道、扇区，RAID、条带　　　（8）CD、DVD，CLV、CAV

（9）I/O 接口、I/O 端口　　　　　（10）独占查询、定时查询

（11）可屏蔽中断、不可屏蔽中断　（12）向量中断、非向量中断

（13）单重中断、多重中断　　　　（14）中断类型号、中断向量、IVT

（15）CPU 停止访问方式、周期挪用方式　（16）预处理、后处理

2. I/O 系统的性能指标有哪些？

3. 外设有两种编址方式，它们对指令系统及总线信号线各有哪些影响？

4. 简述外设识别自身是否为总线事务的目标从设备的方法。

5. 简述编码键盘的基本组成，说明按键检测的基本原理。

6. 某图形显示器的分辨率为 1280×1024、灰度级为 32 位，为了减少显示器刷新时访存次数（例如图像无变化时），显示适配卡中的显存 VRAM 的容量应为多少？

7. 图 7.13 中打印机与打印机接口采用的是哪种联络方式？是否可以不设置忙信号？设置忙信号的好处是什么？

8. 分别画出用 RZ、NRZ、FM 格式写入数字串 1011001 的写电流波形图。

9. 某磁盘组有 6 个双面盘片，最外两侧盘面为保护面（不记录信息）。盘片存储区域内径为 22cm，外径为 33cm，磁道间距最小为 0.25cm，磁道位密度为 1600bit/cm。假设磁盘转速为 5400r/min，平均寻道时间为 8ms。

（1）此磁盘组的存储容量、数据传输率、平均寻址时间分别是多少？

（2）若采用定长记录格式，每个扇区的数据容量为 512B、地址等辅助信息为 90B，写出磁盘地址的组成格式及其参数。

10. 假设连接主存及外设的半同步总线宽度为 32 位、时钟频率为 100MHz，支持

16B 长度的突发传送。总线事务中，发送地址及命令需要一个时钟周期，等待从设备完成操作后，每个时钟周期都可以传送一个数据。若主存支持成组传送，首个 32 位数据的存取周期为 210ns，随后每存取一个 32 位数据的时间为 20ns，磁盘的数据传输率为 10MB/s，则最多可有多少个磁盘同时进行传输？

11. RAID 技术的基本思想是什么？

12. 简述 I/O 接口的基本功能及其组成，说明其实现操作中转的基本原理。

13. 若某 I/O 接口连接到 ISA 总线上，其数据口、状态口的端口地址分别是 0020H、0021H，状态口不为零表示设备就绪，设备启动后，每次输出数据时无须重启设备。现需采用程序查询方式向该 I/O 接口所连接外设输出数据 0001H，写出 CPU 执行的 I/O 指令序列（用 x86 汇编格式表示），画出读状态口及写数据口的 ISA 总线信号及时序。

14. 中断请求的产生与指令执行过程有什么关系？中断请求在什么时候可能被响应？CPU 如何表示当前处于屏蔽/允许中断状态？

15. 简述可屏蔽中断请求得到响应的条件。

16. 简述向量中断方式下，中断响应需要完成的任务。

17. 某计算机的主频为 200MHz、CPI 为 5，设备 A 的数据传输率为 32Kbps、每次 I/O 可传送 32 位数据。程序查询方式中，一次 I/O 的查询时间平均需要 49 个指令周期；程序中断方式中，中断响应需要 15 个时钟周期，中断服务程序有 10 条指令。

（1）程序查询方式中，CPU 用于 I/O 的时间占 CPU 总时间的百分比是多少？

（2）程序中断方式中，CPU 用于 I/O 的时间占 CPU 总时间的百分比又是多少？

18. 某 I/O 接口支持中断方式及查询方式 I/O，当前采用方式用中断允许位 EI 表示，中断请求何时会产生？中断请求应何时撤销、如何实现？

19. 相对于串行判优，并行判优有哪些优缺点？实际应用中，常用的中断请求连接方式及判优方法是什么？为什么这么做？中断控制器的基本功能是什么？

20. 图 7.38 的中断系统中，如何表示当前是单重/多重中断方式？相对于单重中断，多重中断的实现需要增加哪些工作？需要哪些硬件支持？

21. 某计算机有 5 个中断源，中断响应优先级为 IR1→IR5 递减，中断处理优先级为 IR1→IR4→IR5→IR2→IR3。

（1）设计各个中断服务程序的屏蔽字（1 为屏蔽、0 为开放）。

（2）若主程序运行时，IR2、IR4 同时产生中断请求，在处理 IR2 中断过程中，IR1、IR3、IR5 又同时产中断请求，请画出多重中断方式下 CPU 执行程序的过程示意图。

22. DMA 方式的数据传送有什么特点？需要 CPU 提供哪些支持？

23. 简述采用 CPU 停止访问方式与周期挪用方式传送时，DMA 接口在申请总线控制权方面有何不同。

24. 为了实现批量传送，DMA 接口中应配置哪些部件？

25. 简述 DMA 方式传送的全过程，说明哪些工作由软件实现、哪些由硬件实现。

26. 设某 16 位单总线计算机中，连接有 4 个数据传输率为 1MB/s、采用 DMA 方式传送的外设，以及 5 个数据传输率为 1KB/s、采用中断方式传送的外设。DMA 接口采用周期挪用传送方式工作。当要求全部外设持续 I/O 时，每秒钟将有多少次 DMA 请求和中断请求？若此时主存的存取周期为 0.5μs，系统能正常工作码？为什么？

27. 某 CPU 的主频为 500MHz、CPI 等于 5，假设某外设数据传输率为 0.5MB/s，采用中断方式进行数据传送，每次传送 4 个字节，对应的中断程序共 18 条指令，中断响应开销相当于 2 个指令周期。

（1）中断方式下，CPU 用于该外设 I/O 的时间占整个 CPU 时间的百分比是多少？

（2）若该外设数据传输率提高到 5MB/s，改用 DMA 方式传送，每次 DMA 传送的数据块大小为 5000B，DMA 预处理及后处理共需 500 个时钟周期，假设 CPU 与 DMA 接口间无访存冲突，则 CPU 用于该外设 I/O 的时间百分比是多少？

28. 结合图 7.44 的 DMA 接口电路，简述 DMA 方式传送过程中各个阶段的具体工作。

29. 比较程序中断方式与 DMA 方式 I/O 的区别。

参考文献

[1] PATTERSON D A, HENNESSY J L. Computer Organization and Design: The Hardware/Software Interface[M]. 3rd. San Mateo, CA: Morgan Kaufman, 2004.

[2] BRYANT R E, O'HALLARON D R. Computer Systems: A Programmer's Perspective[M]. 2rd. Upper Saddle River, NJ: Prentice Hall, 2009.

[3] HENNESSY J L, PATTERSON D A. Computer Architecture: A Quantitative Approach[M]. 3rd. San Mateo, CA: Morgan Kaufmann, 2002.

[4] STALLINGS W. Computer Organization and Architecture: Designing for Performance[M]. 6rd. Upper Saddle River, NJ: Prentice Hall, 2005.

[5] PATTERSON D A, HENNESSY J L. 计算机组成与设计：硬件/软件接口[M]. 3版. 郑纬民, 等译. 北京：机械工业出版社, 2007.

[6] BRYANT R E, O'HALLARON D R. 深入理解计算机系统[M]. 2版. 龚奕利, 雷迎春译. 北京：机械工业出版社, 2010.

[7] BRYANT R E, O'HALLARON D R. 计算机系统结构——量化研究方法[M]. 3版. 郑纬民, 等译. 北京：电子工业出版社, 2004.

[8] STALLINGS W. 计算机组织与体系结构：性能设计[M]. 8版. 彭蔓蔓, 等译. 北京：机械工业出版社, 2011.

[9] 唐朔飞. 计算机组成原理[M]. 2版. 北京：高等教育出版社, 2008.

[10] 袁春风. 计算机组成与系统结构[M]. 北京：清华大学出版社, 2010.

[11] TANENBAUM A S. 结构化计算机组成[M]. 4版. 刘卫东, 徐恪译. 北京：机械工业出版社, 2001.

[12] BREY B B. Intel 微处理器结构、编程与接口[M]. 6版. 金惠华, 等译. 北京：电子工业出版社, 2004.

[13] 张晨曦, 等. 计算机系统结构教程[M]. 2版. 北京：清华大学出版社, 2009.

[14] 蒋本珊. 计算机组成原理[M]. 3版. 北京：清华大学出版社, 2013.

[15] 王爱英. 计算机组成与结构[M]. 北京：清华大学出版社, 2007.

[16] 杨全胜, 等. 现代微机原理与接口技术[M]. 3版. 北京：电子工业出版社, 2012.

反侵权盗版声明

电子工业出版社依法对本作品享有专有出版权。任何未经权利人书面许可，复制、销售或通过信息网络传播本作品的行为；歪曲、篡改、剽窃本作品的行为，均违反《中华人民共和国著作权法》，其行为人应承担相应的民事责任和行政责任，构成犯罪的，将被依法追究刑事责任。

为了维护市场秩序，保护权利人的合法权益，我社将依法查处和打击侵权盗版的单位和个人。欢迎社会各界人士积极举报侵权盗版行为，本社将奖励举报有功人员，并保证举报人的信息不被泄露。

举报电话：（010）88254396；（010）88258888

传　　真：（010）88254397

E-mail：　dbqq@phei.com.cn

通信地址：北京市万寿路 173 信箱

　　　　　电子工业出版社总编办公室

邮　　编：100036